生态哲学译丛

佟　立◎主编

WILEY

INTRODUCTION TO SUSTAINABILITY

可持续发展概论

〔美〕罗伯特·布林克曼 —— 著

刘国强 —— 译

天津出版传媒集团

天津人民出版社

图书在版编目（ＣＩＰ）数据

可持续发展概论 / (美) 罗伯特·布林克曼著；刘
国强译. -- 天津：天津人民出版社，2022.8
（生态哲学译丛 / 佟立主编）
书名原文：Introduction to Sustainability
ISBN 978-7-201-18143-1

Ⅰ.①可… Ⅱ.①罗… ②刘… Ⅲ.①可持续性发展
—教材 Ⅳ.①X22

中国版本图书馆 CIP 数据核字(2022)第 003656 号

著作权合同登记号：图字 02-2018-271 号

可持续发展概论
KECHIXU FAZHAN GAILUN

出　　版	天津人民出版社	
出 版 人	刘　庆	
地　　址	天津市和平区西康路35号康岳大厦	
邮政编码	300051	
邮购电话	(022)23332469	
电子信箱	reader@tjrmcbs.com	

策划编辑	王佳欢
责任编辑	佐　拉
装帧设计	明轩文化·王　烨

印　　刷	天津新华印务有限公司
经　　销	新华书店
开　　本	710毫米×1000毫米　1/16
印　　张	34.75
插　　页	2
字　　数	400千字
版次印次	2022年8月第1版　2022年8月第1次印刷
定　　价	138.00元

版权所有　侵权必究
图书如出现印装质量问题，请致电联系调换（022-23332469）

总　序

　　"生态哲学译丛"是我于2017年5月在天津外国语大学欧美文化哲学研究所策划主编出版的选题。在天津外国语大学领导的大力支持下,我申报了天津市高等学校"十三五"综合投资规划项目,经专家评审和天津市教育委员会审批获准立项资助。

　　获准立项后,我们选购了三百余部英文版生态哲学、生态伦理学、生态思潮、环境哲学等方面的著作,作为哲学硕士一级学科研究生教材和研究资料。精选了其中十五部著作,计划组织英语专业有关教师和哲学专业有关教师开展翻译工作,以丛书的形式出版。鉴于本丛书的出版价值,选题得到了天津人民出版社领导的大力支持,编辑部老师积极开展了版权引进工作。这项工作因多种原因,版权引进历时一年多,共引进了四部版权,其他著作的版权引进仍在联络中。天津人民出版社总编王康老师和编辑部的老师们,为本丛书的出版做了大量的编审工作,在此一并致谢!

　　我们设计这套丛书的初衷是,始终坚持让外国哲学的研究和翻译为我国现代化和思想文化建设服务。生态文明建设是中国特色社会主义事业的重要内容,关系人民福祉和民族未来。落实党的十九大精神,树立国际视野,汲取古今中外的生态智慧,不断推进生态哲学理论中国化,加快形成人与自然和谐发展的新格局，开创社会主义生态文明新时代是中国特色社会主义发展的必然需求，也是哲学工作者和翻译工作者的任务。因此，开展中外生态哲学研究与文献翻译工作，为我国培养生态哲学研究与文献翻译人才，为建设美丽中国提供可资借鉴的国外学术研究成果，具有重要的理论和现实意义。

　　培养学术翻译人才，提高理论思维水平和翻译水平，需要用学术批判的眼光，不断地学习以往的哲学，汲取精华，去其糟粕。恩格斯说："一个民族要想站在科学的最高峰，就一刻也不能没有理论思维"[1]，"但是理论思维无非是才能方面的一种生来就有的素质。这种才能需要发展和培养，而为了进行这种培养，除了学习以往的哲学，直到现在还没有别的办法"[2]。加强理论学习，要紧密结合"生态哲学研译"工作。深入贯彻习近平总书记对研究生教育工作的重要指示，落实立德树人的根本任务。打造"卓越而有灵魂"的哲学专业研究生教育，努力提高研究生培养质量，不断提高师资队伍"研译双修"水平，增强"研译创新"能力，努力产出"研译"精品成果，服务中外文明互鉴、互译，服务人类命运共同体建设和生态文明建设。习近平总书记指出："世界文明历史揭示了一个规律：任何一种文明都要与时偕行，不断吸纳时代精华。我们应该用创新增添文明发展动力、激活文明进步的源头活水，不断创造出跨越时空、富有永恒魅力的文明成果。激发人们创新创造活力，最直接的方法莫过于走入不同文明，发现别人的优长，启发自己的思维。"[3]牢记党和国家领袖的教诲，对于人才培养，服务社会，具有重要的实践意义。

　　20世纪以来，伴随工业化而来的大气污染、海洋污染和陆地水体污染等对人类社会和自然环境的影响日趋严重，成为当代人类共同关心的

---

① 《马克思恩格斯选集》(第三卷)，人民出版社，2012年，第875页。

② 同上，第873页。

③ 《习近平谈治国理政》(第三卷)，外文出版社，2020年，第470页。

问题。"生态文明"（Ecological Civilization）是当今国内外重大的理论课题之一，中外学界高度关注。西方学界自20世纪以来对"生态问题""生态伦理""生态思想"等进行了多层面的考察和研究，经过半个多世纪的演化达到高潮，形成了当代西方生态哲学思潮，代表性著作被译为多语种出版，促进了生态思想在全球的传播。

国外研究生态思潮的成果既有丰富的学理内涵，又有错综复杂的思想，即使在同一学派内部也存在着分歧。其理论具有反人类中心论、反二元论、反男权中心主义、反性别歧视、反控制自然、反人定胜天、反种族歧视、反物种歧视，倡导平权主义、素食主义，尊重自然规律和物种生命等特征。这一点，恰恰反映了西方学术界在同一问题上视野多维的学界风格，体现了西方学术思想所具有的争鸣传统。从更深的层次看，他们的学说反映了资本主义现代化过程中发展经济与破坏环境的深刻矛盾和社会矛盾，揭示了资本主义社会浮士德式的困境。

生态文明代表了不同于工业文明的思想观念和价值取向，它超越了唯经济增长论和人类主宰自然的思想，强调人与自然和谐共生的价值观；工业文明尽管给人类社会带来了物质繁荣，但并没有正确解决人与自然的关系问题，造成了全球生态环境危机，从城市污染到物种濒临灭绝，反映了工业文明的局限性。西方生态哲学思潮的兴趣，反思了资本主义发展经济与破坏环境的悖论。从工业文明向生态文明的社会转型是人类社会发展的必然规律。习近平生态文明思想，是马克思主义生态哲学中国化的根本体现，丰富了马克思主义生态哲学的研究内容，对于正确处理人与自然的关系，加强社会主义生态文明建设，具有重要的指导意义。习近平总书记指出："纵观人类文明发展史，生态兴则文明兴，生态衰则文明衰。工业化进程创造了前所未有的物质财富，也产生了难以弥补的生态创伤。杀鸡取卵、竭泽而渔的发展方式走到了尽头，顺应自然、保护生态的绿色发展昭示着未来。"①共谋全球生态文明建设,关乎人类未来。拥有天蓝、地绿、水净的美好家园,是每个中国人的梦想,也是全人类共同谋求的目标。

当今世界处于百年未有之大变局中,人类社会既充满希望,又充满挑战,和平与发展仍是时代的主题。全球问题和深层次矛盾不断凸显,不稳定性、不确定性因素增多。构建人类命运共同体,建设美好和谐的世界,是人类的共同愿望和时代精神。

人类社会的基本标志是文明,"每一种文明都扎根于自己的生存土壤,凝聚着一个国家、一个民族的非凡智慧和精神追求,都有自己存在的价值"②。世界文明的多样性和丰富性构成了人类社会的基本特征,交流互鉴、互译是人类文明发展的基本要求。几千年的人类社会发展史,就是人类文明发展史、交流史,"每种文明都有其独特魅力和深厚底蕴,都是人类的精神瑰宝。不同文明要取长补短、共同进步,让文明交流互鉴成为推动人类社会进步的动力、维护世界和平的纽带"③。世界是在人类各种文明的交流互鉴中走到今天,并走向未来,而翻译在促进不同民族、语言和文化交流中发挥了重要作用。人类社会的可持续发展,需要加强生态文明领域的交流互鉴、文献互译,增进相互了解,注入新鲜血液,促进和平与发展,应对日益突出的全球性挑战。

项目分工如下:

项目负责人佟立负责"生态哲学译丛"出版选题策划和出版论证工作;负责申报天津市高等学校"十三五"综合投资规划项目论证工作;负责组织选编欧美生态哲学、环境哲学等具有代表性英文版著作(三百余部)基本信息(英汉对照);组织研究生登记造册,作为研究所师生开展生态哲学研究与文献翻译工作的重要参考文献;以此为基础,组织翻译队伍遴选

---

① 《习近平谈治国理政》(第三卷),外文出版社,2020年,第374页。

② 同上,第468页。

③ 《习近平谈治国理政》(第二卷),外文出版社,2017年,第544页。

具有重要影响和重要出版价值的(引进版)新著十五部,统一报送天津人民出版社引进版权;组织遴选英语学科教师参加翻译工作;负责制订译著翻译计划、出版计划、成果验收等项目管理工作;负责撰写"生态哲学译丛"总序。

课题组成员张虹(天津外国语大学欧美文化哲学研究所协同创新中心成员、英语学院副教授),刘国强(天津外国语大学欧美文化哲学研究所协同创新中心成员、英语学院副教授),王慧云(天津外国语大学欧美文化哲学研究所协同创新中心成员、英语学院副教授),夏志(天津外国语大学欧美文化哲学研究所协同创新中心成员、英语学院讲师),常子霞(天津外国语大学欧美文化哲学研究所协同创新中心成员、求索荣誉学院副教授),郝卓(天津外国语大学欧美文化哲学研究所协同创新中心成员、求索荣誉学院讲师),沈学甫(天津外国语大学欧美文化哲学研究所协同创新中心成员、副教授),姚东旭(天津外国语大学欧美文化哲学研究所协同创新中心成员、副教授)等参加项目翻译和服务工作。

由于我们的研究水平和翻译水平有限,译著一定存在诸多不足和疏漏之处,欢迎专家学者批评指正。

佟　立

写于天津外国语大学欧美文化哲学研究所

2020年7月18日

前　言

在本书中,我就目前有关环境问题的一些基本观点进行了探讨,正如我所展示的,大部分思考所基于的理念不仅来自科学,也来自哲学及伦理学。并非所有的环境及生态学家都认同这些观点的来源,所以我花了一些时间来厘清许多关注环境的理论家目前所持的共同立场。他们的这一立场,虽然不乏道德的严肃性,但在很多方面却令人困惑,从简单、消极的方面来说,我这样做是为了消除这些困惑。

从积极的方面来说,我试图对有关人性思考的传统和对适合人类的生活方式贡献一点儿想法。对于那些富有国家的人们,生活中到处充斥着所谓“美好生活”的各种令人眼花缭乱的画面。信用卡广告似乎表明,生活的“真正价值”包括无担保透支和大额旅行意外险。在我居住的地方,商店晚上的营业时间越来越长,表面上是为了方便上班族,然而很容易让人怀疑,他们这样做也是为了迎合那些晚上闲来无事出来闲逛之人。如果对人类生活中的价值进行思考是有意义的,那么对消费型社会生活的空虚、琐碎和平庸有所担心也是必要的。

一个在消费者面前尽情展示眼花缭乱景象的社会绝非是健康的。在这样的社会中,老人们安静地待在老年病房里,表面上是因为资金不足,没有足够的护士来进行适当的、人性化的护理并安排适当的活动，实际上反映的是特权阶层和穷人之间的巨大差距。穷人常常被告诫要追求他们实际上永远都无法达到的财富水平，因为资源有限，不可能所有人都是百万富翁。这些国家的财富状况取决于一个世界经济体系，这个体系的金融力量维持着全球的不平衡，使得较贫穷的国家深陷债务危机。与此同时，金钱被用于军事、核武器，并试图向太空输出军事技术，以及用于大规模的工程和农业项目，这些项目对地球的健康有何影响尚未可知。

如果下个世纪人类可以拥有更有意义的生活，那么我们有必要问一些与生活和自然有关的问题。我的建议是，为了找到有价值的人生，我们必须首先想一想人类是什么。虽然在我看来，这个问题没有完整的答案，但我认为，我们可以通过思考生态的本质，来了解人性的一个重要方面，虽然这些思考无法帮助我们找到当代社会问题的解决方案，但在本书的结尾，我可以对如何解决某些最受关注的问题给出切实可行的建议。

解决的方式要尽可能保持在非技术层面，本书的第一部分从科学生态学的某些角度进行了详细的描述，但是数学方面的阐释比较少。对于没有生态学背景的读者来说，我主要谈谈现代文本中深入讨论的那些问题，我的主要参考资料是贝根、哈珀和汤森最近发表的著作。在适当的情况下，我会建议读者阅读这些作品，从而更好地了解生态学的历史及现代趋势。

在哲学术语问题上也采用了类似的方法，我尽可能避免使用术语，在后几章对伦理理论的描述，就像在前几章对科学哲学的描述一样，都是非正式的。我希望，不同背景的读者都能阅读此书，包括那些对哲学和生态学都不了解的读者。

在撰写本书的过程中，我得到了很多同事、朋友和记者的帮助。我咨询过生物学家、生态学家和哲学家，并从他们那里学到了很多。如果没有他们的帮助就没有此书。弗兰克·古利和伊恩·莫法特心地善良，把尚未发表的作品给我看，我在此书中也有所参考。菲利普·罗贝尔提醒我注意深海洋流测绘的最新结果，以及这项工作对渔业的潜在影响。哲学家霍姆斯·罗尔斯顿和彼得·温兹慷慨地为我提供本书所引用的著作，无论是已经出版的还是即将出版的作品。然而很遗憾，拿到罗尔斯顿的新书《环境伦理》(Temple University Press, 1988)太晚了，因此我没能在书里讨论我们之间的异同。我最应该感谢斯特林的同事们，感谢他们付出的时间及毫无保留的建议。特别是安东尼·达夫，他提醒我注意当代伦理理论中的相关研究；而艾伦·米勒对手稿的大部分内容进行了仔细、耐心的审校，并首次以"生态人文主义"代表我所持的立场，虽然这不是一个新的名词，斯科利莫夫斯基(Skolimowski)也使用了该说法，但是我的立场与他的立场截然不同。

我还要感谢艾尔斯珀斯·吉莱斯皮帮我打字及修改手稿，杰米娜·凯乐斯作为编辑，确保了整个书稿的简洁风格。另外我要特别感谢理查德·斯托曼，第一，他委托了这项工作(否则绝不会有此书)；第二，对于我一再推迟提交最终版，他给予了足够的耐心。

关于术语的一些问题，很遗憾我没能很好地解决。在区分经济较发达国家和经济欠发达国家的问题上，我采用了常用的术语，如"发达国家"和"第三世界"，我希望读者明白，我所指的经济贫困国家并不代表这个国家在其他方面也一定落后，而且"发达国家"一词也并不意味着这个国家在政治或道德上有任何的优势。

谨献给世界上所有为使世界更加美好而正在努力着的年轻人

致 谢

我感谢约翰·威利父子出版公司(John Wiley & Sons, Ltd.)的每一个人,感谢他们在本书制作过程中给予的指导。他们很专业,很有耐心,而且非常乐于助人。我也非常感谢审稿人对本书的文本提供了富有洞察力的最初意见。

在我写这本书的过程中,有很多人以这样或那样的方式帮助了我。我无法列出每个人的名字,但请知道,我要感谢我所有的朋友、家人、同事和以前的学生。不过,还是有一些人因为给予我鼓舞或帮助而值得特别感谢。他们是:马里奥·何塞·戈麦斯、吉姆·布林克曼、詹姆斯·布林克曼、约翰·布林克曼、罗丝·布林克曼、詹妮弗·柯林斯、米歇尔和克雷格·德布鲁恩、安德烈·德尔·托罗、劳伦·德奥萨、乔妮·唐斯、艾玛·法默、伯纳德·费尔斯通、李·弗洛雷亚、泰隆·弗朗西斯、贾里德·加芬克尔、桑德拉·加伦、乔迪和埃里克·加兹克、林恩·戈尔茨坦、安东尼奥·戈麦斯、卡罗莱纳·戈麦斯、埃利斯·格雷西亚·普利多·戈麦斯、埃利斯·维拉·德·戈麦斯、莎琳·冈萨雷斯、卡拉·冈萨雷斯、马克·哈芬、格兰特·哈雷、南希·海勒、艾德利安·霍夫、莎伦和鲍勃·霍夫、兰迪·霍尼格、海蒂·赫特纳、罗宾·琼斯、拉斐尔·哈拉米洛、巴瓦尼·杰罗夫、索菲娅·卡塞拉吉斯、艾娜·卡茨、贝丝·拉森、劳伦斯·利维、伯勒尔·孟茨、乔·墨菲、克山提·南德拉尔、克里斯托弗·尼特、吉特法·奈尔斯、乔安妮·诺里斯、莱斯利·诺斯、胡安·彭索、丽莎·玛丽·皮埃尔、杰森·波尔克、菲尔·里德、诺玛·卡梅罗·里诺、吉尔里·辛德尔、盖尔·施瓦布、斯科特·西蒙、帕特里夏和尼尔森·松斯、伊丽莎白·斯特罗姆、格雷厄姆·托宾、玛雅·特罗茨、奈米什·厄帕德哈伊、艾米·范·艾伦、菲尔·范·贝南、乔治·维尼和劳里·沃克。

我要感谢所有为这本书提供照片的摄影师。如果没有霍夫斯特拉大学（Hofstra University）、南佛罗里达大学、国家城郊研究中心（the National Center for Suburban Studies）和牛津大学哈里斯曼彻斯特学院（the Harris Manchester College at Oxford）的大力支持，我不可能完成这项工作。最后，我要感谢我所有的现在和以前的学生，你们给予我鼓舞，让我对我们星球的未来充满希望。

关于同步网站

本书同步网站：

www.wiley.com/go/Brinkmann/Sustainability

该网站含有

●书中所有图片的幻灯片便于下载

作者简介

　　罗伯特（鲍博）·布林克曼［Robert(Bob)Brinkmann］，博士，霍夫斯特拉大学可持续性研究院院长，美国城郊研究中心可持续性研究部主任，同时也是该校地质学、环境及可持续发展系教授。他1961年出生于威斯康星州的农村地区，在一个古怪小城里长大，童年的经历对他产生了很大影响。布林克曼幼年的时候，他会每天好几个小时到大自然中去，远足、捉鱼、划独木舟，尤其是在威斯康星北部的旷野。1979年，他加入威斯康星大学奥士科什分校（the University of Wisconsin at Oshkosh）的地质学研究项目。在那里，他专攻岩石学、矿物学和野外地质学，并取得理科学士学位。在此期间，他走遍北美洲，并参加了在加拿大英属哥伦比亚地区阿尔伯塔和育空地区的一所田间学校的学习。他的第一本出版物是对柏林流纹岩的研究，发表于1982年。

　　毕业后，布林克曼进入威斯康星大学密尔沃基分校（the University of Wisconsin–Milwaukee），并分别在1986年和1989年获地质学理科硕士学位和地理学博士学位。在此期间，他从事钻石勘探、冰晶体学和土壤化学方面的研究。正是在开展钻石勘探野外工作时，布林克曼开始受到可持续性问题的影响。他开始师从于已故的弗里斯特·斯特恩斯（Forest Stearns）——最早提出对城市生态系统进行研究的生态学家之一，还有已故的罗伯特·艾特（Robert Eidt）——一位土壤科学家，因其对人为土壤，也就是被人为改变的土壤的定义和解释而著称。布林克曼开始了对一系列课题的研究，包括城市花园土壤的重金属地质化学、阿拉伯半岛古农业土壤，以及山区土壤和沉积物侵蚀。他还师从洞穴与喀斯特地貌专家迈克尔·杰·戴伊（Michael J. Day）和著名考古学家琳恩·戈德斯坦（Lynne Goldstein）。

1990 年，布林克曼在南佛罗里达大学任助理教授，并在那里继续他对城市可持续性问题的研究，尤其是与城市和农村地区土壤和沉积物污染，以及洞穴和喀斯特地貌相关问题的研究。他发表过多篇文章和专著，包括唯一的一部有关城市街道清扫的科学性、政策及管理方面的专著[与格林汉姆·托宾（Graham Tobin）合著]，以及唯一的一部有关佛罗里达州污水池问题研究的专著。2000 年，他升任该校正教授，并担任环境科学和政策系第一任系主任。21 世纪最初十年里，他同时担任地理系主任和教师发展研究院副院长。2011 年，他来到霍夫斯特拉大学开始一项新的可持续性研究项目。这一本科生项目授予可持续性研究方向的理科学士、文科学士和文科硕士学位。

多年来，他设计了一系列课程，涉及可持续性管理、湿地以及社区可持续性问题。目前，他参与了多个项目的研究，包括对飓风后长岛可持续性方面所做努力的分析研究、与联合国合作开展的国际可持续性规划评估、对中国海南可持续性的评价，以及体育领域的可持续性研究。他还积极参与了对长岛经济发展问题的研究，并且作为长岛区域发展委员会写作团队成员参与制定了该地区最后四个经济发展规划。

布林克曼现任美国国家洞穴和喀斯特地貌研究院（the National Cave and Karst Research Institute）董事会主席，并一直担任《东南地理学家》杂志合作编辑。他是《洞穴与喀斯特地貌研究杂志》（*The Journal of Cave and Karst Studies*）副编辑，以及《郊区可持续发展杂志》编辑。他还是多个国家、地区和地方组织的当选官员。布林克曼还作为地质学和环境问题专家出现在多家国家级新闻媒体，包括哥伦比亚广播公司的新闻节目和美国有线新闻网。他开有博客，名为"走在边缘"(On the Brink)①，关注环境和可持续性问题，每天均有数千点击量。他还在《赫芬顿邮报》(*The Huffington Post*)上开辟定期专栏，其评论文章被刊登在《新闻日报》(*Newsday*)和美国有线新闻网。

①　http://bobbrinkmann.blogspot.com.

目 录

第一章

现代可持续性运动溯源

2012 年 10 月的一个夜间,飓风"桑迪"袭击了靠近纽约市区人口最稠密的沿海地区,并给美国大西洋沿岸中部地区带来破坏。飓风致命的威力令许多人对风暴的强度及其深远的影响感到惊骇。

在纽约市五个行政区之一的曼哈顿,许多地方都发生了洪水,包括著名的下东区、唐人街和炮台公园。地铁、隧道被淹没,居民区连续多天断电。在史坦顿岛和皇后区,猛烈的风暴摧毁了整个街区,造成数十人死亡。

这场风暴是由全球气候变化引起的吗?在短短的 2 年时间里,纽约地区就遭受了 2 次大规模飓风的袭击,这在该市的历史上从没有发生过;通常每半个世纪左右,这座城市才会经历一场大的风暴(图 1.1)。

风暴过后,时任市长迈克尔·布隆伯格(Michael Bloomberg)曾说:"我们的气候正在改变。在纽约和世界其他地区,我们经历的极端天气在不断增加。虽然人们对其成因莫衷一是,但鉴于它的巨大破坏性和可能存在的风险足以迫使所有民选领导人立即采取行动。"

但是世界各国都采取了怎样的行动来解决气候变化问题的呢?人类的什么行为让我们走到了这样的地步?是怎样的历史发展变化使我们走

到了这种处境?虽然历史上始终会有一波又一波的气候变化,但究竟是哪些具体的行为导致了我们在过去100年里看到如此巨大的变化呢?

图1.1　在飓风"桑迪"中受损的这幢住宅,现正在进行整修以避免未来再次遭受损坏。同时飓风造成的破坏正在全球范围内增加。

　　本章的目的是对现代可持续性运动的发展进行回顾,从其19世纪的起源到为了改善我们这个世界的环境所做出的国际性的努力。不过在此之前,我们有必要首先对可持续性的含义做出界定。

第一节　可持续性的含义

　　可持续性可以简明地定义为尽我们的所能为子孙后代保护环境。然而在实践中这个词有更深层的含义。可持续性由三个组成部分构成——环境、公平和经济。环境是可持续性的一个明显的组成部分,原因在于我们正在努力维护和保护环境。公平的重点在于确保环境决策的公平性在我们迈向未来的过程中始终居于最突出的位置。可持续性的经济部分强调的是这样一个现实,那就是在努力为后代保护环境的同时,我们需要确保生计得到保护和加强。

这三个组成部分——环境、公平和经济通常被称为可持续性的三大支柱或三个"E"。这三者都应该成为为确保未来可持续发展所做出的任何决策的一部分(图1.2)。

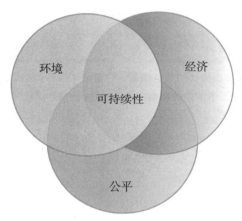

图1.2 可持续性的三个"E"——环境、公平和经济。可持续性的实现应当考虑到这三个因素。

当企业和环保企业家们考虑可持续性时,他们会使用类似的词语,但称其为三重底线——人、星球和利润。对于一个在现代社会想要实现可持续发展的企业来说,利润并不是必须考虑的唯一因素。行为对人类和地球的影响是其综合考虑因素中的一部分。接受现代可持续性理念的企业通常被认为是绿色企业。

一些企业和其他组织也试图接受我们当今流行的环保做法,并宣传自己所做的有关环保方面的努力,但实际上他们仍在沿袭着不可持续的做法。这种言行不一的行为被视为"漂绿"(greenwashing)(图1.3)。

在现代社会,要避免以某种方式给地球带来影响是很困难的。可持续性的研究告诉我们,作为个人、组织和社会如何做到减轻我们对它的影响,从而使我们的地球在未来变得更加美好。

图 1.3　这是美国最大的绿色屋顶。它覆盖了福特荣格工厂 F-150 厂房，这款汽车是市场上最不节能的私家车之一。这是一种"漂绿"行为，抑或是企业可持续性的真正尝试。

　　正如我们将在下一节中看到的那样，虽然可持续性理念的发展源于 19 世纪和 20 世纪广泛的环境运动，但它在 20 世纪 80 年代引起深切关注的全球经济和环境协定的发展中得到了深刻的启示。

第二节　19 世纪的环境保护主义

　　可以说，在西方启蒙运动和工业革命之前，世界上的大多数人与大自然有着亲密的联系。这在某种程度上是出于需要。那个时候，我们大多数人都是农民，或者找到了某种方法从土地里得到食物及大自然的馈赠。当时，地球在人类的生活中起着更大的精神作用。月亮和星辰的周而复始在非电气化的夜空中占据更大的主导地位，而生—死—再生这样一个大自然的年度循环模式则为世界上所有主要宗教的日常体验存在提供了一系列的隐喻特征。在当今世界的某些角落，我们现代社会影响轻微的地方，这种密切关系依然存在。然而对于我们大多数人来说，17 世纪的启蒙运动在带来惊人的技术进步并且缔造了中产阶级的同时，也使我们的社会走上了环境衰落和毁灭的道路。

工业革命期间技术的发展（大致从 18 世纪中叶到 19 世纪中叶）极大地改变了世界。城市化加速，城市在不断拓展。与此同时，城市向工业中心的迁移不断扩大，世界各地的新市场成了寻求的目标。欧洲和北美洲扩大了他们的势力范围。

在此期间，世界上有许多人开始质疑工业革命的价值。因为许多城市的生活是严峻的，自然资源的大规模破坏及空气质量和水质的下降影响着人们的生活。

在北美洲，这种批判始于浪漫主义和超验主义运动，特别是体现在《瓦尔登湖》（Walden）（1854 年出版）的作者亨利·大卫·梭罗（Henry David Thoreau）的作品中。19 世纪的浪漫主义和超验主义运动是对自然界的理想化，信奉者们相信，自然界有助于超越平凡生活的意义。

哈德逊河艺术学院（the Hudson River School of Art）表现了这个时代的艺术，将人类视为大自然壮丽景色的观察者[这一效应后来被安塞尔·亚当斯（Ansel Adams）用来表现 20 世纪中叶美国西部的壮美画面]。当时许多浪漫主义的照片都是在美国东北部或加拿大拍摄的。

这种艺术手法当然是产生于世界各地的其他传统风景画艺术，但它以辉煌的方式提升了大自然的美感，从而对北美洲的思想家们产生了独特的影响。大自然被描绘成完美无缺的样子，是促使思想家通向更大启蒙之路的动力。

当梭罗决定从他城里舒适的房子搬到著名浪漫主义诗人拉尔夫·瓦尔多·爱默生（Ralph Waldo Emerson）位于马萨诸塞州康科德边缘的一个小木屋时，他寻求的就是这样一种启蒙。他过着简单的生活，思考着生活的意义，基本上远离了他人的烦扰。

他对简单生活的浪漫主义观点已经被其他人复制了几千年——无论是山上的隐士还是圣贤。在大自然中寻求慰藉是人类的内在需求。然而梭罗将这一体验完全置于时代的意识之中，并以雄辩的笔触阐述了这一感受。

他的作品无疑影响了许多人。苏格兰裔的美国自然学家约翰·缪尔（John Muir）或许是梭罗著述的最大实践者。

当全家人从欧洲搬到威斯康星州的一个农场时，缪尔只有 11 岁。他 20 岁出头的时候进入了威斯康星大学，很快就接触到梭罗的作品。虽然他最终也没有毕业，但他学习了许多科学领域的课程，包括地质学、植物学和化学。

浓厚的宗教背景和对威斯康星州中南部美丽景色的感受，无疑为他提供了大量的机会去感受大自然杰作中的上帝之手。作为一个年轻人，他准备出发去看世界。

缪尔完成了一系列有记录的旅行，包括 1867 年徒步到美国的墨西哥湾岸区，以及 1868 年的加利福尼亚之旅，成为对包括优胜美地周边地区在内的内华达山脉地区最早的西方探险家之一。正是在那里，他结识了浪漫主义和超验主义运动的领袖——拉尔夫·沃尔多·爱默生。当时，爱默生已经年迈，健康状况每况愈下，但是两人相互间都有很大的影响。

随着时间的推移，缪尔因其记录美国西部的奇观和美丽大自然的作品而著名。他强烈主张保护优胜美地，以保持其独特的自然之美。他的建议得到了采纳，优胜美地于 1890 年成了一座国家公园。

世界上第一个最大的国家公园是黄石国家公园，由尤利塞斯·格兰特（Ulysses Grant）于 1872 年建立，加拿大的第一个国家公园"班夫"建于 1885 年。在黄石国家公园建立后的同一时期，其他几个国家也相继建立了国家公园。

不过，在可持续性运动的发展史上，优胜美地具有最重要的意义，因为正是在这里，我们看到了缪尔关于自然界在我们生活中的重要性及其为人类提供慰藉的思想得到了发展。1892 年，他参与成立了具有影响力的塞拉俱乐部（Sierra Club），该俱乐部至今仍在致力于保护自然土地及推动对地球资源的合理利用。

第三节 品肖、罗斯福和缪尔

缪尔笃信对国家公园的全面保护。他认为人类活动不应当扰乱大自然的平静。1891 年，另一种公共土地——国家森林被建立起来，其目的是为公共土地资源的经济开发提供机会（图 1.4）。

图 1.4　在北威斯康星州，像这样的林地给人一种平和宁静的感觉。然而它们也可以被视为拥有可以开发的资源。

这类公共土地的建立是对缪尔保护主义倾向的挑战。西部通过铁路和航道的快速扩张带来了新的定居者和新的挑战。大部分土地都是公有的,可以从中获得巨大的经济利益。对木材、牧场和采矿的需求很大。国家森林的建立允许土地的使用,同时保持某种形式的公共控制。

吉尔福德·品肖(Gilford Pinchot)最清楚地表达了对公共土地的这种态度。他成为美国国家森林局的首任局长,并且在公共土地管理的未来方向上影响很大。他的家族从事木材生意,所以深知恶劣的森林行为对环境产生的影响。他决定尽可能多地了解怎样才能最好地保护土地以获得长期的森林收益。他还形成了一个坚定的主张,认为国家应该就森林管理制定相关政策,以使森林得到保护。

然而品肖同时也认为应该利用森林攫取最大的利益。他提出了一种保护伦理,强调以尽可能少的破坏来获得尽可能多的效益。他常常被视为环境保护运动之父,该运动倡导土地的合理使用以获取经济利益,同时使其得到保护,为子孙后代造福。

品肖和缪尔互相认识,但在 1897 年品肖倡导在公共土地上放牧时,他们就分道扬镳了。缪尔认为,放牧严重破坏了子孙后代的土地,并使森林变得不可持续。

在体现缪尔和品肖的理念这一点上,最具影响力的人物或许就是美国总统西奥多·罗斯福(Theodore Roosevelt)(泰迪·罗斯福 1901—1909 年在任)(图 1.5)了。作为一名狂热的户外运动爱好者,罗斯福热爱大自然,认为美国应该制定明确的政策来保护荒地。在这一方面,他受到了约翰·缪尔的影响。他读过缪尔的作品,甚至在 1903 年前往加利福尼亚与其会面。他坚定地认为应该永久地保留公共土地,以为子孙后代造福。

与此同时,罗斯福也受到品肖作品的影响。1905 年,他任命品肖为美国国家森林局局长,两人还成了好朋友。在罗斯福的努力下,我们看到了在美国公共土地方面自然环境保护主义者缪尔和自然资源保护主义者品肖这两个伟大梦想家理想的实现。罗斯福通过其在保护环境方面的努力找到了推广这两个人的理想的途径。

图 1.5 泰迪·罗斯福是现代环境保护运动的主要领袖之一。这座雕像位于其纽约蚝湾的家附近。

第四节 奥尔多·利奥波德和他的土地伦理

罗斯福、缪尔和品肖的早期努力为公共空间的管理提供了框架。然而对于如何有效地管理巨大的土地资产，人们却知之甚少。于是林业学校建立并以努力培养新型的专业森林管理人员为目标，他们不仅对获取木材收益感兴趣，而且关心保护森林的内在价值。

这些新型林业人中最有影响的是奥尔多·利奥波德（Aldo Leopold）。他最初来自威斯康星州，1909 年毕业于耶鲁大学林业学院（该校首批毕业生之一），并在美国西南部开始了他的土地管理生涯。他为美国大峡谷制定了首个管理计划，并最终在 1933 年成为威斯康星大学动物管理专业教授，为全美第一人。

在威斯康星州，他将一块深受恶劣农业耕作方式破坏的土地买了下来,并努力使其恢复到自然状态。他的这一努力既是试验也是出于对劳动的热爱,为他开创性的作品《沙乡年鉴》(*A Sand Country Almanac*)提供了基本框架;该书在他逝世后的 1949 年出版。

该书主张制定出基于生态系统的土地伦理。利奥波德认识到,环境保护方面的努力在某种程度上是有缺陷的;人们并未认识到大自然是如何运转的。利奥波德通过他在美国西南部和威斯康星州的研究认识到,自然界受到了来自人类的巨大影响,不管是有意还是无意。他认为生态系统、生命有机体和环境是真正认识大自然及其正确管理方式的基础。

在他的土地伦理中,利奥波德提出土地的保留或管理不应该像自然环境保护主义者或自然资源保护主义者所主张的那样仅仅是为了经济利益。相反,人类社会需要对自然界的组成部分——诸如水、土壤、空气和有机体——有所了解,以充分认识到它是如何运转的。如果一个人真正想要保护大自然,那就必须建立一个以生态系统各个组成部分为基础的伦理体系。土壤、个体植物、空气等都和土地本身一样重要。

第五节　化学带来的更美好生活、1952 年的伦敦大雾和雷切尔·卡森

在有关明智使用公共土地的大辩论向前推进并演化为利奥波德土地伦理的同时,美国私人土地正被用来推进一场以化学为中心的新技术革命。在第二次世界大战刚刚结束的时候,世界开始见证我们正处在一个新的化学时代,部分原因是美国在日本广岛和长崎投下的原子弹。大自然的建筑材料被发现了,并且可以通过新的、令人兴奋的、有时也是致命的方式加以改变。

我们开始认识到使用化学建筑材料制造新的化学物质和产品的潜

力。尽管人们对这些新兴产品的使用和管理存在一些担忧,但全世界都将在化肥、虫害控制、塑料和燃料等领域取得的进步视为奇迹。化学时代见证了人们的生活在以不可想象的方式发生着转变(图 1.6)。

图 1.6 20 世纪五六十年代,世界以不可想象的方式发生了改变。这是那个时代我家的餐厅。你家的餐厅有什么不一样的地方? 它在怎样改变着我们周围的化学?

虽然仍有对于核战争的担忧,但也有空间探索、州际高速公路系统和郊区的发展。战后的世界与战前的凄凉景象已经截然不同。我们觉得自己无所不能。

然而我们开始发现,我们使用的化学物质会给自然地貌带来影响。我们看到了新形式的污染、生态系统的破坏和新的健康问题接连出现。这个新时代最重要的明显可见的影响之一便是 1952 年伦敦烟雾事件。

这一事件发生在 12 月初的无风期。停滞的空气使煤烟不断堆积,弥漫在伦敦的街道、住宅和企业。该事件造成至少 4000 人丧生,数万人患病。这场大雾引起了公众对空气污染的极大关注,政府做出努力来为控制煤烟制定规则。最终英国议会在 1956 年通过了《清洁空气法》(*The Clean Air Act of 1956*)。

虽然这不是欧洲第一个空气污染法案,但它是其中最重要的一项,因为它首次通过开发非煤燃料和通过对单个家庭的行为进行管控并制定有效的机制来改善公共健康。英国的《清洁空气法》为各国政府对各种污染物的监管搭建了平台。

尽管伦敦大雾是空气污染控制发展过程中的一个重要事件，但在推动世界了解更广泛的污染问题方面，最大的功劳属于《寂静的春天》（*Silent Spring*）一书的作者雷切尔·卡森。

雷切尔·卡森（Rachel Carson）是一位自然作家，她与 20 世纪五六十年代初政府和大学里的一些主要研究人员有联系。通过他们的研究，卡森了解到，科学界越来越关注不受管制的化学品的使用，对人类健康和更广泛意义上的环境造成的危害。当时的化学工业在很大程度上是不受惩罚的，为了制造产品可以排放有害气体，而无需考虑由此带来的更大的危害。

这本书的书名"寂静的春天"表明了，人们对当时使用的一些杀虫剂导致大量鸟类死亡这一事实的担忧，而正是这一事实使春天从此变得寂静无声（图 1.7）。卡森这一作品的重要意义在于它使全世界的人逐渐认识到，工业化一定会付出代价。我们用原子构造块来创造新的商业化学物质的能力，使自然界本身的存在受到了影响。

图 1.7　鸟类和鸟蛋是雷切尔·卡森写这本书的一个重要主题。今天，许多鸣禽已经有所恢复，但由于环境的挑战，其他鸟类仍然在受到威胁。

在世界范围内，人们开始对这些新的有机和无机化学品的使用提出质疑，并着手对它们的影响展开调查。例如，在日本（熊本县）水俣市的一个汞矿附近的疾病调查中发现了一种罕见的疾病并以该城市的名字命名为"水俣病"。从工业废水系统排放出来的受到汞污染的水进入当地的生态系统，最重要的是进入当地的海湾。那里的鱼类和贝类体内汞含量不断积累，而鱼类和贝类恰恰是当地居民的主要食物来源。

"水俣病"也只是被发现的数百个案例中的一个。有许多例子可以说明矿山和工厂对环境和公共健康造成的影响。此外，人们对于农药和化肥的广泛使用越来越担心。在郊区不断使用燃煤发电厂和私家汽车的现象也开始显现。

世界各地的公民开始要求他们的政府采取行动，制定新的法律来保护他们自身及其环境免受环境污染的危害。一个新的环境保护行动主义时代由此诞生了。

第六节　20世纪六七十年代的环境行动主义及其环境政策的制定

20世纪60年代，由于普遍的环境污染和破坏，新的行动主义出现了。全世界的公民都开始看到工业化对他们本地区造成的影响。到处都有河道、土壤和空气的污染。此外，包装、快餐和移动家庭的发展造成道路上普遍的乱扔垃圾现象。大多数人的日常体验与超验主义者们曾经的梦想已经迥然不同。对大多数人来说，大自然不再能给人以灵感，而是成了一个问题。

几部重要作品的发表影响了我们今天对环境和可持续理念的看法。拉尔夫·纳德（Ralph Nader）长期致力于环境和消费者保护工作，他于1965

年发表的《任何速度都是不安全的》(*Unsafe at Any Speed*)讲的是汽车工业不愿在汽车安全方面采取措施——像我们今天认为再平常不过的安全带的问题。

对于世界大部分地区而言,1968 年是发生很大变化的一年。这一年也见证了三大著作的出版:保罗·埃尔利希(Paul Ehrlich)的《人口爆炸》(*The Population Bomb*)、爱德华·艾比(Edward Abbey)的《沙漠孤岛》(*Desert Solitaire*)(1968 年),以及加勒特·哈丁(Garret Hardin)的文章《公地悲剧》(*The Tragedy of the Commons*)。埃尔利希的书强调人们对全球人口过剩的关注,以及人口众多对地球环境的影响。尽管从《人口爆炸》发表以来地球已经能够承受人口的激增,但人们仍然对不断增加的人口对地球产生的总体影响表示担心。同样,哈丁的文章通过隐喻的方式揭示了经济上的自私自利对共享资源造成的影响。我们不可能在得到我们想要的一切的同时不会在共享的地方带来某种程度的环境压力。随着人口的增加和资源的紧张,这个问题会更加严重。与前两部关注人口增长和资源枯竭的作品相比,爱德华·艾比的书提出了梭罗、缪尔和利奥波德所主张的一些观点。

爱德华·艾比是一位作家,也是一名季节性的公园护林员。他深受美国西部的影响,其大部分成年生活都是在那里度过的。他写了很多书,包括《沙漠孤岛》。这本书是对美国西部的热情赞颂,也是一部让人联想到超验主义作家的回忆录。然而该书也对公园系统和公园内的旅游业的推广提出了强烈的批评。

他的后期作品《故意破坏帮》(*The Monkey Wrench Gang*)(1975 年)对"地球优先!"的哲学理念产生了影响,该组织成立于 1979 年,旨在推动一项激进的环境议程,即主张在保护环境方面不容妥协。他们中的一些成员被指责为"故意破坏帮",也就是蓄意破坏,比如损坏被用来破坏自然地貌的推土机等机器设备。他们还被指责用金属桩钉住树木,而这些金属桩可能会导致电锯断裂,并进而对操作者造成伤害。

1971 年,巴里·康芒纳(Barry Commoner)发表了《封闭的循环》(*The Closing Circle*)一书,这本书的重点是主张构建一个相对于传统开放型的资本主义来说对环境危害更小的经济模式,认为传统开放型的资本主义是许多环境问题的根源。他并不认为人口过剩是导致环境恶化的主要问题(这与保罗·埃尔利希在《人口爆炸》中提出的理论截然相反)。反之,他认为这些问题是以消费为中心的现代资本主义社会内部人们的生活方式所固有的。

在康芒纳的书出版后不久,罗马俱乐部(the Club of Rome)出版了由几位作者合著的《增长的极限》(*The Limits to Growth*)(1972 年)。该书将话题转回人口增长以及人口增长对环境的影响问题上来(图 1.8)。这本书使用了革命性的计算机模型,预测地球上的人口正在耗尽资源,而许多当代的经济活动从长期来看都是高度不可持续的。

在 E. F. 舒马赫(Schumacher,E.F)的重要著作《小即是美:人们似乎关心的经济学》(*Small is Beautiful:Economics as if People Mattered*)(1973年)中,时代意识又回到了对经济活动影响的考虑上来。扩大经济增长和消费的主张,以及越大越好的思想,都在这本书中受到了严厉的批判。有关"足够"的问题被提了出来。我们什么时候才能有足够的拥有才会让自己快乐?那真的需要越来越多吗?舒马赫认为,地球吸收污染和为猖獗的经济增长提供资源的能力是有限的。相反,我们应该强调我们小小的需要以及限制经济发展带来的影响。

1979 年,詹姆斯·洛夫洛克(James Lovelock)发表了《盖亚:对地球生命的新看法》(*Gaia:A New Look at Life on Earth*),提出地球可以被看作一个生命有机体。在地球的某一部分发生的事情有时会以不可预测的方式影响到其他部分。洛夫洛克帮助我们更全面地审视地球。他清楚地描述了地球上不同的系统,比如能量或营养循环如何在相互作用。因此,人类给地球造成的伤害可能会产生意想不到的影响,最终可能会对人类造成长期的伤害。

20世纪六七十年代还见证了几个重要组织的成立,包括世界野生动物基金会,该组织倡导野生动物保护;环境保护基金会,该组织致力生态系统保护;绿色和平组织,这是一个独立的团体,专注采取直接行动来应对环境问题;地球之友,这是一个国际环保组织,主张在社会、环境、政治以及人权框架下的环境保护;以及大沼泽地之友,世界观察研究所,该机构在对全球数据进行分析的基础上制定环境可持续性解决方案;专注可持续性农业的土地研究所和地球优先!该组织侧重于采取干预措施保护大自然。

图1.8 多大的增长才是足够的?委内瑞拉首都加拉加斯的发展给基础设施和环境管理带来了挑战。

这几十年我们也见证了重要的环保倡导者做出的努力,他们在当时的流行文化中发出了重要的声音,这些声音充满了环境保护主义理念,以及太空时代和广泛的嬉皮士运动带来的整体环境情绪。虽然其中许多人都值得被讨论,但有三个人要特别强调:约翰逊夫人(Ladybird Johnson)、雅克·库斯托(Jacques Cousteau)和皮特·西格(Pete Seeger)。

约翰逊夫人是美国总统林登·约翰逊(Lyndon Johnson)的妻子。在约翰·肯尼迪（John F. Kennedy）总统遇刺后，约翰逊出任美国总统。约翰逊被许多人视为联邦政府对 20 世纪 60 年代民权运动所做回应的设计者，也是平等的坚定拥护者。他的妻子非常支持他所做的努力。不过，她也非常关注国家的垃圾和环境状况。相对来说，美国的州际公路系统还是一个新鲜事物，许多地方都被垃圾覆盖。美国人当时还没有从伦理道德的角度来管理道路上的垃圾。她把道路美化作为自己的一项主要事业，就像贝拉克·奥巴马（Barack Obama）夫人米歇尔·奥巴马（Michelle Obama）那样将食品和健康作为自己的一个平台。

《公路美化法案》（*The Highway Beautification Act*）有时也被称为"约翰逊夫人法案"（"Ladybird's Bill"），于 1965 年通过，为可在道路两旁推广的广告牌、围栏和开发项目制定了规则。她还力求在道路两旁种植本地开花类植物，以改善驾驶者和乘客的整体体验。如果你看到在无垃圾、无广告牌的美国州际公路上一片片盛开的鲜花，那你得感谢约翰逊夫人。毫无疑问，她的努力帮助教育了一代美国人认识到垃圾清理的重要性，以及大自然在我们日常生活中的美学作用。作为美国最有权力的男人的妻子，她的名人身份带给了她一个平台，让她可以推行一种实用的环境保护主义，并一直延续至今。

雅克·库斯托是这个时代的另一位名人。他是一位法国探险家和电影制作人，倡导海洋保护。当法国政府计划将放射性废料倾入海洋时，他开始积极投身现代环保运动。他对这种做法直言不讳地提出批评。不过，让他最出名的是他制作的一系列电影，这些电影都获得了评论界的好评。他的第一部电影是纪录片《无声的世界》（*The Silent World*），让他在 1956 年的戛纳电影节上获得了金棕榈奖。在那之后，他又拍摄了多部影片，直到 1997 年去世。

他拍摄的水下世界纪录片在 20 世纪 60 年代轰动一时。这些纪录片为先前一直被视为未知的地貌提供了一个全新的视角。因为我们倾倒的废料所带来的影响在很大程度上不被人们所了解，于是海洋成了很方便的垃圾场。现在情况已经不再这样了。通过库斯托的努力，海洋已经被认为具有惊人的多样性，并与更广阔的地表生态联系在一起。他成了世界名人，一位海洋保护的坚定倡导者。

在 20 世纪六七十年代，美国有许多音乐家和艺术家在环境问题上表现活跃。这是一个采取行动的时期，包括罗伯特·雷德福（Robert Redford）在内的演员利用他们的名人影响力来推进环保事业。许多歌曲作者和歌手都做出了特别有效的努力。有的以赞美地域风光闻名，如约翰·丹佛（John Denver）的《高高落基山》（*Rocky Mountain High*）。还有一些人为主张改变地方或国家政策的环保主义者提供了重要的公众支持。音乐家积极人士群体中最具代表性的人物便是民谣歌手皮特·西格。

西格在其漫长的职业生涯中一直与民间音乐联系在一起。他生于 1919 年，2013 年去世。在越南战争前，他积极投身于劳工和民权音乐与抗议活动。战争期间，他的音乐变得更加政治化和尖锐化，特别是当民权运动到了关键期的时候并变得更加充满暴力。

像那个时代的许多艺术家一样，他也投身于环境保护事业，最突出的事例便是清理和保护哈德逊河。他的音乐激励了许多人参与社会活动，并力图使之变得更加美好。哈德逊河生态系统的改善部分是由西格所做出努力的结果。

第七节　20 世纪六七十年代环境法律的制定

为了应对公众的压力，世界各国在 20 世纪六七十年代出台了一系列新的法律。仅在美国，就有数百个旨在保护环境的联邦、州和地方法律出台。重要的联邦法规包括：《清洁空气法案》（1963 年）、《国家排放标准法

案》(1965 年)、《固体废物处置法案》(1965 年)、《国家环境政策法案》(1969
年)、美国环境保护署的建立(EPA,1970 年)、国家海洋和大气管理局的建立
(NOAA,1970 年)、《威廉姆斯—斯泰格职业安全与健康法案》(创建 OSHA,
1970 年)、《含铅点源中毒预防法案》(1970 年)、《海洋保护、研究和禁猎区
法案》(1972 年)、《濒危物种法案》(1973 年)、《安全饮用水法案》(1974 年)、
《危险品运输法案》(1975 年)、《资源保护与恢复法案》(RCRA,1976 年)、《有
毒物质控制法案》(1976 年),以及《地表采矿控制与回收法案》(1977 年)。
其中一些将在接下来的章节中进行讨论。

　　20 世纪 70 年代以后,环境规则的制定仍在继续,但这个阶段环境政
策运动的重要性,就像 18 世纪七八十年代之于北美洲和欧洲的民主发展
的重要性一样。

　　每一项联邦法律都为环境的不同领域提供新的保护。它们是世界上
所有联邦政府通过的最重要的环境保护法律。虽然自这些法律在 20 世纪
六七十年代通过后又不断有新的法规被制定出来,但这一时期是以保护
环境为重点的公共政策发展史上最为重要的时期。世界上许多国家都纷
纷效仿美国联邦政府的做法,颁布了旨在保护地方、州和国家环境和资源
的相关法律法规。

第八节　第一个"地球日"

　　在这个动荡的年代,有许多活动试图引起公众对环境的关注,其中最
重要的是地球日(The Earth Day),起始于 1970 年 4 月。对许多人来说,这
一事件标志着现代环保运动的开端。

　　"地球日"是好几个人的创意,但经常被认为是威斯康星州参议员盖
洛德·纳尔逊(Gaylord Nelson)的功劳。他被周围的污染所困扰,于是决定

发起一场"宣教"活动来对人们进行环境教育。

自 1970 年 4 月 22 日第一个地球日被定下以来，这一活动每年都会举行，并且已经从美国人的一项运动发展成为更广泛的国际性事件，每年都会有相关的活动、主题和特别活动。

不过，地球日的焦点始终放在教育上。多年来，活动的主题在发生变化，也出现了新的问题，但地球日的成功在很大程度上是由于这一活动的灵活性，其广泛关注的是教育主题、公共仪式和娱乐活动。教育的再生元素和希望的信号为地球日活动提供了合适的季节背景——春天。

第九节 国际关注

20 世纪六七十年代是全球性重大冲突时期。几个重要事件包括越南战争、阿以冲突、阿拉伯石油禁运、非洲和拉丁美洲的政变以及伊朗人质危机。与此同时，联合国成为有助于国际合作和促进和平的一个重要机构。

人口的增长导致自然灾害的死亡人数上升。例如在孟加拉国，1970年的一场热带气旋造成 30 万人丧生，这是一个令人震惊的死亡人数统计。此外，还出现了很多由干旱导致的饥荒或缺水状况，这往往是世界许多农村地区发展不佳带来的结果。

其中一些问题，包括冲突、自然灾害导致的死亡和发展不佳，都可以在环境的背景下看到，而环境问题往往超出了单一国家的管控能力。因此，联合国组织被认为不仅可以促进对环境危机的干预，而且还可以推动国际协定，以确保自然环境和自然资源得到保护。

联合国以及其他组织制定了一些关键性的协议，其中包括：

●《拉姆塞尔湿地公约 1971》——该联合国条约关注维护湿地生态，

促进其可持续利用。

●联合国环境保护组织，于 1972 年成立，其使命是"在环境保护方面提供领导力和鼓励合作，通过激励、宣传使国家和人民改善生活质量，而同时不给后代的生活质量带来损害"。该组织实际管理着联合国的大部分环境倡议。

●《联合国人类环境会议宣言》(《斯德哥尔摩宣言 1972》)——首个承认"有尊严和幸福生活……的环境"权利的协议。

●《世界文化和自然遗产保护公约 1972》——该协定为世界各地重要的文化和自然保护区建立了保护机制，从而将历史遗址纳入之前在保护荒野方面所做的努力之中。

●《濒危野生动植物国际贸易公约》(CITES)——这项于 1973 年制定的公约为世界自然保护联盟发起的自愿协议，目前有 177 个签署国。

这些早期协议中的每一项都有助于使全世界认识到，可以努力在发达国家和发展中国家之间建立重要联系，以改善所有人的生活条件。这些协议也帮助确立了一种普遍的观念，即在一群人身上发生的事情会给世界其他地区的人们带来影响。我们开始认识到，一个人、一个组织、一个企业或一个政府的行为，会在不知不觉中对地球上其他人的生活产生或积极或消极的影响。

第十节　臭氧让全世界走到一起

在这一背景下，科学界对臭氧消耗的问题敲响了警钟。臭氧(O_3)是一种在大气中自然产生的化学物质。它可以从低层大气的大气污染中形成，在城市高雾霾的天气中引发严重的呼吸困难。不过，臭氧层也在保护我们免受来自太阳的紫外线辐射。

20 世纪 70 年代,科学家开始认识到一种叫作氟氯昂的化学物质正在破坏平流层中的臭氧。人们对未经过滤的紫外线辐射对生态系统——尤其是人类造成破坏的危害十分担忧。我们知道,过量的辐射会导致皮肤癌。臭氧层最薄的部分都在地球的两极。研究人员绘制了许多张地图,来勾勒出"臭氧空洞"每年变化的程度,但几乎没有制定任何政策主张禁止氟氯昂的使用。

虽然氟氯昂对上大气层具有破坏性,但它们也是非常有用的化学物质。它们可以有效地用于制冷系统,是气溶胶喷雾剂的优良推进剂,并能作为溶剂使用。因此,在日常生活中,禁止或减少这些非常有效的化学物质的使用遇到了很大的阻力。

然而随着氟氯昂的影响在 20 世纪七八十年代有所增加,并且在两极上空的臭氧空洞不断扩大,必须采取某种行动应对。20 世纪 80 年代中期发生的两件大事都在试图解决这些问题。第一个是《保护臭氧层维也纳公约》(1985 年),第二个是《关于消耗臭氧层物质的蒙特利尔议定书》(1987 年)。第一个是保护臭氧层的国际协议,第二个是一项具有法律约束力的国际协议,旨在减少消耗臭氧层的化学物质。

1987 年通过的《关于消耗臭氧层物质的蒙特利尔议定书》具有重大意义。世界各国第一次认识到,他们需要采取共同行动,以减少由他们当中大多数国家产生的有害污染的影响。一个国家无法单方面采取行动来解决这个问题。相反必须达成所有国家都一致同意的削减协议,以努力解决危险的臭氧损耗问题。

幸运的是,该协议发挥了作用,与上层大气臭氧破坏有关的化学物质总的来说都在下降。《关于消耗臭氧层物质的蒙特利尔议定书》的成功制定向世界表明,可以通过缔结国际协定来解决实际的环境问题。不幸的是,臭氧不过是 20 世纪 80 年代世界面临的一个主要问题而已。

第十一节　全球化和《布伦特兰报告》

"全球化"一词用来描述通常通过经济或运输系统的一体化,国家之间的交流使文化或态度趋同的过程。全球化已经发生了好几个世纪。例如,当罗马人扩张他们的帝国并"罗马化"他们征服的领土时,他们也把自己的建筑、艺术、语言和其他文化形式带到新的领地。这也就是为什么在英格兰会有罗马道路,在北非有罗马剧院。但全球化是一条双向车道。在西亚诞生的基督教在很短的时间内就在罗马找到了心怡的家。此外,16世纪在美洲与欧洲旧大陆、非洲和亚洲之间的哥伦布交换期间,也见证了广泛的生物和文化交流。

当然,我们可以在我们的文化历史中找到许多全球化的例子。但是现代形式的全球化在20世纪80年代开始加速。

在此之前,当然有国际贸易、交流和文化交往。随着现代交通运输系统、开放性的贸易协议及电信和计算机的出现,世界发生了变化。资源可以被迅速转移,工厂可以定位在有廉价劳动力的地区,在东京、巴黎、开罗或纽约等金融中心做出的决策可能会影响到巴西、也门、加蓬或缅甸的农村地区。

而且很明显,全球化以一种意想不到的方式把我们连接在了一起。我们看到了一连串的环境灾难带来的毁灭性破坏,如1984年在印度博帕尔邦发生的有毒化学物质泄漏造成数千人死亡,1986年切尔诺贝利核电站发生毁灭性的核泄漏灾难,还有1988年美国黄石国家公园的森林大火过火面积超过3200平方千米。每一次环境事件,虽然没有影响到全世界的每个人,但鉴于其破坏程度,每个人都在情感上受到了影响,特别是因为其中许多事件都是由全球化趋势引起的。

在现代社会,全球化是我们习以为常的事情。我们许多人都在当地的商店里购买产品,而这些产品可能是在遥远的地方制造出来的。我们与生产资料的联系很少。我们中的许多人都生活在消费社会中,不受工厂、运送或资源开采的影响。货物通过不断扩张的全球贸易网络被惯常地运往世界各地。

甚至连我们的食物也被运往世界各地。我们生活在一个神奇的时代,因为我们在本地可以买到非应季的来自世界其他地区的应季水果和蔬菜。

在 20 世纪 80 年代,全球化的进程是一个相对新的潮流。虽然也有国际贸易和全球联系,但并没有发展到我们今天看到的扩张型贸易。

随着全球化的发展,许多人开始关注全球化对环境和世界文化带来的影响。由于全球化带来的环境和社会状况恶化的大量证据,这种关注在围绕可持续发展的广泛讨论中形成了框架。此外,这种全球经济变化会带来明显的赢家和输家,而经济差距也会日益凸显。

联合国自成立以来就一直在关注这些问题。然而在 20 世纪 70 年代末和 80 年代初,有证据表明情况正在恶化,许多人感觉到解决这个问题非常重要。

于是,联合国在 1983 年成立了世界环境与发展委员会。该组织由挪威前首相格罗·哈勒姆·布伦特兰(Gro Harlem Brundtland)担任主席。该组织的职责是为制定全球可持续发展战略寻找方案。他们的开创性成果就是《世界环境与发展委员会报告:我们共同的未来》,这常被称为《布伦特兰报告》(The Brundtland Report),成为勾勒国际可持续发展未来的关键性文件。

《布伦特兰报告》是对可持续发展作出简明定义的第一份报告,它对可持续发展的定义是"在不损害后代满足其自身需要的能力的前提下满足当前需求的发展"。这个定义在今天被广泛采用。

不过，《布伦特兰报告》的重要性不仅在于就可持续性发展做出了重要的首个定义，它还改变了我们看待环境问题的态度。报告详细指出，大多数环境问题并不是一个人或一个行业的行为造成的。相反大多数环境问题是导致环境恶化的一系列综合行为和情况带来的结果。这一认识的关键在于认识到人口、粮食、物种丧失、能源、工业、城市化和人类定居等问题是相互关联的。我们不能再把环境问题看成仅仅通过控制某种污染物或行业就可以很容易地得到解决。这些问题是文化和社会问题，需要我们对其根源有更深入地了解。

报告还详细说明了不平等对环境造成的影响。在国家之间，受益者常常感受不到工业化带来的负面影响。即使在同样的文化背景下，阶级、性别、教育或年龄的差异也会导致环境体验和伤害的差异。

报告还指出，由于缺乏支持长期增长的资源，工业化的增长会受到明显的限制。这里有该报告的链接，应该仔细阅读，以了解其内容的广度。例如，报告详细讨论了世界各地的能源选择状况和对未来的挑战。对食物、人口、濒危物种、工业化和城市化也做出了类似的总结。

因其清楚地列出了世界在 20 世纪 80 年代所面临的问题，该报告经常受到人们的赞扬。然而也有许多人对所列的问题缺乏进展感到失望。

报告的缺陷在于它的建议部分。基本建议是加强国家法律、国际协议以及改善全球机构来管理这些问题。然而该报告并没有提供衡量成功的具体可测量的标准。正如我们将要看到的，这是 20 世纪 90 年代之后的一个关键举措。

尽管《布伦特兰报告》因为没有针对它所确认的问题拿出足够清晰的解决方案而受到批评，但它依然是可持续发展领域中最重要的文件之一，因为：一是报告对可持续发展给出了明确的定义；二是报告确认环境问题与治理、贫困、阶级和性别等社会问题之间存在相互联系；三是报告强调工业化会由于资源日益减少而受到限制。

由于种种原因,全球化仍然是环境界关注的一个大问题,而《布伦特兰报告》也只是这场讨论的开始。在有关全球化对社会和环境的影响方面,最主要的关注声音之一来自范达娜·席瓦(Vandana Shiva)。她在反全球化运动中发出了最重要的批评之声;反全球化运动反对全球化的消极方面,同时拥护国际合作取得的积极进展。她坚信地方传统做法的重要性,反对不可持续的全球性企业。

席瓦在一些重要的领域工作过。例如,她一直对转基因食品生产的影响持批评态度。大型农业公司为它们的种子申请专利,使得农民不仅要依赖它们的种子,还要依赖公司所推荐的必需的设施维护和肥料。这就使农业远离了传统做法,损害了农民为子孙后代保存种子的能力。这种做法的赢家是西方企业,而输家是依赖全球化农业体系的当地农民。

第十二节　深生态学

在全球化正在成为一个环境问题的同时,20 世纪 70 年代末出现了一场被称为深生态学(Deep Ecology)的哲学运动,其在某种程度上是对官僚政府应对环境衰落方面以及在环境改善方面整体缺乏进展的批判。从某些方面来说,这场运动是以挪威人阿恩·纳斯(Arne Naess)的作品为基础建立起来的,并受到了利奥波德、卡森和艾比作品的影响。许多当代作家都在倡导深生态学的原则,并且仍然是当今环境运动中一些人提倡的一种重要方式。

深生态学的基本信条是无论其有何公用环境和作为一个整体的自然界具有其价值。因此,它应该受到保护,不是因为它的用途,而是因为它存在的权利。人类不是被看成自然界的保护者,而是自然界的一个问题。因此,深生态学者们往往提倡俭朴的生活、降低人口,以及与自然界的深层联系。一些人已经发展出了另类社区,比如"跳舞的兔子生态村"①。

在许多方面,深生态学者们与历史性的缪尔、品肖辩证法有着密切关联,显然他们是站在缪尔阵营的一方。他们对利用大自然为人类造福的想法感到不悦。相反,他们主张保护大自然,减轻对它的践踏。正如我们将要看到的,深生态学运动对现代可持续运动的影响很大。然而也有许多人将可持续性看成推动某些传统保护观念的一个领域、对大自然视为经济发展源泉的这一观点持批评态度。

深生态学也极大地影响了环境行动领域。例如"地球优先!"深信应该采取多种手段来阻止环境恶化。在 20 世纪 90 年代,当深生态学者们试图阻止对原始森林的砍伐时,他们引起了人们巨大的关注。他们举行了一系列的抗议和活动,以引起人们对砍伐古树的关注。一些人爬到树上并住在那里,以防止它们遭到砍伐。其中最著名的"树保姆"或许就是茱莉亚·巴特弗莱·希尔(Julia Butterfly Hill)了。1997 年 12 月 10 日,她爬上了后来被她命名为"露娜"的一棵面临危险的树上,并在上面待了 738 天。她不仅阻止了这棵树遭到破坏,而且还保住了一个面积将近 20 平方米的缓冲区里的其他树木,这是她答应从树上下来的一个条件。希尔的努力激发了全球范围内的一系列非暴力性质的环境保护行动。

尽管受到像朱莉亚·巴特弗莱·希尔这样的人的鼓舞,但深生态学者们对在环境方面普遍缺乏可衡量的行动,以及优先迎合企业或个人而不是环境的做法感到沮丧。

---

① See www.dancingrabbit.org.

第十三节　环境正义

在深生态学者们关注自然地貌保护的同时，一个由行动主义者和研究人员组成的新的团体开始将人们的关注点转向对社区和文化的保护（图 1.9）。

传统上，环保团体一直由白人主导。随着环保运动在 20 世纪七八十年代的发展，越来越多的人批评环保主义者对有色人种社区的环境问题视而不见，而是倾向于对没有人类居住的自然地貌的保护。有几个案例突出地表现了这一批评。黑泽尔·约翰逊（Hazel Johnson）常被认为是环境正义运动之母，她为其中一个最著名的案例的讨论提供了出发点。

图 1.9　布鲁克林街头的这一艺术形象给人一种与城市问题的多样性和公平性相关的挑战感。

黑泽尔·约翰逊是芝加哥南部的一名活动家。在发现自己认识的几个人在 20 世纪 80 年代初因不明原因病倒后，她开始关注环境问题。她记录癌症和其他疾病的病例，并确信这些疾病是环境原因导致的。

经过调查，她发现她所在社区的癌症发病率是全芝加哥最高的。她还了解到，该社区周围有几十个垃圾填埋场和地下储水池。她发现社区里许多人的饮用水都被含有从这些地下水源泄漏出来的化学物质污染了。

约翰逊的努力，以及罗伯特·布拉德（Robert Bullard）（我们将在后面的一章中读到他）等人的努力，促成了将环境正义确定为我们这个时代现代环境运动中最重要的新领域之一。最终，克林顿总统在 1994 年签署了一项行政命令，以确保联邦政府所采取的行动要将环境正义加以考虑。该项法律还指示政府在少数族裔和低收入社区采取行动，以确保在改善那里的环境状况方面做出努力。此外，美国环境保护署在 1992 年成立了环境公平办公室（现称为环境正义办公室）。

从那时起，环境正义这个词就被广泛地应用于涵盖各种不同类型的地区和情况。例如，在研究消费社会对发展中国家的影响或国际冲突对社区的影响时，环境正义就可能是一个考虑的因素。正如我们将在"环境正义"一章中所看到的那样，这一新的提法为社区赋权、改造和振兴提供了机会。

第十四节　可持续性的测量

我们解决过往失败的一种方法是为未来制定可衡量的可持续性目标，并在一段时间后通过一个结果评估过程对取得的成果进行评估。因此，仅仅设定目标是不够的，还必须为实现目标制定步骤，对在实现目标的过程中取得的成功进行衡量，并就为实现尚未实现的目标而如何改进做法进行评估。这种测量可持续性的方法是一种以结果为导向的方法，它是现代环境运动的基石。以一种"让人感觉良好的方式"在环境方面做小小的事情已经不够了,而是必须对结果进行测量,以评估是否真正达到了合理的目标。

对目标的测量可以做到年与年的比较,一个地方与另一个地方的比较,或者一个组织与另一个组织的比较。这种比较方法可以做到对结果进行"基准测试",以对成功和最佳做法做出评估。例如,可以对两个州在减少温室气体污染方面所做的努力进行比较,较成功的州就可以成为另外那个州的榜样,这样就可以找到取得积极结果的途径。

对可持续性进行测量的观点已经存在了很长一段时间。例如,在推动现代可持续性测量之前的几十年里,许多人试图降低污染。然而测量可持续性指标的综合方法从 20 世纪 90 年代末到我们现在这个时代取得了很大进步。我们将在接下来的章节对可持续性的测量展开详细的讨论,但在此值得简要回顾一下。

第一个重要的国际可持续性指标之一便是联合国千年发展目标[The United Nations Millennium Development Goals(MDGs)],产生于 2000 年联合国千年首脑峰会。世界上所有国家都签署了峰会确定的目标,而这些目标无疑可以追溯到《布伦特兰报告》。这次峰会的目的是在 2015 年前实现下列 8 个主要目标:

1. 消除极端贫困和饥饿

2. 普及初等教育

3. 促进性别平等和赋予妇女权力

4. 降低儿童死亡率

5. 改善孕产妇健康

6. 防治艾滋病、疟疾和其他疾病

7. 确保环境可持续性

8. 建立全球发展伙伴关系

每个主要目标都设定了具体目标和实现目标的时间表。例如目标 7：确保环境可持续性，下设 4 个子目标及具体可测量的结果：

7A 将可持续发展的原则纳入国家政策和计划；扭转环境资源流失

7B 减少生物多样性的损失，到 2010 年，显著降低损失的速度：

●土地面积森林覆盖率

●二氧化碳排放总量、人均排放量、每 1 美元人均国内生产总值排放量

●消耗臭氧层物质的消耗

●安全生物范围内鱼类资源占比

●水资源总使用量占比

●陆地和海洋保护区面积占比

●濒危物种占比

7C 到 2015 年，将无法获得合适的安全饮用水和基本卫生设施的人口比例减半

●拥有可持续获得经过改善的水源的城市和农村人口占比

●拥有经过改善的卫生条件的城市人口占比

7D 到 2020 年，使至少 1 亿贫民窟居民的生活得到显著改善

●城市贫民窟人口占比

目标 7 的每个子目标都有与之相关联的可测量的结果。现在再仅仅说物种将受到保护或者国家将竭尽全力为其人口提供安全饮用水已经不够了。全世界都在期待着取得真正重大的成果来改善人类的生活，使环境得到更有效的保护。

联合国千年发展目标只是过去二十年中确立的一类目标。LEED 绿色建筑评级系统提供了另一个范例。

LEED 指的是"绿色能源与环境设计先锋奖"。LEED 绿色建筑评级系统是由美国绿色建筑委员会在 20 世纪 90 年代末提出的，它基于各种可

衡量的标准对建筑物的"绿色"品质进行评估。

LEED 是一个积分制系统，根据其在不同方面的表现将建筑物评为银级、金级或白金级。此外，LEED 认证涵盖新建筑、现有建筑、商业室内设计、建筑核心、零售业建筑、学校、家庭住宅和社区。

例如对于新建筑，可以在以下方面获得积分：选址、开发密度、棕地开发、交通基础设施、生境保护、雨水设计、降低光污染、减少用水量、景观绿化选择、废水管理、能源系统、废物管理、材料再利用、室内空气质量等。虽然仍不全面，但这张清单展示出了绿色建筑认证的复杂性。

绿色建筑正变得越来越普遍，该系统自 20 世纪 90 年代后期启用后，已经有数千幢绿色建筑获得了认证。著名的 LEED 建筑包括纽约帝国大厦（绿色改造）和明尼阿波利斯的塔吉特运动场（明尼苏达双城队主场）。

正如我们将要看到的，这种绿色认证和以结果为导向的可持续性测量法已经被普遍使用，也为许多对可持续性职业感兴趣的学生提供了工作机会。

一些人批评可持续发展基准运动过于简单化。例如，LEED 评级系统提供了良好的方法来测量某建筑物绿色技术的使用，但并不对该建筑物的用途作出评估。换句话说，你可以用各种绿色的铃铛和哨子建造一座大厦，可以让它完全使用太阳能，并在所有 13 个卫生间里使用复式厕所，然而如果这座大厦只有你和你的小家庭居住，那它甚至不如住在一间传统小公寓里那么环保了。

因此，重要的是要对绿色评级系统的性质进行评价，以研究其背后的价值。美国绿色建筑协会显然最关心的是推广绿色技术，以改善建筑物对地球的整体影响。总的来说，他们并不关心建筑物建成后如何使用。

某些评级系统也可能掩盖了某个问题的复杂性。以推广使用再生纸为例。想象一下，你们是一家造纸公司，利用从加拿大可持续管理的森林中提取的纸浆。你们的造纸厂由水力发电驱动，它被认为是绿色能源。在某些评级系统中,这将被认为是一种不可持续的纸制品,因为这种纸张并不含有再生材料。

这个问题可能会变得更加复杂。想象一下,你们是上述那家造纸公司附近的一家纸采购公司。如果你们公司决定只购买再生纸,这就要求你们从可能距当地源头数百英里之外的回收工厂进口纸张。依照许多可持续性指标的测量标准,这肯定是一个恰当的决定。然而当考虑到一些可变因素,如碳足迹、运输排放和社区影响时,遵循可持续性测量计划做出的这一决定就会变得相当复杂。

因此,虽然可持续性基准测试系统乍一看似乎是一个很基本的方法,但实际上相当复杂。非常重要的一点是要了解方案的目的和选择依赖某种基准测试系统用于任何一个组织中的含义。我们将在接下来的章节中针对这一问题展开更为详细的讨论。

第十五节　前方的路

这本书的其余部分被分为若干章。每一章都对可持续性的某个重要主题提供了一个独特的视角。在此过程中,我将向您介绍不同的可持续性研究专家,他们在研究社区行动、经济发展或环境保护方面做出了各自的贡献。在概述本书之前,我想你应该对我,也就是本书的作者,有一点了解。

我最初来自北威斯康星州东南部的一个小村庄,名叫沃特福德(图1.10),正好位于北美中部。开车的话,我和家人可以在大约一个半小时后到达芝加哥,或者大约一个小时到达密尔沃基。不过,我们很少去这些地方。相反,我们把大部分的空闲时间都花在了威斯康星州北部的森林里,那里靠近密歇根上半岛的边缘,我们在那里有一间小木屋。我们会在树林里和水上度过周末和假期。虽然我们拥有现代中产阶级家庭的所有舒适条件,但我们肯定比大多数人更喜欢户外活动。

图 1.10   1968 年本书作者在位于北威斯康星州的自家地产上徒步旅行。

高中毕业后,我就读于威斯康星大学奥士科什分校,主修地质学。我爱上了矿物学和野外地质工作,特别是在我进入一所田间学校之后;这次经历让我走遍了加拿大西北部的育空、英属哥伦比亚和阿尔伯塔。我想成为一名采矿地质学家。我在威斯康星大学密尔沃基分校继续攻读了地质学硕士学位,毕业论文是对密西西比河附近威斯康星西部地区的冰川地质学研究。在此期间,我为一家矿产勘探公司工作,任务是寻找河流沉积物中的特殊矿物,这个想法的目的是寻找与宝石相关的微量元素,并以此找到稀有宝石矿藏。

在中西部的农村地区开展这项工作时,我意识到地球表面的变化比大多数地质学家认为的要严重得多。世界并不是仅仅由被地球力量改变的简单的地质层组成。地球也被其人口的力量所改变。自从我的顿悟以来,科学家们理解了我的观察,把目前的地质时代称为人类世(the Anthropocene)。

当我对自己的发现具有的含义进行思考时,我意识到关于人类在改变地表方面了解的信息很少。我懂得了像利奥波德和卡森这样的人所做的努力,但很少有人对地表的变化进行过系统性的研究。终于,我决定将此作为我职业生涯的重要课题。我曾在南佛罗里达大学从事这项研究，目前在霍夫斯特拉大学进行研究。

为了实现这一目标，我决定与著名的土壤科学家罗伯特·艾特进行合作。他发明了"人造土"一词，用来指一种因人类的行为而改变的土壤。我在 20 世纪 80 年代末完成了关于土壤铅污染分布的论文。

在过去的 30 年里，我一直在研究土壤和沉积物污染的问题。我研究了佛罗里达州土壤中的铅污染，以及街道上的沉积物、雨水和街道垃圾造成的污染的分布和严重程度，发表过多篇相关课题的论文。

近年来，我越来越关注与温室气体污染和全球气候变化相关的问题。当我在佛蒙特法学院师从帕特里克·帕朗托（Patrick Parenteau）参加暑期课程时，我接受了一些政策方面的学习。从那以后，我写了多篇文章，涉及温室气体政策及各种其他可持续性问题。

当然，我的研究也一直贴近我在地球科学领域的根基。我深爱大自然，也深爱地质学。我一直继续着对自然系统方面的研究，并发表了关于洞穴和灰岩坑方面的专著。

我喜欢园艺并喜欢花时间在大自然中。你可以访问我的博客"走在边缘"，里面有我对有关环境话题的随笔。除了澳洲和南极洲以外，我去过所有的大洲，除了俄勒冈以外，我去过美国所有的州。我喜欢在大自然中漫步，也喜欢公园。每当我旅行的时候，我都会尽可能多地去参观一些公园，以了解当地的地貌和世界上不同地区如何管理他们的公共土地。

作为一名园丁，我对食物也很感兴趣。在我的一生中，我们已经极大地改变了我们的农业系统，我很感兴趣它对我们产生了怎样的影响，不仅是从健康的角度，而且是从伦理的角度。我们中的大多数人都与植物和动物有着非常密切的联系，除了我们的父母和祖父母之外，它们给我们提供了食物。

在我的一生中，世界发生了巨大的变化。在某些方面，它已经变得更好了。而在另一些方面,情况则变得更糟了。这本书的读者可能会有同样的感受。我们有严重的能源和水资源问题,人口在持续膨胀,而全球气候变化可能会使我们烦恼几十年。

我写这本书的目的是为了在可持续性这一新领域内提供一个理解这些,以及其他问题的组织框架。我有机会作为一名研究者进入这一不断发展的领域,我认为我的研究方法对于那些有兴趣从事可持续性研究的人来说是一个合适的起点。在这本书中,你会发现我的方法是系统性的,因为它的文本结构会带着我们从一个主题进入另一个主题,而这些主题又是相互依托的。不过,我也努力将书中的内容应用到现实世界中来,并将那些处于可持续性领域最前沿的人们介绍给你。我还在每一章中提供了一系列有趣的网络链接,引领你进入新的方向,并提供给你该领域内其他人工作的真实信息。

第十六节　文本结构

本书分为四个部分,每部分有三章或更多。第一部分着重于可持续性理念的起源。在这部分中,我们将探索该领域的历史背景(正如我们在本章所做的),提供对地球系统的基本认识,并就可持续性的测量方法展开讨论。第二部分是对可持续性与自然资源的分析研究,每一章主题分别为能源、温室气体管理与气候变化、水、粮食和农业。第三部分带着我们去认识可持续发展和社区,并提供绿色建筑、运输、废物和环境正义等相关信息。第四部分各章分别介绍规划、可持续发展、绿色经济、企业可持续性,以及大学里的可持续发展理念。

我希望你能喜欢这本书。如果您有任何改进的建议,请即时与我联系,我的电子邮箱是:robertbrinkmann@hofstra.edu。

当我告诉别人我从事可持续性领域的教学和创作的时候，他们先是一脸茫然，之后问的第一个问题是："那是什么？"我所在系的一些可持续性专业的学生告诉我说他们的朋友并不完全了解这个专业或学科，他们也很难向他们的父母解释这是怎样的一个专业。以下是环境可持续性领域的一些专业及其大致的研究内容。

环境科学。环境科学专业的学生学习地球系统科学方面的课程，如生态系统（生物学）、水和其他资源（地质学、气象学、水文学和地理学）、环境化学和环境工程等。这一领域的学生经常学习一系列辅助性科学和数学课程。环境科学专业的学生通常会获得理科学士学位。

环境政策。环境政策专业的学生重点研究与环境政策的制定和管理相关的一系列问题。他们学习一系列文科和应用课程，涉及领域包括政府和政策、规划、社会学、经济学和商务。环境政策专业的学生通常会获得文科学士学位。

环境研究。环境研究专业的学生通常关注的是人文领域的环境问题。他们学习的课程包括文学、哲学和艺术。环境研究专业的学生通常获得文学学士学位。

可持续性研究。可持续性研究专业的学生通常把科学和政策联系起来，以便找到改善整体环境、社会或经济可持续性的方法。由于该领域的多样性，可持续性课程的差别很大。不过，可持续性专业的应用性往往比之前提到的任何一个专业都更强，因为该专业偏重于通过实现改进来解决实际问题。

世界各地还开设有许多其他类型的环境专业学位课程，包括环境管理、环境规划、环境经济学和城市生态学，分别从不同的视角对环境领域进行研究。

你所在的大学或学校都开设了哪些环境专业和学位课程？

第二章

认识自然系统

我们周围的世界是通过许多有组织、系统化的自然过程来运转的（图2.1）。本章的目的就是对这些过程进行分析。从认识地球的岩石系统开始，之后我们将进入水圈，那里是一系列的化学循环，其中包括重要的碳循环，最后是地球上的生命循环及生态系统的分布及其重要性。

图 2.1　虽然世界上许多地方都已被人类所改变，但了解地球主要系统的工作原理是非常重要的。

第一节　地球、地层和岩石循环

地球大约有 45 亿年历史。位于宇宙一个偏僻的地方,我们的星球和与我们相关的太阳系由各种硅和铁基天体组成,包括其他行星、卫星,当然还有我们的太阳。

地球本身由一系列被称为地核、地幔和地壳的地层组成。地核由两层组成,一层是固体内层,另一层是熔融的外层。这两层都是由铁和镍组成的,那里的压力和温度是我们生活在地球表面的人难以想象的。在地核之上,同样是在巨大的热量和压力下,是地幔。这一层相当厚(2900 千米),其活动有点像固体,也有点像塑料。由于这些性质,地幔有着独特的水流,就像极慢的沸水移动着地幔。这些水流携带着地球上最薄的那一层,也就是地壳,以非常缓慢的速度环绕着地球运行。正是这些运动导致了地震和大多数的火山喷发。

但是地壳才是我们这个星球上所有生命的家园。其实地壳系统有两种主要类型:海洋地壳和大陆地壳。这些地壳类型又被划分成几个不同的板块,它们在深层地幔的流动所导致的被称为板块构造的过程中缓慢地穿过地球。海洋地壳密度更大,基本上是由有时被称为扩张中心的位于大裂谷的海底火山喷出的火山物质组成。大陆地壳较轻,由多种类型的岩石组成,其形成的条件不尽相同。

地球的主要构造块是矿物,它们是天然存在的物质,具有不同的化学、物理和晶体性质。目前已经发现了近 5000 种矿物,但地球表面的大部分都是由一些常见的矿物组成的。一般来说,矿物可以分为两类:硅酸盐和非硅酸盐。一些最常见的矿物存在于广泛的硅酸盐矿物群内。大约地壳的 90% 是由它们组成的。它们是最丰富的矿物类型之一,包括石英、长石、黏土、角闪石、黑石、锆石和辉石等矿物。

非硅酸盐虽然不像硅酸盐那么丰富，但也是很重要的矿物质，其中包括卤化物，比如岩盐（盐）；碳酸盐矿物，比如方解石和白云石；硫酸盐矿物，比如石膏；磷酸盐矿物，比如磷灰石（磷肥的主要来源）；自然元素矿物，比如黄金和铜；硫化矿物，它们是许多金属的主要矿石；氧化物矿物，比如铝土矿、赤铁矿和刚玉。一种或多种矿物组合在一起则构成岩石。

岩石可分成三大类：火成岩、沉积岩和变质岩。火成岩由熔融岩石凝固形成，通过两种方式实现：地下深处的熔融岩石的凝固，或者当熔岩以岩浆形式进入地表的时候。接下来我们将讨论沉积岩和变质岩。

在地球深处的岩浆中凝固形成的火成岩被称为深成岩或侵入性火成岩。通常，产生的岩石为一个巨大的固体，被称为岩基。火成岩从火山喷出的熔岩中凝固，被称为火山岩或喷出性火成岩。当这些物质从火山喷出时，它们就会产生熔岩流或火山灰，变成当地或地区性的岩体。

虽然这两种类型的岩石可能具有相似的化学性质，但它们的外观却迥然不同。侵入性火成岩可能需要数万年才能冷却。岩石中晶体的形成很缓慢，可能会相当大。相比之下，在喷出性火成岩中产生的晶体，由于表面的冷却速度快，所以它们的个头很小。一些火山活动的剧烈性质产生了喷出性火成岩，一些岩石可能以火山灰的形式或被称为浮石的凝固泡沫状的形式存在。在某些情况下，这些岩石被从地球里挤压出来的速度很快，以至于它们根本就没有晶体结构，而是变成了一种被称为黑曜石的玻璃。

表 2.1　化学性质相似的侵入性岩石和喷出性岩石具有明显不同的性质和名称

	侵入性	喷出性
高硅	花岗岩	流纹岩
中间物	闪长岩	安山岩
低硅	辉长岩	玄武岩

两种类型的火成岩可以根据它们的化学和矿物学性质分类。（表 2.1）

根据其硅含量和形成方式(侵入或喷出)列出了几种类型的火成岩。

相比较而言,沉积岩是由地球表面的矿物质沉积形成的,无论是在陆地上还是在水中。沉积岩主要有三种类型:碎屑沉积岩、生物化学沉积岩和化学沉积岩。每一种都将在下面进行讨论。

在讨论岩石类型之前,重要的是讨论一下化学和物理岩石风化。当岩石暴露在地表时,它们会对气候条件作出反应。各种物理过程可能都会给岩石带来影响:冻结和解冻、盐晶体生长,以及生物效应,如树根生长。与此同时,一系列化学过程可能会将矿物溶解或转化为其他矿物。当这种情况发生时,离子物质,如钙、钠、钾或碳酸氢盐可能会被释放并溶解,进入水系统,成为地球化学循环的一部分,例如植物的营养循环。

碎屑沉积岩是由其他岩石形成的,这些岩石曾经以某种方式被另一种岩石侵蚀。这些沉积物可以被风或水大量地输送到某种类型的沉积环境中,通常是或低或深的区域。随着时间的推移,这种沉积物可以在一个叫作岩化的过程中固化。

碎屑沉积岩根据沉积物的大小进行分类。有三种主要尺寸(尽管每一种又都由沉积岩专家细分)分别为:砾石(直径>2 毫米),沙(0.0625—2 毫米)和泥浆(<0.0625 毫米)。由圆形砾石构成的碎屑沉积岩称为砾岩,而角形砾石称为角砾岩。由沙子构成的岩石毫不奇怪地被称为砂岩。由泥浆构成的岩石被称为泥岩或页岩。值得注意的是,在碎屑沉积岩的分类中并没有化学或矿物学上的称谓。然而许多矿物在侵蚀或运输过程中无法存留下来。因此,某些类型的碎屑沉积岩在矿物学上是同质的。例如,大多数砂岩几乎完全由石英构成。

生物化学沉积岩是通过生物过程形成的一系列有趣的岩石。我们大多数人都吃过贝类,比如牡蛎或贻贝。食用这种蛋白质后留下的外壳是一种矿物质,通常是方解石,可以变成沉积岩。珊瑚和牡蛎礁就是有生命的生态系统在不断创造出来的新的矿物质的例子。到目前为止,最常见的生物化学沉积岩是石灰岩。当在显微镜下看这种岩石的薄片时,可以看到或大或小的贝壳碎片和富含钙的粪便。煤和燧石是其他生物成因的岩石。

化学沉积岩是最稀有的常见沉积岩之一。它们通常形成于沉积环境,如湖泊或浅海,那里的水被溶解的矿物浸透。犹他州的大盐湖和中东的死海即是这些条件目前存在的例子。在这些地方,水的蒸发比水的输入要多。溶解的矿物质使水变得越来越饱和。最终,水会变得过于饱和,于是矿物质的沉淀便开始了。一系列称为"蒸发岩"的岩石由此形成,其中包括岩盐和石膏。

变质岩是由于热和压力形成的岩石。因其从其他类型岩石转变而来,因此它们经历了蜕变,成为全新的东西。它们一般形成于有巨大压力的地球深处,通常是在板块构造活跃的地方。例如,在美国阿巴拉契亚地区发现了许多变质岩。在这里,近5亿年前,北美板块与部分非洲板块发生碰撞,形成了一个高耸的山脉系统,可以与喜马拉雅山脉相媲美。几千年来,山脉深处的岩石承载着巨大的压力。今天,这些变质岩裸露在阿巴拉契亚山脉的部分地区。变质岩也经常出现在世界上的巨大山脉中。

变质作用不仅改变了岩石,而且还改变了矿物。可以形成独特的矿物组合,包括石榴石、石棉和红柱石。变质作用可以改变岩石的结构,形成独特的叶状或条带。有时,与母岩的联系是显而易见的。例如,变质石灰岩变成大理石,变质砂岩变成石英岩,变质页岩变成板岩。然而,高度变质岩的起源,尤其是片麻岩和片岩,很难辨别。

岩石循环

地质学领域的关键是岩石循环的概念,这一概念表明任何岩石都可以通过上面列出的过程变成其他岩石(图2.2)。火成岩可以通过侵蚀、运输、沉积和随后的岩化作用变成沉积岩。火成岩也可以变成一种变质岩,如果它受到热和压力,或者它可以融化而变回火成岩。变质岩和沉积岩也是如此。数亿年后,每一种都可以转化成为另一种。

岩石循环表明地球在不断变化。没有人类的行为,它总是对给地壳带来改变的地表和地下的过程做出反应。同样,地球表面的自然过程通过化学和物理风化、侵蚀、运输和沉积作用而对这一过程做出贡献。正如我们将要看到的,许多与地球有关的化学和生物循环都依赖于岩石循环及地球物质的不断循环。

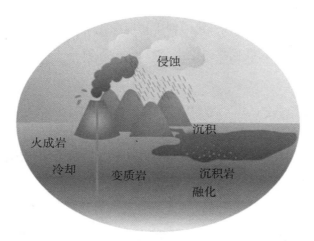

图 2.2　岩石循环显示岩石的主要形态及其形成

但是由于环境变化的高速率,当代岩石循环已经发生了很大变化。地质学家把这个新的地质时代称为人类世,大致从工业革命到我们现在这个时代。科学家用来证明我们处在一个新时代的关键证据是这样一个事实,即我们的气候正在发生改变,我们正处在一个(物种)快速灭绝的时期,我们大大改变了生物地球化学循环,尤其是向环境释放微量元素,比如铅或核粒子。

第二节　生物地球化学循环

有许多生物地球化学循环相互交织在一起创造出我们当前的环境。生物地球化学循环是重要的环境化学物质，经过环境的不同区域（岩石圈、水圈和大气）以及它们之间相互联系的方式。正如我们将要看到的，这里所描述的每一种生物地球化学循环对于生态系统的调节都是重要的，而且在我们当前这个时代，每一种生物地球化学循环都在某种程度上被改变了。在这一节，我们将讨论水、碳、硫、氮和磷。

一、水与水循环

水（H_2O）是一种简单的化合物，存在于一个被称为水圈的互联系统的地壳和大气中。

水作为地表少有的化学物质之一存在三种形态：气体、液体和固体。当它从一个形态转变到另一个形态时，能量就会丧失或增加。这一热力学过程是指一个物体经过相变时释放或吸收的潜热或热量。因此，能量的转移是水在我们的环境中起到的一个关键作用。聚变的潜热（冰到水或水到冰）为 334 kJ/kg，水蒸发潜热（水到汽、汽到水）为 2260 kJ/kg。因此，随着水在固体、液体和气体之间的变化，热量被释放或获得。

由于汽化的潜热很大，所以需要大量的能量将水从地表蒸发。因为我们的大气中有大量的水，所以那里储存了大量的热能。水的蒸发有助于冷却地表，从而将热量传递到大气中。当水以雨的形式凝结时，热量就会释放出来，从而使地球变暖。这些热量交换有助于通过移动的气团和我们正常的天气系统将赤道地区的热量传递到两极地区。

　　水在不同阶段的转化也有助于它的净化。当它蒸发时,会留下杂质。大多数雨水都是相对纯净的,可以安全饮用。因此,自然的蒸发系统和随后的以雨或雪的形式的凝结有助于自然系统的调节。

　　地球上水的运动被称为水循环(图2.3)。虽然水循环是一个行星尺度系统,但由于其独特的气候和地质环境,地球上的每个位置都与水循环有着独特的关系。

图2.3　水循环。我们在日常生活中如何在改变它?

　　水循环背后的驱动力是太阳。它为水体或土壤蒸发提供了能量。海洋覆盖了地球表面的71%,占据了97%的水量。温暖的海水是大气湿度的主要来源。美国航空航天局绘制了全球大气水汽分布图,他们发现其中大部分都位于赤道附近。这并不特别令人感到惊讶,因为在赤道周围介于北回归线和南回归线之间的海洋是全世界最温暖的。

　　储存在热带空气中的能量是巨大的。在这些地区经常发生的飓风和台风便是明证。近年来,毁灭性的热带风暴袭击了亚洲和北美。有时,这些风暴会冲出热带,将热带能量带到北方,并在那里释放惊人的程度。飓风"桑迪"最近摧毁了纽约市部分地区,给许多发达的沿海地区造成了生命损失和严重破坏。

在大气中蒸发的水可以凝结成雨或雪。世界范围的降水图显示,大部分降水落到了热带地区,那里的大气湿度最高。然而在热带地区以北或以南的许多沿海地区也确实接收到了大量的水分。世界上最干燥的地区往往靠近两极,以及远离水分来源的大陆地区。

热带地区的大部分降水都是由于对流风暴造成的。在一些热带地区,这些风暴几乎成了家常便饭。白天,水从陆地和海洋中蒸发。随着时间的推移,大雷暴在傍晚的时候发生,那时云层堆积增厚。到了夜晚,大气就会冷却下来并变得清澈。这种降雨的每日循环与在世界上许多非热带地区发生的大陆性正面降雨系统形成对照。在这些地方,降雨通常发生在边界上,将来自热带的温暖气团与来自两极的冷空气团分开。有时气团之间的差异很小,由此产生的风暴和降雨是温和的。当差异显著时,就会出现恶劣的天气,导致雷暴或龙卷风。

一旦水分到达地球表面,许多事情都有可能发生。它可能蒸发回到大气中、流进小溪、被储存在冰、湖泊或海洋的表面,或者渗透到地面。

储存在冰中的水约占地球水的 1.75%,占地球淡水储量的绝大部分(70%)。大部分的冰是化石水,这意味着它包含了过去的降水。在大部分极地储冰地,其表面冰的储量相对较低。因此,与地球上储存的冰相比,每年冰的添加量都相对较小。

水流入溪流是水在地球上流动的重要方式。流动的水也有会侵蚀地球以及运输沉积物,地球上只有很小一部分的水存在于溪流中(0.0002%)。

当雨水落在地球表面时,它会在进入一个信道化系统之前经过一个被称为"地表水流"或者"片流"的过程。这些溪流也可以由地下水提供。常年流淌的溪流被称为常流河。一年中有一部分时间流淌的溪流被称为间歇河。那些只有在降雨之后才流动的溪流被称为季节性河流。河流有各种各样的名字,如河、湾、峡谷、小溪和河口等。世界各地的河流有各种各样的区域名称,如 gulch,wadi,kill 和 run。

　　如前所述,水也可以储存在湖泊和海洋表面。海洋拥有地球上大部分的水,而湖泊只占地球总水量的 0.007%。世界上有数以亿计的湖泊,其中大部分位于受冰川作用影响的北纬地区。在最后一个冰河时代,巨大的冰块在北美、欧洲和亚洲留下了许多小湖泊。还有一些非常大的湖泊,最著名的是美国和加拿大的五大湖,它们是由冰川雕琢而成的。

　　水也可以储存在称为含水层的地下水系统中。地球上大约有 1.7% 的水储存在地下水系统中。当水在地表时,它会渗入土壤里。当它进入时,它就变成含水层上方的渗流区的一部分。渗流区是一个储存水分的不饱和区域,但也含有气体。将渗流区与含水层分开的平面称为地下水位。

　　水通过重力和毛细管作用(由于表面作用力和粘附力使水流克服狭窄孔隙空间的重力作用)而渗透到地下。虽然降雨有助于向地下提供水分,但必须要有合适的宿主沉积体或岩石以储存水分。为了储存和传输水分,地下物质必须具有孔隙空间和渗透性(传输水分的能力)。世界上一些最具生产力的含水层存在于热带或亚热带地区的喀斯特石灰岩系统中。

图 2.4　这是位于新墨西哥的卡尔斯巴德洞窟——世界上最大的洞穴之一的入口。洞穴存在于喀斯特地貌中。

　　喀斯特是一个广泛应用于石灰岩地貌景观的术语(图 2.4)。世界上大约有 20% 的地区被喀斯特地貌覆盖,40% 的地下水都来自喀斯特系统。石灰石是一种优良的含水层,因为它具有高孔隙率和高渗透性。方解石是石灰岩中占主导地位的矿物,它可以在与水的接触中溶解,形成广泛的相互连通的孔隙空间,有些可以像洞穴一样大。

喀斯特系统并不是地球上唯一重要的含水层。砂岩、玄武岩和其他岩石及沉积物在适当的环境下可以成为有效的地下水系统。很自然,水从地下水系统中释放出来,通过地表或地下泉水排入湖泊、河流、海洋或其他水体。我们还通过从井中抽水来开发利用地下水系统。

目前地下水的使用存在许多问题,包括污染、盐水入侵和过度使用。干旱或半干旱地区的一些含水层保存着几百年来的化石水。在当今时代,这种水的开采为长期可持续性带来了明显的挑战。

通过与沉积岩的形成相互作用,水循环与岩石循环有明显的联系。它有助于推动化学和物理天气,并有助于岩石运输。水体也是沉积岩石形成的沉积环境。我们将在下一节中看到,水循环在化学循环中也很重要。

二、碳循环与全球气候变化

碳是地球上最重要的元素之一,是地球地壳中第 15 位最丰富的元素。它存在于生命形态中,是调节我们气候的一个关键因素。它在一个叫作碳循环的相互作用的网络中从大气进入土壤、岩石、水及生命。

碳是生物体基本功能所需的常量营养素。像植物一样的自营养物从大气中收集碳以用于新陈代谢。像人类这样通过消耗其他生物来吸收碳的生物被称为异养生物。碳,一旦被消耗,就被用于各种各样的代谢功能。

在岩石中,碳在被称为石灰石或白云石的沉积岩中最常见。这些岩石是重要的碳汇,能够储存很长时间。它们形成于来自海洋生物的外壳、外骨骼和粪便。石灰石和白云石中的主要矿物是碳酸钙。

当然,煤炭和其他化石燃料中也含有大量的碳。这些物质来源于数百万年前的生物。巨大的沼泽盆地捕获了这些生物的残骸,随着时间的推移,它们成为我们今天使用的资源。正如我们将要看到的,燃烧这些化石燃料会导致与温室气体变暖,以及全球气候变化相关的严重问题。

土壤中也含有碳。它存在于生物物质,如蠕虫、细菌、真菌或其他生物,或作为一种稳定的有机化学物质,称为腐殖质。腐殖质是土壤有机物随时间分解而形成的一种复杂的有机物质,它覆盖土壤,使其颜色变深。它是一种非常稳定的化学物质,可以在土壤中保存几十年。正是这种物质使世界上一些最多产的农业地区的土壤颜色变深。

在海洋中也有大量的碳以溶解碳的形式,即碳酸盐离子(CO_3^{2-})的形式存在。到目前为止,岩石圈包含了地球上最多的碳,其次是海洋。一旦在海洋中溶解,它就可能进入生物系统,在与合适的阳离子(带正电的离子)结合后,在海底的沉积物中沉积下来,或者在长时间内溶解。海洋通过吸收大气中的二氧化碳来获取大部分的碳。

我们当今这个时代的一个重大挑战是人为造成的全球气候变化,这主要是由于我们在过去几个世纪中向大气中添加了大量的二氧化碳,从而破坏了碳循环。二氧化碳和甲烷、一氧化二氮、水和其他气体构成了一系列被称为温室气体的气体。这些气体具有吸收热量并将其储存在大气中的能力,从而使其变暖。自从工业革命以来,我们通过燃烧化石燃料向大气中添加了大量的二氧化碳。通过对被吸收在冰中的气体样本进行研究,我们认识到,在 18 世纪,大气中二氧化碳的浓度大约为 300 ppm(百万分之一)。现在,这一浓度已超过 400 ppm,大部分的增加发生在 1950年以后。

二氧化碳的增加被认为是全球气候变化的推手。这些排放中有许多来自燃烧化石燃料,特别是石油和煤炭。在过去的几十年里,由于对全球气候变化的担忧,许多人都在研究减少使用这些化石燃料,将其作为减缓温室气体对地球影响的关键策略。

美国是最大的温室气体排放国。产生温室气体,不只是煤! 中国正在迅速发展,因而也在不断增加其温室气体的排放。美国一直在努力减少温室气体排放,但尚未有效地制定任何明确的政策来全面管理温室气体问题。

已经尝试通过类似于《蒙特利尔议定书》(The Montreal Protocol)这样的条约来减少温室气体排放。这一努力促成了 1997 年的《京都议定书》(The Kyoto Protocol),该协议要求大多数工业化国家在特定时间内减少温室气体排放。尽管世界上大多数国家都批准了该协议,但作为当时最大的温室气体排放国的美国,因经济上的考虑并没有同意,而排放量高的新兴经济体,并不需要大幅度削减排放量。加拿大和俄罗斯最近也退出了该协议。

尽管许多人都曾希望《京都议定书》能够成为一种可行的减少温室气体的国际战略,但目前还没有这样的协议产生。《蒙特利尔议定书》是目前唯一一项对环境予以有效保护的主要国际空气污染协定。目前已经达成了一项新协议,将《京都议定书》延长到 2020 年,但人们对其有效性存在疑问。

大气并不是唯一使人们关注二氧化碳污染的地方。值得注意的是,据说 30%—40%的人为碳源最终都存在于各种表层水体中,其中最重要的是海洋。我们大气中二氧化碳含量的增加带来的一个问题就是它导致了海洋酸化。当碳酸盐离子与水发生反应时,就会产生碳酸。在我们看到地球上二氧化碳的污染增加的同时,一些地区已经看到了海水的严重酸化。这种情况发生时会影响某些海洋生物的新陈代谢。有证据表明,酸化的海水会抑制贝壳的生长。

美国环境保护署(EPA)已开始研究如何管控海洋酸化。一些人认为,环境保护署有权在《清洁水法》的法定权限内对其进行监管。环境保护署已经作出声明表示,海洋酸化不应偏离自然条件下 pH 值 0.2。然而一些地区已经出现了这样的极端情况，而有些地区则正在努力制定有效的政策，以保护海洋不会因为广泛的二氧化碳污染而受到酸化。

自2008年奥巴马当选总统以来，美国环境保护署已经对温室气体排放的许多主要源头实行了监控，尤其是重污染的发电厂。这些规定是在马萨诸塞州和其他州起诉环境保护署未对温室气体排放进行监管之后出台的。诉讼当事人认为，他们已经看到了全球变暖带来的损害，并认为环境保护署需要将温室气体作为空气污染物加以监管。2006年，美国最高法院同意并要求环境保护署制定监管策略。这一决定被认为是美国在制定温室气体政策方面做出的最重要的指令。自那以后，国会并未拿出更明确的政策，而环境保护署正在通过行政部门制定规则。

然而人们对未来仍然感到担忧。近年来，世界上出现了反常的天气，许多地方的气温都异乎寻常地偏高。生活在低洼地区的人们越来越担心。一些地势低洼的岛国，包括马尔代夫、基里巴斯和塞舌尔群岛，都在担心它们是否会在几十年后依然存在。这些国家的大部分土地的海拔仅有1—2米，微小的变化就将使这些国家变得无法居住。

阿拉斯加的一个名叫基瓦利纳的村庄采取了行动。这里的人们试图起诉世界上主要的能源公司，要求它们赔偿损失。基瓦利纳位于阿拉斯加西北海岸的一个小堰洲岛上。在这里，海水通常在春季和秋季期间结冰，保护小岛免受来自楚科奇海的强烈风暴的影响。近年来，在暴风雨季节，海冰已经没有那么持久，岛屿的大部分已经遭到侵蚀，导致人们不得不迁移他们的家园。

基瓦利纳村庄试图从能源公司那里获得损失赔偿。诉讼当事人认为，能源公司在故意出售一种他们认为对环境有害的产品，从而导致全球气候变化。他们声称，这些公司密谋隐瞒其产品的影响。该案最终以若干理由被驳回。审理本案的法官认为，全球变暖是一个政治问题，因为我们都在使用化石燃料，而且从中受益，所以将此类行为的责任归咎于一个很难追踪到单个用户的产品是不合适的。在美国，能源公司似乎不太可能被要求对温室气体污染造成的任何损害承担责任。

温室气体污染与碳循环之间的联系为人类如何可以轻而易举地改变自然化学循环提供了一个鲜明的例证。在下一节中，我们将看到营养循环也被极大地改变了，并对地球的淡水系统形成了威胁。

三、硫循环

硫是岩石中常见的元素。在火成岩和变质岩中，它的存在形式要么是元素硫，要么是金属硫化物，最常见的是黄铁矿 FeS_2。然而元素硫和黄铁矿都很容易从岩石中风化，通常是通过微生物，之后以硫化氢气体的形式进入大气层，或者以硫酸盐的形式进入地表水。生物以多种方式摄取硫，它存在于生物体的蛋白质中，因此是生命重要的常量营养元素。

然而大量的硫存在于海洋中。其中一些来自从火山或污染中产生的硫的大气沉积，其余的则来自大陆的径流。一旦在海洋中溶解，它就会沉积下来，以黄铁矿、石膏或硬石膏等沉积岩的形式重新进入岩石圈。

我们将大量的硫释放到大气中，因此已经大大改变了硫循环。燃烧矿物燃料或将金属矿石加工成可用的材料造成了污染。许多金属的来源都富含硫化矿物。这些矿物必须被分解，才能从不可用的硫化物质中释放出可用的金属。此外，硫是一种非常普遍的辅助元素，在许多煤矿床和某些石油和天然气储量中都有存在。当煤燃烧时，大量的硫会被释放到大气中。

在进入大气层时，硫会与大气水分结合产生硫酸。这是一个自然的过程，当硫自然地进入大气层时就会发生。然而由于每天都有大量的硫被添加到大气中，自工业革命以来，大气的酸性越来越强，并且由于这种大气的改变而发生了明显的变化。

大气中硫酸的增加带来的最显著的影响或许就是酸雨的形成。pH 值测量物质的酸碱度,范围为 0—14(图 2.5)。纯水 pH 值为 7,被认为是中性的。pH 值低于 7 的物质是酸性的,高于 7 的物质是碱性的。大多数天然雨水都是酸性的,pH 值在 6 左右。但是它可以有很大的变化。然而酸雨是一种 pH 值小于 5.3 的雨水。

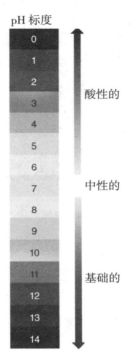

pH 标度

酸性的

中性的

基础的

图 2.5　pH 值。小于 7 的物质为酸性,高于 7 的物质为碱性。

很明显,自工业革命以来,雨的酸度变得越来越大了。有许多例子可以说明酸雨给环境带来的影响。土壤和水体的 pH 值因此而降低,从而改变了某些环境的生态系统。世界上一些比较脆弱地区的湖泊已经失去了它们的鱼群——那里的湖泊变得太酸而无法支撑鱼群的生存。酸雨还会破坏植物,使它们更容易生病。土壤酸化会导致养分被氢离子取代。在这种环境下,营养物质会从土壤中过滤出来,使它们的生产效率降低。

酸雨也影响过我们的生活。石灰石极易受到酸的影响,由它构成的建筑已经遭到了破坏。同样,在希腊和意大利等地,数百年来矗立在室外的古代大理石雕像也失去了它们的容貌(图 2.6)。由石灰石或大理石制成的墓碑已经变得难以辨认。

图 2.6　希腊雅典的帕特农神庙深受酸雨和污染的影响。你所在地区的建筑受到怎样的污染和影响呢?

近年来,为了减少酸雨,人们付出了很大努力。许多发电厂已经从燃烧高硫煤转变为燃烧低硫煤。但是,高硫煤更丰富,价格也更低廉。正因为如此,许多发电厂已经通过技术开发来减少硫排放,以减少或消除硫和其他有害污染物。

在美国和世界其他地区采取的另一种方法是对硫排放实行限额和交换计划。此类项目为排放设定了区域上限。如果污染者减少工厂排放,他们就可以用信用换取现金。那些付费的污染者会被允许有更多的污染排放。这一制度为减少污染提供了激励措施,并为新技术的开发提供了资金来源。硫排放上限和交换项目非常成功。据信,在其运行的前 5 年里,硫污染减少了 47%。经修改的排放上限和交换方式被用来对世界范围内的各种污染物进行控制,包括导致全球气候变化的主要化学物质二氧化碳。

四、氮磷循环

大约 70% 的大气是由氮气以惰性气体 N_2 的形式构成的。氮以两种方式从大气中释放出来。闪电可以将氮分解,使其变成氮氧化物。然而大部分氮是由土壤中的细菌固定下来的,这些细菌将其转化成铵或硝酸盐,用于植物的新陈代谢。我们通过食用植物来摄取氮,这些植物通过氮固定的过程获得了它,或者通过食用那些吃了这些植物的动物来摄取。

死亡的植物或动物的物质,以及粪便和尿液中含有的氮在分解过程中被转化为铵和硝酸盐。硝酸盐具有高度可溶性。因此,它很容易进入水体,在那里它可能成为污染物。硝酸盐通过细菌过程转化为大气氮。它也储存在植物和动物残骸中,以煤、泥炭和其他化石燃料的形式存在。当化石燃料燃烧时,氮会成为一种重要的空气污染物,会引起呼吸道问题和酸雨。

无机磷最常见的来源是矿物磷灰石。它是许多岩石中常见的副矿物。在特定条件下,矿物磷灰石会被风化和释放。有趣的是,磷在地球上的分布很不均匀。此外,它的风化非常缓慢。因此大量的磷在生物中循环往复。例如,许多热带地区的土壤中磷含量非常低。当树木或植物死亡时,植物中的磷会被释放出来并再次被植物吸收。

在土壤中,我们经常将营养物质的存在或缺乏视为限制因素。当某种特定的营养物质含量非常低时,它就成为植物整体成功的一个限制因素。这种植物只会有最低水平的营养。因此,如果一株植物生长在磷含量非常低但其他营养物质含量很高的土壤中,它仍然不会茁壮成长,因为它没有足够的磷使其成为健康的植物。在自然界中,磷由于其不规则分布而成为限制土壤养分的关键因素之一。

近几十年来,随着农业技术的提高,我们已经开发了给农田施肥的新手段。始于 20 世纪 40 年代的绿色革命(至今仍在继续)在提高农作物产量方面取得了多方面的进步，其中一个最重要的进展是合成肥料的开发（图 2.7）。

图 2.7　我们的现代农业使用大量的化肥来生产高产植物，比如威斯康星州一个菜园里的大黄。

我们将在接下来的章节中对可持续发展及农业展开讨论，但这里值得注意的是，合成肥料的开发显著改变了磷和氮循环。这两种元素和钾一起构成了农业肥料的主要成分。

在过去，许多农民使用粪肥和其他现成的肥料来改善他们的农田。然而自绿色革命以来，人造化肥被直接应用于农田，以提高产量。化学肥料是一种混合物，将容易溶解的营养物质带入土壤。这对农民来说是一个福音，他们已经在过去的几十年中看到了产量的显著提高。

然而这些肥料已被证明对环境是有影响的。由于其具有的溶解性，它们很容易流进溪流，进入地下水系统，从而影响到湖泊、海洋和海湾等地表水体。

虽然过去几十年的绿色革命对提高农作物产量和促进人口增长起到非常大的作用，但化肥的广泛应用也造成了营养污染。

肥料可溶于水，使营养物处于溶液中，从而促进植物根部的养分吸收。当然,并非所有的营养物质都会被植物根系吸收,其中一些将流入地表水或地下水系统。

当氮和磷等营养物质进入水体时,它们会改变水的化学性质,从而创造条件使浮游植物不受抑制地生长。这些生物体的膨胀生长不受营养物质的限制。

许多生态系统和水体是天然的低营养环境。添加的营养物质使得植物广泛生长,如藻类或香蒲芦苇丛。当这些植物死亡时,它们的分解会产生低氧条件,形成赤潮。缺氧是指水中溶解氧的缺乏。当缺氧条件形成时,鱼和其他水生动物很难生存。

普遍的富营养化问题首先在农村的农业地区被发现,在那里,过量的养分径流造成了湖泊、池塘和河流的困难条件。从那时起,在许多城市地区都发现了富营养化的问题,进而产生了"人为富营养化"一词。

在世界许多地方,富营养化的扩张与郊区地貌的扩展有关。我们将在之后的章节中对这些城市系统展开讨论,但是我们在这里将要提到的郊区的特点之一就是草坪。

在20世纪50年代之前,草坪、庭院和花园并不是世界城市景观的共同特征。然而随着20世纪40年代后期批量建造的房屋的出现,草坪成了地球上被开发地貌的一个更为普遍的特征。

有了草坪,就需要对它们进行照料和保养。化肥、杀虫剂和除草剂都是为郊区的房主专门制造的。当然,大多数房主并不是科学家,对于过度使用这些物质的危险并不熟知。想要创造漂亮草坪的房主们往往信奉"越多越好"的格言,结果造成过度施肥。除了这些化肥以外,高尔夫球场、污水系统和其他养料添加系统的建设在20世纪后期给许多地表水系统造成了严重破坏。

正如我们将要看到的,有一些方法可以减少肥料和污水系统中养分的使用。但是世界上许多地区都经历过严重缺氧造成鱼类大面积死亡的时期。这些区域被称为死亡区。

最突出的死亡区之一是位于密西西比河河口附近的墨西哥湾死亡区。在这里，从密西西比河流域的大片农业地区排放出来的水流入墨西哥湾。此外，密西西比河从沿河数十个污水处理厂中得到污水。在流域或污水处理厂排放的污水中作为肥料添加的许多营养物质最终流入墨西哥湾。

墨西哥湾的死亡区随着时间的推移而扩大，多年来一直在增长。2012年，其面积约为1.7万平方千米。虽然在三角洲和河口附近可以自然存在一些缺氧条件，但2012年记录到的低氧条件是不正常的。世界各地的死亡区对自然生态系统和捕鱼业产生了巨大的影响。

墨西哥湾的死亡区只是一个例子，说明当营养物质作为污染物存在时会发生什么。在其他情况下，缺氧不是问题。过剩的营养物质会吸引那些喜欢高营养条件的植物，从而破坏了已经存在了几千年的自然的低营养生态系统。发生这种情况的其中一个地方就是佛罗里达大沼泽地，在那里低营养的湿地草已经被喜欢营养的香蒲取代。营养物过量是全世界生态系统的一个共同问题，特别是在农业和城市环境中。

五、地下水的硝酸盐污染

某些营养物质可能会进入地下水。地下水中最重要的营养物污染是可溶性硝酸盐。这种离子是一种非常有效的营养物质，因为它能溶于水。然而它可以很容易地进入地下水，因而成为人类消耗饮用水时令人担忧的污染源。

当饮用水中含有硝酸盐时，硝酸盐会进入血管，从而抑制血液的氧化。身体的器官可能会因此缺氧，可能还会出现一种称为"高铁血红蛋白血症"的疾病。不幸的是，年轻人更容易受到硝酸盐的毒害。蓝色婴儿综合征是一个非正式的名字,指那些硝酸盐中毒的婴儿。根据美国环境保护署的数据,每公升含有的硝酸盐含量超过 10 ppm 的水是不安全的。

岩石循环和碳的生物化学循环,以及主要营养物质使人们对地球上所有活动之间的相互联系有了总体的认识。这些循环随着地球的演化而演化。如果这些循环被人类所改变,可能会发生重大的变化,而这些变化可能暂时是有益的,但往往不利于地球的长远健康,进而限制其维持我们现有的生命多样性的能力。

下面一节对生命的多样性及其科学组织的方式做了总结。

第三节　有机体与生态系统

地球上的所有生命都可以被归类到一个分类系统中,这样我们就能更好地了解有机体及其与其他生命之间的关系。最初,这在一个叫作林奈系统的系统中完成,该系统提供了一个以属和种命名生物的排名系统作为命名和组织生命的框架。随着时间的推移,这个系统已经变得更加复杂,特别是在 DNA 和其他用来认识有机体生存方式的生化工具出现之后。

值得注意的是,达尔文的进化论思想极大地促进了人类对生命组织的认识。我们认为有机体是从生命之树上的其他有机体进化而来。因此,我们可以认为鸟类和爬行动物是与恐龙联系在一起的,而人类和鲸鱼有着共同的祖先。这有助于我们将生命划分为不同的群组。

目前,我们认识到生命可以被分为 6 个王国:细菌界、原生动物界、藻界、植物界、真菌界和动物界(图 2.8)。

图 2.8　这条东部赛车蛇是动物王国的一部分，同时也是整个生态系统的一部分。

生态系统是有机体及其环境的集合。虽然我们可以把单个植物看作植物学家，但是生态学家和环境科学家则把有机体放到环境中去观察。因此，生态系统的概念是可持续性领域的关键。

地球上有许多不同种类的生态系统。在诸多方面，地球可以被看作是一个完整的生态系统。这与詹姆斯·洛夫洛克的理论是一致的，他把地球本身想象成一个自我调节的有机体（见文本框）。然而，我们更通常的做法是对单个的生态系统进行研究。

盖亚假说

　　20世纪60年代是一个生态启蒙的时代。许多人开始注意到生态破坏对地球的影响，并开始关注地球的长远健康状态。与此同时，科学家开始对一些广泛的生物生态循环有了认识，比如我们今天都知道的碳循环。

当时，认为地球的各个角落之间存在着相互联系是一种革命性的思想。科学家们开始认识到，在一个地方的行动会给远离他们的地方带来影响（图 2.9）。

与此同时，奥尔多·利奥波德（Aldo Leopold）在 10 年前提出的环境伦理思想开始在更广泛的世界范围内产生影响。我们开始关注我们的沉重之手对环境的影响，开始对人类行为的道德性提出质疑，这不仅仅是为了人类的更大利益，而且是为了地球本身。

在这个组合中，詹姆斯·洛夫洛克和他的同事林恩·马古利斯（Lynn Margulis）提出了盖亚假说（The Gaia Hypothesis），这一理论在 20 世纪 70 年代获得了支持，并且还在继续影响着我们对行星尺度生态系统的思考。这一假说认为，地球，或许还有其他行星，都是自我调节的系统，随着有机体的进化而进化，并且与其环境相互影响、相互作用。

这意味着地球作为一个完整的行星生态系统是其生态系统的产物。例如，我们大气层的进化涉及植物的氧气呼吸。这使得动物能够出现在陆地表面。

盖亚假说在警告我们，广泛的全球生态系统或化学循环的变化会使一个受到严格控制的行星系统失去平衡。当我们正处在地球历史的一个高度改变的时代，我们真的不知道接下来会发生什么。我们对地球的重大改变会产生怎样的影响？

图 2.9　盖亚假说告诉我们,世界上某一地区的微妙行为会对另一地区产生巨大影响。使用的一个例子是,在圭亚那的一只蝴蝶颤动其翅膀可能会给整个星球带来飓风。你的行为在如何影响着离你家很远的世界其他角落呢?

我们从最近对火星的研究中得知,迄今为止,在火星上并没有发现生命或过去生命的证据,因此不宜提出生命参与了改变其行星生态系统的说法。

然而在我们的星球上,我们可以看到人类在不断变化的生物地球化学循环中的沉重之手。例如,很有可能,早期人类的定居是北美和中部欧亚大草原形成的部分原因。当人类进化出狩猎技巧时,他们用火来驱赶动物扩大领域。这些大火毁坏了森林,并可能是这些地区现在拥有大片草原的原因之一。大草原创造了丰富而深厚的土壤,使我们用来在美洲和欧亚的粮仓里种植玉米和小麦等农作物。许多这样的土壤现在已经被侵蚀并且正在失去生产力。随着这些变化的发生,调节地球生态系统的全球性地球化学循环也在发生改变。

盖亚假说在认识现代大气化学变化的影响方面尤其有用。在过去的150 年里,我们显著地改变了大气层。直到最近,人们对这些变化的关注很少。正如我们现在所知道的,我们非常关注我们精细调节的大气系统的未来。然而尽管存在担忧,但我们的行动有限。我们继续以前所未有的速度为其添加二氧化碳等复合物。地球一定会对我们的变化做出反应。

根据科学家最乐观的估计,将会发生相当程度的全球变暖,天气也会出现重大的波动。当地球对大气变化做出反应时,我们正在使自己处于困难时期。但是盖亚假说的关键点是:地球定会做出反应。我们不能认为它是一个不会随我们改变而改变的地方。根据以往的地质证据,很显然地球是一个非常多变的地方。

生态系统会在特定的地方演化,因此会受到当地气候、地质、土壤和地形条件的巨大影响。每个地方都有独特的条件,但有相似条件组合的区域可以被映射和归为同类。两种大的生态系统类型是水生生态系统和陆地生态系统。

水生生态系统是在水下或在被暂时淹没的地方演变而来的。它们可以分为海洋生态系统和淡水生态系统。基于海洋的高度可变条件(海滩、潮汐、海湾、深水、地表水等),海洋生态系统可以进一步细分为各种各样的系统。同样,淡水生态系统可以分为湖泊、河流、池塘及其他大型和小型水体。

陆地生态系统也是高度可变的,包括森林、草原、高山生态系统、沙漠和苔原等一系列生态系统。

一、城市生态系统

20 世纪,膨胀的城市化和郊区化已经大大改变了自然系统。由此产生的地貌被称为城市生态系统。它们非常复杂,很难评估。它们当然包括人类,但也包括其他生物极不自然的组合,其中包括老鼠、松鼠、蟑螂、臭虫、鸽子和大量的微生物。然而对它们可以以与自然生态系统相似的方式进行研究和评估。

我们一直在试图影响城市生态系统,使它们成为人类更好的栖息地。

无论是试图减少老鼠数量还是增加树冠覆盖率，城市生态系统都在我们的直接和间接的行为中不断发生着改变。有三个例子可以从实际的角度说明城市生态系统存在的问题：校园猫、郊区短吻鳄和侵入性的竹子。

大多数人都喜欢猫。然而在自然界中，猫是捕食动物。现代的家猫已经与人类发展形成伙伴关系。我们依靠它们来减少老鼠的数量。然而也有一些猫已经回归自然，作为野生猫科动物生存下来。出于某种原因，大学校园已经成为许多野猫的家。一些人推测，孤独的学生把它们当成宠物，直到学年结束时才把它们放出来。但是不管出于什么原因，很多校园里都有大量的猫。

另一个城市生态系统的问题是佛罗里达短吻鳄。从某种程度上看，该生物并不是入侵物种。相反，短吻鳄自然存在于佛罗里达地区许多分布广泛的地表水体和沼泽中。就在几十年前，短吻鳄还处于濒临灭绝的危险之中。然而近年来，短吻鳄又强势回归了。它们遍布整个佛罗里达，并适应了城市和郊区的环境。

佛罗里达的人们在很大程度上已经适应了城市生态系统中动物的增加。居民们也已经习惯了它们生活在自己家周围的池塘、湖泊和河流中。曾经并不多见的短吻鳄在日常生活中已经很常见。总的来说，这是一种和平共处。

然而有时确实会出现问题。鳄鱼与人类的交锋很罕见——通常是当人们侵入了鳄鱼的领地，或者当鳄鱼从一个湿地迁移到另一个湿地时，他们碰巧离鳄鱼太近了。有时也会出现奇怪的接触（图 2.10）。会有专业的鳄鱼猎人将鳄鱼从池塘、后院中移走，人们也会对与它们的近距离存在感到紧张不安。

图 2.10　在佛罗里达的一些地区,美州短吻鳄是一种麻烦,它们可能会把家安在城市和郊区的水池及附近的池塘里。这些动物曾经面临灭绝的威胁,但它们在良好的管理下已经茁壮成长起来。

我们已经对生态系统进行了几千年的改变,因为我们一直试图改善植物和动物的组合,以使它们变得更加美丽。近几十年来,随着我们对城市和郊区现代概念的发展,这一现象已经有了新的表现形式。

我们都看到过美丽的花园,里面有来自世界各地的奇异花卉。有时这些植物会生长得很好,以至于能在没有园艺帮助的情况下繁殖。它们会蔓生成为城市和自然空间的攻击性入侵者。这些外来物种由此变成了害虫。一些地区曾试图禁止一些外来的动植物,以限制它们的扩张。

其中一个物种就是竹子。竹子是长得很高的一种草,在世界上许多地方都很常见。它是一种可爱的植物,是亚洲最美丽的艺术表现形式之一。当一些品种被引入北美洲时,它们会成为给人美好感觉的东西,并在19—20世纪被用于景观美化。多年来,它们挣脱了庭院和花园,蔓延到广阔的土地上。目前,一些物种在美国的某些地区已经被禁止。

世界各地的其他动植物都有被禁止、捕猎、迁移，并通过其他管理方式阻止其扩张。植物只是问题的一部分，动物也会带来很大麻烦。美国最著名的一些案例是吉普赛蛾（舞毒蛾）在北部的扩张、大湖区斑马贻贝的入侵，以及大沼泽地蟒蛇的扩张。蟒蛇的问题变得非常严重，以至于州政府招募了猎人到沼泽地去捕杀这种蛇类。这些蛇每年产卵数十次，这使它们得以大规模地扩张，并已经占据了过去由其他生物持有的重要的掠食性生态地位。

湿地与美洲短吻鳄

美洲短吻鳄是动物适应现代世界的一个有趣的例子。许多人曾经害怕过这种动物。事实上，它已经在美国杀死了许多人，所以人们对这种动物的本能的恐惧是有理由的。

美洲短吻鳄在美国东南部的河流和湿地中苗壮成长，目前在佛罗里达和路易斯安那等地有着广泛的分布。如果你住在这些地方，你就会知道，一年四季有静水的地方都会有它们的存在。它们常常使人联想到路易斯安那州著名的河流，比如密西西比河的支流和弗罗里达的"绿草之河"——大沼泽地。你很难想象它们在 20 世纪中叶就已经几乎灭绝了。

它们几乎被摧毁的主要原因有两个：栖息地的破坏和大范围的捕猎。让我们详细地看一下这两个问题。

整个 20 世纪，美国的湿地被摧毁，以"改善"农田和排水系统。湿地也被排干，以消灭携带疾病的蚊子的栖息地。根据美国环境保护署的分析，湿地丧失的主要原因是排水、疏浚、河流渠道化、填充物的沉积、围堤、筑坝、农作物的耕种、筑堤、伐木、采矿、建筑、径流、空气和水污染、营养水平的改变、有毒化学物质的排放、非本地物种的引入，以及放牧家畜。其他更自然的原因包括侵蚀、地面沉降、海平面上升、干旱、飓风和暴风雨。

　　在 20 世纪之前，虽然也有湿地的损失，但机械化使我们可以对自然地貌进行重大改变，以分流河流，填平低洼地及建造排水沟。在美国，超过一半的湿地已经消失。大部分消失的湿地位于美国东南部地势低洼的州，那里是短吻鳄的主要栖息地。

　　然而栖息地的丧失并不是短吻鳄数量下降的唯一原因。整个 20 世纪，由于家用空调的发展，郊区化进入了美国南部较温暖的地区。数以百万计的人从工业锈带的寒冷北部地区迁移到温暖的阳光地带。整个墨西哥湾岸区，特别是佛罗里达州，在这一时期的扩张都令人吃惊。在 20 世纪的大部分时间里，佛罗里达州每 20 年人口就增加一倍。人口的增长给美洲鳄的栖息地带来了巨大压力。

　　与此同时，鳄鱼皮也开始流行起来。鳄鱼腰带、手袋和鞋子成了需求不断增长的奢侈品。鳄鱼毛皮值一大笔钱。为了获取鳄鱼皮，许多野生短吻鳄在它们的栖息地减少的同时也被杀掉了。此外，许多餐馆还将鳄鱼肉作为一种珍奇食品加以推广。狩猎使鳄鱼的生存成为了疑问。

　　自 20 世纪 90 年代末以来，美州短吻鳄的情况已经明显好转，原因有二：

　　一是鳄鱼管理。多年来，为了稳定鳄鱼数量，狩猎已被禁止。现在只发放有限的狩猎许可。与此同时，鳄鱼养殖场也被建立来提供鳄鱼肉和鳄鱼皮。现在大部分的鳄鱼产品都来自农场饲养的鳄鱼，而不是野生鳄鱼。此外，现在还有许多高质量的合成材料可以买到，它们看上去就像是鳄鱼皮，因此不再需要为了外观而使用真的鳄鱼皮。

　　二是湿地破坏率的下降。在过去的几十年里，湿地减少的速度大幅度下降。对我们来说，通过排水或填塞湿地的方式来对地貌进行大范围的改变已经不再容易了。现在，美国和世界上许多其他地方都需要特别许可证才能对湿地环境做出重大改变。我们仍然正在失去太多湿地，但情况已经比过去好多了。

还有一点值得注意。短吻鳄和人类已经学会了和谐相处。许多住在鳄鱼栖息地地区的人们经常会在他们的社区里看到短吻鳄。你可以在自家后院的池塘、高尔夫球场障碍区和其他河道中看到它们，可以在美国南部的大多数主要城市和郊区看到它们。它们几乎变成了一个可爱的问题；人们会在游泳池里和步行道附近看到它们。鳄鱼攻击人的事件确有发生，但很罕见，这通常与鳄鱼交配季节有关。

淘金热

当 1848 年在加利福尼亚发现黄金时，来自世界各地的许多男人和女人都来到加利福尼亚的内华达山脉去发财。在加利福尼亚东部山脉的许多地区的冲积层或河床中，人们找到了金矿。许多矿业公司和个人纷纷到西部发展。

试想一下在河床的沉积物中淘金给环境带来的影响。整个河流生态系统都遭到了破坏。整个地区的山谷都被挖开试图找到金子。沉积物被放到水闸中，试图将较重的黄金与较轻的河流沉积物分开。今天，你仍然可以看到这种破坏给加州许多山谷带来的伤痕。此外，由于山谷的不稳定而排放出大量的沉积物，这些沉积物沿着陡峭的山谷倾泻到加州中央谷地的低洼地带，使许多地势低洼的湿地在此过程中遭到破坏。

然而问题不止于此。为了提炼使其与杂质分离，黄金需要经过一个使用有毒汞的汞化过程。大多数采金者并不知道他们所使用的汞对环境是有害的，而且当时也肯定没有关于汞排放的规定。

当然，汞是一种以液态和蒸汽形式存在的金属元素。当它在 19 世纪中期在加利福尼亚州被释放出来时，大部分进入了土壤和地下水中，时至今日依然存在。在内华达山脉美丽山区的某些地方，你仍然可以发现那里的河流和地下水被距今大约 200 年前释放出来的汞所污染的痕迹。

不幸的是,汞污染是黄金矿区普遍存在的问题,无论是历史性的还是当前的。因为黄金的极高价格导致了世界许多地区的黄金开采范围不断扩大,故此我们现代的黄金开采尤其成问题。

例如,在遥远的圭亚那和委内瑞拉,一股淘金热正在进行,与19世纪的加州淘金热没有什么不同。来自世界各地、特别是来自南美的采金者,已经前往南美洲北部的大草原地区,因为人们在那里的冲积沉积物和其他沉积物及岩石中发现了金子。水银再一次被用来汞化黄金,进而再一次造成长期的污染问题,给该地区的长远健康带来威胁。

采金者们明明知道汞是一种环境污染物,但对黄金的贪欲和贪婪冲破了该地区的环境伦理。你能想到有什么其他的事例来说明贪婪或对资源的需求是比环境伦理更强大的动力吗?

二、认识人类世

地质学家将世界历史分为不同时期,涵盖地球45亿年的寿命。这个年表被正式称为地质年代表(表2.2)。世界上大部分的历史都发生在一个叫作前寒武纪的漫长时代。这是在我们所知的地球生命取得普遍发展之前的一段时间,一直持续到5.7亿年前,几乎是整个世界历史的9/10。岩石形成、侵蚀和沉积的整个漫长周期即发生在这个时期。然而随着显生宙的到来和地球上各种生物的进化,情况开始迅速地发生了改变。

在古生代,地球经历了海洋生物的广泛扩张和陆生植物的发展。在这之后,巨型爬行动物和其他动物在中生代(恐龙时代)占领了大地。恐龙灭绝后,哺乳动物开始在我们当前的时代——新生代变得多样化并统治了地球。

表 2.2　地质年代表

	永世	时代	时期		世	距今数百万年前
	上新世	新生代	第四纪		全新世	0.01
					更新世	1.6
			第三纪	新第三纪	上新世	5.3
					中新世	23.7
				早第三纪	渐新世	36.6
					始新世	57.8
					古新世	66.4
		中生代	白垩纪			144
			侏罗纪			208
			三叠纪			215
		古生代	二叠纪			266
			宾夕法尼亚人			320
			密西西比人			360
			泥盆世			408
			志留纪			438
			奥陶纪			505
			寒武纪			570
前寒武纪			原生代			2500
			太古代			3600
			冥古代			4550

　　正如你在地质年代表上所看到的，我们可以将新生代划分为称作"世"的具体时间段。我们之所以能够做到这一点，是因为这一时期与我们现今这个时代相距并不遥远。相比之下，前寒武纪、古生代和中生代的时间跨度很大。例如，地质学家将最后两个"世"命名为全新世和更新世。

　　更新世是在大约 160 万年前开始的，当时在地球上的许多地方都出现了大陆级冰川。这个冰河时代大大改变了地球的面貌。大约 1 万年前，主要的冰盖融化了，我们现在处于全新世。

　　你可能已经推断出，地质时期的划分是基于重大的行星变化。

　　如果看看我们现在的时代，就会发现我们人类正在给地球带来巨大改变。一些地质学家主张给我们现在的时代命名为"人类世"。如果你仔细想想，就会明白这是有道理的。我们已经大大改变了地球上所有的行星系统。我们改变了大气化学、水循环、营养循环，甚至岩石循环。

在过去 200 年里，全世界范围内大面积的森林遭到砍伐。世界上几乎所有的地区都曾一度失去了原生森林，现在看到的是城市、农业土地或通常只以造纸或木材采收为目的的单一树种的次生林。砍伐森林造成大面积的泥沙流失和水文的不断改变。我们可以指向几乎任何一种现代人类活动，如农业、交通运输和城市化，并看到其对地球的影响。这也就是为什么我们为这个新的地质时代创造了"人类世"一词。

第三章

可持续性的测量

可持续性努力的一个最重要的方面是必须对它们进行测量，以便对取得的成功进行验证。多年来，许多组织都在宣称自己环保，可他们的"环保"做法实际上或许并不是对环境的最佳保护方式。这些组织使用的方法被笼统称为"漂绿"。"漂绿"是指口头上主张保护环境，但实际上却没有做任何积极的事情来改善环境，常用于广告或以某种方式使人们对某种活动感觉良好。在日常生活中，我们都有某种程度的"漂绿"行为，例如，我们吃的也许是有机食品，但开的却是一辆高耗油的运动型多用途车。因此生活中不可能做到不以任何方式给地球带来影响，然而以自己的所谓环保方面的努力故意欺骗他人的行为则是一种性质极其恶劣、缺乏道德的"漂绿"行为。

为了避免"漂绿"行为，我们已经做出努力来制定明确、可测量、可验证的方法来改善环境。我们将对其中的几种方法进行讨论，它们都有以下几个关键特征：

1. 它们都制定了具体的目标或基准。基准是指可以通过改变行为来实现的目标，它可以是每年节省的燃料量或食物来源的改善，但是所有基准的一个共同点是它们都确定了可测量的目标。

2. 它们可以由外方评估或验证。换句话说,基准及支持基准的数据通常是公开的,或者是由值得信任的第三方来验证的。

3. 基准在行业或特定活动领域具有可比性。换句话说,可以做到对一些不同的塑料制造商、学校或其他组织与同类组织进行基准测试比较。

4. 对可持续性的测量结果进行评估,以便对结果做出改进,或者提供新技术或倡议。

在接下来的小节中,我们就几个不同的基准测试方法展开讨论。我们将从联合国所做的非常一般性的基准测试方面的努力开始,并将讨论扩大到国家、州和地方的具体实例。

第一节 联合国千年发展目标

联合国千年发展目标是由 20 世纪后期的《布伦特兰报告》演变而来的。这份文件在第一章中简要讨论过,其重点是对地球上可持续性的状况进行评估。对许多困难情况进行了评估,具体从世界气候和生态系统的状况到整个粮食供应和经济。在许多人看来,这份报告并未就改善未来的状况提供一条明确的路径。

不过,许多人在努力找到这样的途径。为此,联合国成立了一个小组来制定改善地球的目标。他们的努力不仅考虑到《布伦特兰报告》中所发现的问题,还考虑到在过去几十年里查明的各种其他发展问题,包括艾滋病等疾病,或世界某些地区妇女缺乏教育的状况。

该小组努力的结果是在 2000 年联合国千年首脑峰会之后公布了千年发展目标,共确立了 8 个大的目标。对所有这些目标进行分析是值得的,这样才能使我们了解这一努力的覆盖范围。每个大的目标下面都设有子目标和特定的任务指标来对取得的进展进行测量和评估。联合国的这一做法的有趣之处在于可以把世界作为一个整体来测量，但也可以对个别国家进行评估，以便与其他国家进行比较或基准测试。下面列出了这8大目标，以及各自的子目标和具体的可衡量的任务指标。

一、目标1：消除极端贫困和饥饿（图3.1）

贫穷和饥饿是长期存在的全球性问题。因此，第一个目标是力图对在世界范围内消除贫困和饥饿方面取得的进展进行测量。极端贫困被定义为每天生活费不足人均1美元。3个具体目标任务是：

目标1A：将每天生活费不足1美元的人口占比减半

指标：

每天生活费不足1美元的人数

消除贫困

国民消费中最贫穷的五分之一人口

目标1B：为女性、男性和年轻人提供体面的就业机会

指标：

受雇者人均国内生产总值增长额

就业率

收入或生活费低于1美元/天就业人口占比

就业人口中以家庭为单位的劳动者占比

目标1C：将饥饿人口占比减半

指标：

五岁以下儿童体重不足发生率

低于最低饮食能量消耗人口占比

这三项目标任务及其相关指标侧重于提高人们最基本的生活水平。

它们虽并不能把所有人从极度贫困中解救出来，但是为许多人设立了改善的目标任务。在过去的几年中，全世界的贫困状况正在显著改善。这并不意味着没有哪个地区没有重大问题或没有哪个地区不需要重视，但值得注意的是他们正在作出改进。

图 3.1　世界上许多地区在减贫方面都取得了巨大的进步。中国在减贫事业中取得了伟大成就。这张照片上的城市是海口。

二、目标 2：普及初等教育

教育是改善全世界人民生活的一个重要方面。他们的教育程度越高，其生活质量就越高，机会也就越多。为了实现这一目标，我们设定的具体目标任务是对儿童教育进行测量：

目标任务 2A：到 2015 年，所有的儿童（男孩和女孩）完成小学教育的全部课程指标：

初等教育入学率

完成初等教育

所有儿童入学机会

这个目标任务很有趣，因为它并不要求儿童完全完成初等教育，而是关注他们进入小学的机会。不过，指标衡量的是入学率、完成度和机会。

三、目标 3：促进性别平等和妇女赋权

世界上最重要的发展指标之一是性别平等。研究表明，如果女性有更多的机会，其家庭的生活水平就会提高。其目标任务就是为实现这一大的目标而制定的：

目标 3A：在 2005 年之前消除初级和中等教育中的性别差异，到2015年在所有层次的教育上达到这一目标

指标：

女孩和男孩在初级、中等和高等教育中的比率

妇女在非农业部门就业的比例

妇女在国家议会中所占席位占比

对于一些地区的女童来说，教育机会仍然是难得的。贫困是教育的主要障碍，尤其是对年龄较大的女童。除了独联体以外，在每个发展中地区，男性的有偿就业人数都超过女性。女性基本上被归入更脆弱的就业形式。在非正式就业中，女性的人数过多，同时缺乏福利和保障。高级职位仍然是男性占压倒性优势。女性在政治权力上的地位正在缓慢上升，主要是受到配额和其他特别措施的推动。联合国公布的指标清单更侧重于对问题的界定，而不是提供可衡量的结果。显然，可以从上面的列表中制定出一些指标。例如，测量女性在政治权力中的比例是衡量和评估这一目标成功

程度的关键手段。

四、目标 4：降低儿童死亡率

显然，世界人口最大的问题之一就是儿童的生存。虽然全世界的儿童死亡率有了重大改善，但在某些地区这一问题依然严重。该目标的重点是 5 岁以下儿童的健康和婴儿（1 岁以下）死亡率：

目标 4A：在 1990 年至 2015 年期间将 5 岁以下儿童死亡率降低三分之二

指标：

5 岁以下儿童死亡率

婴儿死亡率

1 岁儿童接种麻疹疫苗的比例

五、目标 5：改善孕产妇保健

这一目标与目标 4 有关，重点是改善母亲的健康。在这一目标下面设有两个目标任务，重点是健康和获得生殖保健：

目标 5A：在 1990 年到 2015 年间将产妇死亡率降低四分之三

指标：

孕产妇死亡率

由熟练卫生人员参加的分娩比例

目标 5B：2015 年前普及生殖健康

指标：

避孕普及率

青少年生育率

产前保健覆盖率

尚未得到满足的计划生育需要

第一个目标任务侧重于改善妇女的基本保健,特别是在分娩期间。第二个目标任务是通过使用避孕药具、减少青少年生育率,以及在生命的各个阶段提供卫生保健和计划生育教育的方式来改变人们的行为。第一个目标任务几乎没有争议,但一些宗教组织对倡导避孕实行计划生育的做法提出了挑战。

六、目标 6:防治艾滋病、疟疾和其他疾病

由于某些疾病的流行,特别是艾滋病和疟疾,世界上一些地方的公共卫生存在严重问题。联合国力图将重点放在这些及其他疾病上,以努力消除世界上某些地区的绝望状况。这个目标下设 3 项目标任务:

目标 6A:在 2015 年之前终止艾滋病病毒的传播

指标:

15—24 岁人群中艾滋病病毒的流行程度

高危性行为中安全套的使用

年龄在 15—24 岁之间的人群对艾滋病病毒有全面了解的比例

目标 6B:到 2010 年,实现为所有需要的人提供普遍的艾滋病的治疗

指标:

拥有先进的艾滋病病毒感染和获得抗逆转录病毒药物的人口占比

目标 6C:到 2015 年终止疟疾和其他主要疾病的发病率

指标:

与疟疾有关的患病率和死亡率

5 岁以下儿童在经杀虫剂处理的蚊帐中睡眠的人口占比

5 岁以下儿童使用适当的抗疟疾药物治疗发烧的人口占比

与结核病有关的发病率、患病率和死亡率

在直接观察的短期治疗下,发现和治愈结核病例的比例

目标 6C 的具体指标是该组指标中最可测量的指标之一,设有明确的目标和预期的结果。

七、目标 7:确保环境可持续性

确保环境可持续性是本书所阐述目的的最直接适用的目标。它侧重于针对处理复杂问题的 4 项具体目标任务。

目标 7A:将可持续发展的原则纳入国家政策和计划;扭转经济资源损失

目标任务 7A 并没有超出其本身的任何特定指标(图 3.2):

图 3.2　许多地区,如这里所显示的地中海的一个名为赛里弗斯的岛屿,已经严重失去了陆地和水中的生物多样性。

目标 7B:减少生物多样性的损失,到 2010 年实现大幅度减少损失

指标:

土地面积森林覆盖率

二氧化碳排放总量、人均排放量、人均国内生产总值 1 美元排放量

破坏臭氧物质的消耗

安全生物范围中鱼类占比

使用水资源占比

陆地和海洋保护区面积占比

濒危物种占比

目标 7C：到 2015 年将无法持续获得安全饮用水和基本卫生设施的人口比例减半

指标：

城市和农村可持续获得改善的水源人口占比

拥有改善的卫生条件的城市人口占比

目标 7D：到 2020 年，至少 1 亿贫民窟居民的生活水平取得显著改善

指标：

城市贫民窟居住人口占比

这 4 项目标任务明确，为环境可持续性的考查提供了框架。很明显，有些领域没有被覆盖，而有些领域则得到了有效的考查。例如，很明显，对获得清洁用水和卫生设施进行了测量，但对于其他指标，例如土壤污染或工厂排放，则没有进行考量。

八、目标 8：建立全球发展伙伴关系

毫不奇怪，鉴于千年发展目标是联合国的产物，所以这一系列目标是最成熟的和最详细的。针对全球伙伴关系确定了 6 个目标任务领域，每个领域都设有具体的指标，便于对取得的成功进行测量：

目标 8A：进一步建立一个开放的、基于规则的、可预测的和无歧视的交易和金融体系

指标：

包括对良好的治理、开发和减贫的承诺——无论是国内还是国际

目标 8B：满足最不发达国家的特殊需求

指标：

包括对最不发达国家出口的关税和免配额的准入，加强对高负债国家的债务减免计划和取消官方双边债务，以及对致力于减贫的国家提供更慷慨的援助

目标 8C：应对内陆发展中国家和小岛屿发展中国家的特殊需求

指标：

通过《小岛屿发展中国家可持续发展行动纲领》和联合国大会第二十二届特别会议的结果

目标 8D：通过国家和国际措施全面解决发展中国家的债务问题，以使债务长期可持续

指标：

以下列出的一些指标分别对最不发达国家、内陆发展中国家和小岛屿发展中国家进行监测。

官方发展援助（ODA）：

官方发展援助净值，总值和最不发达国家作为经合发展组织、发展援助委员会捐助者的国民生产总值占比

经合发展组织、发展援助委员会捐助者对基本社会服务（基础教育、初级卫生保健、营养、安全用水和卫生设施）的总可分配的官方发展援助的比例

经合发展组织、发展援助委员会捐助者统一的双边官方发展援助的比例

在内陆国接受的官方发展援助占国民生产总值的比例

小岛屿发展中国家得到的官方发展援助占国民生产总值的比例

市场准入：

发达国家从发展中国家和最不发达国家免关税进口总量（按价值，武器除外）所占比例

发达国家对发展中国家农产品、纺织品和服装征收的平均关税

对经合发展组织国家的农业支持统计占其国内生产总值的百分比

为帮助建立贸易能力提供的官方发展援助的比例

债务可持续性：

已经达到负债沉重的穷国决策点的国家数量和达到了他们负债沉重的穷国完成点国家的数量根据 HIPC 倡议的债务减免美元作为商品和服务出口的债务服务占比

千年发展目标通常被认为是一项非常成功的努力。大多数目标都取得了进展。你可以在联合国的网站上查看地区或特定的国家。这一成功的结果是，联合国正在努力实现千年发展目标，并正在制定一系列新的目标来更明确地关注可持续发展。这一系列新的目标，称为可持续发展目标，最近首次亮相。它们包含了许多千年发展目标的要素，以及其他可以更广泛适用的目标。对千年发展目标的一种批评意见是认为它们过于关注发展中国家。发达国家的问题，如过度消费，并没有得到考量。新的可持续发展目标包含了所有国家都可以衡量的目标，而不仅仅是发展中国家。

第二节　国家可持续性规划

世界上许多国家都制定了可持续规划机制，以便对它们取得的进展进行基准测试。每个国家都以不同的方式对其整体的可持续性作出评估。大多数国家都对若干不同类别的指标进行测量，以某种方式对环境、社会和经济的可持续性作出评估。许多国家将千年发展目标作为评估的基准。但是大多数采取某种形式的可持续发展评估的国家都设计出某些特有的

指标。例如，像柬埔寨这样的农业国重点关注农业和环境保护方面的指标，而工业化国家往往将诸如温室气体（或其他）污染等指标包括在内。需要重点强调的是，这些指标都是衡量某个国家希望关注的某个特定领域的好坏程度的可测量的方法。

通过这些指标，各国可以制定符合本国长期健康发展的国家政策。例如，如果某个国家有一个指标来衡量林地的面积，而国家又希望看到这个数目的增加，那么就可以制定政策来增加本国的森林覆盖率。

每一个可持续发展计划都包含许多指标，于是很容易详细地检查每一个指标的完成情况。不过，这些计划最好的评估方式是对计划进行全面审视，以判定它在应对长期环境、社会和经济可持续性方面的有效性。

虽然有很多国家计划的例子值得我们关注，但两种截然相反的例子来自加拿大和不丹。这两项计划的有趣之处在于，它们的评估非常量化，但侧重于非常不同的主题。加拿大的方案基本上应对的是一般性的环境问题。与此形成对比的是，不丹的计划对人口的总体幸福更为关注。每个计划都提供了关于可持续性的独特视角，展示出一个国家在为其人口创造一个更可持续的未来过程中所能采取的不同做法。

一、加拿大

加拿大是一个工业化国家，人口主要集中在多伦多、魁北克、蒙特利尔、卡尔加里和埃德蒙顿等少数城市中心（图 3.3）。该国大部分地区是荒野或农业用地，人口密度低。加拿大的可持续发展计划称为"可持续未来规划：加拿大联邦可持续发展战略"①，有 4 个重要主题，每个主题都有一个可衡量的目标。这些主题和目标如下所列：

---

① http://www.ec.gc.ca/dd-sd/F93CD795-0035-4DAF-861）1-53099BD303F9/FSDS_v4_EN.

图 3.3　加拿大的蒙特利尔是世界上最现代化的城市之一。这张照片展示的是这座历史悠久的城市中一条典型的街道。

　　主题 1 应对气候变化和空气质量

　　目标 1 气候变化

　　目标 2 空气污染

　　主题 2 保持水质和可获性

　　目标 3 水质

　　目标 4 水的可获性

　　主题 3 保护自然

　　目标 5 野生动物保护

　　目标 6 生态系统、栖息地保存和保护

　　目标 7 生物资源

　　主题 4 减少环境足迹——从政府开始

　　鉴于工业、农业和自然资源对加拿大经济的重要性,这些主题是有意义的,涉及空气污染、气候变化、水资源、自然,以及政府机构本身的问题。

　　在报告中,针对每个计划目标都列出了若干具体的任务和策略,这些任务和策略可以带来可测量的结果。例如,在报告的气候变化战略下列出了下列方法:

●提供持续的行动来建立低碳经济，使加拿大在清洁发电领域处于世界领先地位；

●与国际社会一道执行《哥本哈根协议》，这是第一个包括所有主要排放国的国际协定。根据《哥本哈根协议》，加拿大承诺将在本财政年度（2010—2011 年）投资 4 亿美元用于国际气候变化方面的努力，并在 2020 年前将温室气体排放在 2005 年的基础上降低 17%；

●制定和实施与我们的最大贸易伙伴美国协调一致的气候变化和清洁能源战略。加拿大已经将其 2020 年汽车减排目标与美国保持一致；

●发布机动车温室气体排放法规草案，并继续与美国合作制定有关重型卡车的规章；

●制定新规定，要求在汽油和柴油燃料中增加 5%的可再生能源（加拿大环境 2010e）；

●与美国合作，通过 2009 年启动的加拿大—美国清洁能源对话，继续减少排放。清洁能源对话将促进加拿大—美国清洁能源领域的发展。这将增强加拿大政府履行其承诺的能力，即到 2020 年将由非排放源提供的电力提升到 90%（加拿大环境部，2009b）。

这些目标使加拿大正在成为世界上碳排放最中和的工业化国家之一。但这里重要的是，加拿大在其计划中列出了若干关键目标。美国作为加拿大最重要的邻国和贸易伙伴，却没有制定具体的可持续发展计划。

英国和美国可持续性规划对比

2013 年，英国公布了一系列可持续性指标，对国家可持续性进行追踪和测量。评估指标分类如下所列：

●经济繁荣

●长期失业

●贫困

●知识与技能

- 健康预期寿命
- 社会资本
- 成年人的社会流动
- 住房供应
- 温室气体排放
- 自然资源
- 野生动物
- 用水
- 人口统计
- 债务
- 养老金发放
- 基础设施
- 研究与开发
- 环保商品与服务
- 可避免的死亡率
- 肥胖病
- 生活方式
- 婴儿健康
- 空气质量
- 噪音
- 燃料贫困
- 英国行业二氧化碳排放量
- 可再生能源
- 住房能源效率
- 废物处理与回收

- ●土地使用
- ●英国食品消费来源
- ●水质
- ●渔业可持续发展
- ●优先物种和栖息地
- ●英国生物多样性的海外影响

这一系列可持续性主题为了解在高度发达国家可评估的各种问题提供了极好的背景。这份清单包括的一系列主题涉及经济、社会和环境问题范畴。对于每个主题，都有量化指标可以用来对国家的可持续性进行基准测试。该报告连同一份电子表格一起发布，针对每个指标提供了数字化数据。

英国的做法是高度集中的做法，为实现可持续发展任务确立了明确的国家目标和战略。该计划与美国可持续发展目标（抑或是缺乏可持续发展目标）形成了鲜明对照。虽然有一些政府部门制定了目标和准则，但美国没有一个单独的办公机构对可持续发展指标进行协调或追踪。这意味着，美国很难对整体的国家可持续性进行基准测试或全面的长期规划。

有些人认为，这种做法对美国未必是坏事。该国幅员辽阔，很难有一刀切的方法。例如，在新墨西哥州与密歇根州之间进行可持续性基准测试是很困难的。然而另一些人认为，美国缺乏国家战略使得各州在如何最好地实施他们的可持续性战略倡议方面缺乏指导。

你的看法是什么？你认为英国的全面高度集中的基准测试体系的做法是否比美国的做法更好？美国的做法是将可持续管理基本上交给了各州和地方政府。英国的测量方法与伦敦的相比如何？两者在环境、社会和经济指标方面有什么相似之处和不同之处？

二、不丹

不丹在可持续发展规划方面采取了迥然不同的做法。他们的主要衡量标准是幸福——他们关心的是对人民的总体幸福度进行评估，同时也关注一般性的可持续发展目标。

不丹的国民幸福指数始于 1972 年，当时的国王吉格梅·辛格·旺楚克（Jigme Singye Wangchuck）试图寻找方法来推进该国的经济议程，同时也确保该国人民对自己的生活保持满意。该指数衡量以下 7 大类健康：

● 经济健康

● 环境健康

● 身体健康

● 心理健康

● 工作场所健康

● 社会健康

● 政治健康

每一项指标都通过定量或定性的方法对国民幸福框架内的健康状况进行测量。该指数关注的问题与加拿大可持续发展计划中测量的问题迥然不同。关注经济、身体、心理、工作场所、社会、政治及环境健康，使其更接近于第一章所讨论的对环境、社会和经济框架中确定的可持续性进行全面的评估。

这种可持续发展的独特做法引起了广泛关注，世界上许多国家都在寻找方法，将对幸福的评估纳入其一般性的可持续性指数。例如，法国和委内瑞拉已经找到了将幸福纳入国家指数的方法。加拿大也创建了"加拿大幸福指数"，将 8 个可衡量的"领域"汇集在一起，其中包括：社区活力、民主参与、教育、环境、健康人口、休闲与文化、生活水平和时间使用。没有一种合适的方法来衡量每一个国家的幸福，不丹和加拿大已经找到了对自己独特的文化有意义的衡量和评估幸福的方法。

有些人对幸福的测量方法持批评态度。即使在幸福测量体系的发源地不丹，这一指数也正在失去光泽。该国有许多人批评该指数并不能解决国家关键方面的问题。该国现任总理认为，现在是时候把指数页翻过去，去关注国内生产总值等更具体的衡量指标。

不管今天在不丹怎样对该指数进行评估，但毫无疑问，这一指数的制定是在对我们的世界如何评估的方面取得进步和发展的重要贡献，它将人的幸福置于衡量国家成功的更标准的方法之上。

美国的可持续性规划

美国没有一个单一的国家可持续发展计划。这可能会让你们感到吃惊，因为美国有世界上最强有力的环境规则。然而该国没有可持续发展规划的两个重要原因是：①政治和联邦制度；②政府行政部门的组织结构。让我们就这两个问题做个具体分析。

政治。在过去的 20 年里，美国在政治上一直处于分裂状态，而且这一分裂是苦涩的。许多人试图使两党之间达成共识和协议，却常常被视为政党的叛徒。结果，国会没有通过重要的举措。例如，在奥巴马总统的第一届任期早期，美国国会曾试图通过一项由总统倡导的温和的气候变化法案。然而尽管他所在的政党控制了国会，但他们却无法获得确保其通过的选票数。另外，国家可持续性规划的理念与更多右翼民粹主义候选人的立场格格不入，他们不欢迎大部分的国家战略目标的设定。出于这个原因，大部分区域可持续性规划都是在州或地方层面进行的（见本章对纽约的讨论）。而国会对于可持续性问题基本上始终保持沉默。

行政部门的组织结构。在美国的政府系统中，行政部门负责执行国会通过的法律和国家的整体事务。无论谁担任总统，都有巨大的权力通过他或她的任命,来确定各个办公部门将采取的行动基调和方向。在总统的内阁中,有 15 名行政官员及副总统和司法部部长。环境保护署署长虽不是内阁的正式成员,却具有内阁级的权威。这些办事机构大多在某种程度上负责处理可持续性问题,并且总统可以利用行政权力确保可持续性倡议得到落实。例如,近年来美国环境保护署和美国能源部都把重点放在温室气体问题上,并努力推动国家解决一些棘手的温室气体问题。令人惊讶的是,美国军方是可持续发展倡议的主要政府组织之一。在总统的命令下,大多数机构已经为他们的组织制定了可持续发展计划,并努力以可衡量的方式推进国家的可持续发展。

然而必须指出的是,总统的这些行动并不总是长期性的。新当选的总统可能会彻底推翻前任总统的行动倡议。例如,可持续性并不是乔治·W.布什总统任期内的首要任务。然而奥巴马总统在就职以后启动了一系列的行政措施。当他离任时,这些都可能会消失。

总而言之,很明显,在当前,美国没有明确或连贯的可持续性政策,这与加拿大和不丹的例子形成对比。美国的大部分行动都是在州和地方层面。

第三节　区域可持续性规划

在通常情况下,各个州能够比国家进行更全面的可持续性基准测试,这主要是因为它们能比国家政府更有效地应对区域问题。想想俄罗斯、中国、巴西或美国这样的大国吧。这些国家之间都有显著的差异,使得"一刀切"的可持续性方式并不合适。想想中国有多辽阔吧。它的一部分是偏远的沙漠地区,而其他地方则是热带地区和城市。每个地区都有自己的问题和挑战。虽然这些地方往往设定了大的国家性目标,但区域性目标可能更合适。

有许多州一级的可持续性规划的例子。例如,中国在南海热带地区的海南省经济特区已经进行了广泛的可持续性规划和评估。他们已经确定了明确的目标和计划,试图使该岛的发展更具可持续性,同时带动以旅游业为基础的经济发展(见文本框)。

海南可持续性规划与旅游业

许多人把我们现在的世纪称为中国世纪。中国的经济增长和国际影响力的提高已经将这个国家从一个内向型的农业社会转变为一个工业化的并且越来越国际化的社会。

然而这种增长使环境乃至整个社会都付出了巨大的代价。我们大多数人都听说过或者亲眼目睹过北京可怕的空气污染。但是中国正在努力纠正过去的环境问题,同时寻找促进经济发展的途径。海南省便是这一新举措的一个范例。

海南是在中国占地面积很大的岛屿(大约 3.4 万平方千米),位于中国南海近海的越南附近。它有着鲜明的热带环境。的确,它是中国唯一真正的热带省份。因此,它为全国提供了大部分的热带作物和相当一部分的冬季水果和蔬菜(图 3.4)。

海南和中国其他地方不同,岛上有许多不同的民族,他们以相对简单的方式已经生活了好几百年。然而随着现代中国的到来,人们被吸引到了有着宜人气候的海南。今天,海南已经是一个高度多元化的地区,这里有两个主要的城市(海口和三亚)和大片的热带森林和农田。

中国的几位领导人尝试了一些发展计划,试图使它的经济多样化,而不仅仅局限于农业。这些努力主要集中在发展工业设施。这些措施并不是完全有效,主要是因为海南的地理位置相对偏远,缺乏配套工业和自然资源。与世界各地许多失败的工业计划一样,污染留下的后遗症依然存在。

自 1988 年海南成为经济特区以来,该地区的许多领导人都致力于推动旅游业作为主要的经济发展战略。这很有意义,因为这是中国仅有的热带地区,而且这个省非常适合旅游业的发展,特别是便利了从寒冷的冬季来这里休憩的国内和俄罗斯的游客。此外,海南在南海的战略位置也吸引了更多关注。在这里,中国、越南和菲律宾在南中国海对资源,特别是石油和渔业资源展开了争夺。人们越来越担心该地区有发生国际冲突的危险。

自 1988 年以来,那里已经开发了许多重要的旅游景点,其中包括一些世界上最大的高尔夫球场、几个主题公园、豪华的海滩度假胜地。在很多方面,佛罗里达和夏威夷的度假胜地成为游客们想要的各种便利设施的典范。如果你今天去海南旅游,你会发现它非常容易让人联想起世界各地的热带海滩——不过它具有中国特色。

旅游业之所以取得如此巨大的成功,是得益于该岛拥有丰富的自然资源。美丽的海滩、热带雨林、壮观的山脉和温暖的气候都有助于吸引人们到这里来。然而这些会不会存在风险呢?

有些人担心旅游业对环境产生的影响。例如,如果没有足够的污水处理系统,游客的涌入可能会伤害到最初吸引他们到岛上来的自然资源。因此,海南省政府制定了一个全省性的可持续性计划,为该地区的未来制定了非常明确的发展目标。该计划的一个重要组成部分是环境保护和发展基础设施(如下水道),以确保旅游业对环境的影响是有限的。

图 3.4 中国海南的旅游业现在很热。海南是中国主要的冬季旅游目的地之一。这里展示的南山寺是该岛主要的旅游景点之一。

在英格兰的达勒姆郡(相当于美国的州政府)的环境和规划工作中出现了几大主题,包括动物福利、考古、建筑控制、校准和测试、养护、环境卫生、土地管理、土地排水和雨水、景观和农业、污染、废物管理、街道维护和清洁、气候变化和公民自尊。该郡力图将可持续性注入所有的规划努力之中。虽然这些倡议并不总是可测量的,但它确实为本地区提供了非常具体的指导方针,以确保采取适当的可持续性措施。

在美国,加利福尼亚州是全国最大、最具影响力的州之一。该州为政府制定了明确的目标。该州州长杰里·布朗(Jerry Brown)发布了一项行政命令,要求所有建筑面积超过 1 万平方英尺(929.0304 平方米)的新建或翻新政府建筑物都要取得美国绿色建筑协会的 LEED 银级评级认证,并纳入太阳能或风能等绿色能源(图 3.5)。此外,他还指示州政府机构在 2015 年之前,以 2010 年为基准,将温室气体排放量减少 10%,到 2020 年减少 20%。与此相关的是，以 2003 年为基准，他要求到 2018 年将基于电网的能源采购减少 20%。

图 3.5　风力发电厂在世界各地变得越来越普遍。这是法国的一座风力发电厂。离你最近的一个在哪里？

　　布朗还努力应对水资源问题。他要求，以 2010 年为基准，到 2015 年将用水量减少 10%，到 2020 年减少 20%。

　　这些目标非常重要，因为它们制定了指导方针，而这些指导方针往往会被州内的地方政府和企业遵循。加州还制定有非常严厉的采购指南，促使那些参与政府采购的供应方遵循特定的规则，以确保该州使用现有的最可持续的产品。

　　以上三个例子，海南省，达勒姆郡，以及加州，都显示出各州级政府以不同方式在区域层面对可持续发展产生着影响。就海南而言，可持续性是其整体经济发展战略的一部分。在达勒姆郡，为当地政府工作的人员制定了可持续性指导方针。在加州，州政府为自己的行为制定规则，从而为地方政府的效仿搭建了平台。正如我们将在第十二章中看到的，以可持续性为中心的区域性规划努力可以使地区变得更具可持续性。

第四节　地方可持续性的测量

许多大中小城市、城镇和村庄都应参与当地社区可持续发展规划的制定。他们将一些利益相关方(见文本框)聚集在一起制定适宜的战略以确保其公民的可持续性未来。

有几个组织在协助当地可持续性规划的制定。也许最著名的组织就是为地方政府服务的"倡导地区可持续发展国际理事会"(ICLEI)。该组织于 1990 年成立,是联合国为在城市地区实现可持续发展制定强有力的地方战略的结果,正如《里约热内卢公约》和《21 世纪议程》所描绘的那样。它现在独立于联合国,目前有超过 1200 个社区参与了与 ICLEI 在 84 个国家的可持续性倡议。

ICLEI 与社区直接合作,提供可持续发展最佳实践指导和一些供可持续性管理人员在开发项目时使用的工具。他们的工作通常遵循"五个里程碑"议程,其中包括:

(1)里程碑 1 制定基准线。可以是针对社区的任何形式的可持续性评估,也可以是以可持续性评估或温室气体清单的形式。

(2)里程碑 2 设定目标。按照基准,你希望达到什么目标?你希望减少温室气体排放吗?如果是,希望减少多少?你希望减少污染物的数量吗?在实现这一里程碑的同时,还需要制定许多目标。

(3)里程碑 3 制订计划。为了实现目标,你需要制定一个路线图,这个路线图就是你的计划。

(4)里程碑 4 落实计划。在你制订了计划之后,你需要和利益相关方共同努力来实现目标。

(5)里程碑 5 评估进展。你的目标实现了吗?为什么有或为什么没有?

你能做得更好吗？如何改进计划？

利益相关方的反馈

任何现代规划的操作都有一个更重要的方面,那就是与利益相关方合作,以获得对于任何具体项目应该如何实施的反馈意见和建议。举个例子,如果你正在制订一个社区可持续性计划,你不会希望先起草一个计划,然后把它作为一种既定事实抛给社区。相反,你需要让你的利益相关方群体参与进来,以便做出关于可持续性计划中应该包括什么样的决定。在过去,一些规划者使用自上而下的做法,将项目提交给社区,结果得到的反馈很有限。社区成员对该项目的性质或如何开发几乎没有发言权。这类项目的典型例子是 20 世纪中期的城市重建项目,这些项目在美国城市中心创造了高速公路。

这种自上而下的规划方法往往是由一小群决策者推动的。由于种种原因,这样的方案不再受欢迎,大多数项目都要得到各个利益相关方的反馈,以便信息的流动,既自上而下,又自下而上。

但谁是利益相关方呢?利益相关方可以是任何可能受到项目或计划影响的人或组织,通常包括社区成员、政府和一些非政府组织,这些组织可能包括非营利组织(学校、教堂、慈善组织、信用合作社)、盈利企业和银行,以及劳工和贸易组织。任何利益相关方的工作目标都是让尽可能多的人一起对项目进行讨论。

想想这些不同的利益相关方是如何为可持续性计划提供反馈意见的。

(1)社区成员。这些人在他们的日常生活中将受到任何新项目的影响。如果该计划要求对能源消耗、太阳能汽车充电站或任何新项目提出新的指导方针,这些人将必须通过交税来支付项目费用。他们也可能需要改变自己的行为。

（2）政府。政府通常负责任何一项计划的实施。民选官员必须相信该计划是对他们的社区做了一件正确的事情，是选民想要的东西。政府工作人员必须相信他们能够实施这个计划。如果计划太过牵强或不适合社区，他们能够提供有价值的反馈意见。让区域、州或国家级政府专家意识到你的努力也很有用，他们应该被邀请参加任何关于地方可持续性规划的讨论。

（3）非营利组织。非营利组织常常会帮助实现计划的结果。例如，如果某个计划涉及有关可持续性问题的更大范围的教育活动，那么让学校和宗教组织参与进来是很重要的。有成千上万种不同类型的非营利组织在关心可持续性问题，从严格关注环境的组织到关注经济公平的组织。应邀请社区内所有这些团体参与任何可持续性规划方面的努力。信用社也是非营利组织，可以协助当地的融资，特别是小型家庭项目，如家庭太阳能方面的融资。

（4）营利性组织。营利性组织也被邀请参与许多与可持续性相关的项目。例如，如果你的计划集中于在市中心建造一个更密集的、可步行的商业区，你就需要从房地产和物权法的专家那里获得反馈信息。银行也是大型项目融资的重要合作伙伴。

（5）劳工和贸易组织。在讨论任何可能因计划结果而出现的新的劳动力转移问题时，劳工和贸易组织都是至关重要的。例如，如果你的目标是通过房屋翻修创造更多的节能房屋，那么这个项目就需要劳动力。可能还需要具体的培训。

利益相关方的参与需要大量的准备和规划，以便让主要的各方共同就某个可持续性计划展开工作。然而为取得成果而做出的这些努力是值得的。

佛罗里达州的绿色地方政府

在 ICLEI 与世界各地的地方政府展开合作的同时，许多国家和区域组织提供了可持续性基准测试工具，以协助当地社区制定发展战略。最成功和最广泛使用的策略之一是绿色地方政府基准测试工具，是由佛罗里达绿色建筑联盟（FGBC）开发的。

FGBC 的主要任务是为整个佛罗里达州的绿色建筑倡议提供支持。然而它还制定了佛罗里达绿色地方政府项目。这一倡议的重点是为地方政府的活动提供直接支持。

该系统的基准测试是通过使用电子表格的方法来掌握地方政府所进行的所有活动。好的做法可以在不同类别的指标评估过程中获得积分。具体评级类别如下：

白金级：最高得分>70%

金级：最高得分 51%—70%

银级：最高得分 31%—50%

铜级：最高得分 21%—30%

（表 3.1）列出了社区可以获得积分的类别。每个类别都有许多方法来获取积分。表中只列出了一种方法。还有一个专门的类别针对创新。社区可能有一个独特的项目，比如绿色能源项目，他们可以因此获得积分。要获得完整的列表，请参见 FGBC 绿色地方政府网站：http://www.oridagreen-building.org/local—governments。

到目前为止，佛罗里达州有近 50 个大小社区的地方政府都参与了认证过程。像迈阿密和坦帕这样的大城市已经得到了认证，农村和城市也一样。许多小型社区，如圣皮特海滩的旅游社区，也取得了认证。

地方政府认证的费用从 3000 美元到 6000 美元不等，取决于人口的多少（表 3.2）。近年来，一些社区已经放弃了认证，最著名的是奥兰治县（奥兰多所在地）、皮内拉斯县（圣彼得斯堡所在地）和圣彼得斯堡市。然而每年都有新的社区加入这一项目。最近加入该评级系统的小型社区之一是获得白金级的位于墨西哥湾岸区的达尼丁社区。

　　佛罗里达州绿色建筑联盟为地方政府开发区域绿色系统的努力是独特的，因为它为任何规模的社区提供了一种方式，以找到为区域可持续发展努力做出贡献的途径并因为他们的努力而获得奖励。这是最全面的地方政府评级方案之一。值得花点时间在网上看看这个系统，以便了解地方政府在一系列问题上可以为可持续发展计划做出贡献。你所在的当地政府是否有评级系统呢？（图 3.6）

表 3.1　由佛罗里达州绿色建筑联盟开发的佛罗里达州地方政府绿色度主要评价指标

政府部门	例子
行政管理	在使命宣言中加入环保使命宣言
农业 / 扩展服务	建立有机农场或可持续节水农业激励措施
建筑与开发	制定并执行《佛罗里达新建筑友好园林绿化条例》
经济开发 / 旅游业	对参与与生态相关活动的旅游数量进行跟踪
应急管理 / 公共安全	消防部门在适当的时候检查培训操作和节水
能源效率、保护和供应	让客户通过互联网跟踪和分析能源使用情况
住房和人力服务	由地方政府建造的绿色经济适用房
人力资源	新员工培训包括一般城市、县对环境的承诺
信息服务	制定政策，使购买的所有电子设备都具有环保性能
自然资源管理	对在社区注册的车辆制定汽车排放法规
公园和娱乐	为室外球场、公园和运动场实施节能照明和控制
规划与分区	制定与地方政府规划有关的可持续性社区指标体系
港口和码头	举办船工教育课堂，提供教育标识和材料
物业评估员 / 收税员	对确定为具有历史意义、高水分补给、绿化带等土地实施税收优惠
公共交通	落实和执行拼车或快速公交专用道，并提供开往郊区的快车
公共项目和工程	保持一个部门或整个地方政府的绿色车队计划
学校董事会	让学生参与学校的环保项目
固体废物	社区范围的危险废物收集
水和废水	采取政策鼓励可替代的现场废水和水的再利用技术和方法

表 3.2 参加佛罗里达州绿色建筑联盟绿色地方政府项目的费用

人口数量	费用
人口数量 ≤20000	$3,000
人口数量 20001—100000	$4,000
人口数量 100001—200000	$5,000
人口数量 > 200000	$6,000

图 3.6 佛罗里达州有许多社区将他们的可持续性计划进行比较。政府鼓励房主改善住房和美化环境以实现区域目标。

绿色运动：棒球

考虑一下您可能会参加的任何重要活动带来的影响（图 3.7）。它可以是一场音乐会、一个节日，或者像棒球比赛那样的体育赛事。会有成千上万的人好几个小时在一起参加活动，但是要想想所有需要做的事情以确保活动按计划进行：

- 需要修建可容纳很多人的空间
- 道路、停车场等交通方式必须满足参加者的需求
- 必须提供食物和饮料
- 设施必须提供电力和照明

●必须完成广告和社区外展活动

●必须构建浴室和下水道管线以承受人群产生的重要污水废物

●必须对废物纸张、食物浪费及其他材料的管理进行协调

●必须为浴室、淋浴、餐饮业务及场地供水

●设施场地必须进行景观规划

●必须提供交通工具接送参加活动的明星，无论是运动员还是歌手

在考虑所有与展开这些场景有关的事情时，有许多方法可以就可持续性计划进行协调。这也正是许多团队正在做的事情。他们正在寻找方法，对他们对环境的影响进行测量。事实上，这项倡议得到了美国职业棒球大联盟的广泛支持。2005 年，该组织与国家资源保护委员会建立了伙伴关系，以推动所有职业运动队的绿化度。

每个运动队都根据自己独特的地理位置和粉丝基础，完成了不同的项目。例如，一些球场根据美国绿色建筑委员会订立的标准，已经建立了由 LEED（见第八章）认证的全世界最环保的体育场。现在，旧金山巨人队在取得现有建筑 LEED 评级的球场里打球。

其他球队则专注于绿色能源，通过照明或建造太阳能电池板来减少能耗。休斯敦太空人队和波士顿红袜队使用太阳能为他们的一些运行提供动力。明尼苏达双城队帮助把废物转化为能量。还有一些球队则专注于为游客增加有机食品和本地食品。波士顿红袜队只使用以牧场放牧的动物为来源的无激素肉类。

对于棒球来说，交通也是一个重要问题。许多球队都将自己的停车场设在市中心区，这样一来，人们可以很容易地乘坐公共交通工具来观看比赛。位于佛罗里达州的圣·彼得斯堡市中心的坦帕湾光芒队为拼车者提供免费停车位，佛罗里达州马林鱼队在迈阿密的体育场停车场为混合动力汽车预留车位。

正如在第一章所指出的,可持续性不仅是在环境方面,经济和社会方面也必须加以考虑。美国职业棒球大联盟在他们的大部分市场都做了大量的社区工作。例如,费城人队设立了一些环境外展项目,亚利桑那州的响尾蛇队则将重点放在户外举行的环境教育上。

美国职业棒球大联盟的大部分努力都对减轻社区职业运动的环境足迹产生了重大影响。

看看你所在地区的专业运动队。他们在试图积极影响当地社区方面都采取了哪些举措?

图 3.7　职业体育在其运营中非常注重可持续性,这对一些人来说可能是一个惊喜。你的运动队在做什么? 这张照片是纽约大都会队的主场花旗球场。(图片由乔什·格罗斯曼提供)

第五节　具体的城市计划

虽然佛罗里达州绿色建筑联盟和地方政府的 ICLEI 为可持续性规划提供了指导，但一些地方政府自身也已经制定了独特的地方可持续性规划。在这一节中，我们将对两个重要的计划展开讨论，它们对社区就政府可持续性的应对方式已经产生了影响。

一、纽约城市规划：更绿色更美好的纽约

纽约市是地球上人口最密集的城市之一。然而依照某些衡量标准，它也是我们所能创造的最绿色的城市之一。想到一个被混凝土覆盖且绿色空间很少的地方被视为一个可持续的社区，这似乎有些奇怪。许多人抱怨城市的污染、交通和疯狂的城市节奏。的确，《旅游与休闲》(*Travel and Leisure*)杂志将其评为美国最肮脏的城市，因为街上到处都是果皮纸屑和垃圾。但按照许多测量标准，特别是能源、水和交通的指数，纽约市是世界上效率最高的城市地区之一。在 2007 年，纽约市又启动了一项新的计划以使它变得更加环保。

这项称为"更绿色更美好的纽约"(PlaNYC)的倡议，是纽约前任市长、企业家、布隆伯格 L.P.金融媒体公司所有人迈克尔·布隆伯格的创意。布隆伯格是美国在气候变化问题上的主要发声者之一。长期以来，他一直主张采取减少温室气体排放政策，并主张在环境保护方面做出更广泛的改进。他利用自己作为商界领袖和市长的平台，倡导应对美国的一系列问题，如枪支管控、同性恋权利和移民法改革。不过，在气候变化和可持续性规划方面所做的努力或许是他留下的最大的遗产。

虽然人们对该计划的许多内容都没有争议，比如修复基础设施和节约资源，但许多人对计划大大增加密集拥挤的纽约的人口的预期非常不满。然而纽约仍然是世界上国际移民的主要中心之一，对增加的人口制定应对计划是明智的(图 3.8)。

图 3.8　纽约市正在鼓励许多可持续性倡议，包括改造旧建筑和建造符合绿色标准的新建筑。

　　自由女神像欢迎游客的到来。弗兰克·辛纳特拉（Frank Sinatra）说："如果你能在这里取得成功，你就能在任何地方取得成功。"杰伊 Z（Jay Z）说："纽约，混凝土丛林，这里是筑梦的地方。没有什么是你做不到的，现在你来到了纽约。"

　　纽约的扩张随处可见。例如，在曼哈顿中城，距离著名的卡内基音乐厅不远的地方，计划建造这座城市最高的建筑——一座只有 13 米宽却高度超过 410 米的塔楼！如果你不计算天线的话，它将比新世界贸易中心大厦还高。这座公寓大楼将花费数千万美元。

　　当百万富翁们占领曼哈顿时，中低收入的劳动者被迫迁移到城市周围的城区。尽管如此，P1aNYC 对许多新建筑的要求是所有的房屋都要达到比过去更加环保的标准。

　　住房并不是 PlaNYC 的唯一组成部分。城市治理的每个组成部分都设定了具体的目标任务。佛罗里达州绿色建筑联盟是基于一种沙拉吧的选择来对社区进行评级，P1aNYC则非常明确地提出了可以在特定时间段内达到的可衡量的目标。

值得花一些时间到P1aNYC的网站上看一看它所审核的目标，以及对这些目标的测量方法①，目标列在（表3.3）中。

正如你所看到的，列出的10个目标都是定量的和可测量的，每一个目标都提供了一种评估城市实现每年既定目标的方法。这些目标也提供了一种途径，借此可以作出决定，并对是否为实现目标作出了适当的决定进行评估。

二、伦敦与可持续性

另一个在促进可持续性方面取得巨大进步的城市是伦敦。自2002年以来，该城市一直在伦敦可持续发展委员会（LSDC）的赞助下，以集中的方式致力于可持续性领域的倡议。多年来，他们制定出一系列可以测量和进行基准测试的指标，以便更好地应对城市的可持续性问题。

LSDC确定的指标分为3个大类：环境指标、社会指标和经济指标。2012年发布的最新报告与2008年发布的上一份报告中的测量指标作了比较。

环境指标列于（表3.4）中。在总共11项环境指标中，除了4项以外，其他几项都取得了积极进展。这些指标都没有出现恶化。很明显，这座城市，总的来说，在使自己在环境领域方面变得更加具有可持续性正在取得进展。

社会指标见（表3.5）。其中两项指标，即投票和儿童保健出现了恶化，

---

① http://www.nyc.gov/html/planyc/html/home/home.shtml.

其余大部分指标都有所改善。委员会对这一测量方案作了修改,增加了两个新的指标:幸福感和志愿服务。

经济指标见(表3.6)。这些指标的表现没有像环境和社会指标那么好。不过,其中3项指标(儿童贫困、碳效率和创新)都有了显著改善。

总的来说,伦敦的3个指标组(环境、社会和经济)都取得了进展。指标被用来测量年度进展。环境指标表明在这一领域是最为成功的。然而在需要应对的社会和经济可持续性方面仍然存在挑战。

伦敦可持续性指标的测量为城市在可持续性方面取得的进展进行评估提供了方法。通过增加新的指标,该计划做到随时掌握社区的需求,同时得以继续对长期成效进行测量。找出取得进展不大的领域或情况恶化的领域为在关键领域的投资需要或新政策的制定提供了证据。找到成功也很重要,因为它为认识哪些技术有助于改进提供了途径。

为什么你认为他们在某些可持续性方面是成功的,但在其他方面却不那么成功?你能想出用什么样的策略来改善那些几乎没有变化或恶化的领域吗?①

看看你所在的社区。他们是否有办法制定或评估年度可持续性或绿色倡议?什么样的衡量指标可能在你的社区有用?

表 3.3　纽约市主要可持续性主题②

纽约城市规划目标	可测量指标
住房与社区	为将近 100 万纽约人建设住房, 同时使住房和社区更经济适用和可持续
公园和公共空间	确保所有纽约人都能居住在距公园步行 10 分钟的范围内
棕　地	清理纽约市所有受污染的土地
水　路	改善河道质量,以增加娱乐机会,恢复沿海生态系统
供　水	确保供水系统的高质量和可靠性

---

① http:// www.londonsdc.org/documents/research/LSDC_QoLindicators_2012_Summary.pdf.

② http://www.nyc.gov/html/planyc/html/home/home.shtml.

续表

纽约城市规划目标	可测量指标
运　输	扩大可持续性运输选择,确保运输网络的可靠性和高质量
能　源	减少能源消耗,使能源系统更加清洁、可靠
空气质量	达到美国任何一个大城市最清洁的空气质量
固体废物	从填埋场分流75%的固体废物
气候变化	减少温室气体排放30%以上

表 3.4　伦敦可持续发展委员会使用的环境指标①

环境指标	测量方法	2008 年以来是否有所改善
空气质量	通过测量微粒污染	是
二氧化碳排放	根据二氧化碳总排放量	是
去学校	测量独自乘汽车上学儿童减少人数。如果有更多的孩子步行或乘坐公共汽车,则视为成功。	是
交通流量	测量车辆总行驶里程	是
接触大自然	测量荒野面积	无显著变化
鸟类数量	测量伦敦鸟类物种指数	无显著变化
生态足迹	测量伦敦人对生态系统的需求	无显著变化(请注意,地球上的每个人都需要 2.5 个地球才能以伦敦人的速度消耗资源)
洪　水	收到洪水警告的危险房产和已登记房产	是
家庭垃圾回收	测量回收率	是
废　物	测量每个家庭产生的废物量	是
用水量	测量日用水量	无显著变化

---

① 请注意,自 2008 年以来,大多数指标都取得了进展。可以肯定地说,任何一项指标都没有出现恶化。

表 3.5　伦敦可持续发展委员会使用的社会指标①

社会指标	测量方法	2008 年以来是否有所改善
儿童保健	每 100 名 8 岁以下儿童的保健机构数量	恶化
初等教育	在英语和数学学科取得预期进步的学生占比	是
中等教育	在特定考试中表现优异的学生占比	是
犯　罪	犯罪记录	是
体面的住房	超过体面住房标准的家庭占比（根据维修、现代设施和服务以及热舒适的标准测量住宅状况）	是
预期寿命	男性和女性总体预期寿命	是
体育活动	体育和娱乐活动参与率	无显著变化
幸福感	基于幸福评级	新指标
对伦敦的满意度	根据伦敦市民对城市及其周边地区的满意度调查	是
投　票	基于投票率	恶化
志愿服务	测量志愿服务者人数	新指标

表 3.6　伦敦可持续发展委员会使用的经济指标②

经济指标	测量方法	2008 年以来是否有所改善
就业率	基于整体就业率	无显著变化
企业生存	测量一至三年后企业生存状况	恶化
收入平等	测量最低的 10% 的家庭收入和最高的 10% 的家庭收入之间的收入差距	无显著变化
儿童贫困	生活贫困儿童占比	是
燃料贫困	燃料贫困是测量由于收入原因在冬季无法负担足够供暖费用的家庭占比	恶化

---

①　请注意,自 2008 年以来,11 项指标中有 6 项取得了进展,有 2 个指标是新增加的,1 个指标几乎没有变化,2 个指标(投票和儿童保健)出现了恶化。

②　值得注意的是,自 2008 年以来,在 11 项指标中,只有 3 项取得了进展(儿童贫困、碳效率和创新),1 个指标(技能)为新增加的指标,3 个指标(企业生存、总附加值和燃料贫困)都表现为恶化。其余指标几乎没有变化。

续表

经济指标	测量方法	2008 年以来是否有所改善
住房负担能力	测量住房成本与收入之比	无显著变化
总附加值	测量商品和服务价值	恶化
碳效率	测量单位总附加值碳排放	是
低碳和环保工作	测量低碳和环境保护工作就业占比	无显著变化
技　能	具有专门技能劳动力占比	新指标
创　新	引进产品或工艺创新的公司占比	是

第六节　小城镇与可持续性

以纽约和伦敦的可持续性计划为代表的观念体现出适用于不同规模社区的一些伟大观念。也有许多大中城市有很多与纽约和伦敦使用的指标中体现出的相同的问题。然而小城镇和农村社区具有不同类型的可持续性问题，其中很多问题通常包括以下事实：①他们的经济基础非常狭窄。②因为年轻人搬到了城市，所以他们都经历了人口损失。③由于农业管理不善或采矿活动，他们都经历了环境恶化。④他们都面临落后的基础设施，如污水、电力、道路等。⑤由于工作和教育机会有限，他们的收入潜力都很差。对于许多社区来说，由于他们面临着诸多挑战，所以可持续性的观念远不是他们的首要任务。然而一些农村社区已经认识到，他们的环境中有些活动是高度不可持续的，并正在努力将他们的农村社区转变成可持续性的样板社区。

1990 年，澳大利亚政府成立了"农村工业研究与开发公司"，旨在关注澳大利亚农村地区的发展问题。截至目前，可持续性和农村弹性已成为该组织的重要主题。该组织的当前目标如下[1]：

---

[1]　源自 http://www.rirdc.gov.au/research-programs/rural-people-issues/dynamic-rural-communities.

●增强农村社区管理经济、社会和环境变化的能力

●改善第一产业(矿业、渔业和农业)劳动者的健康和安全

●支持原住民和托雷斯海峡岛民参与澳大利亚农村发展

●支持在澳大利亚农村使用新信息和通讯技术

●提高自然资源利用和节约效率

该组织完整项目包括以下主题(部分):

●绿色屋顶和自给自足的新鲜食品生产

●确保农村社区获得财富和健康

●有弹性的农村社区是由什么构成的

●农场能源计算器

●农场树:加强生物多样性自然保护和自然虫害控制

●植被设计:促进田间使用原生植物

这些项目提供了一种方式,将可持续性倡议与可衡量的更广泛的农村经济发展联系起来,给农村社区带来变革。想一想你所在地区和国家的农村可持续发展。什么类型的可持续性问题与农业、矿业或渔业有关? 这些地区主要的环境、社会和经济挑战是什么?哪些组织在致力于农村可持续发展?

第七节　企业可持续性

在我们这个全球经济互联互通及不断发展的消费文化世界中,一个具有挑战性的问题是如何实现可持续性,同时又能带动经济增长和发展。许多组织都试图通过在商业模式中寻找可持续性的方法来达到这种平衡。他们关注的不是环境、公平和经济的三个"E",而是关注三个"P":人、

星球和利润。我们将在接下来的章节中详细讨论(图 3.10)。

　　人、星球和利润的概念表明,促进可持续发展并同时为个人或股东创造利润是有办法做到的。这一概念已经被商界的许多人所接受。本书的一些读者可能会惊讶地发现,像沃尔玛和宜家这样的公司都设有可持续发展办公室,而且这些大公司每年都会提交可持续性报告。

　　这些公司都制定了明确的目标,力图使公司业务的各个方面都得到改善。有多少企业就会有多少种实现企业可持续发展的方法。然而大多数公司侧重于供应、制造、运输或人事等某个方面。以最早完全接受可持续性理念的大型企业之一的"界面公司"为例。该公司生产不同类型的地毯产品,包括用于机场或酒店等高用途地区的工业地毯。

　　该公司总裁雷·安德森(Ray Anderson)(1934—2011)在接手公司领导权时对可持续性问题并不特别感兴趣。然而他逐渐意识到他的供应链对环境的影响。他开始认识到,公司多年来做出的选择对环境和世界其他文化产生了明显的负面影响。

　　由于这一顿悟,安德森先生对公司的运作进行了全面分析,试图对其带来的环境影响进行限制。当他这样做的时候,他意识到改善环境的决定也提高了公司的利润。绿色经营是很好的商业意识,它不仅确保他们没有使对其产品制造非常重要的资源变得枯竭而且使企业自身更加具有可持续性。

　　在意识到将自己的公司朝着可持续性的方向发展带来的好处之后,安德森先生便将他的全部时间都致力于与世界各地的其他商业领袖一道推进企业的可持续性。如今,安德森先生的努力在很多方面都得到了回报。主要的跨国公司都在试图以某种方式在可持续性问题上做出应对。这虽然还有很长的路要走,但确实取得了明显的进展。我们将在接下来的章节中就几个案例进行分析。

　　不过,想想那些你很熟悉的企业。也许你在一家餐馆打工,或者你有一个小型的草坪护理业务或保姆服务。你如何让你的工作场所更为环保？已经做了什么？如何对所做出的努力进行测量和跟踪？为了让我们的星球朝着一个更可持续的未来前进，所有的组织，无论多么小，都必须考虑到可持续性，并设法减少他们的总体足迹。然而我们作为个人又能做些什么呢？

第八节　个人可持续性

如果你正在上这门课并且在读这本书，你可能会对可持续性原则作出某些个人的承诺。也许你是一个真正的"环境保护狂"，像我一样，或者你只是喜欢环保的理念。或者，你意识到在新兴的"绿色经济"中有新的商机，想要更多地了解它。从定量和科学的角度来看，你对环境的动机和感受并不是那么重要。重要的是你对地球的影响是可测量的。你可能有最环保的观点，但比那些认为全球变暖是一个骗局的人对环境的影响更大。我们很容易在不考虑自身影响的情况下将矛头指向那些在努力推动可持续性举措的公司。

从记录来看，我有一个巨大的碳足迹。我是在爱琴海的一艘渡轮上写这些话的；当时我正在旅行途中，要去塞列福斯岛拜访一位朋友。我从纽约飞往雅典，中途在伦敦停留，以便搭乘这艘渡轮。另外，我每年平均在美国乘飞机 7 次做公务或个人旅行。航空旅行是个人碳排放量最大的行为之一，所以我的碳足迹可能比地球上大多数不经常乘飞机旅行的人要大。正如我在前面提到的，有许多不同的方式来看待可持续性。拿我的情况来说，我需要试着把我的影响和跟我一样的人作比较，而不是与和我不同的人作比较。换句话说，可持续性的文化背景很重要。试想一下你对我们地球的整体影响。你对这个星球的影响在你所在国家的其他地方会有什么不同？

测量和评估个人可持续性的方法有很多。如上所述，对碳足迹进行测量是一种非常常见的方法。（表 3.7）提供了一种测量碳足迹的方法。

碳并不是衡量个人可持续性的唯一指标。我们可以计算我们的水预算、能源消耗、食物影响及其他许多因素。一旦我们对这些指标进行了测量，我们就可以设定减少碳足迹的目标任务。我在本章中已经多次提到，一切都在测量影响、设定目标、找到实现目标的方法后取得报告。

我之前说过我一年大约飞行七次。我个人的目标是，通过在今后几年购买碳排放信用额度来减轻碳减排的影响。在很多旅游网站都能买到碳信用额度，这让我很容易实现我的目标。我将通过我的博客"走在边缘"来汇报我的目标完成情况，以此来保持我的诚实。想一想你可以设定哪些目标来减少你对这个星球的影响？你会用什么方法对这些目标进行测量和报告呢？

表 3.7　如何制定一个可测量的指标来对个人的碳足迹进行评估
这个例子的重点是减少因航空旅行带来的碳排放

问　　题	由于航空旅行，我对地球产生了很高的碳影响
目　　标	减少我因航空旅行对地球造成的影响
方法对策	使用碳信用购买期权用于航空旅行
实现方法	购买碳信用
如何报告	个人博客

图 3.9　您光顾的企业怎样对其运行和产品进行基准测试,以使其变得更具可持续性? 密尔沃基的湖畔啤酒厂酿造出一种有机啤酒,以帮助他们的企业变得更具可持续性。

第四章

能 源

在现代社会，我们都需要能源才能生存。这本书是写在一台笔记本电脑上的，以电子方式发送给我的出版商，印刷或以其他方式传播，而你以某种方式使用了能源来完成这本书的购买。因此，这本书具有明显的碳足迹。几乎我们所做的每一件事都在某种程度上使用了能源。虽然我们尽量减少能源使用或生活得尽可能简单一些，但我们都在使用能源。在这一章中，我们将研究不同形式的肮脏和绿色能源，并在世界的某些地方发现一些创新的能源项目。我们将看到，全世界正在越来越多地使用清洁能源，不再使用肮脏的能源资源。

第一节 世界能源生产与消耗

地球上的能源并不是均匀分布的。事实上，只有少数国家拥有广泛的能源资源，大多数国家都必须进口能源才能繁荣发展。由于这种不平衡，近年来出现了诸多问题。

　　排名前十的能源生产国（图 4.1）所示。中国、美国、俄罗斯、沙特阿拉伯和印度都是主要的能源生产国。这些国家都有丰富的资源，如煤、石油或天然气。其中许多国家人口众多，需要大量的能源。

　　相比之下，排名前十位的能源消耗国（图 4.2）所示。中国、美国、俄罗斯、印度和加拿大既是能源生产大国又是能源消费大国。然而日本、德国、巴西、韩国和法国都是低能源生产国，但却是能源消费大国。我们将会看到，每个国家都制定了一套独特的战略，以应对能源资源的匮乏。

　　另一种测量能源消耗的方式是看人均消耗。图 4.3 显示了 2009 年全球人均能源消耗情况。从这个图中可以看出，加拿大和美国在人均能源消耗上占先，欧洲部分国家，沙特阿拉伯、俄罗斯、韩国和澳大利亚紧随其后。世界上大部分地区的人均能源消耗相对较低，特别是拉丁美洲、非洲、南亚和东南亚。大多数人均能源消耗高的地方都有着丰富的能源资源，这表明能源资源的存在导致了高使用率。

　　另一种研究能源的方法是评估能源强度。能源强度是计算国民经济能源效率的一种方式。例如，如果某个国家使用大量的能源，创造的国民经济价值却很低，它将被认为是一个能源密集相对较高的经济体。各国一直在寻求发展低能源密集型经营方式，以提高其经济体的能源效率。

　　图 4.3 显示了能源密集度最低的经济体（能效）的列表。能源效率计算为一千克石油当量，依照 2005 年购买力平价计算。这份榜单的有趣之处在于，只有一个国家（日本）为十大能源消费国之一，这意味着大多数主要能源生产国的经济效率相对较低。值得注意的是，有 5 个欧洲国家和 3 个拉丁美洲国家榜上有名。主要的能源生产国并不在名单上，这表明能源生产国的资源利用效率较低。

　　到目前为止，地球上使用的大部分能源都来自传统的化石燃料（图 4.4）。煤、石油和天然气占地球能源消耗的 80% 以上。核能占世界能源使用总量近 6%，而生物燃料和废物占另外的 10%。水力发电约占 2.3%，而太阳能和风能等替代能源仅占全球能源使用量的 0.9%。

在回顾了全球能源形势之后，现在让我们接下来讨论具体的能源来源。我们将分别讨论传统的"肮脏"能源、绿色或清洁能源及核能。我把核能放在一个单独的类别，是因为目前关于它是清洁能源还是绿色能源的争论非常激烈。

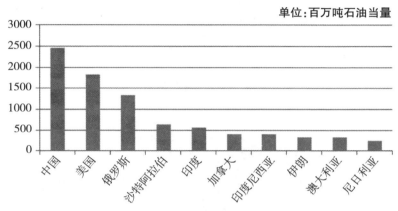

图 4.1　2012 年世界主要能源生产国。[1]

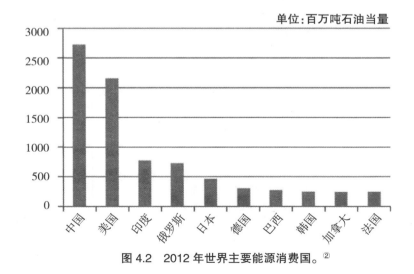

图 4.2　2012 年世界主要能源消费国。[2]

[1][2]　数据来源:http://yearbook.enerdata.net。

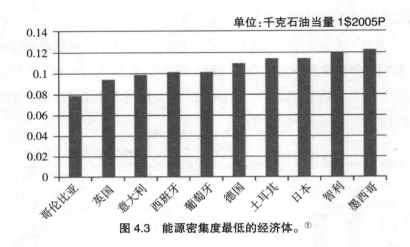

图 4.3　能源密集度最低的经济体。[1]

- 石油 32.4%
- 煤 / 泥炭 27.3%
- 天然气 21.4%
- 核能 5.7%
- 水力发电 2.3%
- 生物燃料和废物 10%
- 太阳能 / 风能 0.9%

图 4.4　全球能源使用来源。[2]

第二节　传统或"肮脏"能源

　　许多传统能源都被认为是"肮脏"能源,因为它们产生严重的污染,特别是二氧化碳,是造成全球气候变化的主要气体。但还有许多不同类型的"肮脏"能源,包括石油、天然气、煤炭和沥青砂。我们将对其中每一种都进

---

① 数据来源:http://yearbook.energdata.net.

② 数据来源:http://www.lea.org/publications/.

行分析。然而,它们约占世界能源生产的80%。虽然全世界正在迅速发展可替代能源,但了解这些传统能源资源的性质非常重要,这样才能就如何使它们在未来更加具有可持续性作出评估。

一、石油

石油是一种天然的液体,存在于一些沉积岩中。这种液体是古代沼泽盆地中动物和植物分解形成的副产品。在这样的环境中,一层又一层的有机物质沉积了数百万年,产生了包括煤、天然气和石油在内的巨大的碳氢化合物储量。

科学家发现,石油主要存在于中生代的岩石中。这一时期从2.52亿年前一直持续到6600万年前。这一巨大的时间跨度通常被称为恐龙时代。大型恐龙在地球上的大片地区出没,地球表面的大部分区域都覆盖着大量的植被。当这些植物和动物死亡后,如果它们最终落入水中,其残骸便会被保存下来。随着时间的推移,有机物质的沉积物便转化为石油、天然气和煤。

石油是一种用途广泛的产品。在陆地上或海洋平台上的油井中提取是相对容易的。它可以制成各种各样的产品,包括汽油和其他燃料、塑料和药品。它也很容易通过管道或由火车、卡车和汽车分发出去。作为一种商业产品,它在世界各地都是相对丰富和容易获得的。

如上所述,能源资源在地球上的分布是不均匀的。这在很大程度上是因为中生代聚集有机物质的盆地只出现在地球的几个主要区域。这样一来,曾经遥远、与世隔绝、人口稀少的沙特阿拉伯由于其古老的地质历史而变得重要起来,而日本由于其火山地貌而缺乏石油储备,因此依赖于外部能源。

在过去的几十年里,全世界有数百个油田被开发。每年都有新的油田投产。尽管如此,人们还是担心世界是否已经达到了石油峰值(见文本框)。

少数几个国家生产了世界上大部分的石油(图4.5)。沙特阿拉伯、俄罗斯和美国是主要的原油生产国,中国、伊朗、加拿大、科威特、阿拉伯联合酋长国、委内瑞拉和墨西哥紧随其后。与人们对石油资源正在日益减少的看法相反,其中一些国家的石油产量还在增加。例如,2011年至2012年间,美国的原油产量增长了12%。

原油必须经过加工才能制造出其他以石油为基础的产品,而这些石油产品是现代碳经济的基石。世界各地都有许多原油加工厂或炼油厂。这些工厂将原油转化为高精炼的化学物质,如汽油和塑料。

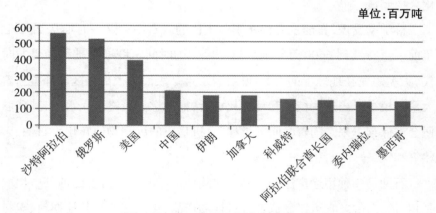

单位:百万吨

图4.5　2012年十大石油生产国。[1]

许多没有石油储备的国家已经建立了炼油厂,以便将廉价的原油加工成增值产品。例如,石油匮乏的日本建有数十家炼油厂,将原油加工成汽油和其他石油产品。

近几十年来,人们对汽油的使用一直很担忧。政治和国际的挑战始终存在。例如,20世纪70年代的石油危机预示着1990年伊拉克入侵科威

[1]　数据来源:http://yearbook.energdata.net。

特时的第一次海湾战争所暴露出来的问题。阿根廷和英国之间的马岛战争在很大程度上被认为是受攫取石油的驱动。即使在今天，中国南海盆地，由于中国、越南、菲律宾和其他国家在该地区石油问题上的冲突，仍然还是一个引爆点。

　　当然，也有对于污染问题的担心。与化石燃料生产有关的温室气体污染引起了人们的极大关注。我将在接下来的章节中就这个问题进行详细讨论。然而除了二氧化碳以外，当石油产品燃烧时，氮和硫氧化物，以及杂质和颗粒物质可能会进入大气中。许多国家都由于燃烧矿物燃料而造成严重的空气污染问题。一些国家，例如美国，已经制定出有关这类污染物排放的严格法律，并为生产商制定了指导方针。

　　此外，人们还对石油的开采和运输造成的污染感到担忧。2010 年 4 月 22 日晚，"深水地平线"石油钻井平台在墨西哥湾发生爆炸，126 人中有 11 人丧生。此次爆炸引发了持续 87 天的大范围石油泄漏，最终成为历史上最严重的漏油事件。

　　石油泄漏不仅仅发生在石油的源头，它们也可能在石油管道和运输过程中发生。数万英里的石油管道穿越这个世界，将石油从油井输送到炼油厂。2013 年 3 月，一条从加拿大到墨西哥湾的石油管道在靠近阿肯色州小石城的一个名叫梅弗劳尔的地方发生破裂，导致大约5000—7000 桶石油在这个平静的郊区小镇发生泄漏。最臭名昭著的石油泄漏事件是 1989 年 3 月发生的埃克森·瓦尔迪兹号油轮泄漏事件。

　　埃克森·瓦尔迪兹号油轮当时正在运送 5500 万加仑的石油从阿拉斯加到加州的长滩，在威廉王子湾发生触礁，导致船上大约一半的石油泄漏，最终有超过 2000 千米的海岸线和近 30000 平方千米的海底受到影响。这次泄漏造成了广泛的生态破坏。

　　石油泄漏是很难清理的。原油非常黏稠，可以附着在动物身上，从而使它们难以飞行或游动。石油还会污染土壤和水，使它们不适合植物和动物自然生态的栖息地。石油还有可能长期存留；埃克森·瓦尔迪兹号油轮泄漏的原油至今还在继续冲刷着海岸。

二、油页岩和焦油砂

虽然大部分石油很容易从地下深处的孔隙中提取出来，但也有岩石和沉淀物蕴藏着石油，可以从地表的油页岩和沥青砂中提取出来。油页岩是一种沉积岩，含有非常细颗粒的黏土和淤泥，在非常小的孔隙中与石油相互啮合。由于气孔太小，使用传统的抽油技术很难开采出石油。据估计，油页岩中蕴藏着 3 万亿桶石油。美国、俄罗斯和巴西拥有最大的石油储量。

油是通过加热的方式从岩石被中开采出来。因此，开采石油需要使用大量的能源。一旦加热，蒸汽就从岩石中被收集起来，而大量剩余的页岩被当成废物丢弃掉了。

砂岩中含有大量被称为沥青的半固体的石油，焦油砂即形成于此。大部分焦油砂矿床位于加拿大、俄罗斯和哈萨克斯坦，据信这些矿床蕴藏着 2 万亿桶石油。从焦油砂中提取石油是很复杂的。需要大量的热水将石油从岩石和沙子中提取出来。因此，加工过程中需要使用相当多的能量来加热开采过程需要的水。留下的沙子和用来提取石油的水都存在着严重的浪费问题。

由于种种原因，油页岩和焦油砂的开采是有问题的。第一，它们都需要消耗大量的能源来提取石油。第二，高能源消耗大大增加了这些燃料的温室气体影响。第三，从焦油砂中提取石油需要大量的水。正如我们将在第六章中所看到的，如今，水正在成为越来越稀缺的一种资源，它在能源开采上的使用是值得怀疑的。第四，每一种能源都在其生产过程中留下了大面积的废弃物。

然而能源的高成本使得从这些不寻常的能源中的开采有利可图。这些能源的重要性可能会继续增长。我们这些关心可持续发展的人应该努力限制这些燃料对环境造成的影响。

石油峰值

世界各地的许多人都在担心世界已经达到了石油峰值,也就是石油开采的最高速度,预计之后产量会下降。事实上,人们多年来一直在争论,认为我们已经达到了石油峰值,但石油生产在世界许多地区仍在迅速发展,而石油开采新技术起到了推波助澜的作用。

石油是一种有限的资源,它会在某个时候耗尽。然而我们对石油的需求还在增加,尤其是在发展中国家。我们将来会有足够的石油吗?

一些人预测,随着供应减少和油价上涨,全世界都将积极发展替代能源,而不会造成目前生活方式的任何扰乱。另一些人则更为悲观,他们认为,由于远离廉价石油,将会发生剧烈的社会动荡。

如果没有了石油,你需要做出怎样的改变? 你认为你的学校或家庭将如何应对石油短缺?

三、天然气

天然气的主要成分是甲烷,是一种矿物燃料,通常与石油或煤炭矿床有关(图4.6)。在过去,它被认为是石油开采的废物,因而被焚烧掉了。然而随着运输和储存技术的改善,天然气已经成为一种非常有价值的产品,成为世界能源供应的重要组成部分。值得注意的是,天然气也可以从垃圾填埋场获得,并作为生物量生产的副产品。它被认为是最清洁的化石燃料来源之一, 尽管在未被使用的情况下就被排放出来时它可能会成为一种重要的温室气体的排放源。

世界上有大量的天然气储量，约 7000 万亿立方英尺（相当于将近 200 亿立方米）。北美洲是最大的天然气生产区，占全部天然气产量的近 1/4（图 4.7）。美国和俄罗斯是最大的天然气生产国。伊朗、加拿大、挪威、中国、沙特阿拉伯、印度尼西亚、荷兰和阿尔及利亚的天然气产量都不到美国或俄罗斯的 1/5。

天然气被认为是一种危险的燃料，多年来并没有被视为一种可行的全球性能源商品。它是一种无色无味的气体，如果有大量气体遇火，将会造成严重的破坏。然而现代运输系统的发展和新的发电厂技术的发展也带动了天然气资源的开发。此外，天然气可以转化为液体以方便运输。天然气管道穿越世界许多地区，其中许多直接通向发电厂，通过传统的蒸汽发电过程直接用来发电。

天然气生产存在两大问题：温室气体污染和水力压裂。这两个问题将在下面进行讨论。

甲烷是一种温室气体。它有助于在大气中吸收能量从而导致大气变暖。我将在另一节中详细讨论温室气体和全球气候变化。但值得强调的是，甲烷对大气变暖的影响是同等数量二氧化碳的 25 倍。因此，当我们关注燃烧化石燃料所产生的二氧化碳排放时，我们应该对甲烷在天然气开采和运输过程中泄漏的问题表现出 25 倍的关注。

与天然气生产相关的另一个问题是水力压裂。水力压裂法是一种从地下深处岩石的很小孔隙中提取天然气的过程。当传统的开采技术无法提取出被困在岩石孔隙中的天然气时，就需采用水力压裂法。

利用专门的钻井设备，流体通过高压被泵入地下的岩石中，以使岩石破裂或断裂。这时，天然气就会被释放出来进行提取。世界各地有许多新的天然气田使用这样的工艺流程。

然而这一工艺流程备受争议。压裂过程会将甲烷释放到地下水中并进入水井。此外，在高压过程中为打破岩石而使用的流体也引起了关注。

许多天然气公司尚未公布在水力压裂过程中使用的各种化学物质。人们担心这些化学物质会进入地下水和生态系统。

一些社区已经禁止水力压裂开采天然气的过程，而另一些社区则欣然接受了。在我撰写这篇文章时，纽约州已经叫停这一工序等待研究。时任州长安德鲁·库莫（Andrew Cuomo）将在接下来的几个月里就是否允许这一做法做出决定。

相比之下，北达科他州已经接受了水力压裂法。这给这个人口稀少的州带来了石油和天然气的巨大发展。世界上许多地区都把水力压裂看作当地经济发展的一种形式，尤其是环境影响令人关注的人口稀少的农村地区。该开采方式的支持者们表示，环境问题被夸大了。只有时间才能证明水力压裂技术的反对者是否会不幸地被证明是正确的。

图 4.6　天然气是世界上最常用的燃料之一。

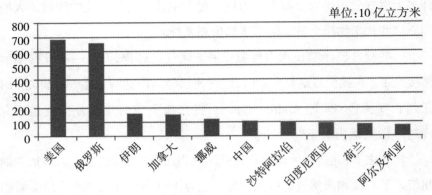

图 4.7　2012 年十大天然气生产国。[1]

　　煤是一种在相当长时间后变成岩石的由有机物质组成的碳基沉积岩。我们大多数人都熟悉泥炭，一种在湿地环境中形成的厚厚的有机物质。在一些湿地中，水环境阻止了有机物死亡后的分解，于是形成厚层尚未分解的有机物质，或称泥炭。

　　有许多不同类型的煤可以从泥炭中形成，这取决于随着时间推移泥炭发生的变化。如果它没有经受大范围的热力和压力，它就会变成褐煤，一种较软的低碳煤，约占世界上最大煤炭生产国之一的美国煤炭产量的8%。次烟煤比褐煤稍硬，碳含量约为40%，占美国煤炭产量的40%，主要用于燃煤电厂。烟煤是美国最常用的煤，其碳含量比其他煤高得多，不仅用于电力生产，也用于钢铁生产。无烟煤是最不常见的一种煤，它非常坚硬，碳含量高达97%。

　　与石油和天然气一样，煤基本存在于中生代形成的岩石中。广阔的湿地覆盖了地球上许多不同的区域，现在这里都已是广阔的煤田。这些煤田在地球上的分布并不均匀，有些地区的煤储量丰富，而其他地区的煤炭资源有限。

---

①　数据来源:http://yearbook.energdata.net.

中国是目前世界上最大的煤炭生产国(图 4.8)。截至 2012 年,中国生产煤炭产量占全球煤炭产量的 45%,其他多数煤炭生产国的产量与中国相比相形见绌。中国也是世界上最大的煤炭消费国。事实上,它的煤炭使用量是美国的 4 倍。关于中国因严重依赖煤炭而造成的空气污染问题,请(参见文本框)。

煤主要用于燃煤发电厂的电力生产。有些煤用于生产铁和其他金属。此外,有些煤被液化或转化成气体用作燃料。近年来,煤在化学和制造方面也有其他用途,已经成为水净化操作过程的重要组成部分。

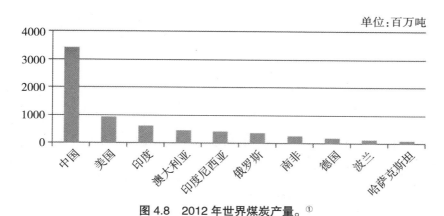

图 4.8 2012 年世界煤炭产量。[①]

中国的空气污染问题

我记得 2012 年第一次飞到北京机场时,我透过飞机的舷窗寻找这座城市。污染太严重了,直到我们着陆的时候我才看到地面。很明显,北京存在着严重的空气污染问题。此外,北京独特的地理位置也加剧了空气污染问题。它接收大量来自西部省份的颗粒物和尘埃,其周围的空气也可能由于某些气象条件而滞留。然而毫无疑问,中国在净化空气方面取得了巨大进步。

① 数据来源:http://yearbook.energdata.net。

当中国在 2001 年获得 2008 年夏季奥运会的主办权时,人们立刻开始关注北京的空气质量状况。中国的许多地方,尤其是北京,因严重的空气污染而闻名,于是人们担心运动员和游客的安全。中国便立即着手计划清洁空气迎接奥运。

一些污染严重的工厂被要求分时段施工、关闭或搬迁。其他工厂也实施了新的环境控制措施。随着奥运会的临近,中国做出了更多的努力,通过减少街道上的汽车数量、改善公共交通和减少工作时间等方式降低污染。

四、采 煤

煤是一种沉积岩,形成于岩层中。大多数时候,这种岩石可以穿过一层岩石来开采。当它不存在于地表时,就要在岩石中挖出竖井,以便将地下的岩石开采出来。因为矿顶坍塌和暴露在来自煤层的有毒气体,采煤是世界上最危险的职业之一。此外,地下会突然发生火灾,其中一些火灾导致了生命损失,在一些极端的情况下,大火可以燃烧多年。

大面积的地下开采通常采用一种称为顶柱开采的方法进行。煤层通向地下,开采后留下柱子支撑矿顶。在这个过程中留下了大量的空间。随着时间的推移,空间的顶部油可能会坍塌,从而对地表造成破坏。

另一种开采方式是露天开采或地表开采。地表开采有许多不同的方法。简单地说,煤炭矿床以上的岩石被移走,以暴露出宝贵的能源资源。这是需要用非常大的重型设备来完成。一旦煤层被暴露出来,就可以使用这些设备将煤炭挖掘出来运走。这一过程显然比地下采煤更加安全。

大规模的地表开采备受争议。其中最具争议的一种地表采煤方法被称为山顶移除采煤法。在世界上的某些地区,大面积的地貌或山脉都是由煤构成的。于是,整座山都会被挖掘,留下一处对当地居民来说非常陌生的变化了的地貌景观。此外,水文和生态系统(以及其他自然系统)也会因此发生严重的改变。

为了保护当地的环境,一些地方已经禁止山顶移除采煤法。然而它仍在世界许多地区迅速发展。通过移除法开采出大量煤炭使其既高效又利润可观。它对环境的影响是巨大的。近年来,围绕山顶移除问题展开的广泛的环保行动已经引起人们对与煤炭开采有关的环境和社会问题的关注。

五、煤污染

当然,与煤炭使用有关的一个更大的问题是污染。燃烧煤炭是迄今为止大气中人为二氧化碳的最大贡献者,而二氧化碳是与全球气候变化相关的主要温室气体之一。大量其他气体也同时被排放到大气中,包括氮和硫氧化物。燃烧煤炭也会释放出各种金属污染物,包括汞和砷。这些污染物会经历非常复杂的环境循环周期,但有可能进入生态系统并造成巨大的破坏。它们还可能会进入食物链。

二氧化硫是一种污染物,因为它会导致酸雨,所以近几十年来受到特别关注。当富硫煤燃烧时,硫氧化物被释放到大气中并与水发生反应生成硫酸。酸与大气湿度结合后会随降水落到地面。有许多有记录的案例表明,电厂和工厂里富硫煤的燃烧会顺风降下酸雨。

多年来,技术已经发展到能够减少发电厂二氧化硫的排放量。此外,低硫煤已成为电厂的首选燃料。酸雨的影响是多方面的。它被认为可以导致湖泊和其他水体的酸化,其严重程度会使本地动植物无法存活。酸雨直接落在植物上也会带来问题,许多森林因此遭到破坏。

燃烧煤炭产生的废料,即粉煤灰和底灰,也存在问题。如上所述,煤中碳的含量差别很大。剩下的灰状物质通常是在煤炭燃烧后留下的。这种粉煤灰是细颗粒的,通常含有害物质,如重金属。如果倾倒在露天,水可以很容易地流过粉煤灰,就像水流过咖啡渣,还会流过金属渣和其他物质进入地下水。

在世界上的许多地方,粉煤灰的处理都受到严格的管制。有些地方已经找到了回收这种物质的有用方法,将其转化为铺路或建筑材料。然而每天还是会有大量的粉煤灰需要处理。

第三节　绿色能源

一、生物质

生物质是世界许多地区重要的能源来源。来自生物质的能源有许多不同的形式,包括燃烧木柴或肥料、燃烧垃圾,以及将生物质转化为液体或气体燃料。每一种都是下面要讨论的。

1.生物质:木柴、肥料、泥炭和其他有机原料

在没有标准电力的地区,木柴和粪肥是常见的燃料来源。在寒冷的气候中,木柴也被用作主要或补充热源。世界上许多农村地区,特别是在较不发达地区,依靠燃烧木柴或其他生物质用于取暖或做饭,如粪肥。

木柴是一种可再生资源。如果采集超过了更新,问题就会随之而来。生态系统会衰退,悠久的生态系统会退化。在丘陵地区或山区,水土流失会造成严重破坏。

在一些地区,柴火的收集是有问题的,特别是在树木生长缓慢的半干旱地区。在位于撒哈拉沙漠边缘的非洲萨赫勒部分半干旱地带,大面积的收集木柴导致了沙漠的扩大;这是一个复杂的人为驱动的过程,称为荒漠

化。如果木柴收集的速度超过了再生的速度，沙漠就会扩大并影响到之前的半干旱地区，从而给几代人的生态系统带来破坏。

一些热带地区也出现了由农业扩张和木柴收集引发的大面积的森林砍伐。值得注意的是，许多人正在努力解决由采集木柴引起的森林砍伐问题。新的燃料正在提供给依靠木柴的社区。此外，许多地区正在展开植树造林行动。请（参见文本框）来了解海地在植树造林方面做出的努力。

海地及其生物质问题

海地是一个加勒比海国家，位于伊斯帕尼奥拉岛西部，人口近 1000 万，土地面积近 2.8 万平方千米，是西半球最贫穷、人口最稠密的国家之一。海地最初是法国的一个农业殖民地。在此期间，海地的树木基本上被砍伐殆尽，以腾出空间发展种植园式农业。至今，岛上的生态环境还没有完全从在这一时期造成的破坏中恢复过来。加上 20 世纪的木材开采，情况变得更糟了。自 1923 年以来，海地的林木覆盖率已经从 65% 减少到不足 5%。

海地于 1804 年从法国独立出来。如今，海地的部分地区正在取得蓬勃发展，尽管该国一直受到政治不稳定的困扰。海地的大部分地区处于极度贫困之中，许多地区无法获得包括电力在内的基本服务。因此，大多贫穷的海地人依靠木材作为燃料进行生产，从而加剧了毁林的殖民遗产。

殖民时代的种植园农业系统和更多现代的森林砍伐造成了海地山地和丘陵地区严重的水土流失。因此，自然土壤生态系统严重退化，许多地区已无法支撑曾经存在于苍翠繁茂的热带地貌中的植被类型。收集柴火使问题变得更加严重了。

今天，政府和许多非营利组织正在通过计划，以积极的植树运动来努力解决海地面临的这些问题。例如，兰比基金积极参与植树造林以促进经济发展。他们一直在提倡种植咖啡和果树。其他组织,如一家名为"天伯伦"的制鞋公司,一直在积极参与其中[①]。在 2010 年到 2012 年间,该公司种植的树木已超过 220 万株。

植树只解决了部分问题,生态系统必须通过其他方式得到修复。在海地众多的组织中,奥杜邦协会一直专注于促进该国的生态修复[②]。此外,对柴火和木炭的需求也必须减少。D & E 公司一直致力于通过为农村居民提供创新的解决方案来减少对燃料木材的需求。他们提供独特的烧木头炉灶,减少了 50%的燃料需求。他们还正在进行系统开发,将农业废弃物转化为电能[③]。

虽然在海地还有许多事情要做,但毫无疑问,有许多公共和私营部门的组织正在努力对其取得改善。

2.焚烧垃圾:变废为能

在某些地区,焚烧垃圾已成为一种重要的能源来源。这个过程通常被称为变废为能,是发电厂通过垃圾燃烧来发电。

世界上有很多垃圾来源。这些被创造出来的消费文化正是在制造和购买那些没有很长寿命的廉价产品的过程中才得以蓬勃发展。生产出来的产品几年之后就会过时。一个很好的例子就是我们现在对手机的痴迷。每年都会有新款手机问世,虽然几乎没有什么改进,但旧款手机从此也就落伍过时了。

这种对新事物的追求有时被称为"快时尚"。我们被新的、改进的和令人兴奋的事物所驱动。我们扔掉旧的和用过的。这就导致了大量的垃圾,所以我们必须将垃圾送到各地的垃圾填埋场和垃圾倾倒场。我们将在第

---

① http://community.timberland.com/Hait.

② http://audubonhaiti.org/piraosgir3aerrenrvics;:ci;onf.

③ http://www.dandegreen.org/.

十章对废物和垃圾问题展开更多的讨论，但是我们发现处理这些垃圾的一种方法就是用它来燃烧以获取能源。

在过去，变废为能设施几乎没有环境控制，是臭名昭著的污染源。垃圾中含有大量的废物，在燃烧时会对健康和环境带来危害。正因为如此，这些工厂名声不好，不受社区欢迎。然而现在大多数变废为能垃圾焚烧厂都必须执行严格的控制措施以清除其中有害的化学物质。

垃圾焚烧后的灰烬是一种副产品。里面的金属回收后剩下的灰烬必须送到特定的垃圾填埋场进行处理，因为如果水进入地面或地表水渗入其中，就会成为严重的污染源。然而垃圾焚烧可以减少高达95%的垃圾填埋量。

今天，全世界的变废为能设施已达数百个。它们通过在锅炉里将水加热来产生蒸气用来驱动涡轮机发电。许多现代工厂都是联合发电的，也就是说它们既可以发电，也可以生产出有用的热能作为发电的副产品。

许多参与可持续性运动的人对变废为能设施的发展提出批评。他们指出，变废为能设施焚烧的是本来可以被回收利用的资源。他们还认为，变废为能的做法会减少社区对资源回收利用的愿望。

> **了解变废为能**
>
> 废物是一个世界性难题，我们一直在努力解决在我们的文化中如何以最佳的方式管理废物。最好的选择是减少、再利用和回收。但是在许多地方，减少、再利用和回收的选择是有限的。现实的情况是，世界上许多地区存在严重的废物和废物管理问题。我们产生了太多的垃圾，大多数地方都无法处理。例如，在纽约长岛，没有一个垃圾填埋场可以处理数百万人的垃圾。取而代之的是，这些废物垃圾要么被运送到远离长岛的垃圾填埋场，要么被运送到变废为能设施焚烧。
>
> 变废为能是垃圾被焚烧并转化为电能的过程。燃烧垃圾产生的热量形成蒸气，从而带动涡轮发电。在我居住的地方经营着几家工厂的公司

是科温塔(Covanta)公司,为美国最大的变废为能处理设施运营商。许多人并没有意识到,变废为能是垃圾处理最环保的选择之一(除了回收和再利用)。把它放到垃圾填埋场中产生的甲烷气体比二氧化碳的影响要大得多。

长岛最大的工厂雇用了 84 名员工,其中大部分都在工厂的运营部门。他们把所有进入工厂的东西烧掉,从灰烬中收集金属或其他物质。所有进入该工厂的材料都要进行辐射扫描。变废为能工厂通常有排放监测系统并使用低氮(LN)技术来收集氮氧化物。根据科温塔公司的数据,与同一时期连续运行的 10 辆柴油汽车相比,连续运行一年的变废为能工厂所产生的排放量更少。长岛最大的设施为 7.5 万户家庭提供足够的电力。

再次强调的是,垃圾处理的最佳选择是减少、重新利用和回收。但是将剩余的废物转化为能源是目前世界许多地方垃圾处理的最佳选择。变废为能设施的一个难题是对剩余灰烬的使用。在某些情况下,它是被填埋处理的,而在其他情况下,它变成了可用的产品,如水泥砂砾。

3.将生物质转化为液体或气体燃料

生物质燃料的另一个来源是农作物,如糖和玉米。这些农作物的糖分经过发酵转化为生物乙醇。乙醇是一种酒精燃料,与传统化石燃料的燃烧方式不同。它可以与汽油混合作为添加剂,也可以直接在各种燃料电池中燃烧。

美国是世界上最大的乙醇生产国,它每年生产大约 1400 万加仑乙醇,大约占汽油总量的 10%。巴西是第二大乙醇生产国,每年生产大约 560 万加仑乙醇,主要来自玉米。美国和巴西总共生产了将近世界产量的 90%。

乙醇是最具争议的绿色能源之一,部分原因是它需要粮食来产生能量。因此,本来可以用来为人类提供食物的土地却被用作其他用途。近年来,随着世界人口的增加,人们对利用农业土地生产乙醇是否合适提出了伦理方面的问题。

乙醇有争议,也是因为它需要许多不同的资源来生产用于制造能源的作物,必须要使用水、化肥、杀虫剂和除草剂。此外,制造乙醇要使用大量的能源。

能源和其他资源的大量使用使得许多人对利用农作物生产乙醇的可持续性表示怀疑。许多人建议寻找其他生物来源来生产能源。多种农作物都有希望,例如,有些人建议使用原生灌木或草,而不是标准的农作物来生产乙醇。

此外,科学家还能从藻类产生的油中获取燃料。这也同样需要能源和营养物质。另有一些科学家已经能够从各种农业废料,以及人类或动物排泄物中开发出各种能源生产方式。毫无疑问,许多人正努力在实验室中获得能源密集度较低的生物燃料。这些生物燃料将伴随我们几十年,并且很有可能会在减少它们对地球的影响方面取得改善。

二、风能

在过去几年里,风能在绿色能源领域取得了巨大的增长。当然,我们都知道,风能在几个世纪以来一直被用于各种不同的生产领域。然而直到最近,它才被广泛用于发电。如今,一片片的风车或称风电场,在世界各地都可以看到。

在讨论这些巨大的电能来源之前,值得注意的是小规模的风能越来越受欢迎。个人或组织可以购买或建造小型风力发电机来生产满足自己需要的电力。在许多地方,生产出来的电力可以被放置到电网中供电力公司购买。此外,许多偏远地区依靠风能作为主要能源。

总的来说,风能发电量占全世界总发电量的 2%—3%。美国是世界风能生产的领导者,占世界风能总量的 25% 以上。中国约占世界能源的 1/5,德国和西班牙各占 1/10。然而这一能源生产总量并不能真正说明全部情况。美国和中国消耗大量的电力。因此,尽管它们生产出了大量风电能,但相对其整体能源使用量来说,这还是一个相对较小的比例。相比之下,丹麦的能源需求明显较低,其电力大约 25% 来自风能。

风力发电每年正在以大约 25% 的速度快速增长。然而并非所有地区都适合风力发电。那些适合的地方通常位于沿海或内陆地区,那里的风速适宜风能的生产。

各大洲内陆地区的风极其多变,有可能不完全适合发电。风的可变性使得依靠风电作为稳定的能源变得困难;必须有其他能源作为补充。海上风力更有规律,因此近海地区更适合风力发电场的发展,以获得可靠的能源生产。然而如果有了正确的能源规划,可以将风能整合到一个地区的能源总体计划中。

在风能产生的能量大于需求的地方,或者在大风的时候,能量可以通过将水抽到储罐或水库中储存起来,然后通过涡轮发电机释放出来。在低风速或高需求时期,水可以被释放出来。这个过程可以基本上使风电成为一种稳定可靠的能源来源。

随着电力成本的增加和风力发电成本的下降,风力发电场在过去几年中取得了很大发展。开发风车的大部分成本是在最初的计划和建设阶段,保养和维护成本很低。然而许多风电场远离电力用户;在某些情况下,电能需要传输很远的距离。

风力发电场离人口中心不太近的部分原因是,许多人不希望自己的社区建有风力发电厂。一些人觉得风车不雅观,而且他们对风车给房产价值带来的影响感到担忧。风车的噪音不是特别大,但它们在运行时发出的嘶嘶声是恒定的。有些人甚至认为,这种声音会影响在风力发电场附近放牧的农场动物。

还有人对风力发电场对鸟类和蝙蝠的影响表示担心。风力涡轮机体积庞大：它们可能会超过 100 米高，差不多是自由女神像的高度。毫无疑问，一些风力涡轮机导致了鸟类和蝙蝠的死亡。然而人们对涡轮机对这些动物的总体影响，存在着相当大的分歧。猛禽，尤其是褐鹰，似乎是最受影响的鸟类。不过，风能仍被认为是现代社会最环保的能源形式之一。

风车对野生动物和人类有多安全

对风能的最大批评意见之一是风力发电机造成鸟类和蝙蝠的死亡。毫无疑问，如果风车恰好建在主要的候鸟迁徙路线上，它们可能会引起严重的问题。如果风车位于蝙蝠栖息的地方附近，也会对这些鸟造成伤害。

这种损害有多严重呢？统计数据显示，野猫比风车杀死的鸟多得多。近年来，一些人认为，从风车叶片正常发出的嗖嗖声使食草动物和野生动物感到紧张。不过，很少有研究表明风车的声音存在任何长期问题。

一些极端性的风车事故被拍摄下来表现风车涡轮和塔发生的极端性故障。这样的事故可能发生在风车破碎系统失效，以及叶片高速旋转导致风车整体结构的不稳定。当这样的事件发生时，碎片有可能在大范围内高速飞行，给建筑物或附近的动物或人类带来危害。不过，这种事故极为罕见。

虽然为风车选址时需要小心，以确保对候鸟或蝙蝠造成的损害达到最低限度，但很明显，在大多数情况下，风车并不是一个主要的生态问题。任何项目都会对环境产生影响。风车确实对环境有影响，但问题是风力发电的影响是否比开发其他能源的影响更能令人接受。

三、太阳能

太阳能是一种从太阳中获取的有用的能源。太阳能有两种广泛的用途:被动和主动系统(图 4.9),我们将在下面分别讨论。

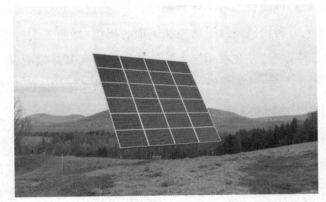

图 4.9　这个太阳能电池板有助于为佛蒙特州的一个农场供电。

1.被动式太阳能

被动式太阳能系统利用太阳的热能直接为住宅提供能源,或寻求在炎热的月份限制太阳光线的影响。这是通过建造和房屋定向来应对气候的特殊需求。例如,在较冷的气候条件下,建筑物的设计目的是通过窗户来收集太阳能热量。建筑物通过定向以吸收阳光和热量。今天,许多窗户在设计时使用特殊的玻璃技术在需要时将太阳能转移到建筑物上。

在较温暖的气候条件下,建筑物通过设计可以限制太阳光线的影响。在干旱和半干旱地区的许多土著建筑利用白天温暖的厚泥砖墙,使热量与建筑内部隔离。到了晚上,墙壁会散发热量,因此在较冷的时候会使室内加热。在我们这个时代,已经开发的建筑材料可以反射太阳光来限制太阳的热量。遮阳窗被采用,通过定向来避免太阳热量的影响。

在世界各地,被动式太阳能的使用常常被纳入许多建筑规范要求之中。使用这种相对简单的技术已经为全世界节省了大量的能源。

2.主动式太阳能

主动式太阳能是大多数人在提到太阳能时首先会想到的。它使用太阳能电池板收集太阳光,太阳能电池板将太阳能转化为热能或电能。

当电池板被用来制热时,通常被用来将水加热以供家庭使用。在这种情况下,太阳射线将水和太阳能电池板管道内部的乙二醇(防止冰冻)加热。被加热的液体被输送到水箱中,通过水箱内的线圈系统传递热量。由于太阳射线的不可靠性,这些水箱通常会通过电力系统来保证热水的稳定供应。然而这些热水系统可以节省相当多的能源。在有可靠的太阳能供应的地方,一些人已经将他们的整个热水系统与电网脱离了。

在过去的十年中,人们对光伏太阳能的发展给予了更大的关注。光伏电池通过使用转换器将基本太阳能转化为电能。在光伏开发的早期阶段,太阳能电池效率极低,需要大量的投资,这使得太阳能电池成本相对较高。今天,光伏能源正在接近传统能源的成本,特别是许多政府采取了激励措施以推动光伏能源的使用。

光伏太阳能电池板可以安装在住宅或企业建筑物上,以降低传统能源的总成本。近年来,人们已经相当重视并把一定数量的电池板集中使用在大型建筑物、停车场或空地上,以创造有良好管理的大型能源设施。也有一些大型光伏电站被建成,被称为太阳能农场,其在世界上的重要性与日俱增。

多云的德国是目前世界上最大的太阳能生产国。第二大太阳能生产国意大利生产的电力是德国的一半。其他大的生产国还包括日本、西班牙、美国和中国。但是必须指出的是,许多小国也已经在大力发展太阳能,特别是在农村地区和远离主要电网的快速发展的地区。例如,肯尼亚是世界上人均太阳能产量最大的国家之一。

太阳能的发展得益于高科技的太阳能跟踪装置的出现,它可以全天候自动微妙地改变太阳能收集器的位置,以利用最佳的角度收集太阳的辐射。这些跟踪系统利用太阳能电池板收集到的能量,对已经提高的效率来说不会产生任何净能源成本。然而由于这些电池板需要电子元件和设备来驱动电池板的自动移动,因此会有一些固有的维护成本。

3.集中式太阳能

太阳能的另一个重大创新是集中式太阳能发电站的发展。这些系统利用镜阵列把太阳能集中到一束用来产生热量的光线中。热量被用来产生用于发电的蒸气。这些集中式太阳能发电厂的发展正在快速推进。这些工厂生产的电量大约每年翻一番，它们大多位于西班牙和美国。

4.对太阳能的批评

有许多关于太阳能的批评。一些大型的太阳能发电场和集中式太阳能发电站占用了相当数量的土地，从而限制了其他生产用途。一些光伏电池使用了稀有元素，可能会带来环境问题。也有人对光伏电池组件的长期供应表示担心。

第四节　核能

有些人认为核能是一种绿色能源，而另一些人认为核能是一种肮脏能源。正是由于其独特的属性，我选择将它与绿色能源和传统的肮脏能源分开讨论。毫无疑问，许多人将核能视为未来的能源。然而对于核电站的安全性和核废料带来的长期问题的担忧使这一论断成为疑问。

核电站通常是通过核裂变即铀 235 的裂变来运行的。释放出的热量可以用来产生蒸气，从而带动涡轮机发电。从这一点来看，核电站与其他类型的发电厂类似，比如燃煤发电系统。然而核燃料与传统的发电厂系统有些不同。

铀 235 是一种用于大多数核电厂的铀同位素。由于铀有放射性，它的开采和处理是困难的。使用铀和其他核材料的一个明显挑战是它的半衰期很长，约为 7.04 亿年。

通过 400 多个核反应堆的核能发电约占全球发电量的 13%。最大的核能生产国是美国，其大约 20% 的电力来自核能。尽管法国的核能发电量不如美国，但其 80% 的能源来自核电站。近年来，出于安全考虑，核能的使用有所下降。一些国家，特别是中国，正在建设新的核电厂。因此，未来几十年核能生产很可能还会增加。

许多人把核能视为为那些能源资源比如煤、石油、天然气或风能很少的地区提供能源的一种途径。事实上，有一些国家，如法国和日本，已经投入了大量资金将核能开发作为重要的燃料来源。还有人认为，核能是碳排放能源的合适替代品。确实，有一些专家认为，快速发展核能来替代肮脏能源是减少温室气体排放进而防止全球气候变化的唯一途径。

另一些人指出核电站的危险性，以及相关的放射性废料是我们不应该发展核电的原因。尽管大多数核电站都在安全运行，但核电站发生事故造成大面积破坏的例子也有很多。其中最著名的是美国三里岛核电站事故、前苏联境内的切尔诺贝利核电站事故，以及日本的福岛核电站事故。每一个案例都将作简要回顾。

三里岛事故发生在 1979 年美国宾夕法尼亚州哈里斯堡附近。起因是一个阀门发生故障，加上操作人员反应不当。事故造成放射性气体和水体的泄露，但没有已知的健康或环境影响。这次事故引起了人们对核电站的某些危险的认识，而且公众，特别是在美国，开始对因使用核技术来生产能源所产生的影响表示关注。

相比之下，1986 年切尔诺贝利核电站的灾难要严重得多。事故是由于核电站正常测试期间功率激增造成的。功率激增引起反应堆内部的蒸气发生爆炸，其核心被暴露在空气中。这时，反应堆核心起火，随后发生了一系列爆炸，导致一些核燃料从建筑中喷出。在爆炸过程中，大量的辐射物质被释放出来。共计有数十名员工和急救人员在事故中丧生，超过 10 万人从该地区撤离，辐射扩散到了欧洲大片地区。即使在今天，在发生事故地点还有一个方圆 30 千米的隔离区，在未来的两万年以内都不会适合安全居住。

2011 年发生的福岛第一核电站核事故，是在地震和海啸之后发生的。这场自然灾害造成近两万人丧生，不过幸运的是，在核电站灾难发生后没有人死亡。有趣的是，有几座核电站位于主要的断层带附近，或有可能受到海啸或其他洪水事件影响的地区。不过，福岛核电站是第一个因自然灾害而遭受重大损坏的核电站。

当地震发生时，核电站自动关机，以防止出现任何重大问题。当海啸袭来时，洪水淹没了发电机并导致其失灵。这时，核反应堆没有得到正常的冷却水供应，于是开始过热。一连串的爆炸导致放射性元素泄漏到大气中。含有放射性元素的水也被释放到海洋中。

与切尔诺贝利灾难不同的是，福岛核事故并没有造成大面积的影响。然而核电站周围的区域对于多数人仍然是禁区，在我撰写本文时，一些区域仍处于撤离状态。虽然在放射性物质最初释放的过程中没有人死亡，但人们对受辐射者的长期健康状况，以及释放出的放射性元素对环境的长期影响感到担忧。被捕获到的近海鱼类含有高水平的海洋辐射，一些农作物也受到了污染。此外，长期的废物和清理工作也是相当艰巨的。

这些案例表明了一些人对核能未来的担忧。对许多人来说，核电站就是等待着发生的灾难。考虑到与切尔诺贝利核电站相关的更大的问题，以及福岛核泄漏所带来的未知的环境后果，这些担忧是完全可以理解的。

人们还担心核电站产生的放射性废料的处理问题。尽管大多数科学家建议在稳定的地质环境下进行深层的地下核废料储存，但由于担心污染，大多数地方都不欢迎这些核废料。此外，必须指出的是，在大量的废物中，放射性衰变的漫长的半衰期会使核废物成为会存在数千年的问题。很少有哪个政府能如此长期保持稳定，所以人们担心随着时间的推移会发生什么。此外，人们还担心核废料会被制成一种脏弹污染大城市。核爆炸是一种可怕的事件，会一次性杀死许多人。然而脏弹会将核废料扩散到广阔的地区,使它们在很长一段时间内无法使用。

在美国,核废料问题由于没有设立高水平核废料的国家仓库而变得更加严重。多年来,一个叫尤卡山的地方被认为是国家核废料管理设施选址的最佳选择。它位于内华达州,距离拉斯维加斯约 160 千米,靠近加利福尼亚边境。在 2002 年美国国会批准后,该设施的建设进行了很多年。然而由于当地强烈的反对,该工程的开发资金被撤销。今天,美国没有经批准的储存高水平核废料的仓库。

人们也对核废料到处理设施的运输过程表示担心。尤卡山位于美国的偏远地区,远离大部分核废料源。这种废料的装运引起了人们的关注,不管它是如何装运的。许多社区都表示了对通过公路或铁路运送核废料的担心。虽然说在公路和铁路上发生的事故相对少见,但确实会发生。

既然没有地方肯接受危险的核废料,那就只能在现场储存。于是,在美国的数十座核电站,大量的核废料被储存在冷却池中。虽然这些材料会被清点并加以看护,但人们仍然对分散在美国各地储存大量核废料是否明智表示担心。意外的泄露可能会发生,有些废料可能会被盗走。

考虑到这些问题,核能的发展在世界某些地区已经开始降温。虽然世界上有些地区还在积极地追求核能,但许多地区已经正在对其核设施的发展进行重新考虑。

不过值得注意的是,有些新兴的核技术带来了希望。提高安全性和减少核废料产品是特别重要的创新。另外,最有趣的创新之一是发展小型核电站,这些电站可以用来为小城镇或特殊的城市社区供电。这些系统为紧凑型,比许多现有的发电厂要安全得多。

尽管仍有争议,核能在当今世界仍然是一种重要的能源。

第五节　其他创新

尽管所有之前的讨论都集中在燃料上，但值得花些时间对其他有助于减少能源消耗的创新展开讨论。具体来说，本节将讨论能源效率创新、智能电网技术，以及在发展小规模的脱离电网方面作出的努力。

能源效率

当最初发明电子技术时，它们的效率极低。许多基本的产品，比如灯泡，使用了大量的能源。今天，我们正在通过许多创新的方法来提高基本产品的能源效率。有成千上万的创新，从灯泡到汽车。其中一些将会被重点强调。

几十年来一直使用的基本灯泡叫作白炽灯泡。它的工作原理是通过导线灯丝来使电流通过。不幸的是，这种灯泡的效率非常低，只有大约5%的能量被用来发光，其余的大部分作为热量损失掉了。

多年来，在提高灯泡的效率方面取得了一些创新，包括发明荧光灯泡（包括紧凑型荧光灯）（图4.10）和LED灯。荧光灯泡利用一种水银蒸气，使灯泡上的荧光涂层产生光。这种灯泡比传统的灯泡要高效得多，而且更耐用。它们用在大型建筑的管灯具中已经好几十年，用于机构也已经很多年了。直到最近，它们才被投入生产用于开发家庭使用的紧凑型荧光灯。

紧凑型荧光灯的采用确实存在一些争议。人们对这些灯泡的处理感到担忧，因为灯管中含有汞，需要特殊的处理才能回收。然而据信有相当数量的此类灯泡会进入正常的废物流，在那里汞有可能被释放到环境中。

我们的现代计算机展示了另一种创新——自动关闭功能。当设备在一段时间内不使用时，它们会自动关闭，以减少能源消耗。一台普通台式电脑如果一整夜不关机的话会耗费价值约 1 美元的电力。当它进入睡眠状态时，它使用的电量几乎可以忽略不计便可以保持待机状态。许多现代电气设施都利用了这种技术，可以节省大量的能源。

智能电网技术是另一个能源效率的来源。传统电网由一系列来自发电厂向外辐射的电线组成。如果一条主电线掉了下来，将会影响整个电网。相比之下，智能电网系统将电网细分为更小的组件，使其更可靠、更能抵御风暴或其他电力线路故障。此外，它还利用现代电子通信系统来调整电线上的电力负荷。智能电网系统会了解哪里有需求，如果线路上有极端需求的话，它会与家庭或办公室的电气设备进行沟通，以减少负载。

智能电网也可以实现时间计量。对电力的最高需求是在白天。因此，这是最昂贵的电力生产期。通过使用智能电网技术和双向通信，用户可以减少用电，从而降低用电成本。

此外，人们对分布式能源系统越来越感兴趣。它们是小型的发电设施，可以添加到电网中。其中一些可能相当小，像家庭太阳能系统，或比较大，像在建筑物顶部以机构为基础的太阳帆板。智能电网可以很容易将这些额外的能源容纳到更广泛的系统中。

在美国，智能电网发展迅猛，世界上许多其他地区也纷纷在采用。它能节省相当多的能源，并使整个能源电网更加可靠。2012 年，当超级风暴"桑迪"袭击纽约时，长岛的许多地区断电长达 10 天之久。如果当时有智能电网的话，其中许多因关键电力线路掉落而导致的停电事故就可以得到避免。有了智能电网，能源在电网上的分布就会更加广泛，而且更少地依赖于单一的主要线路。

图 4.10　紧凑型荧光灯泡。

　　当然，在过去的几十年中，能源效率取得了普遍的提高，从发动机和发电机的改进到能源传输技术的改进，其中包括大型建筑能源管理系统，以及在交通运输应用中能源消耗方面的创新。我将在其他章节重谈这一话题。然而值得注意的是，这些创新已经并且在未来可以节省大量的能源。因此，社会还在继续开发替代能源并专注于能源效率的进一步提高。

第六节　脱离电网

　　你认为你能脱离电网生活吗？有些人已经放弃了正常的电力系统，脱离了电网生活。有些人拒绝所有的能源系统，只使用木材或瓶装天然气取暖和烹饪。另一些人则采用了高科技，为电力系统安装了太阳能和风能系统。

看看"跳舞的兔子农场"[①]吧。这是美国密苏里州的一个理念社区。在这里,数十人聚集在一起,在一个小规模的集体农业定居点里过着简单的生活。成员们需要完成自己的杂务,比如园艺、烹饪、教学等,而他们的生活也比我们其他人要简单得多。他们的确使用有限的能源,即选择没有电视机、常规照明和我们许多人拥有的高科技电子设备。

理念社区的想法并不新鲜。多年来,人们一直选择与志趣相投的人生活在一起。离开你的家庭或你的出生地,去一个新的地方,和那些想要像你一样生活的人在一起,这样的想法可以追溯到更早的年代。即使是脱离技术世界去过简单生活的想法也可以追溯到几百年前。许多人拒绝技术的发展,形成新的生活方式。美国的阿米什人是一大群拒绝传统生活方式的人的范例。他们生活在联系紧密的农业社区,没有汽车和电视机等大部分现代化的便利设施。他们的传统在某种程度上是基于《圣经》的教义。

"跳舞的兔子农场"当然是一个新的理念社区,它融合了许多反技术社区的理念,就像在他们之前的阿米什人一样。然而这个现代社区根植于我们当前对全球气候变化、消费主义和高质量食品等问题的关注。"跳舞的兔子"只是现代社会的一个例子,它根植于一些可持续性的理念。你所在的地区有哪些理念社区?你会在这样的社区里生活吗?为什么是或为什么不呢?

---

① www.dancingrabbit.org.

第五章

全球气候变化与温室气体管理

当今世界面临的最重大的挑战之一就是全球气候变化。有些人认为这不是真的，但绝大多数科学家认为这对我们星球的未来是一个严重的问题。在本章中，我们将讨论为什么温室气体污染是全球气候变化的主要推手。我们对温室气体污染进行分析，研究如何对温室气体进行管理，最后，针对社会上迄今为止应对全球气候变化的挑战采取了哪些策略展开了讨论。

多年来，我们在某些环境污染物的管理方面取得了巨大进展。由于某种原因，我们未能就温室气体管理达成共识。除非就解决这个问题进行认真考虑，否则我们的一生将面临一个巨大变化的环境。

第一节 自然界的末日？

1989 年，比尔·麦吉本（Bill McKibben）出版了《自然界的终结》（*The End of Nature*），书中指出，数千年里，大自然并未受到人类活动的广泛影响,但现在却在我们周围发生着变化(图 5.1)。麦吉本提供了大量的证据来证明人类的沉重之手对地球的影响。这本书特别强调了全球气候变化对我们这个世界的影响。这本书几十年前就出版了,但我们仍然没有找到方法来阻止与全球气候变化相关的排放。事实上,排放不断增加。因此,尽管许多科学家和环保人士一直在发出警报,但许多人一直在试图否认这个问题,或欺骗全世界说这个问题根本不存在。

虽然我们可以在周围找到全球气候变化和其他环境问题的影响,但未来仍有希望。我们过去也遇到过其他严重的环境问题并解决了这些问题。今天我们仍然可以就全球气候变化的严重问题做出应对,否则这个世界可能就不一样了,而且我们知道我们可能已经面临着自然界的末日。然而我们必须认识到,我们不仅要努力解决全球气候变化问题,而且还要寻找方法。我们可能正在进入一个气候极不稳定的时代,而我们对自然界这一新形态的反应可能决定着未来几代人的命运。

正如我们将要看到的,除非显著地减少温室气体,否则我们将看到一个变暖的世界。这种增加的热量将导致海平面上升,改变气候模式,并将对长期以来的农业传统造成破坏,将改变生态系统和洋流。增加的二氧化碳也将从根本上改变海洋的化学性质,从而给已经被污染的环境增加压力。我们在未来几年如何采取行动以减少温室气体的污染,将决定这个星球的命运。

第二节　全球气候变化科学

为了理解为什么这么多人关注全球气候变化,了解温室效应的基本原理是很重要的。我们都曾进到因停放在阳光下而变得很热的汽车里。车内的空气会比外面热得多。温室里也一样。园艺师们利用温室效应使温室里的植物保持温暖舒适,因为如果室外太冷,它们将无法生存。但温室效应是怎样发生的呢?

温室效应的产生是因为大气中的某些气体具有吸收红外辐射能量或热量的能力。这些气体由于其特殊的性质被称为温室气体。当大量存在的时候,它们就会吸收更多的热量。因此,一个地方的温室气体总量决定了会吸收多少热量。

汽车内部或温室内部都是含有气体的封闭空间,而我们的行星大气层是另一种能以同样的方式吸收热量的空间。事实上,我们的星球对我们来说恰好提供了一个完美的温度,因为我们的大气层中含有温室气体,它能够吸收热量,使生命得以产生。如果温室气体太少或太多,我们的行星就会变冷或变热。温室气体有助于调节我们的温度。但如果气体太多,地球就会变成一个超级炎热、没有生命的星球。如果太少,地球就会变得冰冷、死气沉沉。地球上的温度正好适合我们(图5.2)。

有几种主要的温室气体,其中最主要的是水蒸气、二氧化碳和甲烷,还有一氧化二氮、氟化气体和地表臭氧,这些相对其他温室气体来说是微不足道的,所以我们把注意力集中在前三种最重要的气体:水蒸气、二氧化碳和甲烷。

图 5.1　这是从我的卧室窗户看到的景象。我住在曼哈顿湾,是长岛湾的一个的小水湾。这里的景色因人类活动而大大改变了。你能在陆地、水和空气中看到多少种变化？你从你的卧室窗户可以看到哪些变化？

图 5.2　这是佛罗里达州佩恩斯草原上的一片广阔的湿地,占地将近 85 平方千米。这一生态系统已经进化了数千年。

一、水蒸气

地球上的水蒸气是高度可变的。它在温暖、潮湿的热带地区最为丰富,在沙漠和两极地区最少。大气里的水蒸气是把热能从一个地方转移到另一个地方的重要工具。例如,温暖的热带空气可以向北移动,并带走被水蒸气吸收的热量。当温暖的空气与冷空气相遇时,就会有暴雨发生,热能就会释放出来,从而完成从热带地区到靠近两极的较冷地区的热量转移。

于是,我们可以看到,水蒸气的变化对我们的天气和气候有着显著的影响。但水蒸气的明显改变并不是由人类活动引发的。只有通过改变全球温度的方式才能改变水蒸气量,来驱动全球气候变化。暖空气可以容纳更多的水。当然,如果地球持续变暖,我们将看到大气中更多的水蒸气,但水蒸气并不被认为是全球气候变化的一个重要推手,因为它在全球范围内通常是恒定的,即使会有局部的每日、季节和年度变化。

二、二氧化碳

二氧化碳是地球大气中自然和不自然地产生的气体,它是第四种最丰富的气体,约占其自然产生气体的 0.04%［其余的是氮(78%)、氧(21%)和氩(0.9%)］。

环境中有许多天然的二氧化碳来源,包括火山爆发、腐烂的有机物质和生物体的呼吸。当然,在人类发展之前,大气中的二氧化碳也一直有变化(见有关古代碳的文本框),但在过去的 70 万年里,我们的二氧化碳浓度一直保持在 180—300ppm 之间(见"认识百万分率"文本框)。

古代碳

大气中的自然二氧化碳含量在不断变化。地球的地质记录告诉我们,在过去,二氧化碳水平比现在高得多,之后又低了很多。然而非常高的水平是在人类生命形成以前。事实上,植物是减少大气中二氧化碳含量的主要力量,它们有助于将我们的星球转变成充满氧气的环境。

后来,冰河时代对大气中的碳产生了影响。当冰覆盖了地球的大部分区域时,大气中的二氧化碳增加,因为植物活动较少。随着二氧化碳的增加,气温便会上升,从而导致冰融化。因此,二氧化碳与冰川周期已经被发现,显示出二氧化碳与冰川周期的上升和下降规律。

然而,必须强调的是,我们目前正在经历的大气中二氧化碳的浓度在我们的地球上数百万年以来,从来没有过。在整个冰河时代,事实上在过去的几百万年里,二氧化碳的百万分率含量还不到我们今天所看到的一半。

科学家们通过仔细收集冰川气泡中所含的空气样本来了解冰川时代的碳浓度。多年来,许多科学家从南极洲和格陵兰岛的大型大陆冰川冰盖中收集到了岩心。已经有了大量的记录清楚地表明了大气随时间的变化规律。

了解百万分率与微量物质的测量

当我们对微量物质进行测量时,必须有一种方法来表示它的值。多年来,科学家们已经找到了许多方法来表达这些小的结果。最常见的方法是百万分率,通常缩写为 ppm。下面列出了一些通过环境中的碳浓度表达小含量的方法。

396 ppm 二氧化碳

0.0396%二氧化碳

> 395 毫克/升
>
> 　　在过去的十年中,对任何大气中微量物质的测量都已经有了很大的进步,我们现在可以非常精确地测量非常小的物质浓度。例如,位于夏威夷莫纳罗亚火山的世界最著名的二氧化碳观测站使用了一种非色散红外分析仪,该仪器每天校准几次,非常灵敏,必须小心管理以确保精确度。

　　自从工业革命以来, 我们一直通过燃烧化石燃料向大气中释放了大量的碳。在工业革命开始的时候,大气中的二氧化碳大约为 280ppm,而今天我们看到的是 400ppm 的水平,这是过去 70 万年间的最高值。

　　在大气环境中有许多人为或人造的二氧化碳来源, 主要来自燃烧化石燃料,特别是煤、石油和天然气(图 5.3)。在全球范围内,发电产生约25%的人为二氧化碳,尽管这会因国家不同而有很大的差异。在美国,发电占其二氧化碳排放量的40%。

　　如此多的二氧化碳的产生给我们带来的挑战之一就是其中一部分正在进入海洋,导致海水酸化。在某些地区,水的 pH 值下降到对经济渔业造成制约的程度(见第三章关于碳循环的更深入的讨论)。

图 5.3　开车让我们产生了大量的温室气体。

三、甲烷

甲烷是第三大温室气体，主要来源于人为的气体排放，也是天然气的主要成分。它的温室效应是二氧化碳的 25 倍，这使得科学家们近年来更密切地关注环境中甲烷的来源。

在环境中有许多人为甲烷的产生过程。到目前为止，人为源甲烷的最大来源是家畜。通过牲畜的消化过程释放出的气体约占大气甲烷的 16%。因此，许多人希望农业部门找到减少动物产生甲烷的方法。

垃圾填埋场中废弃物的分解也有很大的贡献。在过去，气井被钻探到垃圾填埋场将其燃烧，以减少甲烷向环境的排放。大量的释放导致了爆炸。如今，这些井中有许多为市政发电生产沼气。农业部门正试图找到类似的方法利用动物产生的沼气发电。

近年来，冰缘环境中甲烷的释放引起了人们的关注。在这里，已经被冰冻了几个世纪的有机物质正在慢慢融化。在这个过程中，它会分解并释放出甲烷。这种释放的独特之处在于，有机物质已经在这些地方积聚了数百年。在世界的大部分地区，有机物质会有规律地分解，并不会产生大量的物质堆积。随着世界的冰缘环境变暖，在有机物分解并将其转化为甲烷的同时，古老的碳正在一个巨大的脉冲中被释放出来。

冰缘环境

冰缘环境是指下层土壤中的永久冻土带。永久冻土带区域位于北极北部冰雪覆盖的地区与我们在加拿大南部看到的那样更温和的无冻土带之间，这些地方对环境变化异常敏感。温度降低几度，地貌就会被冰覆盖，温度升高几度，永久冻土层就会融化，变成一个温和的地貌和生态系统。

永久冻土带地区有非常独特的生态系统。在寒冷的季节里，上层的土壤被冻结，经常被冰雪覆盖。在温暖的月份里，永久冻土层的表层土壤开始融化。表层的水分无法通过永久冻土层流动，因此永久冻土层在夏季会成为一片广阔的泥泞湿地。永久冻土带的一个恶名就是那里夏天的蚊子和在潮湿环境中茁壮成长的苍蝇。

由于永久冻土带的排水状况很差，于是有机物质在土壤中以淤泥和泥炭的形式聚积起来。数百个季节的植物生长被储存在冰缘地貌的潮湿土壤之中。如果冻土融化，土壤就会流失，有机物质就会迅速分解成甲烷和二氧化碳。

有许多由人类行为导致的问题在冰缘环境出现。例如，一些人记录到了北冰洋地区北极熊栖息地出现的问题。此外，永久冻土层的融化也影响了道路和城镇。随着永久冻土的消失，道路和建筑物将变得不稳定。

第三节　碳汇

有许多类型的碳汇可以用来减少温室气体。

一、森林

植物和动物储存了大量的碳(图 5.4)。森林长期吸收碳的潜力最大。不幸的是，我们砍伐了世界上许多古老的森林，从而在这个过程中将碳释放了出来。不过，在过去的几年里，人们通过植树造林来努力将树木中的碳封存起来。

二、珊瑚礁

珊瑚礁由动物组成,它们通过从海洋中提取碳来形成碳酸盐外骨骼。动物死后,碳酸钙留了下来。世界上大部分的石灰石和白云石在珊瑚礁中形成,因此我们有大量的碳储存在所有大陆的地质沉积物中。有许多人认为,开发碳酸盐岩珊瑚礁将有助于碳封存。不过,我们有证据表明,世界上许多的天然珊瑚礁正处于危险之中。那些重要的珊瑚礁,比如大堡礁和加勒比海的珊瑚礁,将来是否还会存活,现在还是疑问。因此,除非我们找到方法对现有的珊瑚礁进行保护,不然,我们是否还有可能利用珊瑚礁来储存碳尚不可知。

与此同时,值得注意的是,在过去几十年里,为了促进海洋生物多样性和为鱼类提供繁殖地,已经建造了许多人工珊瑚礁。这些礁石确实有储存碳的潜力,它们作为健康的造礁生物的生态系统得以保持。

图 5.4　城市森林的好处之一就是它能够储存碳。许多社区都希望加强和保护城市森林,以减少其碳排放。这里是佛罗里达州特姆波尔特瑞斯的森林。

第四节 "政府间气候变化专门委员会"(IPCC)、气候变化的证据以及我们星球的未来

1988 年,鉴于国际社会对气候变化的担忧日益增加,联合国成立了一个名为"政府间气候变化专门委员会"的组织。该组织负责监督关于气候变化问题的重要研究,并为解决这一问题提出国际政策建议。该组织由世界上一些最优秀的气候科学家组成。政府间气候变化专门委员会还制作出被视为有关气候变化的最全面的报告。数千名研究人员参与了报告的撰写和审阅。到目前为止,他们已经完成了 5 份总结报告,其中最近的一份于 2013 年发表。

最新的报告中,最重要的一点是该组织得出结论,认为气候变化的证据尤其是全球变暖的证据是毋庸置疑的,而且人类是这种变化的最可能的始作俑者。[①]

政府间气候变化专门委员会从他们审查的研究中得出了以下结论:

- 过去几十年是自 1850 年以来最热的
- 1983 年至 2012 年之间是过去 1400 年里最热的 30 年
- 海洋上层正在变暖
- 在过去的 30 年,海洋产生的多余能量占地球总量的 90%
- 南极和格陵兰岛的主要冰盖正在萎缩
- 北极冰盖正在减小
- 北半球春季积雪的范围正在减小
- 全球海平面上升的速度正在加快

---

① 报告全文可访问:http://www.ipcc.ch/report/ar5/wg1/。

●自 1901 年以来,全球海平面上升了 0.19 米

●自工业革命开始以来,二氧化碳增加了 40%,主要来自化石燃料的使用和土地使用变化

●海洋吸收了 30% 的二氧化碳增量,导致了海洋酸化

●基于高度可靠的气候模型, 温室气体的继续排放会导致气候系统更大的改变和更为严重的地球变暖

●为了限制气候变化,必须大幅减少温室气体的排放

●如果未能做出重大改变有可能导致 21 世纪温度上升 1.5—2 摄氏度(注:一些人认为还会更高)

●未来气候的改变将继续导致全球水系统的变化

●海洋将继续变暖,热量将进入海洋更深处,从而对现有洋流产生影响

●世界范围的冰川将继续萎缩抑或消失

●随着气温不断升高,春天积雪层将会继续减少

●海平面将会继续上升, 从而使更多的人在高潮汐或热带风暴期处于被洪水淹没的风险

●海洋酸化将会加剧

●鉴于正在发生的变化强度大,即使所有人为温室气体得以消除,气候系统仍将继续发生改变

显然,IPCC 的报告并没有粉饰我们面临的问题。我们正处在一个气候发生根本变化的时代。虽然我们应该尽我们所能通过减少或消除温室气体排放来制约未来的气候变暖, 但是我们所造成的气候变化已经如此严重,以至于我们必须学会改变这种境况。

的确,在世界许多地方,人们的讨论已经从试图通过减少温室气体来防止气候变化变成要努力去适应不断变化的气候。当许多人在试图找到减少温室气体的方法时,其他人正在努力找到方法来应对一个不断变

化的星球。

气候变化问题的严重性,在于虽然我们可以预测我们正在变暖,但我们无法准确地预测不同的地方究竟会发生什么。区域模式已经得出结论,地球上的一些地方将会变得更潮湿、更干燥、更热或者更冷。然而在实际层面上,每个地方都将以其特有的方式经历气候变化。另外,因为我们每天都有对天气的体验,所以我们可能并没有完全"感觉到"气候变化对日常生活的影响。的确,在我写这篇文章的时候,我们正在长岛经历一个特别凉爽的夏天,很难想象我们的星球正在变暖。与此同时,我知道我在加州的朋友们正经历着一个严重干燥的夏天,而我在阿根廷的朋友们则正在度过一个温暖的冬天。

近年来,一些人已经注意到全球变暖已经放缓。但由于海洋巨大的储存热量的能力,以及大气中颗粒物的增加所造成的影响,在很大程度上被认为只是一种暂停。这一热量必将在正常的洋流能量交换中释放出来。当这种情况发生时,科学家们认为气候变暖将会继续下去。

第五节　海洋酸化

由于大气中二氧化碳的增加,海洋吸收了大量的二氧化碳,一些二氧化碳转化成了碳酸。

在 20 世纪,海洋的 pH 值从 8.2 下降到 8.1,预计到 2100 年将下降到 7.8。科学家已经注意到一些生物的生命周期因酸化而发生变化。那些从事有壳海洋生物捕捞活动的人非常关注贝类产业的长期可持续性。事实上,在美国,环境保护署正在就如何以最好的方式管理海洋酸化进行评估,并正在制定针对由于 pH 值的降低而受损的水体管理的指导方针。

对海洋酸化的关注已经超出了有壳海洋生物捕捞业的范围(图 5.5)。

鉴于海洋因污染和过度捕捞所遭受的破坏，海洋酸化给某些特殊环境造成的严重破坏可能是无法修复的。

当然，这个问题很难修复，并不是说海洋可以仅仅通过服用一粒巨大的抗酸药来使它的问题得到缓解。只有通过大面积减少大气中的二氧化碳，这个问题才能得到解决。在那之前，我们很可能会看到更严重的海洋酸化。

图 5.5　许多人从事贝类产业，我们中的许多人喜欢在市场里和餐馆里看到贝类。海洋酸化可能会对全世界的贝类产业带来影响。

第六节　物候变化

全球气候变化的另一个重要问题是它会导致物候变化。物候学研究的是植物和动物生命周期活动的时机选择。我们看到的鲜花盛开或候鸟迁徙便是我们最熟悉的此类性质的生命周期。多年来，科学家们一直在研究这类活动的时机选择，并发现了许多常见有机体行为的不同模式。在某些情况下，对这些活动的研究已经进行了好几个世纪。例如，欧洲许多地区的猎人们一直在观察鹿和其他猎物生命周期的时机选择，而中国的农业学家们一直热衷于观察水稻的生长。

物候学研究得到了一些公民的帮助，他们将自己在当地记录到的动物和植物行为拿来与物候学家们分享。在美国，公民可以加入美国国家物候网①来报告他们掌握的数据，而且在世界大部分地区都有某种形式的公民报告网络。

世界各地的研究人员从这些物候研究中观察到，自然界正在发生重大变化。生物体正在以不同寻常的方式对星球的变化做出反应。

当然，其中一些变化可能是暂时的，也可能只会持续几年。我们都知道，与其他年份相比，树木可能在某一年提前开花。然而通过长期监测，我们能够对气候变化导致的生物行为趋势有更好的了解。

第七节　制定温室气体清单

制定完整的温室气体清单是为了更好地掌握目前的温室气体排放状况，以及如何以最好的方式减少此类气体的排放。根据美国环境保护署的规定，制定温室气体清单需要 6 个步骤（表 5.1）。虽然这些步骤是为国家和地方政府的清单设计的，但确实适用于寻求建立温室气体清单制度的任何组织。

第 1 步　设定边界

在收集数据之前，重要的是弄清楚你测量的内容是什么性质？空间的地理范围是什么？如果你们是一家大公司，你只是测量公司总部内的核心业务，还是测量你所有的子公司？ 如果你们是一所大学，你会测量所有的

---

① https://www.usanpn.org.

校园财产吗？有些校园拥有复杂的土地财产，不仅在主校区，而且在外部农场、研究设施、医院或住房。理解温室气体运行的基本空间范围是一个重要的决定性步骤。

评估你所测量的活动的组织或运作的边界也是如此。许多组织都有影响温室气体排放的复杂活动，可能包括旅行、运输和通勤。例如，如果你们是一家生产运输材料的公司，你们会将多少来自运输的排放包括其中？如果是交付给大型分销商，是否应包括订单交付后的发货？如果你生产的产品会释放温室气体怎么办？你是否将产品生命周期内产生的温室气体包括在内？你是否只将在你财务控制下的那部分业务活动包括其中？如果某些活动是由两个或多个不同的组织负责管理的呢？如果你的财产被租赁了该怎么做？哪部分的排放是你的责任？正如你所看到的，对这些问题的回答是复杂的。

想想你自己的生活。如果你要计算你的个人温室气体排放量，你会把你在学校里使用电脑的排放量计算在内吗？在温室气体排放清单的前端对这些参数作出界定对该活动的成功至关重要。

第 2 步　界定范围

一旦设定了边界，通过确定正在测量的气体排放量和气体种类来确定清单的范围也很重要。例如，对于农业部门，重点关注化肥的使用和农业设备燃料可能是很重要的。在像大学这样的环境中，观察供热、供冷和用电可能更为重要。因此，范围是根据组织所产生的温室气体种类和来源来界定的。

虽然制定一份全面的温室气体排放清单是很有用的，但这有时是很难做到的。例如，在一些复杂的组织中，很难对员工旅行中产生的温室气体影响进行评估。我们往往并不保留与商业旅行有关的记录，而这些记录对温室气体清单却很有用。又比如，如果你要报销商务旅行的航空旅行费用，你就需要提交机票和租车的收据。这些费用是有记录的，而不是航空或汽车的里程数。因此,创建温室气体清单的范围有助于确定清单的工作流程,并根据现有的数据对清单的性质设限。

重要的是要注意到:许多组织使用已确立的温室气体清单协议,这些协议对要测量的排放范围和测量排放所需的各种数据作出了明确规定。因此,在许多情况下,排放分析的范围是预先定义好的。有一些清单辅助工具可以很容易地在网上找到,以助于制定温室气体清单。"美国大学校长气候承诺"有一个电子表格使用工具,可以在他们的网站上找到,这对大学校园尤其有用。温室气体清单使用工具不仅是为大学制定,而且是为许多不同类型的组织制定,包括政府和复杂的企业。有关温室气体界定范围的内容将在下面详细讨论。

第3步 选择定量方法

在制定温室气体清单时,有三种主要的方法来统计数据:自上而下、自下而上和综合法。自上而下的方法是使用在较高级别的组织收集到的数据。例如,一个组织可能会对全公司购买的总能源进行跟踪。这使你可以在最高级别部门收集到数据,而不需要跑到各个部门去收集。不过,在许多情况下,如果在宏观层面上无法得到数据,自下而上的方法会更合适。

在考虑由诸如采购、会计、运输和销售等多个部门组成的企业时,每个部门都可能掌握数据用于温室气体清单的制定。如果是一个复杂的组织,比如城市、州或国家时,情况就变得更加复杂了。某些数据最好是通过自上而下的方式获得,而其他数据则最好通过自下而上的方式收集。这种复杂的数据收集方法被称为综合法。虽然这三种方法中的任何一种都可以形成温室气体清单,但重要的是要将该方法中使用的所有步骤记录下来,以便今后每年都可以将清单复制下来,并将它与其他组织进行比较。

第4步 设定基准年

温室气体清单中最重要的一步就是设定基准年以便数据比较。通常,技术人员使用第一年的数据来为基准年提供完整的清单。组织通常不会固守那些有助于完成温室气体清单的数据。想想你自己收集的能源使用方面的数据。你有过去十年的旅行记录吗?或者有关电力消耗或废弃物的记录?

另外,随着时间的推移,我们或许会采用不同的方法来统计这些数据。也许一所大学在某一年测量的是垃圾的重量,下一年测量的是倒进垃圾车里的垃圾箱数量。如何对这些数据进行比较呢? 这当然是无法比较的。因此,在通常情况下,基准年应该是完成第一份清单的年份。

一旦一个组织完成了它的第一份温室气体清单,其所带来的一个结果就是它开始在记录保存温室气体清单相关数据方面可以完成得更好了。因此,虽然第一份清单可能对每个人来说都是一件难事,但在之后的几年里事情就会容易得多了。

不过,在选择基准年之前重要的是要考虑使用清单的目的。如果你试图与每五年做一次的清单进行比较,那么你值得努力挖掘出必要的数据,以使你的清单和其他你要比较的组织的上一份清单的时间相一致。

第 5 步　利益相关方的参与

对于任何一个组织而言, 让利益相关方参与完成清单过程是至关重要的。你必须跨组织或社区以获取数据并完成清算。然而让利益相关方参与其中,也让你的组织有机会认识温室气体减排的重要性,使你能够就如何制定最好的策略减少组织的影响与他们展开对话。让利益相关方参与进来也会给社区带来专业知识,以利于清单的落实和长期战略的制定。

第 6 步　第三方认证

一旦清单完成了,组织有时会寻求获得第三方的认证,以验证该清单是否遵循了应有的程序,以及数据是否可靠。虽然这一步骤也许并非对于所有组织来说都是必需的,但是在需要取得认证的情况下往往是有用的。例如,这样做是为了参与气候登记,以便于对某些组织的温室气体排放进行评估,比如某些特定企业或政府。

表 5.1　美国环保署规定的完整温室气体清单步骤①

步骤	内容
设定边界	确定清单的物理内容、组织和操作边界。
界定范围	确定清单应包含哪些排放源和 / 或活动类别和子类别,以及哪些具体的温室气体。
选择定量方法	根据现有的数据和清单的目的,选择采用自上而下、自下而上或综合法来收集数据。
设定基准年	在选择基准年以为取得的进展提供基准时,应该考虑:年度数据是否可以获得;选择的年份是否具有代表性;基准年是否与其他清单中的数据时间一致。
利益相关方的参与	尽早使利益相关方参与到清单制定过程中来,为建立基准线提供有价值的反馈意见;帮助公众接受应对气候变化政策;提供数据、数据资料、人力资源或外展援助相关信息。
第三方认证	考虑由第三方对清单的操作方法和基础数据进行审核和认证,以确保清单的高质量、完整性、一致性和透明度。参加某些温室气体登记可能需要认证。

第八节　温室气体当量核算

《京都议定书》确认了六种与全球气候变化特别相关的温室气体:

二氧化碳(CO_2)

甲烷(CH_2)

一氧化二氮(N_2O)

氢氟碳化合物(HFCs)

全氟碳化物(PFCs)

六氟化硫(SF_6)

---

① 　直接引于 http://www.epa.gov/statelocalclimate/local/activities/ghg-inventory.html。

每一种温室气体吸收热量的方式不同。因此,它们各自具有不同的吸热潜势。为了测量温室气体对地球的影响,科学家们必须开发一个系统,来对所有温室气体对环境的总体影响进行比较。于是,他们开发了一套温室气体当量系统,使得他们可以对人类排放温室气体的真实影响进行比较。

测量温室气体当量的基础是二氧化碳。这是有道理的,因为二氧化碳是环境中最主要的温室气体。此系统中其他温室气体的热潜势与二氧化碳进行比较。因此,不管排放的温室气体种类如何,都可以换算成二氧化碳当量,以便对这些排放对环境的总体影响进行评估。这种计算和比较不同地方温室气体排放的能力是温室气体管理的一个基本要件。

依照这种比较方法,甲烷的威力是二氧化碳的 25 倍,而一氧化二氮的威力是二氧化碳的 298 倍。当制定清单时,这些化学物质的数量被换算成它们的二氧化碳当量,或称 CO_2e。据此,温室气体释放 1 吨甲烷相当于 25 吨二氧化碳当量的排放。因此,任何温室气体清单中最重要的步骤之一就是将不同种类的排放换算成二氧化碳当量。

第九节　温室气体排放范围

在制定温室气体排放清单时,有三种排放范围用于数据的统计:

排放范围 1:该组织的直接排放,其中包括来自固定来源的排放,例如发电厂或蒸汽生产,以及来自移动来源的排放,也就是该组织拥有的车辆的运输排放。制造或其他过程的排放也被视为排放范围 1。这些过程可能是化学生产或开采。在这一类别中还包括无意或因正常磨损而释放的飞逸性排放,其中包括从制冷剂管道泄漏的氯氟烃和来自固体垃圾填埋场的甲烷。

　　排放范围 2：(图 5.6)是与电力、蒸气、供热或供冷采购相关的排放。组织并不直接产生温室气体，但对其所购能源的排放承担责任。这通常是一个组织的温室气体清单中最重要的考虑因素，因为大多数组织并没有自己的能源来源。

　　排放范围 3：其他排放，其中包括员工出行(使用不属于公司所有的车辆：商务旅行和通勤)和废弃物。一些已建立的清单将排放范围 3 的报告定为自愿，部分原因是此项内容很难统计。

微量排放

　　如前所述，有一些温室气体是难以测量的，而且这些气体并不构成显著的二氧化碳当量。如果占总排放量的比例不到 5%，这类温室气体就会被归类为"微量"。根据大多数温室气体测量程序，这些排放不需要列入清单。虽然应该努力将所有温室气体排放都加以统计，但如果少的气体排放量难以评估，有时也不值得这么做。

图 5.6　仅仅因为你是从其他地方购买了电力并不意味着你不需要负责把它列入你的温室气体清单。

第十节　温室气体信用额度

测量范围 1、2 和 3 的温室气体排放量为一个组织一年产生的温室气体总量提供了一种测量方法(假设一年是评估时间段,因为大多数一年进行一次)。然而一些组织已经购买了温室气体信用额度,以减少其温室气体的总排放量。这些信用额度是从那些致力于减少温室气体排放数量的组织那里购买的。

第十一节　气候行动计划

气候行动计划是为指导一个组织减少温室气体排放而制定的书面计划。当然,制定气候行动计划的第一步是制定温室气体清单来详细列出该组织所产生的温室气体的数量和来源。在其完成后,清单将指导决策者制定出适当的温室气体减排战略。

气候行动计划应详列温室气体减排的所有目标和策略。目标通常分为短期、中期和长期(图 5.7)。短期目标是可以很快实现的目标。例如,在一个组织中快速修改灯泡政策以切换到节能 LED 灯是很容易做到的。中期目标可能需要更长的时间,比如 5—10 年,才能完成事项。如果目前的车队正在老化,可能包括将车队改装成电动汽车,或者也可能包括对建筑物进行翻新以达到节能标准。长期目标是可能需要在 10—50 年或更长时间内才能实现的目标,可能包括实现将景观绿化改变为原生植被以避免施肥。

在气候行动计划中制定的目标,必须针对的是温室气体清单中所确定的排放种类。例如,如果大部分的温室气体是由用电产生,那么气候行动计划就应该把重点放在温室气体产生这一方面。虽然应该为减少所有温室气体来源设立目标,但应最大限度地关注最主要的来源。

气候行动计划应包括可实现的可测量的目标。虽然一个组织努力在5年内实现碳中和可能听起来不错,但这样的目标通常是不可能实现的。因此,必须谨慎地设定目标,以确保取得成功。

一旦确立了目标,接下来就应该做出政策或战略的改变来实现目标。例如,实现碳中和的目标可能包含多种策略,其中包括购买碳排放信用额度、开发可再生能源以及提高能效。制定战略的时间表也必须成为这一过程的一部分。

气候行动计划应与主要利益相关方合作进行。在气候变化的背景下,利益相关方不仅应包括那些寻求减少温室气体排放的人,还应包括为产生这些气体负责的组织。只有通过将所有人聚集在一起,才能制定出可产生重大结果的计划。如果气候行动计划没有得到温室气体产生者的全力支持,很可能会以失败告终。

最成功的气候行动计划应同时针对多个目标。加州的气候行动计划是各种策略的综合,针对许多领域的短期和长期目标,包括交通运输、能源生产和一系列其他问题,是针对长期温室气体减排的综合方法。①

气候行动计划可以由许多不同的组织,如国家、地区或地方政府共同制定。学校和其他类型的公共机构经常会制定此类计划。企业,尤其是那些温室气体排放量较大的企业,往往也会制定这样的计划。

你所在地区的政府(地方、地区和国家)是否有气候行动计划?你们学校有温室气体减排计划吗?看看你所在地区的主要企业。他们有气候行动计划吗?你可以通过简单的互联网搜索找到这些计划。如果你所在的地区

---

① See http://www.climatechange.ca.gov/climate_action_team/reports/2006report/2006-04-03_final_cat_report.pdf.

找不到气候行动计划，不妨看一看你在互联网上找到的其他气候行动计划。这些计划有哪些组成部分？他们设定了怎样的目标？为了达到目标，他们制定了哪些策略？这些计划是各有不同吗？他们是否设定了短期、中期和长期目标？想想你自己产生的温室气体。你能制定出什么样的个人气候行动计划来减少自己的温室气体排放？你的目标是什么？你会采取什么策略来实现你的目标？你的目标是怎样划分为短期、中期和长期战略的？

图 5.7　社区气候行动计划的一部分有可能是减少城市中心区的汽车和卡车。这可以为行人和其他活动腾出空间。

核能是答案吗？

一些人认为，解决全球气候问题的唯一办法是立即大幅减少化石燃料的使用。但是我们怎么做呢？风能、太阳能或地热等绿色能源目前还没有达到能够迅速取代碳基能源（如石油、煤炭和天然气）的程度。许多环保人士认为，核能是唯一能让我们保持对能源的依赖，同时大幅减少碳排放的解决方案。

然而另一些人则认为，因为核废料和恐怖主义威胁等问题，核能并不是明智的选择。考虑到我们在福岛、切尔诺贝利和三里岛核电站看到的问题,你是否愿意冒险使用核能,以迅速减少向大气中排放的碳呢?

许多人认为核能是解决碳问题的唯一办法,或者至少是暂时解决这个问题,直到我们提高可再生能源的产量。但是如果我们大力发展核能的使用,我们还能把核精灵放回瓶子里吗?一旦发展起来,依靠核能会比开发太阳能、风能或地热能更容易吗?

迈克尔·曼,曲棍球棒英雄?

迈克尔·曼(Michael Mann)是宾夕法尼亚州立大学著名的气候学家,他发现自己处在了巨大争议的中心,起因是他在1989年发表了那幅著名的曲棍球杆图。图上显示,与过去的1000年相比,我们现代的气候正在发生巨大的变化(图5.8)。该图被许多人拿来证明温室气体污染的严重程度。

由于曼的作品被用来支持研究目的在于加深人们对全球气候变化的认识,许多阴谋论者攻击他,指责他进行各种不适当的活动,从编造数据到曲解结果,以达到某种政治目的。曼为自己辩护,反驳了所有指控,但没有一个就此罢手。他的电子邮件遭到黑客攻击,他还被告上了法庭。

对于气候变化是否真实存在,或者温室气体污染与全球气候变化之间是否存在联系,这在科学界是没有任何疑问的。事实上,大多数主要能源公司都明白,全球气候变化对我们这个星球的长期可持续性是一个真实存在的危险。然而世界上仍有几个政治角落,那里的人们认为气候变化是一场骗局。不管出于什么原因,迈克尔·曼仍然是气候变化否认者们攻击的靶子,他们有时需要把一个主张气候变化的科学家弄到公众面前来痛打一番。

他为整个科学界忍受着责骂,而科学家们则在耐心地收集数据,撰写论文,并对气候变化有了更深入的认识。对他们来说,曼是一个英雄,因为他在捍卫着他们的研究揭示给他们的真理。

曼的这一案例的有趣之处在于,它展示出一个投身环境科学和政策领域的个人竟会成为有关可持续性公开辩论的一部分——无论他们是否愿意卷入其中。

你能想起其他某位科学家突然被卷进一场有关科学问题的公开辩论吗?为什么你认为美国和世界其他国家的气候变化辩论变得如此政治化?你能想到有哪些当地、国家或国际的科学英雄正在积极向公众宣讲环境问题吗?

相信气候变化

我居住的纽约地区在 2012 年受到超级飓风"桑迪"的严重影响。当它袭击该地区时,围绕全球气候变化和这场风暴进行了相当多的讨论。当时的纽约市长是迈克尔·布隆伯格。在飓风过后不久,对于 2012 年的总统大选,他表示了对奥巴马的支持,对此他指出气候变化和飓风"桑迪"影响了他的决定,因为奥巴马是唯一一个在他的平台认真应对气候变化问题的总统候选人。

风暴过后的几天里,我家一直断电。在那段时间里,我靠一台手动曲柄收音机来试图了解该地区的情况。我收听过一个体育电台,它从体育节目转为接听从该地区打来的电话,都是想了解纽约地区正在发生的事情。其中一个人打来电话提到了布隆伯格关于气候变化的观点和总统大选。主持人反驳说他不"相信"气候变化,说他对气候变化的了解不够,也不喜欢认为气候正在变化的观点。

我认为这是一个诚实的回答。我和许多气候变化主张者都对气候变化持怀疑态度。然而看到有些人不相信我们的气候正在因为人类活动而改变,我总觉得似乎很奇怪。有成千上万的科学论文记录了气候的变化及其对地球的影响。一个人不相信气候变化的观点就像不相信化疗或无线互联网。

　　我们信任我们的科学家和工程师来照顾我们的身体和我们的技术。然而一个相对较大的人群(但值得庆幸的是这一人数正在减少)却在犹豫是否要相信科学界对全球气候变化的看法。我觉得这很奇怪,因为关于这个问题已有大量的数据。即使是过去最直言不讳的气候变化否认者之一——理查德·穆勒(Richard Muller),现在也加入了气候变化的浪潮。

　　对我来说,不相信气候变化就是在将科学当作幼儿,是把气候变化与牙仙子相提并论。一个人要是说对这个话题不够了解,或者说自己不关心是否有这样的事情发生,更像是一个诚实的回答。

　　我们不知道超级风暴"桑迪"是全球气候变化的直接结果抑或只是一个随机事件。然而我们确实知道,像"桑迪"这样的风暴是非常不寻常的事件,是由当时位于不同寻常位置的高低压系统的转向导致的。此外,近几十年来,不断变化的全球海洋温度和北极环境已经改变了大气的总体环境。尽管"桑迪"有可能是一个与全球气候变化完全无关的随机事件,但一些科学家却提出了相反的看法。无论如何,纽约地区和世界上许多其他地方都极易受到海平面上升、热带风暴以及与全球气候变化相关的其他变化的影响。对于这些地区的脆弱性进行认真的讨论是很重要的,不管你是否相信气候变化。

　　当然,政治阻碍了我们在世界范围内想做的许多事情。政客们是以议程为动机的,通常只在任几年而已。当选、遵循党的议事日程、让选民满意是他们的主要议程。如果在气候变化问题上的努力超出了其地区优先考虑的范围,就很难让某些政治家对气候变化倡议提供支持。这也就是为什么在看待我们的世界所面临的各种各样的可持续性问题上,让公民接受宣传教育显得如此重要。

图 5.8　本书作者（左）与迈克尔·曼

冰川与气候变化

　　冰川是经年存在并在其重量和重力作用下移动的冰体。冰川有两种主要类型：大陆冰盖和高山冰川，大陆冰盖如覆盖南极洲和格陵兰岛的冰川，高山冰川如阿尔卑斯山、落基山脉、安第斯山脉和在世界其他高地发现的冰川。冰川存在三种状态：平衡状态（融化的速度等于新冰的积累速度）、成长状态（新冰的积累速度大于融化的速度）和消退状态（融化的速度大于新冰的积累速度）。冰川会对气候的微妙变化作出反应。当湿度加大并且温度较低时，它们就会生长；当缺少水分并且温度升高时，它们就会消退。在过去的几十年里，科学家们一直在广泛地记录冰川的变化，并注意到从总体上看，世界上大部分冰川的体积和质量都在减少。尽管由于温度较低或冬季较潮湿，有些年份冰川会变厚，但总体证据表明的事实是，冰盖正在融化。[1]

---

　　[1]　有关冰川变化的更多信息，可访问 http://wwwv.epa.gov/climatechange/science/indicators/snow−ice/glaciers.html。

因为许多冰川都很厚（南极冰盖有 4000 米厚），它们所含的冰层可能相当古老。科学家从格陵兰岛和南极洲冰川一些最厚的地区采取了岩心，发现格陵兰岛的冰可以追溯到 12 万多年以前，南极洲的冰可以追溯到 80 万年前。冰核也可以用来对过去的气候进行评估，因为冰里包含了古代空气的气泡。这种空气的化学性质可以通过测试来了解它与我们的大气有何不同。冰也会告诉我们温度和气候是如何随着时间而变化的。

最近几年最令人感兴趣的发现之一是发现了 5000 年前的"冰人"，这一著名的发现是在阿尔卑斯山脉靠近瑞士和意大利边界的一座正在融化的冰川处。这被认为是一个了不起的考古发现，因为这具尸体包含了许多有关该地区史前文化的线索。这名男子身上有许多纹身，还有许多健康问题，包括砷含量偏高、身体异常（缺少肋骨）和受伤。他是死于头部受伤。然而对于我们这些关心气候变化的人来说，最有趣的不是他向我们传递的关于过去的信息，而是告诉我们，冰川正在融化，以至于长期隐藏的物质正在从融化的冰中显露出现。尽管从这些新发现中获取信息是很有趣的事情，但它也在向我们发出警告，随着冰川在继续减小并消失，我们的未来可能将面临怎样的挑战。

洞穴与气候变化

洞穴是地下孔隙，当可溶性岩石溶解于地下时便会形成。大多数洞穴都是在石灰岩中形成，如果有水流穿过岩石的连接处或裂缝。洞穴形成的速度会非常缓慢，长度从几米到数千米不等。世界上最长的洞穴是美国肯塔基州的猛犸洞穴，有 650 多千米长。

洞穴通常含有洞穴堆积物。这些形态特征中，一些被称为钟乳石和石笋，是在洞穴形成后形成的沉积。洞穴堆积物由矿物质组成，这些矿物质是富含矿物的水流,通过岩石进入洞穴后形成的沉积物。随着时间的推移,这些沉积物会形成不同的形态(钟乳石、石笋、流石、石吸管和各种其他形态特征)。这些形态代表了大陆气候变化的一些最连续的记录,因为它们就像树木年轮一样生长,但比树木的生命周期长得多。

这些洞穴沉积物之所以有助于破解气候变化难题,是因为它们的化学性质随着气候变化产生微妙的变化。它们可以记录比较潮湿和干燥的环境,也可以记录更温暖和更凉爽的环境。因为它们含有碳,所以可以测定沉积物各层的放射性碳年代,以精确记录这些变化的准确时间。

除了洞穴堆积物以外,洞穴科学家还利用在洞穴中发现的沉积矿床来评估气候变化。沉淀物通常是高有机物,在雨季时会被冲入洞穴。它们含有关于气候的大量信息,有助于破解影响洞穴沉积的长期变化,另外,沉积物中还含有花粉和其他生物学证据,便于我们认识不同时期当地的生态环境。

科学家们还发现,有关冰洞的研究有助于破解气候的微妙变化。冰洞是天然岩洞,全年都有冰。这些洞穴中有许多位于世界上较冷的山区。在温度较低的冬季,洞里的冰就会不断累积。不过,在夏季月份,某种程度的融化确实发生了。洞穴存在于三种条件之一:①冰平衡,冰的融化与冰的积累相当;②冰损失,冰的融化大于冰的积累;③冰增加,冰的积累大于融化。在许多方面,这些冰穴与地下冰川的反应非常相似,因为它们在不断地对温度和湿度的变化做出反应。因此,它们储存了有关过去气候的大量信息。

综合起来分析,洞穴堆积物、洞穴沉积物和冰洞是大陆气候变化的最佳证据来源。当然,洞穴里也含有化石,比如洞穴熊的骨骼和牙齿,这些化石告诉我们有关生活在洞穴里的生物种类的大量信息。

第十二节　宗教与气候变化

近年来，许多宗教组织认识到他们在鼓励有关气候变化伦理问题讨论的重要性。这些组织已经看到气候变化对人类和环境的影响，并认识到在应对减少温室气体和气候变化的影响方面存在着重要的伦理困境。他们认为应对气候变化是很重要的。当然，社会正义和公平常常是他们最大的关注点。

一、"福音派环境网"

"耶稣会开什么车"运动，系福音派环境网络于 2002 年发起，旨在宣传交通领域的道德问题，特别是那些气候变暖、不稳定地区对石油的依赖以及健康有关的问题。他们以询问教会成员"耶稣会开什么车？"为切入点，要求教区居民对涉及他们个人交通选择方面的道德问题进行考虑。它也是讨论全球气候变化的一个切入点。主要排放者都来自世界上的富裕地区，而许多贫穷国家的人却受到影响，没有足够的力量来很容易地适应这一影响。

这场运动还扩展出了著名的 WWJD（耶稣会做什么？）运动，运动要求基督徒对他们个人选择的道德层面进行思考。福音派环境网明确地敦促人们认识到，全球气候变化是一个道德问题，每个人都必须在日常生活的决策中面对。

二、"年轻福音派气候行动"

福音派环境网发展的一个分支组织是"年轻福音派气候行动"（图5.9）。这个组织成立于2012年，旨在帮助组织年轻的基督教福音派教徒采取行动应对气候变化。他们的做法是通过在大学校园里创建分支组织对其他年轻人进行教育和组织，对参加福音派运动的高级领导人进行宣讲，并要求政治家对他们的政策和行为承担责任。

图 5.9　这是一群来自"年轻福音派气候行动"组织的学生，他们在霍夫斯特拉大学主办最近的一次总统辩论期间访问了校园。

三、"天主教气候公约"

自 1990 年教皇约翰·保罗二世（Pope John Paul Ⅱ）就现代社会的污染和气候变化问题发表讲话以来，天主教会便一直主张采取行动以减少气候变化的影响。他们将其定义为环境正义问题。在有关气候变化和环境正义的讨论中，产生了一个叫作"天主教气候公约"的组织，它于 2006 年在美国成立,是天主教行动主义在气候变化问题上的主要表现形式。

该组织将圣弗朗西斯誓言作为他们对天主教徒进行有关气候变化问题方面教育的主要方式。所有宣誓者都要做出以下承诺:①

●祈祷并对自己呵护上帝的创造的义务进行反思,保护穷人和弱势群体

●了解并宣传有关气候变化的原因和道德维度

●对我们——作为个人和家庭、教区及其他教派成员——由于自己的能源使用、消费和浪费等造成的气候变化进行评估

●采取行动来改变我们的选择和行为以减少我们造成气候变化的做法

●倡导天主教原则和气候变化讨论与决策中的优先事务,尤其当它们影响到那些贫困和弱势群体时

自约翰·保罗二世以来,每一位教皇都在气候变化问题上发表了强有力的观点,并敦促人们去思考富人的行为给我们当中最脆弱的人造成了怎样的影响。

四、"犹太教派气候变化运动"

在犹太人的传统中有许多涉及可持续发展方面的倡议。始于 2009 年的"犹太教气候变化运动"正在致力于动员犹太社区为应对气候变化所带来的挑战而做出努力。

"犹太教派气候变化运动"是由一个名为"哈森"(Hazon)的非盈利组织发起的。该组织致力于"建立一个更健康、更可持续的犹太社区,为所有人创造一个更健康、更可持续的世界"。②该组织与个人和团体共同提供变

---

① http://catholicclimatecovenant.org/thest-francis-pledge/.

② http://hazon.org/about/overview/.

革的经验、思想指引,以及在个人和团体之间发展能力建设。

五、"国际穆斯林气候变化会议"

2010 年,在印度尼西亚巴格尔召开了"国际穆斯林气候变化会议",意在召集所有利益相关方就国际伊斯兰应对气候变化问题展开讨论。这次会议是"穆斯林七年气候行动计划"的产物,该计划是在 2009 年于伊斯坦布尔由一些国际组织共同商定的。巴格尔倡议的结果是敦促伊斯兰会议组织(包括 57 个成员国)召集一个特别委员会,领导制定符合伊斯兰教价值观的政策以应对气候变化。

六、"佛教气候变化宣言"

佛教徒通常与自然界和环境有着紧密的联系,而环境也是佛教意象的一个重要组成部分。许多佛教徒把气候变化看成由于人类的有害行为而使地球失去平衡。于是,一些佛教徒创建了"佛教气候变化宣言"[①],敦促社会采取行动以避免由于温室气体污染和气候变化而导致的长期问题的发生。

七、"印度教气候变化宣言"

根据印度教的教义,人与自然不是分离的,而是与其有着根本联系的。这是 2009 年向世界宗教议会提交的《气候变化印度教宣言》的主要信息。该宣言的一个关键要素是需要对如何解决这些问题取得全球更大范

---

① 　http://wwvw.ecobuddhism.org/bcp/all_content/buddhist_declaration/.

围的认识。"我们必须过渡到以互补代替竞争,以融合代替冲突,以整体主义代替享乐主义,以最大化代替最小化。简而言之,我们必须迅速达成全球意识,以取代目前支离破碎的人类意识。"①

显然,世界上所有的主要宗教在气候变化问题上都表明了各自的立场。他们都认为这是一个伦理问题,对我们这个星球上的物种的未来会产生长远的影响。他们也深知,最受影响的是那些最无力解决这一问题的人。这个问题也因此成为社会正义问题。

看看你自己的宗教传统(如果有的话)。他们在气候变化和环境方面的教导是什么?你们学校有宗教组织或俱乐部吗?他们有气候变化方面的宣传吗?他们关心环境问题吗?你会认为他们是环保积极分子吗?

第十三节　艺术、文化与气候变化

长久以来,艺术家们对社会问题也发表了评论。在当今时代,艺术家们常常通过他们的作品就女权主义、战争、社会正义和环境等问题发表评论。有几位艺术家的作品直接正视气候变化问题,并为社会提供了从更深层面参与这一话题讨论的方式。与此同时,像音乐和电影这样的流行文化媒体有时会以令人吃惊的方式对这一问题做出应对,尤其是通过科幻题材的电影来设想,如果我们不改变自己行为方式的话我们有可能面对的未来。这些文化上的表现是我们对我们所处的这个时代进行反思的一种方式,使我们得以对自己的行为进行评估,并使我们对环境采取的行动所具有的含义进行思考。以下几段对在推动环境变化讨论方面做出贡献的几位艺术家做了回顾。

---

① http://www.hinduismtoday.com/pdf_downloads/hindu-climate-change-declaration.pdf.

一、斯沃恩

斯沃恩（Swoon）是纽约地区的一名街头艺术家，以在建筑物上粘贴人的图片而闻名。她在国际范围内做过一些有趣的街头艺术项目。然而她也参与了一些重要的展览和表演，这些展览和表演直接针对气候变化和可持续发展问题。她的作品常常就气候变化问题对我们个人生活的影响提出疑问。

斯沃恩最近的作品之一——《被淹没的祖国》（*Submerged Motherlands*），重点关注的是气候变化对个人的影响。这是一个多层的装置，围绕着一张纸和布树搭建，含有人们的剪纸图像，以及在某种程度上受海平面变化影响的小房屋和棚屋。据这位艺术家本人所说，在超级风暴"桑迪"袭来期间居住在纽约低洼地区的人们的经历对她产生了影响，就像在 8000 年前被淹没的大不列颠多格尔兰地区那样。这个装置巨大，包括在过去的表演中使用过的物品（最著名的是在威尼斯双年展期间，用从斯洛文尼亚航行到威尼斯时打捞上来的物品打造的船只）。与这一装置的互动给人一种失落的感觉，但同时也表达了与那些经历过洪水的人们及其家园的密切亲切关系。它让人对气候变化对个人的影响进行思考。

二、劳尔·卡德纳斯·奥苏纳和托罗实验室

位于墨西哥的托罗实验室是由艺术家劳尔·卡德纳斯·奥苏纳（Raul Cardenas Osuna）领导的，他将艺术、规划、建筑、社区干预和社区行动融入对气候变化的讨论之中。托罗实验室组织对如何将艺术用于更大的公共和社会公益非常感兴趣。他们完成了好几项创新项目，都是针对重要的社会问题，如营养和住房。你可以访问 www.torolab.com 了解更多关于他们

的信息。

他们的一个项目叫作"1 摄氏度"，专门针对城市气候变化带来的挑战。这个项目的部分关注点是美国佛罗里达州的沿海城市坦帕，这座城市可能会由于海平面上升和整体气温的变化而发生巨大的改变。卡德纳斯·奥苏纳专注于在坦帕这样的城市采取各种干预措施，努力将温度降低 1 摄氏度。他采访过一些气候变化专家，并设计出一系列社区干预方案，诸如使用植物广告牌和移动科学实验室。艺术家参与社区干预以改善社会的想法，对于围绕如何以最好的方式应对气候变化展开的讨论，是一个有趣的补充。

三、艾萨克·科达尔

作为一名雕刻家，艾萨克·科达尔(Isaac Cordal)通过小型雕塑装置来吸引观众对包括环境问题在内的一系列问题的关注。他最著名的作品之一是一系列叫作"等待气候变化"(*Waiting for Climate Change*)的作品(图5.10)。这些作品通常表现的是有权力的人被半淹在水里的情景。其中最引人注目的一个雕刻作品名为"政治家们讨论全球变暖"(*Politicians Discussing Global Warming*)，描绘了一群政客正在谈话，而水已经快要淹没了他们的脖子。这幅雕刻作品的尺寸并不大，被放置在柏林一个广场的水坑里。

这个作品的重要性在于它生动地说明了在应对全球气候变化问题的努力过程中遇到的挑战。你会有一种感觉，就是那些政客们很乐于谈论气候变化和温室气体污染，但却没有能力带来真正的变革。由于只是没完没了地夸夸其谈，最终这些政客们自己也被淹没了。这一作品，就像科达尔的许多作品一样，让人联想到自己在试图解决气候变化问题时所扮演的角色。

你有没有看到过会让你思考气候变化的艺术作品？你的社区或校园

里有什么艺术形式?这些作品中有哪些是关于环境或可持续发展话题的?你所在的学校或社区有艺术博物馆吗?在过去的几年都有什么展品?有没有以环境为主题的?你所在的大学或学校开设有关艺术和环境的课程吗?哪种艺术(绘画、雕刻、表演等)在你看来最能表现环境问题? 你自己创作艺术品吗? 你认为艺术对你和其他人对环境和整个世界的看法有怎样的影响?你能想到有哪些艺术家对你有影响吗?你能和你所在校园里的艺术教授或学生交谈以了解他们对艺术和行动主义的看法吗? 他们是否认为艺术在我们当前有关气候变化的讨论中发挥了作用?

第六章

水

　　水是生命的关键要素之一。人都是由大量的水组成的,我们都需要喝水来生存。然而人们对地球水资源的未来感到担忧。我们将来会有足够的清洁用水吗? 我们的消费趋势和我们经常污染地球水资源的做法使这一点成了疑问。我们将大量的不同类型的废物直接倾倒在地表和地下水系统中。我们对待水就好像它永远是清洁的而且永不枯竭一样。

　　现实并非如此。我们地球上的水资源是有限的,而且,由于水污染或过量的开采,人们对世界某些地区的长期生存能力感到担忧。另外,关于水的所有权也存在争议。它是公共资源还是私人商品呢?

　　不过,还是有希望的。我们正在开发新的方法来保护和节约水资源。本章将讨论与可持续发展和水有关的所有这些问题。我们将看到,为了确保这一宝贵资源长期得到保护,还需要付出很多努力。

第一节 水源

水以不同的形式出现在我们面前。如果你回想一下第二章对水循环的讨论就会记得，水在地表和大气中呈现为固体（冰和雪）、液体（液态水）和气体（水蒸气）。水的这三种形态也存在于地下，尽管我们也常常将地下水当成地表水来看待。虽然地球上大部分的水（97%）存在于海洋，而且是含盐水，但本章的重点是存在于大陆上的淡水。正是从这些水里，人类社会获得了有用的水资源。

当然，对于谁是这些水的拥有者已经是一个越来越大的问题。它属于公众还是个人？水权可不可以卖给企业，以换取基础设施的发展，抑或是水永远是公共资源？这些都是当今世界许多地区当前面临的非常重大的问题。

开采出来的淡水有许多不同的用途。其中一些用于家庭，可能包括饮用、洗衣、淋浴、厨房、草坪和花园护理等。一些用于数百种可能的工业用途，从冷却到制造。还有许多农业用水，包括灌溉和农业食品加工。水也用于娱乐目的，例如水上乐园、划船和滑冰。

有的水是通过使用水井和水泵从地下水中抽取出来的。在许多情况下，抽水不会超过地下水的自然回灌，对地下水资源的长期生存能力也不必担心。然而在某些情况下，地下水的抽取远远超过了自然补给的速度。在发生这种情况的沿海地区，海水入侵已经成为一个严重的问题。在其他地区，地面沉降或塌陷可能是与过度抽取地下水有关的棘手问题。当然，最大的问题之一是如果社区过度抽取并过度使用，他们的饮用水将会耗尽。最近加州的干旱和德州的洪水表明，水正在对我们的基础设施构成多方面的挑战。

地表水是淡水的另一个来源。这种水可以来自湖泊或溪流（图6.1）。在这些例子中，水是通过使用某种进水系统直接从水体中提取出来。在进行使用之前，水通常经过过滤，以确保其安全。世界上的许多湖泊，特别是一些较大的湖泊，如加拿大南部和美国北部的五大湖，为海岸线社区和城市提供了稳定的淡水供应。河流也提供了重要的饮用水来源。在美国，广阔的密西西比河向社区居民提供饮用水，从遥远的北方地区到南端的三角洲地区。必须指出的是，污水处理设施也将水直接排入密西西比河全段。有一些人说，新奥尔良的一杯水是在经过了几个肾脏后才到达了三角洲。

也有其他水源的发现，不过这样的例子很罕见。例如，我们大多数人都听说过把冰山拖到沙漠地区来提供水源。然而这对于一个地区的长期可持续发展来说并不是切实可行的选择。在某些沙漠文化中，人们会把露水收集起来用于小规模的饮用或灌溉。

在某些情况下，人们会修建拦河坝以保证淡水的稳定供应。这种方法的好处是，即使自然的季节性蒸汽流量较低，水库也能保证可靠的水源供应。对于在热带和亚热带高山地区或升温季节从山脉融雪中获得大量水流的溪流来说尤其如此。剩余的水被储存在水库中，供人类在干燥季节使用。中东地区的一些最古老的水坝就是利用了水文循环的季节性流量。

对于开采出来的供人类使用的地下水，世界上的每个地区都有各自的水资源使用和保护方面的管理策略。我们通常使用的水主要来自地表水体和地下水。但这些资源正在迅速枯竭。根据联合国的数据，到2025年，将有近20亿人生活在水资源锐减和短缺的地区。这是为什么呢？

当然，造成这一问题的原因在于水并不是均匀地分布在地球上的。世界上的某些地区拥有巨大的水资源，在未来的几十年里它们都不太可能感到压力。然而世界上有数百万人生活在广大的干旱和半干旱地区，那里水的消耗量超过了水的自然替代率。这些人的生活远远超出了自然水资源预算,除非消费模式发生改变,否则,迟早有一天他们的供水系统将不再能够提供饮用水。如果这种情况发生了,这些人该怎么办?他们将如何获得足够的水来生存,且不说种植作物?他们会迁移吗?我们会修建一条输水管道吗?

正如我们将会看到的,全球的消费趋势与全球的水供应并不相匹配。事实上,正如已经提到的,许多地区正在使用太多的水。世界上还有其他地方拥有丰富的水资源。在某些情况下,我们将剩余的水贮存起来,然后将其长距离输送到缺水地区。那些丰富水资源的控制者们越来越不愿意为遥远地区开发水资源。此外,将剩余的水从潮湿地区运输到干燥地区也要考虑重要的生态环境问题(见文本框)。

必须指出的是,水的存在并不等于饮用水。这在非洲和亚洲的广大地区尤其如此,那里虽然有稳定的水资源供应,但可供开发安全饮用水的资源有限。在这些地方,水质问题以及缺乏基础设施导致了各种公共卫生问题的发生。

图 6.1 如何管理水资源对我们的日常生活和世界其他地区人们的生活会产生巨大的影响。

佛罗里达州缺水地区的水资源管理

你可能会认为,美国佛罗里达州的水供应一定很充足。对于这个州的许多地区来说,在每个多雨年有两米的雨量并不罕见。然而佛罗里达州存在着严重的供水问题,特别是在坦帕和迈阿密等沿海城市地区。

这些地方的海拔只有几米。整个迈阿密都依赖于一个含水层,就在该地区大多数房屋的地基下只有几米深的地方。在坦帕湾区,沿海地区多年的地下水开采导致了海水的侵入和地面沉降。

此外,州官员明智地将佛罗里达州划分为不同的水资源管理区,与大的流域划分大致对应(图6.2)。每个地区都必须利用其区域内的水资源。因此,缺水的坦帕和迈阿密必须设法利用现有的水资源或对水资源的开发进行限制。

坦帕湾地区通过建立一个名为"坦帕湾水务局"的公私用水管理机构来应对海水入侵和过度抽取地下水的问题,对该地区水资源进行合理的开发。今天,它们为坦帕湾地区的大部分社区提供饮用水。

当坦帕湾水务局在1998年刚刚成立时,它面临着无数的问题需要解决。在与该地区的领导人进行广泛讨论后,该组织决定将通过开发一个巨大的海水淡化厂和建造一个大型地表水库来开拓新的领域。

海水淡化厂被设计成北美最大的水处理厂。它从坦帕湾取水,用电力将水经过一个广泛的反渗透系统。最初,工厂存在不少问题,还没有哪家工厂采用像坦帕湾这样的用水方式。这里的水充满微生物,反渗透膜被有机物质堵塞了。然而经过多次改进,脱盐系统已经运行良好。如今,海水淡化约占该地区饮用水供应的8%。

坦帕湾水务局的另一个主要工程是建造一个大型的地面水库系统,称为C.W.比尔·杨水库。这是一个相当独特的水库,因为它不是在河道的正常范围内建造。相反,水被从附近的地表水流和运河注入水库中。

在夏天雨季时,水从溪流中被提取出来,在这段时间里,水库被填满了。到了旱季,水从水库排放出来供公众使用。在 6 个月的时间里,该水库能供应该地区用水量的 1/4。

可以想象,建造一个占地超过 5 平方千米、拥有 155 亿加仑的地下水库并不是没有争议的。人们对它的安全性有些担心,尤其是在它的泥土衬里出现裂缝之后。然而水库和海水淡化厂不失为管理该地区紧张供水的创新方法。

佛罗里达州有一个地区拥有充足的水供应,那就是佛罗里达走廊。这里,阿巴拉契科拉河流入墨西哥湾。这条河的三角洲地区拥有许多重要的自然栖息地,以及独特的经济活动,如采集牡蛎和生产非常珍贵的图珀罗蜂蜜。这个人口稀少的地区拥有丰富的水资源,在 21 世纪初吸引了致力于推动南佛罗里达州发展的人们的目光。

为了使南佛罗里达地区得以大幅扩张,就需要获得更多的水。为此成立了一个委员会,研究从人口稀少的北佛罗里达开发一条管道,以支持该半岛南部地区的发展。委员会这一行动的消息刚一传到公众那里,就立刻遭到了人们对该提案的反对。该州有明确的水资源管理与治理区域,而这条管道与现有的协议相违背。此外,人们对北佛罗里达的生态系统有很大的担忧;他们担心如果水系统受到某种破坏,美丽的三角洲地区和当地经济将会怎样。另外,还有一些人担心扩大南佛罗里达的人口会超出其承载能力,许多人认为该地区已经人口过剩,不希望看到它进一步扩张。

由于公众对该项目的普遍担心,这条管道最终也没有建成。佛罗里达州的水域基本上实行区域管理。

这与加州形成了鲜明的对比。人口稠密的南加州位于干旱和半干旱环境。几十年前,其人口远远超过了可用的水资源,水必须经过长距离输

送过来。今天,南加州的水来自几百英里以外,已经远远超出了它的承载
能力。从水资源的角度来看,该地区是高度不可持续的。这也使得该地区
比佛罗里达更容易受到气候变化和恐怖主义的影响。佛罗里达必须利用
当地流域内的水资源,而社区必须创新或限制增长。与此相反,加州需要
远距离抽水供给环境干燥地区的城市。哪种方法更好呢?

图 6.2　从一颗卫星上看到的加州皮内拉斯县,也是圣彼德斯堡和克利尔
沃特所在地。可以看出,该州极易受到地下水入侵等问题的影响。

第二节　消耗趋势

根据联合国的数据,世界上 70% 的淡水用于灌溉,20% 用于工业,只
有 10% 用于家庭。这些用途的开采量正在增加。预计到 2025 年,发展中国

家的淡水使用量将增加 50%，发达国家将增加 18%。总的来说，在过去的几年里，淡水的提取量增加了两倍。

不幸的是，在许多地区，水的使用已经超过了可持续的水平。例如，在欧洲，世界可持续发展商业委员会的报告称，欧洲大城市（10 万人以上）中有 60%提取地下水的速度快于补给的速度。

人均用水量是衡量世界各地人口水消耗量的一个很好的指标。人均水资源消耗量最大的国家是北美和中亚国家，澳大利亚和新西兰，以及南美洲和欧洲的一些国家。其中一些国家拥有丰富的淡水资源（例如加拿大），在许多地方都没有过度使用水资源。然而某些国家，如澳大利亚和伊朗，其有限的水资源并没有得到可持续利用。

如前所述，世界上大部分淡水都用于农业用途。因此，我们看到在缺水的干旱和半干旱地区使用了大量的水。这种情况发生的一个例子是在美国的大平原。在这里，自然地貌由干燥的草原土地组成，最初居住着许多不同的平原印第安部落，其数量有限的人口生活在这片贫瘠的土地上，每年的降雨量不到 30—60 厘米（12—24 英寸）。

到了 19 世纪和 20 世纪，随着人口在美国的广泛分布，大平原地区被认为是一个潜在的农业仙境——如果能找到水源来支持农作物的话。在大平原下面发现了一个名为奥加拉拉的巨大含水层被用来灌溉，为平原上不断增长的人口提供支持。

然而不久，人们发现这个含水层的使用是不可持续的。在这种干燥的环境中，使用远远超过了补给。今天，这个含水层向大约 200 万人提供饮用水，向大片农业用地提供灌溉用水。这种水不会永远持续下去。一些被提取出来的水是在数百万年前就开始降落下来的雨水，这表明储存这些水用了漫长的时间。今天，人们认为奥加拉拉含水层将在 25 年内开始枯竭。

这将对该地区的农业构成严重威胁。事实上，该含水层提供的水约占美国全部灌溉土地的 30% 左右，从德克萨斯州北部一直延伸到新墨西哥、俄克拉荷马、科罗拉多、堪萨斯、内布拉斯加和南达科他州。

奥加拉拉含水层的问题是众所周知的，而且有据可查，但提取量仍然超过了补水量。世界各地的含水层都有这种情况的发生。令人不安的是，在过度消耗的同时并没有真正努力去充分解决这一问题。这是我们现代社会的一大悲剧——我们无力有效地管理和应对大面积的区域性环境过度消耗。像世界上许多地区一样，在他们维持其生活水平能力的大幕落下之前，大平原地区只留给这里的人们很短的时间来试图解决这些问题。

尽管农业和工业用水占了所有淡水用量的 90%，但重要的是要看到，家庭用水也有其自身的问题。在美国，普通的美国家庭每天要消耗 320 加仑的水，其中大约一半用于室内，如淋浴、厕所、洗衣服和做饭；另外一半的消耗用于户外，其中大部分用于给草坪浇水。事实上，近 1/3 的住宅淡水消耗量用于景观绿化。美国是世界上唯一一个花费大量金钱来净化水的国家，而其中有 1/3 的水被喷洒在了草坪上（图 6.3）。

对比一下也门的水消耗模式。也门是阿拉伯半岛上的一个干旱国家，拥有人口 2480 万。在这里，家庭用水量大约是每天 16 加仑。另外，这里的水已经不多了。也门首都萨那的全部用水都来自地下。含水层每年下降 8 米。作为世界上发展最快的国家之一，也门在人口膨胀的情况下，确实已经处于水危机之中——尽管每天的人均使用量只有 16 加仑。

很明显，水的使用因地方而异，而且，由于水源和消耗模式的不同，各地的用水问题也不尽相同。随着时间的推移，水将成为许多地区需要保护或开发的关键资源之一。有些人担心，为了获取淡水资源将会导致更大的全球性冲突，因为那些没有水的人会试图从境外获得资源。这也就是为什么要找出办法节约和保护现有水资源，以确保全世界的子孙后代有安全稳定的水资源供应。

图 6.3　干旱地区通常有与当地生态相协调的植物景观。

第三节　水污染源

水污染是一个严重的问题,对安全的水供应和生态系统构成威胁。有六种主要的水污染源,下面将分别进行讨论。

一、农业污染

鉴于水对农产品生产的重要性,农业生产经营中产生的污染物是造成污染的主要因素之一,这一点不应令人感到震惊。许多活动会导致农业污染,如表 6.1 所示。其中包括从耕地中释放沉积物、添加化肥、施肥、饲养场径流、灌溉过程中盐和营养物质径流、清除树木过程中释放的沉积物,以及从基本农业、造林和水产养殖中释放的营养物、杀虫剂和除草剂。

世界上大部分的水体都受到农业径流的影响。在农业地区的地表河流和湖泊中,沉积物、营养物质、杀虫剂和除草剂造成的污染非常普遍。虽然世界许多地方在改善此类污染方面已经取得了很大进展，但严重的水质问题依然存在。

二、工业污染

工业是另一个主要的水污染源。有大量的化学物质被直接排放到水中，包括金属、营养物质和有机化学物等。考虑到世界范围内的工业活动范围广，地球上存在着各种各样的工业污染，一些国家对工业污染采取严格的控制措施。正因如此，许多工业国家的污染问题远比环境监管有限的不发达国家少得多。

应该指出的是，热量也是工业过程中重要的污染物。许多活动，包括发电，需要大量的水用于冷却过程。在水中聚积的热量经常被释放到地表水体中，进而有可能改变水生态和近岸生态系统的整体生物地球化学性质。

表 6.1　农业对水质的影响（联合国粮农组织，1990 年）

农业活动	对地表水的影响
耕作 / 耕种	沉积物 / 浊度：沉积物携带有吸附到泥沙颗粒上的磷和杀虫剂；河床的淤积和生境、动物产卵地等的丧失
使用化肥	营养物的径流，特别是磷，导致富营养化，造成公共供水产生异味，过量的藻类生长导致水和鱼脱氧
施肥	用于肥料活动；在冻土上施肥会导致水体病原体、金属、磷和氮严重污染，导致富营养化和潜在污染
畜栏饲养场 / 牲畜围栏	地表水被多种病原体（细菌、病毒等）的污染导致长期公共健康问题；还有因尿液和粪便中含有的金属而导致的污染
灌溉	盐分的径流导致地表水盐碱化；肥料和杀虫剂流向地表水，导致生态破坏、食用鱼种的生物积累等；高含量的微量元素，如硒，会造成严重的生态破坏和潜在的人类健康影响
皆伐	土地侵蚀，导致河流混浊度偏高、底部环境淤积等；水文系统受到破坏和改变，常常伴随常年河流的流失；饮用水流失引发公共卫生问题
造林	广泛影响：农药径流、地表水和鱼类遭受污染；侵蚀和沉积问题
水产养殖	农药释放（例如三丁基锡）和高含量营养物通过饲料和粪便流向地表水和地下水，从而导致严重的富营养化

三、雨水污染

这里的雨水指的是从城市和街道流到地表水体的水。它聚积了非点源地表污染物,如城市灰尘,并将其通过雨水、下水道输送到河流、湖泊和地下水系统。雨水污染的问题在于它的化学性质是高度可变的。当雨水落下时,第一阵雨水含有最多的污染物,从而使地表水产生有毒的污染物(图6.4)。

雨水污染高度变化性质的第二个原因是世界各地发生的高度变化的活动范围。雨水会吸收地球表面的化学物质。因此,在有大量农业施肥的地方,雨水会携带肥料废物。在有大量金属排放的地区,雨水中会含有大量的金属污染。因此,雨水是一个特别难处理的污染源。

四、污水

污水是另一个重要的污染源。人类的排泄物中含有大量的营养物质和有机物质,会引起严重的污染问题。世界上大约35%的人口没有卫生的下水道系统。在这些地方,人类排泄物可能会进入地表或地下水系统。但即使是在有污水处理的地方,也会需要一系列的处理过程。有些地区实行非常彻底的处理,有些地区则没有。即使是在最好的情况下,也总会有一定程度的废物进入供水系统。

此外,污水管道有时也会受到不适宜污水处理的工业污染。在这些情况下,由于处理不充分,工业污染物有可能会被释放到地表水体中。

五、地下储罐泄漏

地下储罐泄漏是造成水污染的另一个重要原因,尤其是地下水污染。

存放危险液体的容器通常被埋在地下,以确保安全及可行性。例如,世界上的大多数加油站都在地下埋有汽油罐,将油抽到加油站。然而多年来,我们已经认识到储油罐会发生泄漏——特别是那些金属的、制造粗劣的老旧储罐,其中一些已经腐蚀并造成严重的地下水污染问题。

现在世界上许多地区都要求地下储油罐满足特殊的环境要求以避免泄露。许多储油罐被移走和更换,并做出了极大的努力对那些被发现有危险化学品泄漏的地方进行清理。

图 6.4 当下雨或雪融化时,所有的水都被带到地面的水体,通常是通过雨水下水道。当雪融化时,融水中会携带有高含量的污染物,尤其是盐类。

六、垃圾填埋场

人类社会每天都会产生大量垃圾。我们已经找到了许多方法来处理这些废物,从焚烧到储存在大型垃圾填埋场或垃圾场。当垃圾被储存在垃圾填埋场时,必须小心避免有水流过垃圾填埋场,因为它有可能会裹挟多种化学物质进入地下水,就像水流过咖啡过滤器,开始时很洁净,最后会变成一种叫渗滤液的汤汁状有毒混合物。

多年来,我们在不断改进垃圾填埋技术。今天,许多地区要求垃圾填埋场使用厚的无渗透衬里,以避免有水进入地下水系统。但是在我们的地面上,老旧的没有衬里的垃圾填埋场仍然是个问题。多年来,无衬里的填埋场已经造成了地下水和地表水的严重污染。

虽然有各种各样的水污染源,但必须指出的是,它来自两种主要的污染源:点源和非点源污染。点源污染来自单个可识别的来源,非点源污染来自于许多分散的点,这些点可能不容易识别,或者由于点太多而无法考虑在单一地点进行管控。点源水污染的一个例子是污水处理厂的外排管道。与此相反,非点源废物污染源可能是一片施用了化肥和杀虫剂的农田。非点源污染源的另一个例子是郊区或城市社区,那里有多种土地用途和一系列的污染类型。

与非点源污染源相比,点源污染源的管理是很容易做到的。一旦确定了污染源,就可以通过某种方式控制它。然而非点源污染源很难管理,而且总体上要复杂得多。

近年来,我们对进入水系统的各种新形式的污染感到担忧,比如药品、塑料和放射性物质。各种各样的药物产品,从激素到抗抑郁药,正在从污水处理厂和动物围栏进入地表河流和地下水中。虽然这些化学物质的使用在大部分地区都受到严格管制,但当它们进入人类和其他动物的身体时,我们还没有找到有效的方法来阻止它们进入生态系统。我们越来越多地在饮用水中发现它们的踪影。

塑料是另一种污染物,近来一直备受关注。塑料在环境中不易分解。我们用了一次就会扔掉,而它可能会进入废物流并在那里存留几十年。有些塑料会进入地表水体。大面积的海洋表面漂浮着大量的塑料垃圾。海龟和海鸥等海洋生物因食用被误认为是食物的塑料袋和其他塑料制品而死亡。试想一下你一生中丢弃的所有塑料袋,想象它们现在可能在哪里。由于河道污染问题,世界上许多地区已经禁止使用塑料袋。

塑胶颗粒是一种特殊的塑料,是最近发现的问题最多的塑料污染形式之一。在世界各地,这些小塑料颗粒正在从污水处理厂进入地表水。这些小塑料颗粒被用于各种各样的产品,从面部磨砂膏到肥皂和牙膏。这些小颗粒已经在一些水体中被发现,包括北美洲的五大湖。

最后一种新出现的污染是辐射。在前一章中,我写了有关核能的问题,以及一些与核电站有关的事故。2011 年的福岛第一核电站事故导致了核材料大面积泄漏到附近海域。有些辐射至今仍然可以探测到,使人们对核材料进入这一地区的水生系统的长期影响感到担忧。

富营养化

富营养化是由于肥料径流带来的过量营养物质的添加或污水排放而导致的普遍性的地表水体缺氧问题。每年都有数百万吨的肥料被添加到农田、草坪和花园中。当下雨的时候,一些肥料会流到地表水体中,为水生系统添加营养物。来自未经处理的污水或污水处理厂的营养物质也有可能进入同样的系统。

自然的水生系统经过了成千上万年的进化,从自然过程中获得的全年营养物值几乎没有变化。当肥料和污水被添加到这些环境中时,它们就变得非常不自然,生态系统也会发生改变。当添加更多的营养物质时,它们便会造成植物的过度生长。

在富营养化环境中,浮游植物的生长和非本地物种可能会在高营养环境中生长。通常情况下,水会变得更加浑浊,系统也会变得不那么生态多样化。

当浮游植物死亡时,溶解氧在分解过程中被束缚,于是会从水里脱

离出来。这就导致了缺氧。在一些地表水体,严重的低氧环境导致了大量鱼类死亡。在某些地方,有毒的浮游植物大量繁殖,对生态系统造成破坏(图 6.5)。

图 6.5　在圭亚那,富营养化地表水系统被用于污水排放。

显然,富营养化是由化肥径流和污水排放引起的一种严重的现代环境问题。世界各地的组织正在努力减少这些问题的产生。例如,在长岛海峡,一些组织正在努力减少来自化粪池系统的雨水污染和营养物质排放。在对奶制品或养牛场的径流有极大关注的地区,大范围的粪便收集处理设施已经到位。

在某些情况下,通过设计缓冲区在水进入河流或湖泊之前减慢它在陆地上的移动速度。这些缓冲区常常将水储存在湿地或池塘里,力图限制营养物直接被添加到低营养生态系统。

第四节　水资源管理与节约

水资源管理是一项侧重水资源有组织利用的活动。它可以包括水资源的开发与规划。水资源管理者经常为地方、地区或国家政府工作，以保护和公平分配水资源。

鉴于所有与用水有关的问题，我们有必要研究一下世界上不同地区如何管理和节约用水。正如我们将要看到的，在应对地方和区域的水问题方面有许多不同的选择。

一、国家和地区水资源节约与管理

多年来，许多人把水看作是一种永无止境的资源，可以从地下或从水体中永久地提取出来。人们对个人消耗几乎从不担忧。通过某种方式总可以产生更多的水。如果我们无法在当地得到它，工程师们可以找到办法把它从多雨地区转移到缺水地区。似乎没有必要节约或限制水的使用（图6.6）。

然而现在情况大不一样了。许多人预测，下一场国际冲突将不会是涉及石油或矿产等资源，而是水资源。我们不能再认为水是一种无限的资源。我们必须更聪明地管理它。

用水是一项非常地方性的活动，但是世界上有些地方已经展开国家或区域性的水资源管理和节约活动，来支持可持续性的三个"E"（环境、公平和经济发展）。在对某些节水措施进行研究之前，我们先来看看一些地区性的水资源开发项目。

图 6.6　并非很久以前,在全世界水井通常被用作饮用水的主要来源。我们大部分的饮用水基础设施都相对较新。这是我叔叔 1976 年在他家的狩猎场,他有一辆拖车,旁边是一口井,右边这位就是我,本书的作者。

水用作区域发展的工具

以田纳西州流域管理局(TVA)为例。它是在 1933 年建立的,专门致力于促进美国这一受到大萧条影响同时也是一个地区的经济发展。

TVA 是一个由联邦政府组成的公司,任务是开发一系列水资源,以便为美国的一个大部分尚未开发的地区提供水电。虽然这项计划并不是直接的节水方面的举措,但它确实带来了水资源的开发和向数百万人的电力供应。该管理部门还向地方政府和寻求改善生活条件的家庭提供了大量专业知识。

在我们这个时代,TVA 被更多地看作一个电力公司而不是一个开发机构。他们建造了许多化石燃料和核电厂。

必须指出的是,TVA 因其在项目中插手过多并且在项目实施过程中对环境或文化问题并不特别敏感而受到批评。自从建设了 29 个水电大坝工程以来,阿巴拉契亚地区发生了巨大的变化。

另一个重要的区域水资源开发项目是中国的三峡大坝工程。这个项目从 2004 年开始动工,在 2008 年基本完成,并且还在不断完善。三峡大坝位于中国中部湖北省的长江流域。

和TVA的项目一样,三峡大坝也是一个大型开发项目,其目的是提高能源产量,扩宽航道,控制洪水。今天,它是世界上能源产量最大的水坝。

与TVA的项目一样,三峡大坝也引起过争议。超过一百万人被迫迁移,许多重要的历史遗迹被淹没。也有对于某些环境问题的担心。然而这座大坝也是中国积极发展进程中的一个基石。

这两项工程说明国家可以将水作为发展的组织工具。虽然这些项目并不一定是以开发水资源满足消费目的,但它们确实表明了水在区域发展中的组织力量。世界上许多地区都以类似的方式利用水资源来促进区域发展。

二、供水管理

正如在佛罗里达州文本框中所指出的,世界上的一些地区正在采取积极的措施以确保他们能够向消费者提供稳定的供水。这一做法能为消费者提供高质量的水,无论其最终的使用目的是什么。在全世界的城市中,为了确保安全饮用不惜以巨大花费用来处理的水更多地被用于冲厕所、洗车和浇灌草坪,而不是用于人类使用——而且通常是在水资源极度缺乏的地方。

我们找到了两种解决供水问题的方法,被分别称为"硬路径水资源管理"和"软路径水资源管理"。

1.硬路径水资源管理

硬路径水资源管理的方法侧重于需求管理。这意味着水资源管理者为了限制需求会提高某些类型使用者的用水价格。这种做法可以通过许多方式得到落实,例如,可以通过提高单位水量消耗的价格将成本平均摊到用户。

然而在现实中,大多数人使用很少量的水,而某些特别的家庭或企业的人均用水量远远超过其他家庭或企业。有些人就是喜欢绿油油的草坪,于是不断地给自己的院子浇水,以确保它们看起来是最漂亮的。也有一些企业活动,比如洗车或农业加工行业使用大量的水。为了减少这些用水大户的消耗,管理者们会选择增加用水成本以控制他们的需求。这种需求管理方法一方面限制了普通使用者的用水成本,也营造出一个好的环境,促使用水大户为了降低成本而减少消耗。

这种硬路径水资源管理方法可能会引起争议。那些雇工多、消耗量大但又很重要的行业常常抱怨无力承担增加的用水成本。许多拥有大片草坪的有钱有势的人也会对这种做法持批评态度。此外,经常有这样一种推断,认为增加的收入将以某种方式用于增加水资源,从而不能真正解决问题。虽然水资源管理者在使用这种方法的同时也会将节水宣传纳入系统,但是硬路径水资源管理的一个更大的重点是在减少用水大户的用水量的同时,通过技术开发来提高用水效率并寻找新的消费渠道。

同样重要的是需要强调,硬路径水资源管理并不是对用水作全盘考虑以解决过度消耗的问题。

2.软路径水资源管理

在某些情况下,硬路径水资源管理策略是很好的做法。然而有些人认为软路径水资源管理策略更合适。根据水资源专家奥利弗·布兰迪斯(Oliver Brandes)、大卫·布鲁克斯(David Brooks)和斯蒂芬·戈曼(Stephen Gurman)的观点,软路径水资源管理法在以下方面不同于其他水资源管理策略:①它把水看成一种服务;②它将生态可持续发展作为最重要的评估标准;③它达到了供水的质量要求;④它有对现在到未来的规划。让我们分别来看看这几个方面。

(1)水作为一种服务。我们把水看作一种普遍需要。我们将它用于任何用途。然而你仔细想想，水在很多用途上的效率都很低。在世界上的许多地方，水资源管理者允许用水来做任何事情。想一想灌溉用水，水正在被用来种植某种作物。然而如果我们考虑用水来种植粮食的话，就有机会与土地所有者接触，通过更好的作物管理来限制用于灌溉的水量。如果开放式的或看似无限量的水被用于灌溉之类的活动，人们就没有动力在具体用水目的方面做出更明智的决策。

（2）为生态可持续性用水。我们常常忽视水资源管理决策对生态的影响。例如，当来自苏联的农业规划者将大量的水从海洋的支流引入灌溉水渠来浇灌非常干燥土地上的棉花种植园时，咸海基本上就干涸了。这显然不是该地区整体生态的最佳状况。传统的捕鱼方式，以及总体生态系统，都呈现出显著的衰退。在软路径水资源管理方法中，重要的是水资源管理者在作出任何可能损害该地区的决定之前认识到生态系统的至关重要性。

（3）水质适宜。在世界的一些地方，清洁的饮用水由卡车运送到家庭。它被储存在屋顶的水箱中供人使用。污水被用来冲厕所或灌溉。我的朋友们到美国来拜访我，当得知我们把处理过的饮用水喷洒在草坪和农田上时，他们都大为吃惊。他们认为这是一种浪费，而且是一种非常昂贵的浪费。软路径水资源管理鼓励开发更加多样化的供水方式，以提供应有的安全、健康的饮用水以及用于其他用途的不太洁净的用水。事实上，水可以在这样的系统中重复使用，从一个用途出来的废水变成另一个用途的使用水。

（4）计划现在到未来。在大多数传统的水资源管理战略中，水是为当前的消费趋势生产的。水资源管理者试图满足需求，而不考虑影响。然而在软路径水资源管理系统中，管理者寻求与社区合作来共同展望他们想要的未来。如果咸海渔民参与了棉花种植的水资源管理战略决策的制定，那么咸海现在的状况会如此糟糕吗？换句话说，水资源管理者应该与公众共同努力，以确保供水的安全稳定和生态系统的健康，同时使人们未来的愿望得以实现。

三、水资源管理与创新

毫无疑问，我们非常善于找到获取水源的方法，尽管我们在越来越依赖于复杂的水资源管理系统时显得很脆弱。想想在南加州供水的运河、管道和引水渠的复杂网络。水资源管理者将水从北加州和内华达山脉输送到洛杉矶干燥干旱的地区，从而创造了一个现代工程奇迹。

因此，我们很擅长修建水坝、运河和管道等输水系统。我们也付出了巨大的能源成本。在我们复杂的水资源管理系统的日常开支中，大约80%用于将水从一个地方输送到另一个地方所需的大量水泵的能源成本。因此，在能源成本和能源短缺面前，我们的全球供水工程非常脆弱。

供水管理更为创新的一个做法是海水淡化。这在佛罗里达的例子中有过详细的讨论。然而值得强调的是，水的生产是以非常高的能源成本为代价的。因此，在有海水淡化的地方，居民们正在用水换取碳污染。此外，在脱盐过程中产生的咸浓盐水也常常会带来浪费问题。

到目前为止，人们对利用污水处理厂的废水来缓解水资源短缺有了很大兴趣。这些被称为"从马桶到水龙头"（toilet to tap）的计划将严格处理后的污水与现有地面或地表水混合，经进一步处理后用作自来水。由于明显的"作呕"因素，这些倡议得到的公众支持很有限。不过，在密西西比河下游河谷的许多地区以及世界上的其他流域，这已经成为一种通行的做法。许多污水处理厂将污水直接排放到河流上游，而这里正是下游社区居民饮用水的源头。

因此，在某些社区中存在的一些关于"从马桶到水龙头"做法的令人"作呕"因素有点不对头：一些社区选择将处理过的污水直接注入深层地下含水层系统(图 6.7),另一些社区按照灌溉计划直接将其喷洒在地面上,还有一些社区把它用作郊区和城市草坪的专门灌溉系统。无论采用何种方法,这种创新的废水利用都使某些社区的水资源预算有所改善。

  建筑师和设计师们也积极寻找新的方法来节约住宅和建筑用水。在新建和翻修的建筑中, 低流量的水龙头、淋浴器和马桶的使用已经很普遍。一些建筑的内置系统可以将宝贵的雨水收集起来,用于抽水马桶。在一些地区,地下储水池又重新被用来储存雨水,用于草坪或花园灌溉,或用于衣物洗涤以及冲厕所。

图 6.7　将处理过的污水用作饮用水会产生一个"作呕"因素。然而处理过的污水为太空宇航员提供了稳定和可持续的太空供水。

第五节　水质

  水质往往会实行严格的管制,并且制定规则来保护地表和地下水资源(图 6.8)。此外,为了保护公民的公共健康,饮用水和废水受到严格控制。例如,美国环境保护署和其他发达国家的大多数水务部门对各种饮用水污染物加强管理,如微生物、金属和有机化合物。

　　有许多水传播会导致死亡和各种疾病，其中包括原虫感染，如隐孢子虫病；寄生虫病，如血吸虫病；细菌感染，如霍乱或痢疾；病毒感染，如非典（严重急性呼吸综合征）。每一种疾病都可以通过接触或摄入受污染的水导致。发达国家和发展中国家都有许多由水传播的疾病引起巨大痛苦的例子。的确，虽然这些疾病在没有高质量水处理的地方最常见，但在一些工业化国家中也有此类疾病爆发的广泛报道。这也就是为什么在全世界范围内水质在饮用水标准中是最优先的。表 6.2 列出了美国环保署管制的污染物清单。

　　水资源管理者还管理着各种无机化学物质，其中包括砷、铅、镉和汞。这些元素可以来自自然地质环境。然而在大多数受污染的水源中，它们都有人为来源。砷是近年来备受关注的一种元素，因为它被发现即使低剂量接触也会导致多种健康问题。虽然它可能来自各种各样的地质，但也可以来自某些肥料、木材防腐剂、油漆、金属作业和发电厂煤的燃烧。

图 6.8　水资源管理往往是在地方或区域范围内。这张照片上是我所在地区的水资源管理办公室。在你的社区里，水资源是如何管理的?

表 6.2　美国环境保护署管制的水污染物清单

微生物	消毒剂	消毒副产品	无机化学物质	有机化学物质	放射性元素
兰伯氏贾第虫 异养平皿计数 军团菌 总大肠杆菌群 浊度 病毒	氯胺 氯 二氧化氯	溴酸盐 亚氯酸盐 卤乙酸 总三卤甲烷	锑 砷 石棉 钡 铍 镉 铜 氰化物 氟化物 铅 汞 硝酸 亚硝酸盐 硒 铊	丙烯酰胺 草不绿 阿特拉津 苯 苯并芘 （多环芳烃） 卡巴呋喃 四氯化碳 氯丹 氯苯 2,4-D 茅草枯 1,2- 二溴 -3- 氯丙烷（DBCP） 邻二氯苯 对二氯苯 1,2- 二氯乙烷 1,2- 二氯乙烯 Cis-1, 2- 二氯乙烯 反式 -1, 2- 二氯乙烯 二氯甲烷 1,2- 二氯丙烷 2(2- 乙基己基) 己二酸 2(2- 乙基己基) 地乐酚 二噁英 草藻灭 异狄氏剂 环氧氯丙烷 乙苯 二溴化乙烯 草甘膦 七氯	粒子和光子 镭226 镭228 铀

微生物	消毒剂	消毒副产品	无机化学物质	有机化学物质	放射性元素
				环氧七氯	
				六氯代苯	
				林丹	
				甲氧氯	
				氨基乙二酰	
				多氯	
				联苯[多氯化联(二)苯]	
				五氯苯酚	
				毒莠定	
				西玛津	
				苯乙烯	
				四氯乙烯	
				甲苯	
				毒杀芬	
				2,4,5-TP 涕丙酸	
				1,2,4- 三氯苯	
				1,1,1- 三氯甲烷	
				1,1,2- 三氯甲烷	
				三氯乙烯	
				氯乙烯	
				二甲苯	

约翰·斯诺与流行病学的发展

19 世纪初,伦敦正面临严重的水污染问题。这座城市发展迅猛,但城市管理者们在开发良好的水资源和污水系统方面并不是那么有效。泰晤士河上的饮用水系统距街道上的排水管道不够远,因而带来包括污水在内的一系列街道污染问题。

在城市人口密集的地区,单元公寓蓬勃发展,其所使用的外屋毗邻水井。在这一环境下,该市经历了一系列重大疾病的爆发,包括霍乱。

在 19 世纪 80 年代疾病爆发之前的几十年里，许多人认为霍乱和其他疾病是由瘴气或空气不好引起的，认为空气中存在有毒物质，从而导致疾病并带来对身体的伤害。当时大多数人认为呼吸受到污染的空气是导致许多疾病的原因。

有些人会有这种感觉其实并不奇怪。19 世纪的伦敦并不是一个令人愉快的地方。工业革命正如火如荼地进行着，相伴而来的是环境污染带来的各种影响。燃煤工厂和住宅里的烟囱喷出的黑烟弥漫在空气中，令许多人呼吸困难。此外，人类和动物粪便的气味也是臭名昭著的。

但也有一些人认为，当时的一些疾病是在当地的水源中传播的。其中最著名的是约翰·斯诺（John Snow）。斯诺是英国约克郡的一名医生。在他的职业生涯早期，他就开始关注疾病的爆发，是第一批对流行病研究感兴趣的医生协会的成员。这个组织的正式名称为"伦敦流行病学协会"，是流行病学领域的首个研究机构。

这个组织的有趣之处在于他们关注的是对疾病起因的认识，以及疾病的传播方式，并且将他们的研究结果与政府进行交流。在许多方面，这一组织的出现将我们现在所理解的公共卫生观念汇集在一起。当今世界上大多数主要城市都有研究者在关注公共卫生问题，如艾滋病、糖尿病和心理健康。

如上所述，约翰·斯诺并不认为霍乱起源于空气。他觉得这种疾病的传播另有原因。1854 年，在一次严重的疾病爆发期间，他绘制了六百多例死亡和疾病的案例。他这样做的结论是，这次爆发的中心是在苏豪区的一个水井。所有死于霍乱的人都曾喝过这口井里的水。

通过进一步的调查，可以确定是一座厕所与水井相邻，可能导致了水源受到污染。在斯诺的报告之后，伦敦对井水的使用，以及饮用水与人类排泄物的混合变得更加谨慎。

喀斯特地貌的水资源管理

世界上有一些地质区域被称为喀斯特地貌,其水资源管理尤其困难(图 6.9)。喀斯特地区是由石灰石、石膏或盐等可溶性岩石构成。当有水渗透时,它可能会使岩石溶解而产生大的裂口或气孔。其中一些裂口可能相当大,成为窟洞或洞穴。在大多数情况下,大的孔隙是相互连通的,而岩石几乎就像地下的瑞士奶酪卷。水通常会填满这些孔隙,形成高效的含水层。岩溶含水层储存的水比其他大多数含水层都多。在许多地方,地洞或称天坑湖将地表与地下含水层系统连接起来。正如你所能想象到的,有许多环境问题与这些独特的地貌有关。

在喀斯特地区很少有河流,因为大部分雨水在降水过程中被直接引到了地下。这不像世界上其他大部分地区那样,水会流入小溪、河流或其他类型的溪流。在喀斯特岩溶地区,水通过岩洞或地表附近岩石的裂缝直接进入地下岩溶含水层。

由于地表水流如此之少,而且由于水流迅速渗入地下,喀斯特地貌很容易受到干旱的影响。当喀斯特地区长时间不降雨时,地表土壤就会变干。美国的佛罗里达州和墨西哥的尤卡坦半岛都是喀斯特地区,由于缺乏地表水,它们都易受极端干旱的影响。事实上,鉴于这两个地区的高降雨量,人们会以为这片土地一定会被茂密的热带植被覆盖。恰恰相反,这里的地表有大面积的灌木状植被,可以在长时间没有降雨的情况下存活。这两个地区也都含有由火灾演变而来的生态系统。在这两类地区,闪电通常会引发火灾。在干旱条件下,这些地方出现了独特的生态系统,这与干旱和经常发生的燃烧有关。当然,在现代,对火灾的抑制已经使这些地区发生了显著的改观。

喀斯特地区也容易受到区域性洪水的影响。在世界上的大部分地区,溪流携带着过量的水从一个地方流到另一个地方,所以洪水往往发生在河流的泛滥平原。在喀斯特地区,洪水泛滥的情况更为普遍。当极端降雨过程发生时,喀斯特含水层就会被填满,水也就没有地方可去了。这时,水就会溢出含水层,静水会将低水位地区填满,直到水分蒸发或含水层里的水被排空。由于大多数喀斯特地区没有地表水流网络,所以水往往停留在原地或有限地流动。虽然喀斯特地区的洪水并不是常见现象,但它发生时会造成区域性的破坏。

喀斯特地区的另一个问题是地下水污染。因为地下的孔隙网络是相互连接的,于是在一个地方产生的污染物在很短的时间内就可以覆盖整个地下含水层。例如,鲍林格林肯塔基州是世界上问题最多的喀斯特含水层系统之一。它是一个海绵状的系统,在城市下面有充满空气和水的通道。多年来,随着汽油尾气的堆积曾多次发生爆炸。汽油从地下储油罐泄漏到地下含水层。一些汽油蒸发,在洞穴中导致高度爆炸性的条件形成。当然,城市下面的水有严重的污染问题,城市和周边地区为了保护含水层,不得不努力去防止地表受到污染。

喀斯特地貌覆盖了地球表面约20%的地区。然而由于生产力水平限制,大约40%的地下水提取自喀斯特地区。世界上许多地区,例如欧洲、中国、俄罗斯、北美、加勒比和西亚,都有广泛的分布。许多大城市建在喀斯特地貌上,包括佛罗里达州的奥兰多以及法国的巴黎。

在美国,相对新的法规要求饮用水供应方将砷含量降低到十亿分之十。旧的法规设定为十亿分之五十。这一重大改变在供水方中引起了巨大的恐慌,尤其是那些小供应方,因为他们没有水处理基础设施以达到这些新的严格标准。其结果是,该规则被分阶段实施,并向一些公用事业公司提供资金以满足这一要求。

这个例子说明,地方公共供水方对公共卫生有着直接的影响,而这些影响可以通过技术方案减轻。不过,有些污染物并不像其他污染物那样容易管理。有一系列的有机化学品对水资源管理者来说尤为棘手。

图 6.9 喀斯特地貌区,如克罗地亚的这一地区,由于岩溶含水层地下几何结构复杂,从而给水资源管理带来挑战。

我们的社会一直在制造出新的有机化学物质,而这些化学物质对人类健康的总体影响还没有得到检验。此外,我们还通过人类和动物粪便排放出各种处方药、激素和其他化学物质。我们已经开始在我们的供水系统中控制这些化学物质,但还有更多的化学物质仍然有待监管。

一些受到管制的有机化学物质包括众所周知的化合物,如苯、氯丹、苯乙烯、甲苯、三氯乙烯和氯乙烯。有些化合物是被禁止的,但在今天的环境中仍然存在。

有机化学物质在制造过程中作为废物被释放出来,或者从地下储罐中泄漏出来。有些还会在日常生活垃圾或日常活动中被释放出来。不管是怎样进入我们的地下水,即使摄入相对较低含量,它们都会引起严重的健康问题。其中一些会致癌,另一些则攻击身体的特定部位。因此,在世界各地的公共饮用水供应过程中, 这些及许多其他导致健康问题的化学物质都会定期进行筛查。

但是今天快节奏的技术发展正在催生出更多的有机化学物质。因此,它们并没有在我们的供水系统中经过筛查。例如,医药产品和激素正在渗入地下水和地表水系统。我们尚未完全认识进入公共供水系统的这些物质会带来怎样的长期影响。有迹象表明,一些生物因接触了被这些物质污染的水而出现问题。但是我们并不完全知道它们是如何在影响我们的公共饮用水供应和整体人类健康。

供水也会定期进行辐射检查。通过自然过程,有一系列的放射性物质有可能进入水源。自然辐射在我们身边无所不在,有些地区的辐射水平比其他地区高。在自然辐射高的地方,饮用水的辐射率可能超过了建议的水平。在个别情况下,已发现放射性废料造成水供应的高水平辐射。在发生过核事故的地方,比如切尔诺贝利和福岛核事故发生地,情况尤其令人担忧。但是到目前为止,最大的担忧来自自然沉积物。

此外,还有一系列的细颗粒塑料正在进入地表和地下水系统。虽然大多数供水系统会通过过滤将这些物质去除,但人们对其进入淡水系统感到担忧。最近,来自五大湖区的水样显示,水中含有细颗粒塑料正在变得非常普遍。五大湖为沿岸大部分城市提供水源,包括芝加哥、底特律和多伦多。

第六节　认识流域

了解水系统和水资源管理的最好方法之一是在流域范围内对水进行观察。流域,有时被称为分水岭,是指在一个陆地区域,所有的雨水落在某一条河流里。所有的溪流,无论大小,都有其特有的流域。例如,南美洲的亚马逊河是世界上最大的流域之一。即使是小溪和小河也有流域,尽管它们很小。

流域与流域之间由排水区分开。流域之间的这些区域通常地势较高,有时是山脉或丘陵,具有不同的水文环境。例如,密西西比河流域与邻近的科罗拉多河流域有着明显的不同。不同流域往往代表不同的文化群体。如果你曾去过阿帕拉契山脉或喀尔巴阡山,你会发现不同的山谷群落之间存在着明显的差异。

流域是非常有用的水资源管理组织工具。社会已经发展到在水资源预算流域范围内运转。例如,在密西西比河流域,大部分地区都有丰富的水资源。水并不是灌溉、饮用水或工业用水的限制因素。然而在附近的科罗拉多流域,干旱的地貌为大部分用水带来了明显的限制。

一、流域失调

在现代社会,我们已经与流域内用水的限制失调。许多干旱地区已经过度开发或者正在过度利用其区域内的水资源。这种情况在长期或短期内都是不可持续的。世界上许多干旱和半干旱地区都因为过度开发问题而引起人们的关注。像亚利桑那州的凤凰城、加州的洛杉矶、西班牙的萨拉戈萨和约旦的安曼等地,由于对现有含水层的过度使用,都存在着严重的供水问题。

二、流域污染

对流域内污染的治理是一种标准的环境管理方法。为了确保污染不影响到受影响的系统之外,最好是在流域内对非点源污染和点源污染进行管理。例如,如果一座矿井的沉淀物留在某个流域内,就可以通过管理以限制对系统的影响,并且可以制定管理策略以减轻影响。然而如果尾矿被输送到了另一个系统,其影响将是双倍的。

流域内有不同的溪流,溪流可以有支流。"溪流"一词泛指一个河道内任何流动的水体。取决于大小和位置,人们使用许多不同的词语,包括河流、小溪、小河、溪谷、旱谷、水流、河等等。世界的每个地区都有自己的用语,而"溪流"一词用于大多数关于此类系统的技术性文章。有时,个别国家的不同地区对溪流有不同的用语。你所在地区的溪流都有什么样的叫法呢?

三、河流纵剖面和基准面

河流的另一个重要方面是河流纵剖面和基准面的概念。河流纵剖面是河流整段的高度图。在河流的上游,在流域之间的分水岭处,其海拔高度是最高的。然而河流的海拔高度在短距离内会大幅下降。在这里,在呈 V 字形的山谷中,河流通常有瀑布和急流。最终,河流纵剖面曲线变平,并逐渐在远距离外开始下降。

最终,河流会进入一个相对静止的水体,如海洋或湖泊,河流的能量也就被消耗掉了。河流进入这些水体的水平面称为基准面,对于像密西西比河或泰晤士河这样的流域,其基准面就是海平面。

第七节　湖泊

世界上有许多地区的地貌都是由数百个湖泊点缀的。湖泊形成的方式有很多,但其中大部分的成因是冰川作用和岩溶作用。当冰川融化时,沉积物通过融化的水被输送到广阔的融化环境中。这些沉积物会填满冰块周围的低洼处,甚至可以覆盖冰层。当冰融化时就形成了洞或坑穴。如果洼地靠近地下水位,它们就会变成锅形湖。欧洲北部和亚洲的大片地区都有这样的湖泊形成。被称为"万湖之乡"的明尼苏达州以及北部上游的其他湖泊区之所以湖泊如此众多,都形成于大约一万年前的冰川融化。一些非常大的冰川湖,比如北美中部位于美国和加拿大交界处的五大湖,是由于冰川冰的大范围刨削和侵蚀形成。

由于岩溶作用而形成的湖泊存在于坑穴中。喀斯特地貌产生于可溶性基岩区域。当岩石与地下水接触溶解后,就会在地下形成海绵状空洞。他们有时会崩塌形成洼地,当洼地充满水时,就会变成湖泊。

在世界各地有可溶性岩石的地方都可以找到溶洞湖。世界上最著名的一些坑穴在墨西哥。在这里,它们被称为"天然井"。古玛雅人认为坑穴是通往阴间的通道。他们会把珍贵的物品放进湖里作为礼物送给神。其他重要的坑穴区域在美国的佛罗里达州、德克萨斯州和肯塔基州,以及英国、古巴、牙买加、中国和西班牙。

洞穴湖会突然由于地面塌陷而形成。因此,洞穴湖的存在预示着对一个社区的潜在危险。喀斯特地区地面不稳定,每年都会造成数百万美元的财产损失。有时,当坑穴突然形成时,死亡就会发生。

许多湖泊的形成是由于地质构造或者称作地球板块漂移的结果。也许最著名的构造湖泊是在非洲大裂谷。在这里,非洲板块分裂开来,导致地面直线下降从而形成这里狭长的河谷。湖泊填平了山谷中特别低的洼地。一些比较著名的湖泊包括维多利亚湖、坦噶尼喀湖和马拉维湖,是世界上最深的湖泊之一。东非大裂谷每年都会扩大约 7 厘米。如果它继续以这样的速度扩张,这里的湖泊最终会变成广阔的海洋。

城市天坑:基础设施落后的证据

地质学家使用"天坑"一词来描述由于可溶性基岩的溶解而导致地面塌陷并进而形成的低洼地,但是公众并不遵循这个定义。许多人,尤其那些媒体人,用这个词来表示由于任何形式的崩溃或不稳定而突然形成的洼地。

由于城市基础设施老化或管理不善导致的地下污水和排水管道失效，城市中出现了许多这种类型的"天坑"。当然，这些管道通常是在公路下面或附近，它们的崩塌可能会导致交通拥堵或车辆受损。

在加拿大温尼伯，城市的天坑问题变得如此严重，以至于"温尼伯坑"有自己的推特账户。许多人，不仅仅是在温尼伯，利用这些天坑的形成来强调城市基础设施老化的问题。世界上许多地区都有非常先进的供水和废水系统工程，但是一旦安装之后，这些复杂的系统就很难维护。世界上许多地方都发现维护他们设计建造的用水和废水系统是一项耗资巨大的工程。

第八节　海

"海"这个词用来指许多不同类型的水体，因此是一个相对不准确的术语。例如，在世界的某些地方，一些大型的淡水水体被称为海洋，而在另一些地区则被称为湖泊。地球上还有相对较大的咸水水体，如地中海和红海，在很多方面来看都是海洋的延伸。因此，"海"这个词是一个地方术语，并不具有通用的定义。

海洋大约覆盖了地球表面的72%。它们与地球上地势最低的区域有关，覆盖了较窄的一层海洋地壳（大陆地壳比海洋地壳厚好几倍）。

海洋仍然是我们星球上最神秘的部分。虽然探险者们已经探索到了它们的深处，但我们还有很多东西要学。不过，我们知道，它们是脆弱的生态系统，会因为我们的行为而受到损害。过度捕捞、污染、石油泄漏、海洋酸化以及许多其他问题都有充分的记录。

海洋生态系统宣传教育

雅克·库斯托让人们对全球海洋产生了广泛的兴趣。20 世纪中叶，库斯托开始了一次广为人知的记录有关海洋信息的航行。他驾驶一艘名为"卡里普索"（海神名）的船只，来到许多偏远的地方，拍摄了纪录片来展示那里的海洋生态系统，以及在那里看到的不同寻常的植物和动物。

他的纪录片在商业上取得了成功，也为自己的努力赢得了巨大的声誉，1988 年成为法国科学院的一员。然而库斯托的遗产在于他把有关海洋偏远地区的信息带到全世界人民的电视屏幕上。他提高了人们对海洋污染、过度捕捞和生物多样性等问题的认识。

你还能想到哪些名人在海洋生态系统的宣传方面做出的贡献？

第七章

粮食与农业

我们都吃粮食,有些人吃得比别人多(图 7.1)。但在最近几个世纪,我们的世界已经从基本上以农业为主、靠大多数人以某种方式从事粮食生产,转变为基本上城市化和工业化的世界。与以往任何时候相比,越来越少的人正在为越来越多的人生产粮食。而且这种变化还在加速。

20 世纪 70 年代,我在位于美国中西部北部的威斯康星州的农村长大。那时,我的很多朋友都是农民家庭出身。我在他们的农场里待过,有时还帮他们清理谷仓或捞干草。然而 20 世纪 80 年代我上大学的时候,其中有很多家庭农场都消失了;它们是被大型农业企业收购了,而这些大型农业企业与大型农业公司有着明显的联系。类似的故事也发生在世界其他地方。这些大型农业企业能够非常有效地生产大量的农作物,并利用了近年来发展起来的一些最有趣的技术。他们将以家庭为经营单位的农业转变为高科技和精心规划的农业。玉米、水稻和小麦等主要农作物的产量增加了,自 20 世纪在非洲和亚洲部分地区发生的著名的饥荒以来,人们对大范围饥荒的担忧已大大减少。

与此同时,这项新技术也带来显著的负面反应。许多对此有所担忧的人们开发出了创新的方法，例如有机农业和社区型农业。本章将讨论世界农业的现状，总结几项现代农业创新方法，并对高科技农业运动引起的反应进行分析。

第一节 现代农业的发展

几千年来，农业一直扎根于农村的小农场，为家庭生产粮食，并将余粮出售给市场（图 7.2 和 7.3）。虽然农业比狩猎和采集收获更多，但在工业革命带来的农业机械的发展和作物改良之前，农业始终是一种相对小规模的活动。由于发动机和大规模生产的发展，犁和收割机技术有了迅速的提高；与此同时，随着对进化论和遗传学的更全面的认识，作物种子的选择也得到了改善。此外，19 世纪末和 20 世纪初现代化肥的发展大大提高了生产力。总的来说，工业革命见证了农场和农业产量的显著增长。这样的产量，以及健康状况的改善，推动了整个时代世界人口不断膨胀。

农业的迅速发展，以及制冷、冷冻和工业食品加工的发展，再加上蒸汽机车、卡车和快速运输的出现，使人们能够在不造成损坏的情况下远距离运输食物。世界上那些过去得不到新鲜水果和蔬菜或肉类的地区如今可以很容易地把它们运到那里的市场。我们不再依赖当地的农民，相反，我们的食物成为一个与大型农场连接在一起的全球化食品供应商网络的一部分。这些农场中有许多是由受过大学教育的农民和农场经理管理的，他们有能力通过机械化、大规模生产和高科技创新从农场获得可观的产量和利润。这些进步主要发生在 19 世纪和 20 世纪上半叶的西方工业化国家。

虽然这些都是巨大的进步，但它们不足以在 20 世纪的大部分时间里阻止饥荒的发生。饥荒的原因很复杂，但通常是由于粮食短缺，进而导致大范围的饥饿和大量死亡。在某些情况下,饥荒是由作物歉收、干旱或自然灾害造成。在其他情况下,饥荒是由战争、粮食供应系统的中断或其他人为因素造成。在 20 世纪,亚洲和非洲发生了几起有记录的饥荒案例,在西方国家引起了极大的关注。

因此,到了 20 世纪中叶,农业科学家努力改进农业技术以提高产量,并努力向发展中国家出口西方粮食生产技术。这一世界范围内农业技术发展的时代常被称为绿色革命,它极大地提高了发展中国家的粮食产量,并降低了这些地区的死亡率。自从绿色革命以来,许多发展中国家的人口都有了显著的增长。

近几十年来,农业方面的一些新进展对农业领域产生了重大影响,其中包括转基因作物的发展和从事肉类生产的工厂式农场的出现。

转基因作物(GMO 食品)是从转基因种子中培育出来的,借以提高其整体产量。作物的 DNA 技术之所以得到使用其原因是多方面的。作物改良最常见的原因之一是使它能抵抗某些疾病。因此,转基因作物往往比传统作物更高产。

对于在食物链中引入转基因作物,大多数科学家认为其对健康带来的已知的健康风险非常有限,但它们对人类健康和环境的长期影响尚有许多未知因素。我们食用转基因食品的时间还很短,所以并不完全知道是否会有长期影响。另外,我们确实正在将新的生物体释放到大自然中,但并不知道生态系统会因此发生什么。许多新作物都含有能抵抗某些疾病的天然材料。这些疾病本身就是生命形式。这种奇怪的 DNA 组合将如何随着时间的推移发生变化并影响到自然系统呢?虽然我们现在看不到什么影响,但我们只是不知道这些新的基因发生改变的生物体将会如何影响我们的未来。反对转基因活动的人士创造了"科学怪食"(Frankenfood)一词,以引起人们对转基因作物和产品的关注。

但值得注意的是,对转基因食品的一些文化问题也存在广泛的批评。

因为种子是在高科技实验室里进行基因改造的，所以这些种子都是由大公司取得了专利和拥有的。在世界上的许多地方，这类种子无法在播种季节结束时收获下来。许多农民因为试图从改良作物中保留种子而遭到起诉。种子不得不每年重新购买。

这就降低了农民自力更生的能力——这是农业文化中常见的一种历史特征。农民们依赖于公司的种子和其他供应，而不是当地的供应商或分销商。换句话说，农业正越来越多地转变为一种大规模的商业运作，正试图从农业部门获得可观的利润。

于是，一些国家已经禁止转基因作物在本国种植，有些国家禁止含有转基因成分的作物或产品进入本国，一些国家要求在含有转基因成分的产品上贴上标签，还有一些国家禁止某些转基因作物，而不是全部。中国是全球最大的转基因作物生产国，尽管美国、印度和加拿大也是生产大国。有几十个国家实行某种形式的禁令。欧盟确实允许转基因作物，但个别成员国可以禁止转基因作物；波兰、奥地利、匈牙利和希腊等国已经在这样做了。

毫无疑问，转基因作物已成为现代农业系统的一部分，但它们极具争议。世界上许多地区都在试图禁止它们，或者至少要求对含有转基因成分的产品进行标识。你喜欢吃转基因作物吗？你会把它们种在自己的花园里吗？

图 7.1　你吃什么真的对地球很重要。你今天吃的什么？你的食物是怎么到你的盘子里的？是谁种植和做好的？种植、运输和准备食物对环境有哪些影响？

图 7.2　威斯康星州的一个小乡村农场。

图 7.3 南美洲小型养猪场。

肉类生产

在过去的几十年里,肉类生产发生了巨大的变化。在过去,畜牧业和屠宰是一种高度分散的活动,没有受到严格的管制(图 7.4)。然而这种情况已经发生了改变。在一些国家,肉类生产已经变得非常集中和规范。许多高科技的繁殖和饲养动物的方法扩大了生产规模。总的来说,在过去的十年里,全球肉类产量增长了大约 20%(表 7.1)。产量的大部分是牛肉、鸡肉和猪肉。让我们来看看一些与肉类生产相关的可持续发展问题,以及对全球肉类行业的一些批评意见。

与肉类生产有关的活动大约覆盖了陆地面积的 30%。其中包括放牧,以及种植饲料喂养动物的活动。随着人口的增长和对肉类需求的增加,我们已经没有更多的空间为公众生产肉类了。给人们提供无肉或有限的肉食需要的土地要少得多。因此,许多人主张鼓励人们减少肉类消费,以限制肉类生产对地球的总体影响。

此外,肉类生产约占温室气体排放的 18%,其中包括约占世界甲烷产量的 30%。这些气体来自动物的肠胃气胀,以及肥料和废物副产品的排放。虽然许多人主张改变能源用途以应对全球气候变化,但也有人鼓励减少肉类生产,以减少全世界温室气体的排放。

现代肉类生产高度集中和高科技运用。在过去,肉类动物在相对小规模的经营中饲养,使得动物有一定程度的舒适和自由。而现在,大量的肉类生产是在大型工厂化农场里进行,不会给动物带来什么舒适度。让我们来看看采用工厂技术来管理动物的三种方法:养猪场、待宰场和养鸡场。

图 7.4　我们饲养肉类动物的方法对动物的生命,以及与饲养和屠宰动物相关的工人有着深刻的影响。你曾经屠宰过动物作为食物吗? 你会这样做吗?

表 7.1　世界上最大肉类生产国

排名	鸡肉(10 亿吨)	牛肉(百万吨)	牛肉产量占世界产量(%)	猪肉产量占世界产量(%)
1	中国 3.9	印度 282	美国 25	中国 54
2	美国 2.0	巴西 187	巴西 20	欧盟 23
3	印度尼西亚 1.2	中国 140	欧盟 17	美国 11

续表

排名	鸡肉(10 亿吨)	牛肉(百万吨)	牛肉产量 占世界产量(%)	猪肉产量 占世界产量(%)
4	巴西 1.1	美国 97	中国 12	巴西 13
5	印度 0.6	欧盟 88	阿根廷 6	俄罗斯 2
6	墨西哥 0.5	阿根廷 51	印度 6	越南 2
7	俄罗斯 0.3	澳大利亚 29	澳大利亚 4	加拿大 2
8	日本 0.3	墨西哥 26	墨西哥 4	日本 1
9	伊朗 0.3	俄罗斯 18	俄罗斯 3	菲律宾 1
10	土耳其 0.3	南非 14	巴基斯坦 3	

1.养猪场

养猪场是一种室内设施，使大量的猪可以在整个生命周期内待在这里。这种室内设施使得猪农可以调节温度和湿度条件,因此不需要室外的泥坑来使猪降温。养猪场把猪限制在狭小的空间里,但在屠宰前通常可以保持猪的健康。猪的排泄物通过自动系统从养猪场里清理出来,之后储存在养猪场外面的粪池里。粪池本身是有问题的,因为它们会污染地表或地下水,而且气味很难闻,从而导致人们对区域性空气质量的担忧。

但是养猪场生产猪肉的效率很高，以至于在爱荷华州有超过四分之一的传统猪农已经破产,因为他们无法与工厂式养猪的规模经济竞争。在美国,大约有 50 个厂家控制着全国 70%的猪肉生产。

一些人从动物权利的角度对猪肉生产提出批评。猪生活在极不寻常的环境中;它们被置于室内,活动受到限制,而且与任何天然的东西的接触都是极其有限的, 比如泥浆或未经加工的食物。对待猪的方式令人关注,进而促使一些地区对某些与猪场有关的做法下了禁令。例如,美国佛罗里达州的选民禁止将怀孕的母猪装入箱子里;一些养猪场将怀孕的母猪关在狭小箱子里,甚至小到这些猪无法在里面转身。

2.待宰场

在屠宰前,牛肉行业会使用待宰场,或者叫作"集中动物饲养场(CAFO)"来增加牛肉的肥力。一旦牧畜达到一定的重量,它们就会被运到很远的CAFO,而这些CAFO通常坐落在食物来源附近,包括各种谷物和豆类。美国是世界上最大的肉类生产国和消费国之一,它的大多数CAFO位于中西部和大平原地区。

一旦到了CAFO,这些待宰牛会在接下来4个月的时间里吃专门用来养肥它们的谷物。因此,现代牛肉生产不再依赖于食草动物的生命周期。相反,动物们在生命的最后几个月里主要吃谷物。

就像养猪场一样,待宰场也存在着严重的排泄物问题。这些地方的粪肥和尿液高度集中,曾经发生过几次因水质污染和空气质量引起的担忧。在这些设施中施用的杀虫剂、激素和抗生素也引起了人们的担忧。因为这些动物被限制在狭小的空间里,所以需要抗生素来保持它们的健康。

工厂式屠宰场通常位于CAFO附近,以尽量减少运输途中动物的重量损失。现代的屠宰场每天可以处理数千只动物。在这种环境下,每个工人通常都做某一项具体的工作,而在大型屠宰作业中,工人的安全和职业健康也备受关注。

大型屠宰作业使人们对现代食品系统的安全性提出了质疑。由于对肉类被大肠杆菌或其他物质污染的担忧,发生过几次有数吨的肉类被某个屠宰场召回的案例。此外,屠宰场产生了大量的废弃物,这给一个已经被CAFO所带来的废物所拖累的地区带来了新的负担。

3.养鸡场

鸡也以密集的方式饲养。例如,一个长约130米、宽7米的现代室内养鸡场可以在一个半月内饲养2万只鸡。这种高产的鸡肉生产方式与养猪场和待宰场有着类似的环境成本:它们产生了大量的废弃物,也引起了人们对空气质量的担忧。

总的来说,这些工业化的农业系统是高效的。虽然存在着明显的对环境问题的担忧,但也有人对在这样狭小的空间里饲养动物的伦理问题表示关注。许多组织都在主张这些动物的权利及其保护。

一些组织拍摄了养猪场、养鸡场和肉制品生产系统的屠宰车间,并将它们发布到视频网站 YouTube 或脸书 Facebook 网站上。善待动物组织在向公众传播工厂化农场的生产条件方面做得特别有成效,这引起了肉类行业的愤怒,他们成功地推动地方和州政府制定法律保护他们的产业,为防止在农场或肉类加工厂进行秘密拍摄已经实施了几项新法律。

即使有了这种新技术的出现,对于我们目前的粮食生产系统是否可持续仍然存在疑问。世界人口已经超过 70 亿,预计到 2025 年将达到 80 亿。虽然我们在养活 70 亿人口方面做得比较好了,但我们不能再以我们今天的做法继续做下去了。我们正在使一些关键性的、对于为后代保持农业至关重要的资源消耗殆尽。因此,虽然我们已经大大提高了生产粮食的能力,但我们这样做的代价是环境和后代。

对于未来几代人来说,关键问题之一,将是如何在保护世界环境的同时养活不断增长的世界人口。我们已经在食品生产的技术手段上取得了长足的进步,但在我们当前的时代,动物的伦理待遇和转基因生物的使用仍然存在一些疑问。你会如何改变目前的食物系统,让它更持久地迈向未来? 是否还有可能满足世界粮食需求并使环境得到保护?

第二节　世界农业统计

世界每年都生产出大量的粮食。虽然上一节强调了现代粮食生产的一些问题,特别是肉类,但对世界粮食生产总量进行研究也是很有必要的。表 7.2 列出了主要食物种类及农作物产量排名。

可以看出,谷类和谷物是最常见的作物类型。玉米、水稻和小麦是主要的粮食作物。有趣的是,甘蔗是世界上最多的产品。

主要粮食生产国也同时是人口大国。表7.3列出了世界主要粮食生产国/地区。可以看出,中国、欧盟、印度和美国在粮食生产方面占据了前四位。但值得注意的是,中国的农作物产值是欧盟或印度的两倍多,几乎是美国产量的四倍。事实上,仅这一个国家就生产了世界粮食产量的近六分之一。

表 7.2　主要食物种类和农作物排名(世界粮食及农业组织)

排名	主要食物种类	百万吨	农作物	百万吨
1	谷类	2263	甘蔗	1749
2	蔬菜和瓜	866	玉米	883
3	根茎类	715	水稻	722
4	牛奶	619	小麦	704
5	水果	503	土豆	374
6	肉类	259	甜菜	271
7	油料作物	133	大豆	260
8	鱼类	130	木薯	252
9	蛋类	63	番茄	159
10	豆类	60	大麦	134

表 7.3　世界主要粮食生产国/地区农作物产值

	国家	产值:10 亿美元
1	中国	737,113
2	欧盟	316,398
3	印度	303,382
4	美国	181,128
5	巴西	144,589
6	印度尼西亚	126,006
7	尼日利亚	93,179
8	日本	82,173
9	俄罗斯	81,417
10	土耳其	71,584

第三节 食物沙漠与肥胖

许多人对现代食物系统的担忧之一是能否获取新鲜和健康的食物。这一问题在有大量快餐店却很少有食品杂货店的一些城市、地区尤其突出。这些地区被称为食物沙漠(food desert)。

许多人绘制了这些区域的地图,发现它们往往位于低收入地区。近年来,在许多社区,肥胖和糖尿病的问题一直在增加——被认为一般是由饮食不良引起的。这些地区的居民无法获得健康食品,因此往往在便利商店购物,在快餐店就餐。虽然我们很多人偶尔在快餐店吃饭,但如果每天都吃快餐,我们就很难保持健康的生活方式。大多数营养学家会认为由快餐和便利店食品组成的饮食对我们的长期健康有害。

2004 年,纪录片制片人摩根·斯普尔洛克(Morgan Spurlock)在他的电影《超级汉堡王》中记录了快餐饮食。连续 30 天,他每天在麦当劳吃三顿饭,每天消耗超过 5000 卡路里,体重总共增加了 24.5 磅。他的胆固醇增加了,还出现了许多其他的健康问题。在一个月的时间里他吃了一些人一整年才能吃掉的东西。

他的努力表明,某些快餐公司生产的食品不利于公众健康。针对一些快餐公司的诉讼还在继续,试图将健康问题归咎于餐馆销售的食品。美国和其他国家健康问题的增加基本上被归咎于快餐店。这些案件的代理律师采用了与美国烟草诉讼案类似的策略,强调快餐店生产的产品是不健康的,并且这些公司故意向顾客出售不健康的食品。这些诉讼并不成功,自那以后,有几个州的立法机构已经将起诉快餐食品公司为其产品承担责任的行为定性为非法。

纽约市长布隆伯格在一项极具争议的举动中,下令禁止在纽约市的餐馆内销售容量超过 16 盎司的含糖饮料。这项禁令并不适用于食品杂货店或快餐市场。这项禁令是试图通过限制在快餐食品中,糖的摄入量来改善纽约人的健康状况。市政府为穷人的医疗保健支付了大量的资金,而这一努力也是为了改善整体公共健康。

尽管市长采取的行动在公共卫生界受到了称赞,但他所做的努力却遭到了许多人的嘲笑。一些人认为政府管得过多,另一些人批评纽约是一个"保姆州",在监督着居民太多的个人决定。2013 年,该禁令被法院驳回。不过,布隆伯格市长和其他关心城市食品质量的人,不太可能很快放弃从社区中清除不健康食品方面的努力。

布隆伯格和斯波尔洛克只不过是所有为了改变我们对食物的看法而努力的人们中的两位。我们这个国家许多地区的人们在他们的社区里获得健康食品的途径很有限。想想在你家和学校附近可以买到新鲜水果和蔬菜的杂货店或其他店铺都在什么位置?买到健康食品的容易程度如何?你是否可以更容易地步行买到健康食品? 还是从便利店或快餐店购买食物更容易?

在布隆伯格市长为纽约清除不健康食品而努力的同时,世界各地的其他人正在努力改善学校里孩子们的食品质量。在美国,公立学校经常收到来自政府的过量食品供应,大部分是加工过的,而且并不特别健康。与此同时,预算的缩减迫使学校通过购买预制食品或简易食品来限制劳动力成本。此外,学校还增加了自动售货机,向学生出售含糖汽水和糖果,以及含脂肪的零食。这意味着与以往任何时候相比,学校的孩子们得到的新鲜食品更少了,而加工食品更多了。

但这种情况正在发生改变。一些活动人士敦促对学校食品进行系统改革,将更多的新鲜水果和蔬菜包括进来。与此同时,其他人在鼓励学生在课间和放学后更多地进行身体锻炼。虽然有些孩子对这些改变并不满意,但情况已经开始发生变化。自从为孩子们提供更好的食物选择以来,学校已经注意到明显的减肥效果。

另一位主要的健康食品倡导者是奥巴马夫人,她是美国的第一夫人。2008 年,当丈夫贝拉克·奥巴马当选总统时,奥巴马夫人决定在白宫的庭院里建一座菜园。白宫有着悠久的菜园历史。约翰和阿比盖尔·亚当斯夫妇(John and Abigail Adams)在白宫种植了第一个菜园,为他们自己和客人提供食物。其他许多早期总统也纷纷效仿。在第一次世界大战和第二次世界大战期间, 总统们强调了在粮食短缺和国家危机期间自给自足的重要性,而菜园也就成了文化中的突出内容。

然而奥巴马夫妇是我们这个时代开辟菜园和推动园艺的第一人。一开始,奥巴马夫人开辟这个菜园是为两个女儿玛丽亚(Malia)和萨沙(Sasha)提供健康食品,之后,她利用这个菜园向当地的孩子们宣传吃水果和蔬菜以及整体健康生活方式的重要性。这个菜园的图片曾被印到书和杂志文章里,还在电视特别节目中得到展示。由此,奥巴马夫人成为健康饮食和地方园艺的知名倡导者。

值得注意的是,这个菜园不仅仅生产水果和蔬菜,还为白宫蜂巢提供了支持,可以为第一家庭生产蜂蜜。这也对当地养蜂业起到了推动作用。

图 7.5　布朗克斯绿色机器的斯蒂芬·瑞茨(Stephen Ritz)在霍夫斯特拉大学发表讲话。

布朗克斯绿色机器

布朗克斯是纽约市的一个行政区，是美国最贫穷、人口最密集的校区之一。这是一个不太可能看到对食品可持续发展有强烈关注的地方。但是多亏了中学老师斯蒂芬·瑞茨，布朗克斯已经成为城市食品运动的主要中心之一（图7.5）。

瑞茨对他班上孩子们的未来很是忧虑。他们住在大型的公寓楼里，与自然界没什么联系，也很少能接触到新鲜和健康的食物。当地的酒店、便利店和快餐店取代了杂货店，占据了学生们所在的街区。他们当中有许多是移民的子女，也有来自单亲家庭的，或者是孤儿。这是一个人们会认为未来几乎没有希望的地区。

然而，由于瑞茨先生和他的学生们发起的一个名为"布朗克斯绿色机器"的活动项目，这里又充满了希望。他们在小型室内水培系统的种植和管理方面积累了丰富的知识。他和他的学生为学校里的孩子们种植了大量的食物，甚至还为其他学校和组织提供服务，而这些学校和组织也正想要学习如何建造室内和室外的系统，包括绿色围墙。

瑞茨通过农业，教授一些学术技能。数学、阅读和其他各种各样的活动都是建立在与水培系统相结合的基础上。学生通过园艺活动提高了自己的学习成绩。此外，瑞茨还培养了学生们丰富的生活技能。因为他们基本上是通过咨询工作和食物分配来管理一个课堂之外的企业，所以学习到了从食品生产到销售和市场营销的所有知识。

瑞茨和他的学生们正在共同努力，要将一个似乎毫无希望的社区改变成为一个充满希望的社区。他的努力引起了一些媒体的聚焦与关注，包括食品网、今日秀和泰德演讲。

第四节 高科技农业运动引起的反应

一、素食主义和纯素食主义者

世界上的许多素食文化都已经有好几百年的历史了。但在现代，出于健康和伦理的原因，人们对素食主义和纯素食主义者的兴趣正在回归。许多人认为，这样的饮食更加促进健康，而另一些人选择成为素食主义者或纯素食主义者，是因为他们不希望自己的食物选择影响到动物的生命。

素食者不吃肉类。他们确实食用其他动物产品，如牛奶、奶酪、蜂蜜等。有些人也吃鱼，但是他们并不是真正的素食者，而是鱼素食者。一些健康专家提倡素食饮食对健康的好处，尽管许多素食者是出于伦理方面的原因；吃动物的肉令他们感到不舒服。其他人成为素食者是因为他们对现代食品系统没有信心。

纯素食者不吃任何肉类产品。他们不仅不吃肉，也不吃任何动物制品，如乳制品、蜂蜜或动物油脂。一些健康专业的人士提倡纯素食饮食，以减少心脏病、糖尿病和癌症的风险。许多知名人士都是纯素食者；前总统比尔·克林顿（Bill Clinton）因在竞选公职期间贪婪的快餐胃口而闻名，但在一系列心脏问题之后成为了一名纯素食者。一些人认为纯素食导致缺乏活力和不健康。然而许多著名的运动员称赞纯素饮食在增进健康和提高成绩方面具有的优点，其中包括超级马拉松运动员斯科特·杰瑞克（Scott Jurek）、职业棒球运动员帕特·谢克（Path Neshek）、职业冰球运动员迈克尔·吉格曼尼斯（Michael Zigomanis）和职业篮球运动员约翰·萨利（John Salley）。

"善待动物组织"是世界范围内鼓励纯素食和素食饮食的最重要的领导

组织之一。他们通过赞助一些著名的生动活泼的广告活动来颂扬纯素饮食带来的好处。该组织最具代表性的人物之一便是女演员帕米拉·安德森（Pamela Anderson）。

对于那些尚未准备好接受完全纯素食或素食饮食的人，一些人提倡一种称为"无肉星期一"的做法，主要是将每周吃肉类的天数限制到了 6 天，从而减少 1/7 肉类饮食的影响。虽然这看起来是一个小数目，但它会不断累加。"环境工作组"指出，如果所有美国人每周有一天不吃肉，那么地球上的碳排放相当于减少了 760 万辆汽车上路。这一做法使得人们在对自己的生活不作大的改变的情况下，去探索尝试纯素食或素食饮食。

有趣的是，素食主义和纯素食主义者的新做法有着悠久的历史。许多宗教都主张限制肉类消费或肉类品种。甚至动物屠宰和肉类烹饪的方式在穆斯林和犹太教的信仰中也要遵循某种仪式。伊斯兰教和犹太教肉制品的制作方法独特，并且需要得到宗教领袖的批准。人们对食物在我们生活中的作用越来越感兴趣，并且正以有趣的方式将我们与过去联系在了一起。

如果你住在校内或校外，做到纯素食似乎很难。然而有一些方法可以达到目的。和你的校园食品服务供应商谈谈，了解他们的素食或纯素食饮食选择。大多数学校每天的早餐、午餐或晚餐都会提供几种纯素食或素食。如果你住在校外，就去当地的健康食品商店，或者在当地的杂货店里找一找。另外，大多数校园都有素食或纯素食俱乐部，你可以在那里了解到更多有关纯素食的生活方式。在真正开始之前，一定要研究一下你需要吃哪些食物来保持健康和饮食均衡。

二、有机农业

有机农业是一种农业形式，它依赖于自然的农业生产方式，从而消除非天然的杀虫剂、除草剂和肥料的使用。有机运动起源于 20 世纪，是对合成肥料和其他农田和农作物化学添加剂的发展做出的反应。该运动的创始人认为，传统农业形式与自然更为和谐，而合成化学品不仅对自然生态系统有害，还对农作物的消费者也有害。

自有机运动出现以来，一直致力于对有机作物或农场制定明确的指导方针。20世纪六七十年代的环保运动使人们对粮食作物的担忧不断增加，消费者要求对产品进行更明确的标识，以了解其中都有什么成分。许多产品被称为"天然的"或"有机的"，但对于这些词语的含义并没有任何明确的指南。对此的反应是，人们更加强调食品标签和对"有机"一词含义的精确定义。

有机产品的首个标准是在20世纪90年代初在欧盟的几个国家率先建立起来的。英国、日本和美国紧随其后。现在有近70个国家执行由国际有机农业运动联合会制定的明确的指导方针进行有机产品的生产。

正如之前所指出的，有机农业的经营要遵循非常严格的规则，从开始有机农业之前的土地使用到杂草管理无所不包。可持续发展运动中的一些人士中最著名的是乔·萨拉丁（Joel Salatin），对有机运动提出批评，认为它过于基于规则而且政府管制过多。

三、"小农场运动"（the small farm movement）

如上所述，近几十年来，大型农业经营活动蓬勃发展。他们正在利用高科技手段进行农业经营，粮食产量惊人。然而这种方式被批评为有点不人性化。小农场正在消失，可以在较小的、精耕细作的农场上生产的作物种类也正在失去多样性。在世界上的许多地方，传统的农业生活方式正在屈从于大型机械化作业，农民成了在一个企业化环境中干活儿的工人。

对此的一个重要反应就是小型农场运动的发展（图7.6）。许多人主张发展小型生产多样化的农场，认为这是保持农业生活方式和过去的农业生产方式的关键手段。随着农村居民迁往城市找工作,许多人对大规模经营方式的持久力表示担心,同时也对传统方式的消失感到恐惧。

近年来,农学家逆势而上,到农村去开办农场。这些经营活动有许多规模很小,目的就是为了给家庭提供食物,同时将剩余产品拿到农贸市场或农场摊位出售。还有一些寻求将小型农场发展成为以利于本地农产品为重点的利润丰厚的经营活动。上面提到的乔·萨拉丁或许是美国最著名的小农场主之一。他曾出现在多部纪录片中,并因推广小型家庭农场而闻名于世。

图 7.6 布鲁克林的一个小型屋顶农场。你家附近有小农场吗?

萨拉丁在他的农场饲养了鸡和草饲牛,采用的是过去一直使用的方法,但在今天的高科技世界里,这似乎是一种创新。他一般会把饲养的动物赶到不同的牧场放牧,这样就不会使它们赖以为生的草地遭到破坏。通过这样的做法,他得以生产出高质量的食草牛肉和鸡肉,价格高于市场价。因此,他能够通过生产高质量的产品赚取收入,同时将对土地造成的损害降到最低限度。

既遵循无害环境的农业经营,同时还可以获得利润,这也正是小型农场运动的根本目标。

许多大学也努力在校园种植自己的食物，或者从当地小农场购买食物。在位于我所在的纽约长岛的霍夫斯特拉大学，我们的学生菜园为我们的食品服务部门提供了少量的食物。然而我们是一个相对较小的城郊校园，没有像其他大学那样的大片农田。但是我们的食品服务部门的确会首先尝试从当地采购食品。他们与当地的经销商合作，确保他们从长岛当地的农场获得食物。每年夏天，食品服务运营商都会为那些有兴趣参观长岛农场的人提供游览服务，而我们有很大一部分食物正是从这些农场获得的。

你的家人从当地购买食物吗？你知道你的食物来自哪个农场吗？你们的学校呢？你们的校园食品服务部门是从校园里的菜园还是农田里获取食物？你们学校的食品服务商是从当地农场购买食物，还是有规定尽可能在当地采购？

四、土食者

土食者运动（the locavore movement）是小型农业运动的另一个组成部分。土食者与素食者或纯素食者不同，对他们来说，食物种类并不重要，重要的是食物的产地。他们寻求的是只食用在其居住地附近种植的食物或饲养的动物。

土食者之所以选择重视当地食物是有着诸多原因的。最重要的原因之一是当地食物新鲜。我们都知道新鲜的食物味道更好。有谁不喜欢新采摘下来的苹果或西红柿呢？它们的味道有某种特别之处。另一个原因是选择了脱离工业食品系统。当地的食物通常由当地农民种植，消费者可以知道谁在生产他们的食物。在生产过程中，消费者和农民之间产生了一种信任感。土食者还指出，他们减少了食品到杂货店的运输时间，从而减少了温室气体对地球的影响。众所周知，食品杂货店里的食品来自世界各地，在某些情况下，它们是以相当大的成本被从远距离运送过来。土食者们打破了这条运输链，将注意力转向本地。他们还指出，他们通过购买和食用当地食物从而支持了当地的经济。他们的钱并没有被远距离输送，而是在本地共享，从而促进了本地的经济体系。他们在努力打破现代食品体系全球化特征。

土食者通过各种方式获得食物。越来越多的食品杂货店选择在本地生产的食品上贴上标签，并摆放在货架上明显的位置(图 7.7)。此外，农贸市场和社区农业的增加大大增加了土食者购买到当地产的食物和其他产品的机会。

土食者也帮助推动了公众对食品保存的兴趣的回归。在 20 世纪中叶，农场和菜园作物被制成罐头，腌制和冷冻非常受欢迎。近年来，许多土食者寻找此类方法来保存当地食物以供在寒冷的冬季食用。一些社区中心开办与食物保存相关的课程，最近几年也出版了许多关于这一话题的新书。许多人对罐装和腌制的农场和菜园食物产生了兴趣，将其作为一种小型经济发展的选择，推销给某些社区中的土食者。

仅仅食用本地食物也面临一些明显的挑战。大多数地区并不生产人们期望在现代饮食中看到的水果和蔬菜种类。例如，在莫斯科，很难将香蕉包括在土食者的饮食选项中，或者在佐治亚州亚特兰大市，将太平洋鲑鱼包括在土食者的饮食选项中。大多数土食者努力做的就是尽可能在本地购买食物；许多人认识到，他们不可能从本地获得他们想要的一切。

土食者也可能还受到现实中季节或环境的挑战。北极地区的因纽特人在极具挑战性的环境下依靠鱼类和海洋哺乳动物形成了独特的饮食。今天，虽然这些本地食物仍然是当地人饮食的一部分，但许多因纽特人已经开始选择在全球化的食品市场购买食物。然而在世界上许多温带地区，有更多的肉类、水果和蔬菜可以在当地买到。但是挑战依然存在。虽然得到各种各样的食物已经不像因纽特人那样令人生畏，但有些人还是认为很难从本地购买到所有的食物。

对于在当地生产的食物是否算作本地食物，或者是否必须在当地种植，也存在一些分歧。例如，一个当地的私人面包店可能使用在全球食品市场上购买的食材制作出很棒的本地烘焙食品。它的面粉可能来自加拿大，鸡蛋来自佛罗里达州，牛奶来自加利福尼亚州，酵母来自芝加哥，水果来自智利。那么这算是本地食物吗？一些人会认为是，因为它是在本地生产的，大部分生产利润给到了当地的个人。另一些人则认为这不算是本地食物，因为它并不是由当地种植的食材制成的。你怎么认为？

图 7.7　人人都喜欢本地食物！在这里，我在一张自拍照中，手里拿的是一罐榅桲果酱；榅桲是从我们校园的一棵树上摘的。在你的社区里，你与当地食物有怎样的联系呢？

第五节　"从农场到餐桌"

地方性食物运动的另一个有趣的进展是餐馆里的"从农场到餐桌"（farm to table）行动的发展。鉴于公众对本地食物来源的兴趣，餐馆把重点放在开展"从农场到餐桌"行动上。在某些情况下，餐馆在自己的农场种植食物,而在其他情况下,他们与当地农民建立了关系。

在某些情况下,厨师和农民一起合作开发顾客感兴趣的当地食物。农民在某种程度上成了工匠,他们开发出有特色的作物,厨师可以在菜单中突出显示。此外,农民们还努力培育某家餐馆所需的各种作物。

"从农场到餐桌"运动在经济上已经取得了一定程度的成功。在世界各地,餐馆里的"从农场到餐桌"运动受到了美食评论家和顾客的一致好评。同时,一个名为"午夜晚餐俱乐部"(the midnight supper club)的新的"从农场到餐桌"运动正在兴起。

"午夜晚餐俱乐部"是由厨师或家庭厨师在家中或其他地方为少数客人举办的活动。虽然在很多情况下厨师会以本地食物为特色,但在其他情况下,他们会使用独特或特别的菜单。换句话说,一家"午夜晚餐俱乐部"不必总是以当地食物为特色,但他们倾向于这样做。

"午夜晚餐俱乐部"通常没有取得必需的营业执照成为正式的餐馆,很多都是秘密经营的。在许多情况下,顾客只能通过邀请才能参加。通常,某个厨师会发布消息说自己将要烹制一次多道菜的饭菜,然后再告知这顿饭的费用。座位是有限的(通常是 10 个或更少)。"午夜晚餐俱乐部"在纽约、巴黎和东京等大城市很受欢迎。而且,随着人们对食品的兴趣越来越大,此类俱乐部在世界各地已经越来越多。

你去过"午夜晚餐俱乐部"吗? 你会在家里举办一个以本地食物为特色的午夜晚餐聚会吗?

法国农村的"从农场到餐桌"

法国菜是世界上最受推崇的菜肴之一。它以美味的酱汁和各种肉类、蔬菜和甜点而闻名。几年前,我曾在奥巴齐内(位于法国中南部靠近奥尔多涅河谷的布里夫拉盖拉附近)光临一家名为"牡丹草庭餐厅"的小型茶点沙龙,这家餐馆专门经营当地的法国菜肴。我一直没有忘记在那里吃的一顿饭,因为它们具有如此鲜明的法国地方特色。

茶点沙龙为一家小餐馆,傍晚开始营业。由皮埃尔·盖约马德(Pierre Guyomard)和西蒙·皮达雅(Simon Pittaway)经营的这个餐馆也为小群体的用餐者提供客饭。作为收费项目,该餐馆主厨皮埃尔会准备一份多道菜的菜肴,以法国传统烹饪及当地食物为特色。本地的葡萄酒和开胃酒随餐提供。

该地区以各种农产品闻名,包括核桃、苹果、鸭肉、猪肉和各种新鲜蔬菜。"牡丹草庭餐厅"的膳食通常包括一些本地衍生产品(包括由草药和核桃制成的当地衍生酒啜饮)。皮埃尔制作的膳食通常都有一个关于食物来源的故事,以及它的制作方法。他认识屠夫、面包师和卖给他食材的农民。他还保存果酱和新鲜的食物以供冬季月份使用。

虽然"牡丹草庭餐厅"的规模不及一家典型的当地特色餐厅,也不像"午夜晚餐俱乐部"那样时髦,但它确实在一个非常独特的环境中保留了当地的饮食传统。

第六节　社区农业

社区型农业(CSA)是近年来备受关注的可持续食品运动的又一潮流。它始于 20 世纪下半叶的日本,近年来扩展到北美和世界各地。CSA 农场是消费者购买农场股份的订购制农场。农场种植的所有产品都与股东共享。一般来说,一个典型的 CSA 农场有大约 100 名股东。

CSA 农场的经营方式通常很简单。他们通常有一个有薪的农民或农场经理,以及一些志愿者或兼职人员。有些农场为有机农场,但大部分是传统农场。官方认证有机农场的成本很高。为了限制成本,许多 CSA 农场实行有机耕作,但并不花钱取得认证。因此,即使他们在实际上可能是有机经营,但仍然被认为是传统农场,因为他们并未寻求认证。

社区型农业的一个有趣之处在于他们提供给用户的远不止食物,大多数农场为会员提供各种各样的活动。例如,人们可以上各种各样主题的课程,从保存或烹饪食物到建造后院花园。许多农场还为特别活动提供出租空间,并提供教育设施、参观游览。还有一些会举办特别音乐会、讲座、跳蚤市场或筹款活动,通过会员费来补充收入。

换句话说,CSA农场往往是非正式的社区中心,参加者是那些对当地的食物和替代农业感兴趣的人们。CSA农场不仅是农场,而且是信息和社区联系的来源。人们还努力将CSA模式推广到其他农场。研究表明,CSA农场通常位于有大学的城市里或城市附近,它们往往受高学历人群的欢迎。事实上,大学城经常为不止一个CSA提供了支持。

CSA会员每年通常要支付几百美元的会员费,在年初一次性交付。通常每周组织一到两次农产品采摘,在农场或在对会员更为方便的地点。有些CSA农场提供送货服务。CSA农场农产品全年都有变化:在生长季节初期,像莴苣和豌豆这样的春季作物在每周一次的分享活动中很常见;根据气候变化,随着季节推移到了夏季,番茄、大豆、黄瓜和南瓜等作物就下来了;到了秋天,土豆、冬瓜和秋季绿色蔬菜等秋季作物都可以买到。不管怎样,一年四季都会有一系列作物可以买到,每个星期对会员来说都是一个惊喜。这也是许多人喜欢加入CSA农场的原因之一。他们每周都会见到新鲜的蔬菜,而且他们还可以尝试用新的食谱来招待朋友和家人。

有些CSA农场提供的不仅仅是蔬菜。有些有果园或葡萄园,并全年提供各种水果和坚果,还有一些提供蜂蜜和蜂蜡糖果之类的蜂蜜产品,有些农场甚至现场提供他们饲养的肉类和鱼类产品。

不过,许多CSA农场意识到需要为低收入人群提供新鲜食品。对一些人来说,会员费可能是无力支付的。为了解决这个问题,他们通过减免会员费以换取在农场的志愿服务。

威尔·艾伦(Will Allen)的美食革命

威尔·艾伦在20世纪70年代搬到密尔沃基,那时他从未想过自己会成为世界上最著名的城市农民之一(图7.8)。艾伦在迈阿密大学打过篮球,之后便开始了他在欧洲的职业球员生涯。作为一个在美国农村长大的年轻的非洲裔美国人,他有着深厚的土地根基。他并不是20世纪从南方农村移居到北方城市地区的非裔美国人移民社区的一分子。当他的一些亲戚在这种广泛的文化转变中被困住时,他的家人搬到了北部,在马里兰州的一个小农场里干活儿。

不过,一旦上了大学,他便失去了与土地的联系,而是变得更有兴趣追求某种职业生涯。他在欧洲度过了一段时间,在那里他看到了农业与许多城市的城市景观有多么紧密地结合在一起。之后,他搬到了威斯康星州,先后在几家不同的公司担任执行经理,包括肯德基。然而他的农业根基在召唤着他,于是他开始了在威斯康星州的密尔沃基郊区的农业耕种。

他种植的农作物令那些在农贸市场和路边摊上购买农产品的人很感兴趣。他还种植了一些他认为各种不同的民族都会感兴趣的作物。随着时间的推移,他开始对密尔沃基许多城区缺乏新鲜食物,以及人与土地之间缺乏联系产生了忧虑。他认为,重新唤醒人们对农业的兴趣将有助于建立社区联系,并使人们重新关注环境问题。

他在密尔沃基的一个旧温室兼停车场开发了许多农业经营创新模式。他把啤酒厂的废弃物变成了土壤;他把农业废料拿来在水产养殖箱里喂鱼,并开发了创新的堆肥系统来帮助修复土地。通过这一切,他致力于为那些没有食物的消费者提供新鲜的健康食品。他还通过提供工作、培训和实习机会向社区提供帮助。

他的努力是革命性的。他以实际行动表明,废弃的城市土地可以转变为农业经营场地,可以帮助养活一个社区。

图 7.8　威尔·艾伦在霍夫斯特拉大学的校园内捐献了一座学生花园。

第七节　社区花园

许多城市居民,尤其是住在公寓住宅或托管公寓里的人,没有机会种植花园作物。因此,许多城市为社区花园预留了土地。这是一个古老的观念,已经存在了几十年,甚至好几百年了。

在我们的现代社会,社区花园通常由民间组织或地方政府管理。每年,只需一小笔费用,当地居民就可以租一小块土地种任何庄稼。园艺规则各不相同,但通常都有关于使用肥料和杀虫剂种类的规定。一些社区花园尽量只使用有机物质。此外,通常有规定要求花园必须定期维护,否则土地将被收回。在某些情况下,园艺工具和浇水软管是共用的。

花园的面积有很大差异,小的只在方寸之间,而有的是面积较大的配额地,更类似于一个小的趣味农场。较大的花园还相当稀少,大多数社区花园的土地面积只有几平方米大小。

大多数人认为 20 世纪 70 年代是现代社区花园运动的出现和发展期。例如,美国大多数城市最古老的社区花园可以追溯到 20 世纪 70 年代初。

社区花园的发展有很多原因。有时,是一群认真的园丁在寻找种植农作物的土地。在其他情况下,这一行动是政府主导的,因为当地社区的领导人在努力寻求为居民提供服务。

第八节　农贸市场

农贸市场作为另一种传统的农业方式,近年来取得了显著的发展(图7.9)。虽然我们很多人喜欢购买当地的食物或自己种植食物,但如果我们没有花园或当地的食物来源,这可能会很困难。这也正是农贸市场能够真正提供的帮助。

农贸市场通常是定期定点开放的, 食品生产者可以把他们的农产品拿到社区指定的地点出售。世界各地都有许多著名的农贸市场,吸引着大批人群前来购买高质量和新奇的农产品、肉类和果酱、蜂蜜和面包等食品。

农贸市场通常由地方政府、非营利组织或志愿者经营。他们向销售者收取少量的费用,以获得摆摊位的权利。这笔费用为农贸市场经营管理提供了资金。

图 7.9　农贸市场经常展示当地食物,是支持当地食品生产者的好方法。

　　许多农贸市场管理者对市场上的产品售卖种类有非常明确的规定。有一些要求必须是当地种植的食物（不得出售在全球食品网络中购买的食物），并达到特定的质量要求。有些市场允许摊贩出售像奶酪和蜂蜜这样的农产品。还有一些允许限量出售手工或自制物品。农贸市场通常每周举办一次，通常在周末，限制在几个小时以内。

　　在长岛当地的农贸市场，我可以看到一些时令蔬菜、刚从船上卸下来的鱼，以及当地制作的奶酪、面包和当地种植的鲜花。它只在星期六早上开放。刚一醒来，我就跑到市场去买各种各样的好东西。我经常遇到一些朋友和熟人，他们也在寻找一些应季的当地美食。

　　无论我旅行到了哪里，我都会发现每个地方都有自己独特的商品种类。在加利福尼亚州的圣罗莎，我被各种各样的桃子、李子和琳琅满目的鲜花深深吸引住了。在芬兰的赫尔辛基，我看到过各种各样特制的腌制鱼和鱼子酱。你在当地市场能找到什么？农贸市场如何反映你所在社区的传统和现代食品生产呢？

第九节　养蜂业

　　近年来，在城市和郊区，养蜂业得到极大发展，养蜂也是一种相对农村性质的活动。蜜蜂对于农业的重要性有两个原因：它们是重要的传粉者、它们生产蜂蜜。蜂房总是建在重要农作物的附近，它们需要蜜蜂授粉才能茁壮成长。它们也被建在果园和其他果木附近，不仅提供授粉服务，而且为市场上带来一种甜品。

　　当然，某些蜂蜜生产是远离农田的。在这些地方，蜜蜂被严格地用于蜂蜜生产。在美国南部，有一种特别的蜂蜜，叫作图珀洛蜂蜜，产于墨西哥湾附近的沼泽地，是全球市场上蜂蜜价格最高的。一个小型的养蜂人网络为了让他们的蜂箱能进入图珀洛森林而在争夺着最佳位置。

近年来,越来越多的社区居民对养蜂产生了兴趣。在我自己的大学,一名医学院教授在我们的校园内建了一个蜂巢。他收集蜂蜜并出售,以支持在我们校园养蜂的费用。他在当地社区教授很多关于养蜂的课程,还在当地的一个公园里建了新的蜂巢。他只是众多在全球范围内扩展城市和郊区养蜂业的人之一。

有些人担心蜜蜂给当地社区带来影响。从历史上看,城市里已经禁止养蜂。许多人对蜂蜇过敏,如果被蜇伤,会遭受巨大的痛苦甚至死亡。然而蜂箱通常是非常安全的,而蜜蜂通常只有在感到威胁时才会蜇人。由于对养蜂的兴趣重燃,许多社区正在重新考虑他们的分区法规,并允许养蜂回归社区,但有明确的限制规定;蜂箱通常必须与周围的邻居保持一定距离,而且也需要得到许可。

现代养蜂运动很重要,因为蜂群衰竭失调(CCD)导致蜜蜂数量显著下降。当蜂群患病死亡时,CCD就会突然发生。这种失调在北美洲最为明显,在世界其他地区也很常见。

对于CCD目前还没有一个确定的原因。一些人认为,这是由于将蜂箱移到农田里用于授粉而引起的。大量的蜜蜂被养蜂人带着在全国各地迁徙,在农田和果园中为花授粉。对于运输和不断变化的地理环境给蜂群带来的困境,人们感到很是担忧。

一些研究表明,给蜂箱带来困扰的普通螨虫和寄生虫是造成这一问题的原因。但也有人认为,环境压力,比如气候变化或土地用途的改变是罪魁祸首。一些人认为这一系列问题正在导致整体的蜂群压力,进而导致它们的崩溃。

然而有研究表明,这一问题是由于使用烟碱类杀虫剂引起的。欧盟最近指出,这类杀虫剂对蜜蜂数量造成威胁,并叫停了某些新烟碱类杀虫剂的使用。研究表明,接触相对少量的新烟碱类的蜜蜂都很难再回到蜂巢。

　　不管原因是什么,但毫无疑问,北美洲和世界上许多其他地区的蜂群正在承受压力,其种群数量正在显著减少。这个问题如此严重,以至于人们对某些作物的长期生存能力感到担忧,因为缺乏足够的蜜蜂给农田授粉。这也正是为什么人们对城市和郊区养蜂如此感兴趣的原因之一。

　　许多人对养蜂很感兴趣,也是因为他们相信来自本地的蜂蜜可以减少过敏的影响。这在科学上虽然还没有得到证实,但许多人相信它在减少各种过敏症状方面具有神奇的作用。

　　不管好处如何,地方养蜂业近年来一直在增长,而且很可能会在世界各地的城市和郊区不断扩展。

第十节　城市养鸡运动

　　城市养鸡运动是以当地食物生产为目标的最新运动之一。许多居住在城市或郊区的人都在养鸡下蛋和制作肉制品。直到最近,这在许多西方国家都是闻所未闻的。鸡被认为是吵闹和散发臭味的动物,在靠近居住的环境中是不受欢迎的。然而这种观点正在迅速发生改变。

　　许多小城市的农民与地方政府合作,力图改变分区和土地使用规则,让鸡重新回到城市。新的规定允许数量有限的鸡进入城市,但往往禁止在日出时发出很大噪音的公鸡进入。

　　例如,密苏里州圣路易斯市允许房主在后院养4只鸡。佛罗里达州坦帕市允许每1000平方英尺(92.9平方米)的土地上有1只鸡。鸡笼也必须远离邻近的住宅。在美国,有数百个社区实施了养鸡法,以提高房主获得新鲜鸡蛋和提供肉类来源的能力。虽然人们对鸡的气味或房产价值的降低感到担忧,但这些问题似乎并不严重。

第十一节　游击园艺、免费素食主义者以及其他激进的食物观

我们很多人把食品看作可以买卖的商品。许多人靠种植、运输、销售和制作食物为生。然而也有许多人认为食物是一项基本人权，特别是在世界上许多地方产生大量的食物浪费和过量生产的情况下。

我从小是在打猎和捕鱼中长大，那也是为了全家人寻找蛋白质来源；在树林里采集坚果和浆果是用来做馅饼、果酱和葡萄酒。我们还采集蘑菇和其他我们可以拿来吃或用的东西。我们继承了狩猎和采集的悠久传统。然而我们的日常饮食是通过定期去杂货店和一个非常大的花园来补充的。

今天，大多数人已经远离了这些活动，已经严重依赖于用钱来购买绝大多数的食物。然而有些人正在重返狩猎和食物采集，并正在重新学习一些已经失去的技艺。

此外，近年来出现了一场又一场食品运动，作为对食物是一项基本人权做出的反应，这类做法包括游击园艺（guerilla gardening）和免费素食主义。

许多人都投身于游击园艺，这是一场专注于在不雅观的公共或私有土地上种植花园的运动。许多游击花园的重点是种植可食用的植物，或者通过栽种成有吸引力的花园来改善土地的外观。

在世界各地都有一些游击园艺俱乐部和个人，他们选择废弃的或不吸引人的地块，在上面栽满漂亮的植物，以此来改善社区的视觉效果。一些花园只是很小的一块地——就像在人行道旁一小块未被栽种的土地。然而也有一些游击园丁将大片土地拿来种植成面积更大的花园。

游击花园运动取得的成功引起了不同的反应。一些业主和地方政府

欢迎所取得的改善,而另一些业主则对于这类花园很是排斥,并认为这些园丁们擅自闯入公共土地。此外,游击花园常常位于土壤贫瘠且水源有限的蛮荒地区。因此,在某些情况下,游击花园需要特别的长期维护。

免费素食主义者是指寻找被扔掉食物的那些人。现代食品系统中存在大量的食物垃圾。例如,许多餐馆或杂货店会扔掉那些在相对较窄的时间窗口、不会使用的食物。免费素食主义者将其利用起来,他们捡拾这些垃圾食物自己食用或者与他人分享。虽然吃被丢弃的食物听起来很恶心,但是这些免费素食主义者们将这些多余的食物利用起来,这样它们也就不会进入垃圾填埋场了。

在 20 世纪 90 年代,"免费素食主义"成了一种"现象",这在某种程度上是对现代企业食品体系的批判。许多人开始定期收集废弃食品,分发到施粥所和无家可归者收容所。例如,一个名为"要食物不要炸弹"(Food Not Bombs)的组织专门从各种来源收集多余的食物,分发给饥饿的人们。他们总在公共场所为纯素食主义者提供饮食,以此凸显与食品生产相关的问题以及无家可归者们的整体悲惨处境。

"要食物不要炸弹"是一个强大的组织,强调的是确保那些通常会被扔到垃圾堆的食物不被浪费。与此同时,许多其他组织和个人则积极投身于免费素食主义运动。免费素食主义组织在世界各地收集大量食物,分发给饥饿的人们。你能通过搜索餐厅、杂货店和面包店的垃圾,在你那里找到食物吗?

赛里福斯的食品及其可持续发展

在希腊群岛,食物和可持续性是一个挑战,就像在世界上许多岛屿旅游的目的地一样。对于爱琴海群岛西部的塞里福斯岛来说,情况也不例外。

正如你所想象的,希腊岛屿上的生活对游客来说是美好的,但对当地人来说却是可持续发展方面的一个挑战(本章第一张照片展示的是赛里福斯的食物)。当资源有限时,现代生活会很难维持。你只能将就使用岛上现有的材料、商品和服务,或者必须以巨大的成本进口。

食物,对于岛屿社区来说,当然是一个大问题。

赛里福斯为地中海干燥气候。这意味着它的夏天温暖干燥,冬天凉爽潮湿。美国的读者和旅行者会发现许多希腊岛屿的气候与洛杉矶以北的气候非常相似。

如果你喜欢橄榄、柠檬、柑花和葡萄酒,你就可以大量种植所需要的一切。羊在这种气候下也能长得很好。你的饮食将局限于你在传统的希腊菜单上看到的食物种类,可能会包括希腊沙拉、橄榄、柠檬鸡和烤羊肉。当你有其他选择时,这些都是美味菜肴,但是如果你只能吃这些东西的时候,它们就会变得很乏味。如果你想要苹果、香蕉、豌豆或花椰菜,你就需要连同牛肉一起进口。

在夏季旅游旺季,从雅典驶来的渡船定期将进口货带到这里。运输卡车在雅典主要港口比雷埃夫斯载货,然后被运送到渡轮上,供应给赛里福斯众多餐馆里的游客和当地社区的商店。

冬天,当人口下降到 1600 人,爱琴海波涛汹涌时,货物运输就不那么常见了。许多人依靠他们的花园、小小的橄榄和水果园、绵羊和鸡来获取食物。他们还保存农产品和肉类。腌鱼,罐装果酱,腌制橄榄以及咸鱼是常规的冬季饮食。

正如我们在前一章所看到的,水资源对人类的可持续发展也至关重要,但在岛上,供水确实是生死攸关的问题。对于像赛里福斯这样的阳光度假岛屿来说,水资源管理尤其成问题,因为成群的游客会在干燥的阳光季节到来,并且在自然水文系统压力最大的时候耗用他们的水资源。

2004年,希腊政府建造了一座独特的双坝,它从一条经过两个山谷的河流中取水。收集来的水在冬季流进赛里福斯少数的几条主要间歇河储存起来,以备夏季旅游旺季使用,届时水的消耗量会达到峰值。

在过去,人们在建造房屋时也会同时建一个蓄水池来收集建筑物流下的雨水。还有水井收集地下水。如今,新的水坝使岛上许多地区没有必要再使用水井和蓄水池。

像许多旅游岛屿一样,赛里福斯是一个脆弱之地。所有的能源和制成品依靠进口。如果没有游客来,当地居民就赚不到钱为岛上带来生活物资和服务,以使他们在淡季也能过得很好。因此,从可持续发展和经济发展的角度来看,旅游业对于世界上一些类似于赛里福斯这样的地区来说是一把双刃剑。一方面,旅游业带来经济增长和财富增加,而另一方面,旅游业使自然资源紧张,使岛屿更容易受到环境和社会问题的影响。

想想你去过的旅游区。旅游业给人们的生活带来了怎样的改善?旅游业是如何使他们的资源变得紧张的?你是否认为旅游业使当地人更容易受到环境、经济和社会问题的影响?

第八章

绿色建筑

　　建筑是我们文化景观的一部分,是我们作为一个民族的一种表现,反映了我们的利益、技术和价值观。建筑也是功能性住宅、商业空间、厂房和学校。虽然它们往往是相对短暂的景观特征,但它们对环境有着重大影响。它们的建造地点和方式因地而异,有些建筑物比其他建筑物更具有可持续性。

　　拿我父亲多年前在北威斯康星州建的这座小木屋为例(图8.1)。这是一幢木结构建筑,木头是他从当地一家工厂买来的,他在建造时还使用了一些再生木材和金属建材。虽然不是一座被正式认定的绿色建筑,但他在建造过程中遵循了一些我们现在认为是绿色建筑的原则。

　　在过去的十年中,绿色建筑和社区设计这一广泛领域在那些对可持续发展感兴趣的人群中得到了极大关注。这一章,以及关于运输和社区设计的下一章,强调了与此现象相关的一些关键要素。本章重点介绍绿色建筑评价体系、绿色选址、绿色建筑设计与施工,以及建筑技术。正如我们将要看到的,建筑物与环境之间有很大的交互作用(表8.1)。

第一节 LEED 评级系统

许多人听说过"LEED"这个词。它是一个缩写词,用于绿色建筑,代表"能源和环境设计先锋",是由美国绿色建筑委员会在 20 世纪 90 年代制定的,并经过了多年的修改。

LEED 评级系统的建立有三个主要原因(图 8.2)。第一,许多建筑业主希望建造绿色建筑,因为他们相信应当尽可能让自己的生活具有可持续性。通过评级系统,绿色建筑为业主和租户带来一种心理的安宁,让他们相信自己做得很环保。第二,许多人选择建造绿色建筑是因为这是当地法律或组织政策的要求。例如,许多大学都制定了政策,要求他们在校园内建造的建筑物取得 LEED 认证。第三,许多人选择建造绿色建筑是因为它会给经营活动或吸引租户方面带来竞争优势。组织可以利用 LEED 名称来吸引人们对该组织的关注。LEED 建筑仍然相对不常见,将你的公司或住宅置于一个 LEED 建筑内会使人觉得有些不一般。

LEED 评级系统最重要的进展之一是它将不同类型的建筑纳入其中。LEED 现在不仅对某种类型的建筑进行评级,还能够对新建筑、住宅、学校、零售空间、医疗保健建筑,以及建筑的核心和外部结构进行评级和评估。LEED 还拥有对室内设计、建筑运营和维护,以及社区发展进行评估的工具。

LEED 通过一个积分系统对所有项目进行评估。的确,它是世界上最著名的量化可持续性测量工具之一。虽然 LEED 评级系统源自美国,但全世界都在使用。

建筑项目可以在许多不同的类别中获得积分。在大多数情况下,可以在多个类别中总共获得 100 分,包括选址、用水、能源和大气卫生、材料和资源、室内环境质量、创新和区域优先事项。一旦为某个项目建立了积分，该建筑将由被批准的专门人员按照 LEED 评级系统进行评估认证。

建筑的最高等级是 LEED 白金级（80 分及以上），LEED 黄金级建筑得分为 60—79 分，LEED 银级建筑为 40—59 分，认证建筑为 40—49 分。现在全世界已有数千幢认证建筑。当你在读这本书时，也许正坐在这样的建筑物里呢！试着在你所在的地区找到这样的建筑物，并了解它是如何得到评级的。

毫无疑问，在许多情况下，建造一座 LEED 建筑的成本要高于建造一座传统建筑的成本。在项目开发的各个阶段都需要熟悉绿色建筑要求的专业建筑师和设计师。另外，有些材料在某些地方比较昂贵或难以找到。一些人质疑建造 LEED 建筑的成本是否值得。然而许多人认为，长远的能源和用水量节省是值得先期投资的。此外，许多人认为，改善环境和支持绿色建筑的创新是正确的做法。

图 8.1　20 世纪 70 年代，我的父亲和弟弟在我们的小木屋上筑起了一道墙。用来建造小木屋的材料有许多都是回收材料。

表 8.1　与建筑物和环境有关的问题

规划	节能 （电器、供热、供冷）	通风	碳减少
利益相关方评估 （大型项目）	景观绿化	电	可持续项目管理
绿色设计	绿色屋顶	水	项目基准测试
绿色认证	有机建材（秸秆切块、羊毛保温）	水处理	项目周期管理
选址	绿色翻新		绿色拆除
被动式设计	可持续建筑服务	热水	绿色保护
绿色施工	供暖	建筑排水	设施管理(清洁、食物、旅行、回收、空间利用、信息技术)
材料	供冷	污水处理	
地基	保温	废水管理	
可再生能源(太阳能、风能、水力发电、生物燃料)	减少用水(厕所，便池，水槽，淋浴，绿化)	建筑管理系统和其他智能技术	

图 8.2　这是我们大学的第一个 LEED 认证建筑，是医学院的一部分。你们学校有多少座 LEED 建筑?

第二节 选址

我们影响环境的最重要方式之一是选择在哪里建造建筑物。以从美国加利福尼亚州到佛罗里达州阳光带的人口大规模迁移为例。在 20 世纪,佛罗里达的人口大约每 20 年增加一倍。这次迁移使该州大范围地膨胀。佛罗里达本来可以发展高密度的社区,但却选择建造低密度的郊区,扩展到佛罗里达半岛的大部分地区。

根据美国环境保护署(EPA)的建议,任何构建新建筑物的人都要利用智能增长的要素。我们将在下一章花更多的时间就智能增长展开讨论,但这里值得注意的,是美国环境保护署鼓励建筑物买家或建筑商在选择房产时,考虑以下问题[①]:

● 社区在设计时考虑到人了吗?

● 社区可以提供足够的交通工具选择吗?

● 服务和设施在方便范围内吗?

● 你能在附近工作、生活和娱乐吗?

● 土地是以前开发的吗?

● 社区设计能保护开放空间吗?

如果你对世界上大部分地区的社区设计进行思考的话,就会发现巨大的地域差异。你所在的社区怎么样呢?你会如何回答上述问题?请参见文本框来了解我对这些问题的回答。

---

① http://www.epa.gov/greenhomes/HomeLocation.htm.

一、棕地开发

图 8.3　棕地很难开发，因为它们可能已经受到了污染，也可能没有。

棕地是由于过去的土地利用而可能受到污染或未受污染的土地。一种普遍的看法认为，由于之前业主的行为，土地在某种程度上是有问题的，通常是商业或工业区的空置物业。在某些情况下，由于对非法倾倒或过去活动的关注，在居民区也可能会发现有棕地。

过去的一些可能与棕地有关的土地用途包括加油站的地下储罐、埋藏的工业化学品，以及工业过程中的广泛污染。与可能的污染有关的活动发生在过去。然而由于相关的清理费用问题，该房产很难重新开发。污染发生后，所有之前的业主都可能对这些费用承担责任，而这一费用可能是相当大的。正是清理的成本限制了业主开始重新开发过程的愿望。

结果，许多棕地房产最终被空置（图 8.3）。业主不启动清理程序是因为他们害怕成本；他们只是不知道一旦开始就会发现什么。另外，有些清理工作可能需要数年时间，从而限制了房产的经济价值。如果业主不再支付房产税，有些地方最终会成为公有。无论是哪种原因，该房产都是对公共资源的消耗,因为它没有产生房产税或销售税。

棕地房产对社区产生负面影响。没有哪个业主希望自己旁边是可能被污染的空置物业。棕地上的房产通常都维护不善,导致社区房产价值不断下降。一个维护不善的房产会导致社区整体的衰落和经济活动的损失。

近年来,一些创新的公私机构积极制定政策和规划,以鼓励棕地物业的清理和重新开发。例如,美国政府和各州政府都提供专项贷款和专门知识,以鼓励公私合作重新开发棕地。在过去的 20 年里,这些公私合作关系变得越来越普遍,因为私营企业通常没有必需的资源,来处理与棕地清理相关的复杂问题。

将棕地物业变成综合使用中心的一个很好的范例便是位于纽约市布鲁克林区的布鲁克林海军造船厂。200 多年前,这个海军造船厂是美国海军的主要设施,它是在 1801 年建立的,因其位于曼哈顿东河的战略位置。它被用来建造和修理海军舰艇,直到 1966 年关闭。从 1969 年至今,它一直被用于各种工业和商业活动。

这个占地面积约 200 英亩(近 1 平方千米)的广阔场地是各种工业活动的举办地,而这些活动造成了一系列污染问题。纽约州和纽约市都曾与几家租户合作,清理了大部分的场地,以利于重新开发。尽管目前仍存在一些污染,但目前已进驻了一批绿色企业和制造商,以及一个大型工作室。

布鲁克林海军造船厂可能是世界上最复杂的棕地之一。也有许多较小的地块会影响到某个商业街角。它们的面积可能不像这里的示例那么大,但是它们确实对社区产生了有害的影响。

在纽约市长期可持续发展规划中,其城市规划的目标之一是对该市所有受到污染的地块进行清理。这是一项重大的经济任务,但具有重大的经济效益。如果业主能在不担心发现污染的情况下开发自己的房产,那么开发及相关的税收收入将会更快地实现。

你们的社区设计是否满足居民的需求？

我住在纽约的马诺黑文，这是长岛的一个村庄，人口约为 8000 人，是整个纽约州人口最密集的村庄，有一半的人口居住在出租屋里；村子里的房子是在 20 世纪早期到 20 世纪中期建在一个旧的采砂场上，海拔只有 1—2 米。平坦的土地使房屋的开发形成一个网格状的结构。近年来，许多原来的房子都被拆毁了，以便腾出更多的空间为纽约的通勤者建造面积更大的复式住宅，这些人从纽约来到这里，想在城市生活之外得到某种喘息。

（1）社区是为人设计的吗？当然，所有的社区都是为人居住或使用才建立起来的，但是马诺黑文的开发几乎是与福特主义（大规模生产）建房模式同时发生的。最具代表性的福特式住宅开发项目位于纽约的莱维顿附近。因此，我所在社区的住房是为 20 世纪迅速壮大的中产阶级提供廉价住房而建造的。

（2）社区是否能够提供足够的交通选择？该社区由一条公交线路提供服务，可直接通往长岛一个主要的中转枢纽。然而同大多数美国郊区社区一样，我社区里的大多数人都开车去往他们的目的地。在你的社区里情况又怎样呢？在你居住的地方人们怎么去上班或上学？

二、可持续建筑选址的其他方面

当然，选择一个地方来建造房屋比确保建筑不会给绿色、尚未开发的房产带来影响更为重要。建筑场地的设计和选择影响着建筑用户和来访者的行为。

例如，有公共交通的建筑物在 LEED 评级系统中可以获得积分。确保建筑物居民能够使用公共汽车或火车可以减少车辆使用、交通堵塞和汽车污染。同样，建造自行车库，以及为自行车通勤者提供更衣室和淋浴间也会减少对汽车和停车位的需求。此外,增设电动汽车充电站和取消传统停车位也会增强该建筑作为绿色、交通友好型空间的宣传效果。

在准备施工选址时,也要考虑到雨水的清除和修复。除此之外,还可以采取准备措施来保护或恢复自然环境,以及保护空旷土地。

近来城市化的一个问题是大量的光污染被排放到天空中。这种过度的光线影响了夜行动物的生活,并已经被证实会引起迁移和感知上的困难。例如,海龟经常被建筑物的灯光干扰,做出不恰当的空间决定,因为它们无法区分人造光和月光。因此,LEED 评级系统鼓励限制光污染。

第三节 用水

LEED 建筑获得积分的另一个重要途径,是限制建筑物内的用水量。我们大多数人都使用过淋浴、浴缸或厕所,其用水量远远超过需要。许多管道装置,尤其是老的管道,是为了舒适而设计的,而不是为了节水。然而现在,随着技术的革新,建筑设计可以通过许多重要的方法来减少用水量:

(1)减少水龙头的水流。在过去,水龙头有基本的开/关机制,用户可以打开用来洗手或洗碗。人们很容易从这类水龙头旁走开,这样水就会流出来很长一段时间。然而现在我们有各种各样的技术通过运动传感或定时按钮来减少用水量。

(2)减少淋浴喷头的水流。老的淋浴喷头每分钟会用掉 19 升的水。然而有了新技术,低流量的淋浴喷头每分钟使用不到 9 升水。

(3)减少小便池和马桶的用水量。旧式马桶每次冲水用掉的水量超过 16 升,而新的马桶技术让用水量大幅减少到 4 升。低流水量或无水便池技术也是学校或办公楼等大用水量建筑的重要组成部分。有些建筑物有收集雨水的装置,可以将雨水储存起来用于冲厕所或小便池。

（4）减少景观绿化和其他户外用水量。景观绿化用水可以占到家庭能源使用量的30%。LEED建筑景观设计，旨在减少灌溉用水。在不可能的地方，应该通过使用原生植被和耐旱景观，将灌溉用水保持在最低限度。建筑设计也可以做到收集雨水用于灌溉。

当然，专门的建筑需要更多的水。在某些情况下已经采用了有趣的创新技术，以促进特殊环境下水的可持续利用。例如，洗车房用水可以多次重复使用，以减少用水量。

第四节　能源与大气卫生

LEED评级系统为减少空气污染和建筑物的整体能源使用提供信用评估。取得信用的条件是确保在建筑中使用节能设备，利用绿色能源，以及限制制冷剂的使用或确保它们得到适当的管理。

1992年，美国环境保护署启动了一项名为"能源之星"的计划，旨在减少美国的能源消耗。他们制定了一个产品分级计划，为寻求使用节能产品的消费者提供指导。"能源之星"对多种产品进行分级，从电视机到供暖设施。他们还对这些产品的一系列用途实行分级，包括住宅、商业和工业设施。

"能源之星"力图减少能源使用量，同时确保产品的主要用途。换句话说，该计划旨在确保该产品仍能满足其设计需求，同时还能限制能源使用量。

根据美国环保署的规定，产品选择应达到以下具体指导原则所规定的要求[①]：

---

① http://www.energystar.gov/index.cfm?c=about.ab_index.

●产品类别必须有利于在全国范围内大幅节省能源

●在提高能效的同时,合格产品必须具有消费者所要求的特点和性能

●如果合格产品成本超过传统的低效产品,购买者将在合理的时间内收回他们通过节约水电费而提高能效方面的投入

●能源效率可通过使用由多个厂家提供的、广泛可得的非专利技术实现

●产品的能耗和性能可以被测量和测试验证

●标识能有效区分产品且对购买者是可见的

自启动以来,"能源之星"计划节省了大量能源。例如,现在的洗衣机消耗的能量大约比之前减少了70%。现在,"能源之星"产品到处都可以买到,通常是消费者的首选。

"美国采暖、制冷与空调工程师学会"(ASHRAE)也为新建和现有建筑的绿色基础设施提供了明确的指导。他们发布了一系列鼓励绿色建筑的标准,特别是与供暖和供冷相关的标准。他们还提供了创新的方法来管理制冷剂以保护大气。

通过使用建筑能源管理系统, 也可以在 LEED 评级系统中获得积分(图 8.4)。当建筑物在使用时,这个系统将提供制热和制冷。例如,在学校晚上和周末的时候,调低温控器是很有意义的。然而如果依靠老师或用户个人来记住要在晚上关掉暖气,那么这一计划就会因为老师们工作忙碌而收效甚微。建筑能源管理系统使你能够输入精确的制热和制冷空间、时长,还可以为某些单独房间定时,如果晚上或周末会使用这些房间。

现在大多数住宅温控器利用这种能源管理能力,通过定时来加热或冷却空间。我们大多数人的工作都很忙碌,一周中只有很少的白天时间待在家里。这些系统鼓励我们全天都可以节约能源,同时也就节省了一大笔钱。

建筑物也可以通过使用绿色能源系统在 LEED 评级系统中获得积

分。有许多方法可以做到,如通过使用被动式太阳能设计来促进自然光,以及加热和冷却,或者使用主动式太阳能或风能系统。例如,有些建筑物利用小型太阳能电池板系统为建筑物中使用的水加热,而另一些建筑物则使用更前卫的光电和风能系统来提供大量电能。地热能源系统也正在成为新的绿色建筑设计中常见的辅助加热和冷却元素。

当然,我们很容易说一个人正在利用这些绿色的建筑方法,但必须经过某种形式的验证。为此,LEED 评级系统鼓励对能耗进行测量和验证,使建筑用户对绿色技术、对建筑物的影响有所了解。

图 8.4　位于"美国银行塔"的一个名为"一个布莱恩特公园"的能源管理系统。这是第一个获得 LEED 白金级的摩天大楼。

第五节　材料与资源

建筑物内使用的材料种类会对地球产生巨大的影响。如果你看过凡尔赛的照片,或者有幸参观过法国最后一个皇室家庭,你就会看到那个时代最华丽的设计元素和内部装饰(图 8.5)。在当今全球化的世界里,我们都可以用漂亮的材料建造自己的家,但是对社会是有害的。我们并没有意识到,我们中的许多人正在自己的社区里建造自己的凡尔赛宫。LEED 评级系统力求通过对使用的材料进行测量,以确保它们对环境的影响有限。法国君主制走向没落的原因之一就是它的过度行为。在当今社会,我们不可能在建立自己的凡尔赛宫时不会产生不良的社会影响。

LEED 评级系统主要强调以下几个方面:材料的再利用、建筑材料的再生含量、本地材料、快速可再生材料以及认证的可持续木材和废物管理。让我们逐一进行分析。

图 8.5　房屋设计对环境和社会有巨大的影响。巴黎城外的凡尔赛宫内部展示出设计上的一些过度行为,而这也是导致法国君主制垮台的部分原因。

一、材料再利用

当一栋建筑物被拆毁时,最容易的垃圾处理方式就是填埋。把废材料扔掉然后把它们彻底忘掉也是最便宜的做法。然而从可持续使用的角度来看,这并不是最明智的选择。拆卸下来的碎材料中有许多是可以再利用的。砖、水泥、木材、管道或布线装置都可以重新使用或用作他途。

针对新建筑的施工,许多地方政府就拆除后废物的使用做了严格的规定。例如,洛杉矶市在 2005 年制定了一项绿色建筑法规,要求建筑拆除项目至少回收所产生的材料的 50%[①]。

像洛杉矶这样的规定,促使人们对拆除过程进行重新考虑。与其在想把建筑拆掉时将废料当成一堆混合垃圾处理,不如考虑一个更好的做法,如材料的重新使用,那就是想象自己拆除的是一座大厦。这就使你会仔细地收集类似的材料,以获得适当的用途。在某些情况下,建筑物的地基或墙壁可以重新用于新建筑的施工。

二、建筑材料的回收含量

绿色建筑的另一个方面是在建筑材料中使用可回收的材料。例如,台面和瓷砖可以用各种废料制成,包括玻璃、镜子和土灰。农业纤维是一种可以在大多数建筑环境中替代木材的材料,它由废弃的农产品和残留物制成,比如作物外壳和秸秆。这些材料可以代替胶合板或家具木材。在某些情况下,燃烧化石燃料产生的灰烬可以被用于混凝土或水泥。塑料和橡胶可以转换成各种建筑材料。

---

① http://dpw.lacounty.gov/epd/cd/.

近年来,可再生建筑材料的可获性和种类越来越多,以致于可以基本上用再利用和回收的材料建造住宅或其他建筑。这只需要多一点时间和多花一点钱就能实现。然而由于人们对这些材料产生的兴趣,其成本正在下降或可与传统材料竞争。在某些情况下,尤其是在细木家具、水泥和瓷砖方面,可回收材料已经成为常态。

三、本地材料

当然,建筑施工的挑战之一就是要找到合适的建材供应。许多现代的"大盒子"五金商店是全球化的研究课题。那里的材料来自世界各地。因此,要找到价格具有竞争力的本地材料可能会是一个挑战。

LEED 促使建筑工人在建筑工地附近去寻找提炼、加工和制造的材料。一般来说,这被认为是在距建筑工地 500 英里(约 800 千米)的范围之内。某些交通工具对于环境的影响比其他交通工具要小。因此,应特别考虑的是材料的运输类型。如果是船只运输,可以用距离除以 15;如果是铁路运输,可以用距离除以 3;如果是内河运输,可以用距离除以 2。这样的话,如果你用船运输钢材 3000 英里(约 4800 千米),然后用卡车运输200 英里(约 320 千米),那你实际的 LEED 认证距离将是 3000/15+200=400(英里,约 640 千米)。

按照这一标准,从 3000 英里以外购买的钢材,可以被认为是一种区域性材料,因为其里程影响是 400 英里。这是一个有趣的视角,因为在本地衍生的材料,其明显的关注点是交通运输对建筑施工的影响,而不是当地经济或与材料采购相关的劳动或社会问题。

无论如何,在某些地区,在建筑场地 500 英里内购买到建筑材料是相对容易的。然而在一些偏远地区,这可能是一个挑战。

四、可再生材料和经认证的可持续性木材

在 LEED 评级系统中获得积分的另一种途径是使用可再生材料或经过认证的可持续木材。可再生材料通常被认为是植物性材料，它们是由种植的可持续性作物或由农产品或林业副产品制成。有多种建筑材料是由可再生材料制成的，包括绝缘材料、仿木制品、地板和纤维。

经认证的可持续木材产品是由第三方认证机构认证的产品，符合一系列标准。森林通常被审核以确保生物多样性、野生动物有栖息地和水质受到保护。审核的另一个目的是确保采伐具有可持续性，并且保证重新造林可以快速实现。认证过程提供了一种信任感，即木材的获得采用了规范的森林管理做法。

实行认证程序是为了避免不良的森林管理做法对世界生态系统造成破坏。在当今全球化市场的背景下，采伐森林和随之而来的水土流失和环境破坏的例子比比皆是。例如，一个大型的住宅项目可能会摧毁一个小型森林及所有的森林居民。

有许多认证机构不仅对森林砍伐的做法进行审查，而且还要确保有一个健全的监管链来保证建造者获得的材料来自管理良好的森林。虽然这些机构的服务是收费的，但它们为建造者提供了推进绿色建筑进程的途径。

五、废物管理

减少建筑垃圾是绿色建筑的另一个重要方面。LEED 评级系统鼓励对废材料中 50%以上的建筑垃圾回收利用，或者寻找其他用途。

六、小结

总的来说,建筑材料的使用是绿色建筑最重要的方面之一,我们在绿色建筑行业方面已经取得了很大的进步。就在最近几年,各种各样的新材料进入市场。大多数新建或翻新的建筑物都含有各种回收或再利用的材料。下次你再去五金店或家电商店,看看那里销售的各种绿色可持续材料。另外,在你下次到建筑工地附近时,看看他们是如何管理垃圾的。你很可能会发现他们的做法比过去更加环保了。

第六节 室内环境质量

近年来,人们对在建筑物中工作或生活对健康的影响越来越重视了。一些人认为,在某些建筑物中待上一段时间会让他们感到不舒服。这种现象被称为"病态建筑综合症",是由真实或感知的空气质量问题引发的。空气质量问题包括众所周知的污染物,如二氧化碳或霉菌。然而许多其他污染物也可能会导致问题的发生。无论来源如何,LEED 评级系统非常强调室内环境质量信用,确保空气和生活空间干净且舒适。

人们之所以对室内空气质量如此关注,其原因是许多健康问题与呼吸了被污染的空气有关。有些可能是轻微的,如轻度过敏或咳嗽。然而有些可能是相当大的问题,会导致严重的心血管疾病,如癌症和肺气肿。其中许多问题都可以通过正确的建筑设计和施工得到预防,这也就是为什么 LEED 评级系统特别强调室内空气质量。

LEED 评级系统对室内空气质量采取分类管理,基本上可归纳为通风和空气质量监测、施工室内空气质量管理、低排放材料的使用、室内化学和污染源的控制、照明及温度系统的可控性和设计,采光。我们将对其中每一项进行简要的总结。

一、通风和空气质量监测

任何建筑设计的关键要素之一是确保有稳定的通风和清洁、健康的空气。良好的通风和空气质量监测可以在 LEED 评级系统中获得积分。虽然对建筑物不间断的通风似乎很明智,但实际情况是只有在建筑物被使用的情况下才需要通风。有可以用来监测二氧化碳和空气质量的传感器,以确保在需要时进行通风。此外,建筑物使用者也可以在他们需要的时候打开通风系统。使用恒定的通风系统会导致更多地使用空调和更高的热能源成本。这也就是为什么带有传感器的通风和空气质量监测系统是标准的做法。

二、施工室内空气质量管理

建筑施工可能会是一件棘手的事情。大量的灰尘会因此产生,胶水和油漆也常常会释放出危险的化学蒸汽。这就是为什么说重要的是要确保施工过程不会给建筑工人或建筑物使用者带来任何健康问题。LEED 评级系统要求必须制定施工室内空气质量管理计划。

该计划能够确保任何潜在的危险过程都是在其他工人不在场的时候进行的,或者是在建筑工地的另一个通风良好的地方发生。该计划还必须考虑到工人可能需要的某种安全设备,如防尘面具或过滤器。

三、低排放材料的使用

关心室内空气质量的人特别关心的是在建筑物的施工或风格设计中使用低排放的材料。许多材料可能会向大气排放危险的气体，从而给施工者或未来的建筑物使用者带来影响。建筑材料和物资，如油漆、填充物、密封剂、复合木材和胶水等，都可能释放出挥发性有机化合物（VOC），而VOC 与许多长期健康问题有关。

地毯、窗帘和家具等室内装饰物也有可能会释放出 VOC（图 8.6）。近年来，各方在共同努力，以减少在各种建筑材料、用品和家具上使用VOC。这些材料现在很容易找到，并且正在快速成为行业标准。

图 8.6 有些地毯比其他地毯更耐用。

四、室内化学和污染源的控制

LEED 评级系统的重点是防止污染进入建筑物，并努力使建筑物内的污染源得到控制。为了防止室外污染进入建筑物，对于使用长消光系统来消除鞋子和衣服上灰尘和沉淀物的做法会给予信用积分。储物区和其他化学品储藏区必须通风,并装有自动关闭的门以限制污染。

五、照明及温度系统的可控性和设计

所有的建筑用户都有一个共同点，那就是对于照明和温度我们从来都会有不同意见。这个人可能感觉冷,那个人可能感觉热。一个人可能喜欢充足的人造光,而另一个人可能不喜欢。LEED 评级系统考虑到了不同的需求,同时鼓励人们节能。例如,照明系统的最佳状态是在夜间自动关闭所有的灯,同时允许工作到很晚的人有选择地开灯,以确保安全和个人工作需要。

显然,在许多人共享空间的大房间里,灯光和温度的个性化是有限的。然而 LEED 评级系统鼓励使用室内恒温器和照明控制来取代能源管理系统。

六、采光

如果你在一幢大楼里工作，那么在你升迁的同时可以获得的一个附带的好处就是得到了更好的视野和更多的自然光。LEED 希望通过鼓励措施来实现对视野和光线的民主化。如果建筑物的设计能够确保 75% 被使用的空间能够获得阳光,90% 经常被占用的空间能够拥有好的视野,那么就会得到积分。因此,除了建筑选址之外,建筑设计要保证充足的窗口空间是必须解决的重要问题,只有这样才能获得这些信用积分。

七、小结

总的来说，这些方面关注的重点是确保建筑物的使用者有一个健康的室内环境。几年前,我在一个因没有窗户而通风不良的大楼里有一间办公室。LEED 评级系统的室内环境信用,保证了这样的建筑物以后不会再被建造出来。

第七节　创新

绿色建筑的创新信用完全取决于开发商对特定某方面问题和处理方法的创新作出评估。每一幢绿色建筑都是独一无二的,而创新信用可以侧重一系列问题,从建筑材料到供热或供冷。通常,创新信用针对的是在绿色建筑中提出了新的理念。例如,近来人们对建造太阳能、绿色屋顶和墙壁的创新方法非常关注,那么针对这些主题采用的新方法便可以获得信用积分。

用户与建筑之间独特的互动方式也可以获得创新信用积分。例如,一个利用发热计算机服务器的建筑物可以将收集到的热量再次用于其他地方,或者某个社区中心可以集中精力加强与当地的交通工具进行互动。这一信用最重要的方面是有独特的机会来解决与建筑物、居住者、活动或情况有关的具体问题,从而促进空间领域内的可持续发展。

第八节　区域优先事务

根据区域的特殊需要,LEED 区域优先事务各不相同。在我居住的长岛,获得地区信用的主要途径是通过优化建筑物的能源性能、创造现场可再生能源,以及建立公共交通工具。在佛罗里达郊区,也确定了类似的目标及在低密度郊区景观中的建筑物互联互通和建筑密度。相比之下,印度的主要区域重点是创造现场可再生能源和提高建筑物的再循环含量。

第九节 绿色建筑技术的推广

对绿色建筑的关注大大提高了建筑工人和建筑装修工的整体技术水平。就在不久之前,低流量的淋浴龙头、节能窗户,或动作感应水龙头被发明了出来。我们现在希望绿色技术能在整个建筑环境中得到应用。当我们看到一些旧的全流式淋浴器或水龙头时,我们会觉得很奇怪,因为它们还属于过去那个更为浪费的时代才有的产品。

LEED 评级系统的好处之一是促进了创新并使这些创新技术规范化。几年前似乎还有些奇怪的东西,比如使用污水的厕所或无水绿化,现在已经很常见。十年前罕见或不为人知的绿色高科技创新,如今在大多数电器、供暖和冷却系统中都得到了应用。

一些更具挑战性的创新,如绿色屋顶和墙壁,由于某些相关的维护问题,更难以进入主流建筑。它们常常需要特别且昂贵的管道和高昂的维护成本,而一些业主不想将其作为建筑整体预算的一部分(图 8.7)。这些创新和引人注目的项目确实吸引了人们眼球和想象力,并为那些与建筑空间互动的人们提供了灵感。

第十节 其他绿色建筑评级系统

在世界各地,还有许多不同形式的建筑评级系统,类似于 LEED 评级系统。

一、"英国建筑研究院环境评估法"

在英国,自1990年以来,已有超过25万幢建筑物通过了"英国建筑研究院环境评估法"(BREEAM)的认证。BREEAM 与 LEED 评级系统相似。事实上,LEED 评级系统是从 BREEAM 发展而来的。今天,BREEAM 是几个欧洲国家的主要评估工具,包括英国、挪威和荷兰。英国、德国、荷兰、挪威、西班牙、瑞典和奥地利还制定了个性化的可持续性建筑物评价系统。还有一个一般性的国际评级计划。

根据 BREEAM 网站[①],建造 BREEAM 认证建筑,会带来以下好处(直接引用):

● 市场对低环境影响建筑的认可

● 对环保实践尝试和测试的信心已融入建筑

● 在为减少对环境的影响而寻求创新思路方面获得了灵感

● 基准高于监管

● 系统有助于降低运营成本,改善工作和生活环境

● 在企业和组织的环境目标取得进展方面制定了标准

与 LEED 一样,BREEAM 为不同的情况提供了一系列不同的评级系统:新建筑、翻新、社区、在用和可持续性住宅。

[①] http://www.breeam.org/about.jsp?id=66.

图 8.7　巴黎的这面绿墙是美丽的、鼓舞人心的、对环境无害的。

1.新建筑

针对新建筑,BREEAM 在建筑开发方面对 9 大主题进行评估:管理、健康和幸福、能源、交通运输、水、材料、废物、土地使用和生态,污染。这些主题都以某种方式应对环境、社会或经济可持续发展的问题。每个主题都有细分的积分子类别,例如材料采购责任。

2.建筑翻新

对于翻新(或改造)建筑,BREEAM 的测量工具适用于国内和非国内建筑。建筑物的翻新为大幅提高建筑物的可持续性提供了机会。建筑物因此可以变得更加节能,从而降低业主和租户的燃料成本。改造还能使建筑物更加安全,使其免受火灾、淹泡和不必要的出口。此外,翻修改造可以改善建筑物的室内空气质量,进而改善居民和工人的健康。在能源、水、材料、污染、健康和幸福、废物、管理和创新等领域的翻新能够获得积分。每一种分类都被细分为更具体的获取积分的方法。然而在安全、能效、用水、材料采购责任和防涝方面,必须达到规定的最低标准。

3.BREAAM 社区

对于社区,BREAAM 评估的是取得的新进展。它侧重于在初步规划过程中注入可持续性政策和做法，以确保制定了适当的政策和程序促进社区的社会、环境和经济的可持续性。该计划提供了一个框架，为从开始到施工制定出一整套规划过程，将一系列利益相关方纳入其中，以确保所有参与社区决策的人都在遵循恰当的相互协作的规程。

BREEAM 社区的重点是在社区开发的各个阶段注入经济、社会和环境的可持续性理念。认证过程针对 40 个不同的问题，包括交通出行、住房和污染等。英国布里斯托尔市议会要求 BREEAM 对社区所有新的重大开发项目进行评估。该方案不仅在英国使用，还在瑞典、挪威、比利时和土耳其使用。

4.BREEAM 在用建筑

BREEAM 在用建筑评估工具针对的是已经被占用和使用的建筑物。它提供了一种方法来提高建筑物的可持续性，而不需要进行全面的翻新；它是对在建筑物的整个生命周期中所发生的日常可持续性问题进行评估。评估过程分成三个主要部分。考虑到现有的空间状况，第一部分着重评估和提高建筑物的性能；第二部分针对建筑管理，涉及建筑物运行的问题，包括能源和用水、废物的产生，以及对其他具体消耗性材料的评估；第三部分侧重建筑物占据者为吸引员工并为取得既定目标的结果对建筑政策的管理方式。

5.BREEAM 可持续性住宅

BREEAM 可持续性住宅是英国更广泛倡议的一部分，旨在促进国内绿色建筑的发展。它类似于 BREEAM 新建筑标准。在能源、交通、污染、材料、水、土地使用和生态、健康和幸福、管理等方面都能获得积分。在每个类别中都可以在以下方面获得积分：

●能源：住宅排放率、建筑结构、干燥空间、生态标识产品（绿色产品）、内部照明和外部照明

●交通：公共交通、自行车存放、本地设施和家庭办公

●污染：碳氧化物排放、减少地表径流、可再生和低排放能源、内涝风险

●材料：材料的环境影响、基本建筑材料采购责任、完成元素材料采购责任、回收设施

●水：内部饮用水使用和外部饮用水使用

●土地利用与生态：场地生态价值、生态建设、生态特征保护、场地生态价值改变、建筑足迹

●健康：采光、隔音、私人空间

●管理：住宅用户指南、体贴的施工者、施工场地影响、安全

虽然 BREEAM 提供各种评估计划（新建筑、翻新、社区、在用以及可持续性住宅），但评估是经由系统中的第三方专家完成的。一旦完成并获得批准，建筑物就能获得 BREEAM 评级，并可以在宣传材料中使用该评级结果。这是绿色建筑的一个更有趣的方面，深受公众欢迎。人们喜欢在绿色建筑中工作和生活。LEED 和 BREEAM 的文件都强调其标识对营销的积极作用。认证有助于使某个建筑物与众不同，可以作为宣传和营销的手段。由这些认证机构授予的绿色称号不仅有利于环境，而且有助于建筑开发、建筑施工、政府、企业和非营利组织在做出空间用途选择时树立品牌。

二、"被动式住宅"

德国是世界上替代能源生产的领导者之一，因此在这个国家很多人都致力于寻找方法来大幅降低建筑能耗也就不足为奇了。一个被称为"被动式住宅"（Passiv Haus）的评级计划是在 20 世纪 90 年代提出的，该系统专注于建筑物的能源使用，而不是 LEED 和 BREEAM 系统确定的其他大的类别。

"被动式住宅"利用周围建筑设计出一个非常节能的空间,即通过确保高标准的建筑隔热和在建筑物周围创造一个非常密封的环境来防止空气泄漏。它还力图通过适当的通风来确保良好的室内空气质量,同时使热量得以回收。"被动式住宅"成功的关键要素之一是被动式设计,即通过建筑设计来利用场地以减少能源消耗。窗户被安置在最重要的位置,以吸收或减少太阳光,这取决于冷却或加热的需要,以及对照明和阴凉的需要。

在夏天,在世界的许多地方,通过窗户的太阳光是一个很大的问题,因为空调的使用会导致高能耗。通过设计,建筑物可以通过窗户或通风口加强自然通风。然而通过选址,建筑物也可以减少下午太阳光的影响。外部窗户遮阳罩或缓冲器也可以限制太阳光的影响,适当的景观美化也可以起到效果。

被动式设计的另一个方面是巧妙地利用扩展墙壁、地板或屋顶空间来创造热质量(蓄热体)。用混凝土、石头或砖块砌成的厚墙可以吸收热量,并将其储存很长一段时间,而不会进入或离开建筑物。这意味着建筑材料提供了一种方法来缓冲建筑物内部与外部的温差带来的影响。当外面很冷的时候,建筑内部的热量就会被储存在墙壁里,并限制大量冷空气进入建筑空间。同样,当室外非常热时,外部的热量就会被储存在建筑物的墙壁里。

在温暖干燥的地区,使用这种储存和吸收热量的方法可以产生非常好的效果。在这里,建筑物外墙很厚,可以吸收和储存来自沙漠灼热的太阳光。到了晚上,当干燥的沙漠空气温度下降到非常低时,热量就会从墙壁释放到建筑物中,从而有效地减少住宅内部对加热和冷却的需要。这种传统的厚墙壁建筑结构是全世界干旱地区的普遍做法,在绿色建筑社区也越来越受欢迎,可以努力减少取暖和制冷的能源消耗。

第十一节　绿色建筑政策

世界上许多地方都要求社区恪守绿色建筑政策。有些规定了非常具体的做法，并需要达到特定的认证标准，如 LEED 或 BREEAM。如前所述，英国的布里斯托尔市要求 BREEAM 在社区开发方面对重大开发项目进行评估。也有一些社区可能会挑选绿色建筑的某些方面，比如节能电器或绝缘材料的使用，并将其纳入建筑规范。

许多大学正在将所有建筑物使用某种绿色标准作为一项标准政策。在我所在的霍夫斯特拉大学，有一项政策确保所有的新建筑都必须至少达到 LEED 银级标准。校园和社区的政策有助于促进技术的发展，并将可持续性原则注入他们所在地区的更广泛的文化之中。

也有许多专业协会和绿色建筑与设计企业在努力促进可持续性和绿色建筑政策。他们力求推动绿色建筑领域的发展，以促进技术进步，并常常主张政府制定绿色建筑法规。许多组织和企业还努力倡导在建筑和房地产行业广泛开展有关可持续性的宣传教育和培训。你可以在线搜索你所在社区的"绿色建筑会议"，看看你是否有机会与绿色建筑社区互动。通常，这些团体支持为学生提供专门的网络和综合活动，以帮助学生实现教育目标，并在绿色建筑和房地产行业找到就业机会。

第十二节　对绿色建筑的批评

值得注意的是，对绿色建筑运动也有许多批评的声音。

许多人认为，评估系统的分类方案没有考虑到建筑物的整体使用情况(图 8.8)。例如,一个主要的污染行业的总部可能会建造一座绿色建筑,在一个非常绿色的空间里管理它的污染作业。还有人可能会建造一座绿色监狱、屠宰场或化学武器设施。那些绿色建筑运动的支持者们则认为,无论如何,建筑都会建成,所以为什么不以最环保的方式建造呢? 他们认为对建筑物的使用进行评估并不是建筑师或设计师的责任。

图 8.8　美国国家洞穴与喀斯特研究所的总部大楼是用最绿色的技术建造起来的,里面有世界上唯一的人造蝙蝠栖息地。

此外,像暴君或大盗这样令人讨厌的人,以及那些令人讨厌的组织,都可以建造通过认证的绿色建筑。因为大多数主要的认证机构都把重点放在向利益相关方和客户推销绿色建筑的好处,因此一些人认为绿色建筑界有义务对业主或居住者的道德层面进行评估。如上所述,绿色建筑界的大多数人会认为,他们的角色是建造和设计绿色建筑,而不是评价它们的使用。

许多计划并没有考虑到每个建筑物占用者的足迹。世界首富可以建造世界上最大的建筑。他或她可以独自住在这样的房子里;它可能是一个经过认证的绿色建筑,而人均足迹是巨大的。当住户并没有有效地使用建筑物时,它真的算是一幢绿色建筑吗?

另一些人则认为，绿色建筑的认证成本太高了。许多建筑商表示，他们已经在按照绿色标准建造，因此不值得为了获得认证而抬高成本。客户，特别是在经济衰退时期很在意建设成本的客户，不愿为认证费用买单。一些建筑商认为，认证过程使施工进度变慢，是一个额外的昂贵步骤。另一些人则认为，标准的建造方式已经超过了认证机构制定的许多标准，而为了通过认证必须做的改进不会产生太大影响。

第十三节　最绿色的建筑和历史遗存

关于绿色建筑，许多可持续发展方面的专家都有的一种说法是：最环保的建筑不是你能建造出来的。因此，在谈到可持续性时，重要的是要强调，历史遗存是一个重要的考虑因素（图 8.9）。现有的建筑在施工过程中投入了大量的能源和资源，以及许多人的时间和才能。拆除一座建筑物，就是使所有的努力化为乌有。如果一个人能够保护一座建筑，那么他就是在为未来节约资源。在许多方面，在对绿色能源进行分析时，历史遗存就如同能源效率。虽然我们许多人都喜欢绿色建筑和可再生能源，但可持续性的一些最佳策略实际上是在于能源效率和历史遗存。

许多国家、地区和城市都有关于历史遗存方面的政策，力图防止对过去的大规模破坏——也就是通过建造诸如州际公路或大型体育或娱乐设施来促进"现代化"。为实现现代化所做的努力常常摧毁掉了整个社区，并对许多重要的历史建筑造成破坏。

许多地方都制定了规则来保护特定年龄或风格的建筑物。一些社区将 50 年作为一个尺度，如果某建筑物具有建筑或社区价值，那么今天建造的建筑物将会在未来的 50 年内受到保护。无论是什么样的规定，历史遗存也是经济发展战略的一个重要组成部分。想想在当今世界，人们是如何被历史街区或建筑物所吸引的。它们比单排商业区或现代购物中心都更具个性。

有一个计划在努力倡导历史保护,特别是在较小的乡村城镇,这便是由全国主要街道中心运营的全国主要街道计划,该中心是美国国家历史古迹信托中心的附属机构。主要街道计划的重点是改善美国社区的核心——主要街道。该计划开始于 30 多年前,当时在美国,由于人口到大城市的迁移,以及来自城市郊区大型零售商店、购物中心,以及单排商业区更大的发展带来的竞争,许多小城镇的商业中心开始衰减。在这个时期,许多主要的街道商业区都衰落了,商店被木板封了起来,商业区被废弃,整个社区的人口都在减少。

为了扭转这一趋势,主要街道计划启动了一系列的项目,重点是这些小社区的中心,主要是围绕历史遗存和经济发展问题建立起不同利益相关方之间的联系,以促进小型商业区的兴奋度和可见度。自该项目启动以来,已有近 25 万幢历史建筑进行了翻修,并在这些具有历史意义的商业区创造出 11.5 万个新的工作岗位。

图 8.9 在希腊,历史建筑的保存,以及标准化的建筑形式和设计,有助于保持社区的特性。

想想你自己的社区。里面有历史建筑吗？它们是否受到了保护？你参观过哪些有趣的历史建筑？你更愿意在哪里购物或消磨时间，是历史街区还是商业街？为什么？你所在的社区是否有历史建筑的主要"热门"街区？你去过衰败的小镇商业区吗？你认为他们为什么会衰败？

美国国家洞穴和喀斯特研究所总部的创新

美国国家洞穴和喀斯特研究所（NCKRI）是一个非盈利研究机构，由美国政府、新墨西哥州和新墨西哥州的卡尔斯巴德市资助，旨在推进美国洞穴和喀斯特岩溶的相关研究。总部位于新墨西哥州卡尔斯巴德市的佩科斯河岸边。在对该建筑进行设计时，对该组织的利益相关方来说重要的是该建筑表达的科学和环境的愿景适合于这样一项重大的国家研究倡议。

因此，该建筑采用了与能源和水相关的各种创新技术，设计方案达到了 LEED 标准。同时，它是建在与老的铁路运输相关的棕地之上。该建筑从屋顶收集雨水，并将其储存在建筑物内的储水箱中用于灌溉。由于卡尔斯巴德是一个非常干旱的城市，年降雨量大约 33 厘米，所以蓄水是有意义的。

该建筑还使用了独特的地热加热和冷却系统，利用地球的温度来加热或冷却附近停车场地下管道的空气。地热系统节省了通常空调系统所需要的大量能源。

该建筑物体现了一些非常创新的设计元素。例如，洞穴探险者需要知道如何攀爬绳索。在该建筑内建有垂降站，以训练洞穴研究者如何在安全的地面环境中攀爬绳索。

也许该建筑最具创新的元素就是建在其中的蝙蝠窝。附近的卡尔斯巴德洞穴是美国国家公园，拥有 17 种不同种类的迁徙蝙蝠，每年的总数从 40 万到 70 万只不等。在一年中的某些时候，它们飞进飞出洞穴，寻找昆虫作为食物。它们昼夜飞行，是非常受欢迎的旅游景点。

卡尔斯巴德洞穴并不是新墨西哥州唯一的蝙蝠栖息地。蝙蝠会找到任何凉爽、干燥、安全的环境来栖息和抚养幼仔。烟囱、树木、棚屋、悬垂岩石等都可能成为它们的家。

NCKRI总部的设计人员决定在总部大楼的内部建造一个蝙蝠窝。为此开出了一个狭窄的通道，使得蝙蝠可以进入建筑物的一个凉爽、干燥、安全的内部空间；里面安装有摄像机，研究人员可以对蝙蝠进行拍摄，以便对它们的日常生活有更多的了解。这是世界上唯一一个有意建造在建筑物内的蝙蝠窝。许多家庭住宅都可能会受到蝙蝠的骚扰。然而在这里，蝙蝠窝提供了一种创新的方法，对NCKRI的整体建筑设计理念做出了独特的表达。

美国银行大楼和帝国大厦：纽约市中心的两大 LEED 建筑

纽约市有两个非常有趣的LEED建筑，其中一个是全新的美国银行大楼，建于2010年，另一个是帝国大厦，建于1931年。

美国银行大楼是美国第一个获得LEED白金级的摩天大楼，曾经有过许多知名租户，包括美国前副总统阿尔·戈尔（Al Gore）的公司——世代投资管理公司。

这座建筑以其独特的设计特色而闻名。在建筑材料方面使用了非常节能的落地窗，使得日光可以最大限度地进入建筑物，以限制照明的需要。建筑中使用的混凝土含有大约45%的炉渣，为高炉的副产品。

该建筑还使用了一些高科技的功能，以确保用户的舒适度。根据需要，灯光可以自动调节明暗，以确保有足够的照明。二氧化碳传感器能够确保空气有适当的流通。

该建筑更具创新性的一个特点是冷却系统。在夜间能源成本低的时候，在大楼的地下室里会生成很大的冰池。白天，当员工们希望凉爽的空间时,冰就会慢慢融化。换热系统被用来冷却整个建筑物内的空气。个人可以调节其工作间的冷热温度,以保证个人的舒适度。

该建筑还通过热电厂为自己发电,可以为建筑物提供有用的热量和电力。整个建筑物内安装无水小便器,屋顶收集的水用来冲厕所。这座高楼甚至有自己的蜂巢!

美国银行大楼也遭到过批评。山姆·鲁德曼(Sam Roudman)在《新共和》(New Republic)①上发表文章,对该认证系统提出批评,指出该建筑与纽约市其他类似的办公大楼相比其实际使用的能源更多。然而这种批评并不公平。美国银行大楼里经营着能源密集型的交易业务,需要广泛的 IT 支持和消耗能量的计算机服务器。因此,虽然这里的租户能源消耗巨大,但总体而言,这座建筑不啻为一个科技奇迹,也是全世界摩天大楼实现创新的典范。

1931 年,当 103 层的帝国大厦落成时,很少有人担心它的能源效率。但是如今,许多人正在寻找方法,将老建筑改造成更高效的空间,以节省资金,并减少环境碳排放。2011 年,帝国大厦因其广泛的绿色改造取得LEED 金级认证。建筑改造的重点是增加了一些节能措施,包括所有的窗户被替换成节能玻璃。这些能源改进每年可节省约 440 万美元,减少约 7000 吨碳排放。

为便于长期维护,大楼在改造过程中还采取了其他措施。业主已承诺使用环保清洁及防虫方法,并使用再生纸产品。建筑管理公司还实行一项独特的绿色租赁要求,约束租赁人始终保持一定的绿色标准。

这两栋建筑表明,世界上最复杂、最具标志性的建筑可以变得更加具有可持续性。美国银行大楼在新建筑的建设中采用了一流的设计和创新技术,而帝国大厦则是将新技术应用在了现有空间。

---

① http://newrepublic.com/article/113942/bank-america-tower-and-leed-ratings-racket.

第十四节　"小房子运动"

在世界上的许多地方,住宅面积都在急剧增加。例如在美国,平均住房面积超过 2500 平方英尺(约 232 平方米),自 1980 年以来增加了近1000 平方英尺(约 93 平方米)(图 8.10)。这一空间面积在人类历史上是前所未有的,即使家庭规模在减小。用弗吉尼亚·伍尔芙(Virginia Wolfe)的话说,我们都想要一个属于自己的房子。

然而个人、环境和社会为这一空间付出的代价是巨大的,我们必须花钱建造、维护、加热、冷却和空间装饰,以保持其价值。扩建后的房子也占用了更多的空间,需要比过去更多的资源来建造,所以建筑的环境成本非常大。此外,更大的房子带来一种个人和社区隔离的感觉。在房子里,我们把自己从家人中分离出来;再有,金钱财富制造出来的街区把我们更清楚地区分开来,墙和门将豪宅与尚有能力购买小房子的人隔开了。换句话说,大房子是现代消费趋势的象征,而这样的趋势对更广泛的社会融合是有害的。因此,许多人主张回到小房子里去,以减少我们的居住方式给环境带来的影响。

"小房子运动"起源于 20 世纪 70 年代中期,当时环境运动正处在顶点。那时,许多人主张"回归土地",过一种更简单的生活,远离城市的装饰及在那个时代逐渐兴起的消费主义生活方式。然而这一早期的小房子运动并没有成为一种强烈的文化现象,局限于被某些人称为远离主流社会的怪人。

1997 年,当萨拉·苏珊卡(Sarah Susanka)出版了《不那么大的房子:我们真正生活方式的蓝图》一书时,小房子运动出现了复兴。在书中苏珊卡指出,大房子并不能真正带来更大的满足感。相反,她提出人们应该把房子建得更好,而不是更大。她提出了一系列的设计元素,可以给小空间一个更宽敞的感觉。

　　根据特伦布莱和冯·班福德(1997)的观点,一些元素可以给小空间带来更大空间的感觉(表 8.2)。该清单包括一系列建议,从创造柔软的表面,到在墙上使用玻璃砖。这些元素给人一种空间更大更宽广的感觉。垂直空间的使用在小型住宅中尤为重要,因为它的储存空间非常有限。此外,还有许多创新性的装置可以节省小房子的空间,比如使用活动床,折叠起来可以用作餐桌和熨衣板。

图 8.10　在世界许多地区,取代小户型住宅社区的重新开发是有问题的。图片中,为了给左边的大房子腾出地方,一个小房子被拆除了。

表 8.2　使小空间变大的设计元素

周界玻璃	多用途家具	高天花板
天窗	横墙平面设计	紧挨天花板架
镜墙	柔面	浅颜色家具
玻璃砖墙	玻璃桌面	圆角
曲面壁 / 弧形墙	一层多样性平面图	角落颜色
倾斜壁面	适当的人性化	所选物体聚光灯
白色或中性墙	小型家具和艺术品	滑门
墙上照片壁画(透视)	内置家具和壁橱	透明 / 半透明屏风
单井网地板覆盖物	小型地板 / 天花板贴面板	核心功能区
墙到墙地板覆盖物	线性地面标线	简单而精确的摆放
靠墙大型家具		
多活动房间		
开放式交通模式		

当许多小户主在使用这些设计元素时，他们中的大多数人为了其他家庭成员或经济原因搬到较小的房子。有一些人选择搬到非常小的房子里，有些不到 120 平方英尺（约 11.15 平方米）。这些较小的房屋可以装在车上，这样就可以像移动房屋一样被从一个地方运到另一个地方。

在许多方面，"小房子运动"是一种更广泛的环境审美意识的产物，它是由弗兰克·劳埃德·赖特（Frank Lloyd Wright）设计和创作出来的。他认为建筑物的设计应该基于其空间或环境。当放置在自然环境中时，建筑物应该与之相和谐。他设计了几套房子，按照美国现在的标准，这些房子都很小，但与现代"小房子运动"倡导的房屋建筑面积相一致。

当然，小型住宅设计是一个大问题，但在许多方面都对环境有利：它们使用的能源比传统住宅少得多，它们没有那么多的空间需要取暖或制冷，而且它们的电器和小器具也少得多。对于一些特别小的住宅来说，实在没有多少空间放置像洗衣机和华夫饼机这样的东西。一些小型住宅完全脱离电网，靠风力涡轮机或太阳能电池板发电。小房子的照明需求往往更少，其设计是为了促进生活空间的日光照明，只有生活区需要有照明选择。小户主产生的浪费也会更少，因为他们没有空间去购买我们所生活的消费主义世界里的那些"东西"。

许多小房子都是标准大学宿舍的大小。如果你住在一间宿舍里，可以想想你该如何在这个空间里生活和养育你的家人。如果你只能住在这样的地方，你会怎么做？你需要对宿舍进行哪些改造或创新，让你觉得一辈子生活在这样的空间里是一件很惬意的事情？假设你是在一个宿舍般大小的房子里长大的，你会觉得你的生活会有什么不同？

在美国和其他一些大房子很常见的地方，这些小房子可能让许多人感到不舒服，但值得注意的是，世界各地有许多人居住在非常狭小的空间里。对他们来说，"小房子运动"并不是什么新鲜事，而是生活的现实。

"查尔斯王子公寓":50后人群的绿色之家

在英国的圣奥斯汀市,2012年为50岁以上的人群和需要特别帮助的人建造了一幢共有31单元的绿色、经济适用的住房综合体,名为"查尔斯王子公寓"。该项目被视为在该地区推广绿色技术方面的绿色示范项目,依照的是英国的BREEAM标准,并获得了优秀评级。

这个项目在很多方面都很独特。很少有绿色认证的建筑是为这个特定的人群建造的。老年人非常在意温度的舒适性,因此他们需要在每个单元中有特定的个性化的供暖或供冷设施,而这是一些人认为可能会难以在绿色建筑中实现的。然而个性化的单元供热控制是该计划的一个重要组成部分。此外,设计师利用被动式太阳能和窗口空间使居民得到更多的阳光和温暖。设计师们还利用了一些有趣的绿色建筑手段,包括增加光伏电、绿色屋顶、通风和单个公寓热回收、建筑管理系统,以及一个区域启动的花园和草坪自动喷淋系统。

建筑施工过程中产生的废物受到监测,其中89%的建筑垃圾被从垃圾填埋场运走。事实上,在施工之前,有一幢建筑需要拆除,2000吨被拆除下来的材料被用来为"查尔斯王子公寓"建造地基。这一绿色建筑为居民提供了关注可持续发展和环境保护的良机。

在思考这个问题时,你会如何促进老年人或残疾人口的可持续发展?最近,我对一个退休之家的居民发表了有关可持续发展问题的意见,并被问及他们能做些什么来拯救世界。他们想要做出自己的贡献,但由于他们居住的公寓是由公司管理的,所以他们的愿望受到了限制。他们对能源、水资源保护、景观美化、食物和节能等方面的决策几乎没有控制权。如果他们所在的建筑是经过认证的绿色建筑,人们就会期待居民会更多地参与到可持续发展问题上来。

补充书目：

科特格雷夫和赖利,2013 年,Cotgrave, A. and Riley, M.(eds)2013,完全可持续性与建筑环境,帕尔格雷夫·麦克米伦,308 页。

特伦布莱 Jr., KR 和班福德 L, 1997 年, 小房子的设计, 楼层出版社, 佛蒙特, 202 页。

第九章

交通运输

交通运输是人类消耗能量的主要方式之一。我们都需要去工作、玩耍或参观的地方。我们选择的旅行方式对地球有很大的影响。在这一章中，我们将了解世界各地的交通状况、不同交通方式带来的影响，以及减少交通对环境和社会影响的创新方法。

当我写到这里时，我正乘坐在从纽约到华盛顿特区的美铁阿西乐特快列车上。我有食物、互联网和一个愉快的工作场所。这段路程大约需要三个小时。我本可以开着我的电动混合动力汽车，但这需要更多的时间，会因此无法完成我今天的写作目标。

这不是我通常的通勤方式。在通常情况下，我会开车 20 分钟从家里到办公室。从我住的地方到我工作的地方没有方便的公共交通工具。我会在紧急情况下乘坐公交，但那需要大约两个小时。与我的短途通勤相比，公共交通对我来说不是一个可行的选择。

我也会从我所在的长岛铁路出发，大约每个月乘一次火车到纽约市出差或参加娱乐活动（图 9.1）。这是一条连接纽约地铁系统的便捷通勤铁路线。我也可以在宾州车站换乘美铁线路，或者步行一个街区到纽约市的公共汽车总站。宾州火车站是多式联运枢纽的一个很好的例子。

我也经常坐飞机。今年,我乘坐了两次国际航班和八次国内航班。我还乘过几次轮渡。因为这些旅行和日常通勤,我的碳足迹是相当大的。在你的世界里呢?你的通勤状况如何?你有多少次旅行?你有公共交通的选择吗?

在现代繁忙的世界里,我们许多人依靠旅行来出差或娱乐。问题是"我们如何使我们的旅行更加环保呢?"

在本章中,我们将讨论不同类型的交通方式及其对环境的总体影响。我们还将研究社区正在通过哪些努力来减少交通对环境的总体影响。最后,我们将探讨交通运输和规划专家在怎样重新设计城市,使交通运输更加具有可持续性。

第一节　运输方式

我们的现代交通系统并没有那么老。并非很久以前,我们的祖先就在依靠风力驱动的船只或动物作为主要的交通工具,而不需要步行。当然,造船或维护大型马厩对环境产生明显的可测量的影响。然而在几百年前,没有人能想象到今天地球上大多数人可以有如此多的出行方式。

今天,我们每个人都可以用手指在键盘上敲几下,就可以预定航班、公共汽车或火车出行。我们也可以买一辆车,在网上购物,然后由卡车或飞机运过来。现代交通系统提供了很多选择,每一种都产生自己的影响。在这一节,我们将讨论汽车和道路、火车和铁轨、船舶和港口、飞机和机场。

图 9.1　这是把我送到曼哈顿的火车站。长岛铁路是美国最成功的通勤铁路线之一。

一、汽车和道路

　　据估计，目前世界上有超过 10 亿辆汽车上路(图 9.2)。这相当于每七个人就有一辆车。海量汽车对汽车制造的影响、对道路的需要，以及对车库和停车场等基础设施的需要产生重大影响。十年前，世界上的汽车大约比现在少四分之一。虽然在大多数发达国家(尤其是美国)，由于公共交通的普及，汽车拥有率有所下降，但在中国、印度和巴西等地，汽车保有量正在迅速增长。每个人都享受着开车的便捷。

图 9.2　公路上数十亿计的汽车需要数十亿美元的基础设施。

这种交通便利创造了一种严重依赖于昂贵的公路和停车场的汽车文化。随着汽车的出现,运输区从中心城市扩散到郊区,那里有足够的停车空间。此外,我们中的许多人已经从世界上稠密的城市中心搬到了郊区,那里有汽车、停车场和车库的空间。汽车改变了我们的生活,也改变了地球的地理状况。

世界上大部分的汽车是在中国、美国、日本、德国、韩国、印度、巴西和墨西哥生产的,并被运往世界各地。这些地方的工厂高度依赖于复杂的产业网络和零部件的高科技运输。

过去,汽车制造业主要集中在世界上一些主要的制造业地区。然而现在的汽车制造业已经高度分散,对大型制造网络的依赖也减少了,较小的供应商网络使用"准点"的制造工序(见文本框)。这样做的影响是,汽车制造是一个全球性的过程,例如,在肯塔基州组装的汽车使用的是墨西哥制造的零部件。因此,很难对汽车制造对某一个社区的影响进行追踪。这种影响是全球性的。过去,像底特律这样的全球汽车制造中心在这个城市有着巨大的足迹。现在,汽车制造业更加分散,相关产业也不需要彼此太接近。

世界各地都在制造各种机动车辆,包括汽车和轻型卡车(皮卡)。

1.汽车

汽车对个人使用非常方便。许多生活在人口稠密城市之外的人每天都要依靠它们去上班、上学或购物。自 20 世纪初在美国首次大规模生产以来,它们一直是世界消费文化的一部分。它们的尺寸不尽相同,从小型经济型汽车到大型豪华汽车和运动型多功能车。在风格和颜色的诸多选择中,已经将它们从现代社会的功能性工具转变为代表特定社会地位的消费物品。它们不仅是功利的,而且是我们作为个体的表现形式。

虽然发展中国家的汽车数量正在迅速增加,但毫无疑问,发达国家的人均汽车数量是世界上最高的。表 9.1 列出了道路上千人汽车拥有量排名前十的国家。小小的圣马力诺以人均 1.3 辆高居榜首,美国排在第三,人均 0.8 辆，澳大利亚和意大利也跻身前十，人均拥有约 0.7 辆。汽车拥有率最高的十个国家中有七个在欧洲。美国、澳大利亚和新西兰包揽了这一榜单。在亚洲，汽车拥有率最高的是日本，人均拥有约 0.6 辆。巴巴多斯拥有拉丁美洲和加勒比地区最高的汽车拥有率，人均拥有 0.5 辆（阿根廷是南美最高的，人均拥有 0.3 辆）。利比亚拥有非洲最高的汽车拥有率，人均拥有 0.3 辆。

表 9.1　世界千人汽车拥有量前十的国家[①]

排名	国家	每 1000 人汽车拥有量
1	圣马力诺	1263
2	摩纳哥	899
3	美国	797
4	列支敦斯登	750
5	冰岛	745
6	卢森堡	739
7	澳大利亚	717
8	新西兰	712
9	马耳他	693
10	意大利	679

2.卡车

轻型卡车，或称皮卡，用于个人或专业用途，许多用于建筑施工、送货和维修。有些人喜欢驾驶这类卡车而不是小汽车，将其作为自己的私人车辆使用。它们在农村地区很受欢迎，既可以作为农用或工作用的多功能汽车，也可以作为日常交通工具。卡车的油耗比小汽车高，许多使用卡车作为私家车的人纷纷选择改为小汽车以节省油耗。

重型卡车，有时被称为半挂车，用于长途货物运输。这些车辆的大个版本可以跨洲运送货物。虽然火车擅长将货物从一个港口或中转中心运

---

① http://en.wikipedia.org/wiki/List_of_countries_by_vehicles_per_capita.

送到另一个港口或中转中心，但半挂车擅长将货物运送到没有火车或轮船的地方。在美国，大约有 600 万辆半挂车正在使用中。

卡车用来把货物从一个地方运到另一个地方。它们经常在港口或火车站接货，通过公路分发到遥远的地方。它们是全球运输网络的重要组成部分，使得人们可以快速地将货物从一个地点转移到另一个地点。在过去的 20 年里，其运输里程增加了大约 50%，重型卡车运输所需的能源也增加了大约 50%。

二、车辆与燃料

大多数车辆使用化石燃料。即使是电动汽车，它也可能在使用某种化石燃料产生出来的电力。在世界范围内，一些国家制定了燃油效率标准。在美国，它们被称为企业平均燃油经济性标准（CAFE）。该标准可以追溯到 20 世纪 70 年代中期，当时由国会在美国的能源危机期间制定。从那时起，该标准被用于减少温室气体和降低国家对化石燃料的依赖。

CAFE 标准适用于汽车和轻型卡车。效率的变化是显著的。1978 年，客运车的 CAFE 标准是每加仑 18 英里（约 29 千米），今天是 38 英里（约 61 千米）。这是几十年来科技和制造业的一大进步。美国计划到 2025 年将能源效率提高到每加仑 61 英里（约 98 千米）。

欧盟也制定了汽车燃油效率标准。此外，他们还为温室气体排放提供了一个评级系统。日本、澳大利亚和新西兰等国对在本国境内销售的汽车提出了燃油效率要求。

汽车和卡车排放的废气造成了严重的环境问题。最值得注意的是，它们排放的温室气体约占全球温室气体排放总量的三分之一。我们可以通过三种主要方式来减少此类排放：提高汽车的效率、使用更清洁的燃料、减少驾驶。有关汽车产生的其他污染物的讨论，请参见文本框。

许多新的技术革新力图减少交通运输对环境的影响。它们专注于改进新燃料和电动汽车的新电池技术。

1.新燃料

现在有许多新燃料可供汽车使用,其中包括乙醇、天然气、食用油和油脂,以及氢(图 9.3)。

图 9.3　现在许多公交车都使用天然气作为燃料。

这些新燃料中最常见的是乙醇。乙醇通常是从玉米和糖等农产品中提炼出来的。巴西是世界上使用乙醇最多的国家,大部分来自甘蔗。在美国,高达 10%的汽油含有乙醇,主要来自玉米。乙醇的使用是有争议的。本来可以用来种植农作物的土地却被用来生产燃料。此外,也有人认为生产乙醇的能源成本要高于生产的能源。此外,乙醇比传统燃料产生更多的臭氧污染,人们担心,由于发动机损坏,在老旧汽车中燃烧乙醇会造成影响。然而作为化石燃料的替代品,乙醇的生产和使用可能还会增加。

汽车的另一种重要替代燃料是天然气,它是世界上最丰富的化石燃料之一。许多人主张车辆使用天然气,因为它的污染比传统的汽油产品少得多。众所周知,天然气是一种非常危险的运输燃料。它非常易爆,人们对移动车辆中天然气储存的安全性感到担忧。然而天然气运输的使用正在增加。许多公交车的运行使用天然气，许多车队的车辆也使用天然气。这些公交车和小汽车使用的是天然气加气站，这些加气站往往位于车队的存放区附近。到目前为止，天然气加气站还没有扩大，技术也没有广泛推广。

有些人把车改装成可以燃烧食用油和油脂。如果经过过滤，并将发动机稍加改装的话，这些物质是合适的燃料。很容易找到关于如何把车改成烧油和油脂的信息。几年前，我的一个学生把他的汽车引擎改装成可以燃烧快餐店的废油。他和那家餐馆有关系，每周都要来一次，把废油收集起来装进车里。他会把它过滤一下，然后把它放在后院的一个油箱里。他会把油从油箱里抽出来，装进连接汽车发动机油箱的一个容器里。虽然他不会付油钱，但他非常努力地去弄到这种油，并把它加工好。他身上的衣服也坏的很快，但是这对他来说是值得的。这些废气闻起来就像鸡肉或炸薯条。

氢是最后一种进入燃料市场的替代燃料。氢是一种非常丰富的元素，存在于水和许多其他化合物中。然而在地表附近，氢元素很少存在。因此，必须把它与其他元素分离，才能作为燃料使用。分离过程需要大量的能源——事实上，制造氢燃料所需要的能源和从氢中获得的能源一样多。因此，重要的是不要把氢看成能源的储备，而要把它看成是能源的载体。

能源共同体对氢如此感兴趣的原因是它产生的水是其燃烧的主要副产品。因此，它被认为是燃烧时的零排放燃料。然而对于制造氢需要的能量，我们必须深入研究其制造过程，以评估它是否是真正的零排放燃料。许多人主张将氢气生产与风力发电场联系起来。在这种情况下，氢可以通过燃料电池携带，用于汽车或其他使用能量的机器。然而如果氢是通过化石燃料产生的，它实际上与其他任何传统能源就没有什么不同。

2.电动汽车

电动汽车和混合动力汽车利用电池技术来减少对化石燃料的依赖。混合动力汽车既利用天然气又利用电能，而电动汽车则完全依靠电力驱动。混合动力汽车利用阻断力来产生能量。因此，如果是在城市环境中行驶，混合动力车的油耗就会更低；它们在露天高速公路上的油耗会更高。

最早制造出来的一些汽车是电动汽车。然而随着时间的推移，围绕汽油燃料开发汽车更便宜了。现在，由于汽油价格升高，而且由于我们面临着与化石燃料生产和使用污染相关的各种问题，人们对混合动力汽车、插电式混合动力汽车和电动汽车的兴趣越来越大了(图9.4)。

世界各地都有许多政策鼓励使用电动汽车。许多国家的政府为购买混合动力汽车和电动汽车提供税费减免和特别退税。此外，一些组织为电动或混合动力汽车提供优先停车，一些道路为它们开辟有专用车道。

图9.4　霍夫斯特拉大学设有充电站，可以免费为我的电动混合动力汽车充电。你们学校有电动汽车充电站吗？

推广电动汽车的挑战之一是为它们充电的基础设施。我们大多数人可以在家里充电，这样就可以在白天开车去我们需要去的地方。然而在长途驾驶中，你不可能马上充满电，而是需要好几个小时。社区努力开发电动汽车充电站，以便在工作单位、学校或商店停车时为汽车充电。

虽然电动汽车本身是零排放，但必须指出的是，电动汽车的驱动首先要发电。因此，除非电力完全由绿色能源生产，否则汽车并不是真正的零排放。必须指出的是，发电厂产生能源需产生的排放量，将少于天然气动力车辆使用天然气能源所产生的排放量。所以总的来说,不管是哪种发电形式,汽车的总排放量都更低。

三、铁路

我们的现代铁路系统起源于 17 世纪和 18 世纪的铁路线，从英国的蒸汽机车开始,并迅速地推广到了美国。今天,铁路是将货物和乘客从一个地方运送到另一个地方的一种高效率的形式(轨道交通将在下面公共交通一节展开讨论)。

铁路是把货物从一个地方运送到另一个地方最节能的方式之一。它比汽车和卡车的效率高出许多倍,与驳船货运的能源消耗相当。

世界上大多数国家都有某种形式的货运线路。表 9.2 列出了使用铁路线最多的国家与地区。正如我们所看到的,世界上一些最大的国家,尤其是中国、美国、俄罗斯、印度、加拿大和巴西都进入了前十名。

铁路需要与公路不同的基础设施。铁路线建在非常坚固的地基上。钢轨上有一个特殊的轨距,设置了轴的宽度和轮子的样式。世界各地的铁路轨距差别很大,使得火车从一个系统到另一个系统的运行变得困难,甚至在一个国家内也是如此。尽管有些地方确实存在差异,但与过去相比,一致性要大得多了。

世界上的一些地区,尤其是欧盟,为了节省能源,一直在努力扩大货运。他们正在设法减少效率较低的卡车货运里程,以便铁路系统的利用效率更高。

表 9.2　货运国家与地区排名①

排名	国家 / 地区	十亿吨 / 千米
1	中国	2917
2	美国	2469
3	俄罗斯	2011
4	印度	668
5	加拿大	323
6	欧盟	300
7	巴西	268
8	乌克兰	218
9	哈萨克斯坦	197
10	南非	113

四、船舶运输

　　用于船舶运输的工具主要有五种：散货船、集装箱船、油轮、冷藏船和滚装船（图 9.5）。

图 9.5　即使是小船也会对环境造成影响。

① http://en.wikipedia.org/wiki/Rail_usage_statistics_by_country.

1.散货船

散货船是大型远洋船舶,载运大量单一产品,如谷物或矿物产品。它们主要用于将原始产地(如矿山或农业区)的货物运送到使用地(如城市或矿石加工场)。

2.集装箱船

集装箱船是世界多式联运系统的关键。这些船只运载的集装箱可以快速地从海上无缝地运送到铁路和卡车上。最大的船只可以装载超过16000个集装箱。集装箱船承担着世界上大部分非散货物资的海上运输。

3.油轮

油轮用来将液体从一个地方运送到另一个地方。1989年,埃克森·瓦尔迪兹号油轮在阿拉斯加海岸附近搁浅时,上面装载的就是原油。然而石油并不是油轮运输的唯一货物,食用油和葡萄酒通常也通过这些大型运输工具运输。

4.冷藏船

易腐货物由特种冷藏货船运输。它们往往比其他货船要小,因为在这么大的区域冷藏会消耗大量的能源。这些船用于运输肉类、蔬菜和水果。

5.滚装船

这些船类似于汽车渡船,用来运输轮式车辆,可以迅速地把货物从船上运走。

6.与船舶运输有关的环境问题

与船舶运输有关的许多环境问题涉及能源、废物和污染,以及基础设施的建设。下面将逐一讨论。

(1)能源与船只。虽然通过水路运输货物所消耗的能源远低于铁路、卡车或航空运输,但船舶确实需要利用和携带大量能源,这使得它们容易发生泄漏和河道污染。它们也会排放大量的污染,因为它们燃烧的往往是一些更脏的燃料(比如柴油)。

（2）浪费与污染。许多船只把垃圾和污水直接倾倒在水里。此外，在波涛汹涌的海面上，集装箱或其他货物从船上掉落也时有发生。有详细记录的几起集装箱船事故造成了海洋污染。埃克森·瓦尔迪兹号油轮的泄漏是最著名的事故；并且，自那次事件以来，已有数百艘油轮发生过泄漏。

（3）基础设施。与航运相关的、最具挑战性的方面之一是港口基础设施的维护。航道需要定期疏浚（图 9.6）。此外，更新、更大的船吃水更深，这意味着航道需要挖得更深。港口疏浚经常会扰乱海岸生态系统，并可能导致近岸环境的淤积或化学污染。

或许最著名的、由于船舶运输而造成的土地破坏的例子是巴拿马运河。它最初于 1914 年完工，由于其陈旧的尺寸限制，近年来扩建，以适应不得不经过运河的大型船只。新扩建的运河可以容纳世界上最大的货船。

扩建带来的对巴拿马一些较大淡水储备的水质保持问题，人们表示出重大的关切。许多人还担心自然生态系统会因此遭到破坏。

图 9.6 航道疏浚是许多港口始终存在的问题，也是对环境的挑战。

五、航空运输

现代生活最大的乐趣之一就是能够在空中快速而安全地旅行。然而很久以前,洲际航行还是一件危险的事情,需要几周或几个月的时间才能完成。今天,我们可以在几个小时内从一个大陆旅行到另一个大陆。然而航空旅行对环境有重大影响,包括噪音、颗粒物污染,以及导致全球气候变化的空气污染。

到目前为止,乘客最多的国家是美国;2009 年至 2013 年间,美国客机载客量超过 7 亿人次①。中国排在第二,大约是这个数字的一半。在 2009 年至 2013 年间,美国空运货物总量约为 4 千亿吨/千米,居世界首位。

世界上大多数国家的航空旅行都在增加。例如,在英国,从 1990 年到现在,航空旅行增加了 250%。在欧盟,航空业的增长导致同期航空温室气体增加了 897%。

航空对地面的影响远小于汽车。公路占用的土地比机场大得多。然而大多数商业机场从事的都是庞大的业务,需要长长的跑道和广泛的辅助建筑,如飞机机架和候机楼。商业机场的跑道可能会超过 3000 米。考虑到大型机场至少有两条跑道,以及与机场相关的公路网络和停车场,它们对环境的影响非常大。由于机场有大量的不透水表面,雨水径流是一个严重问题。一些机场还发生过燃料泄漏。

飞机的噪音污染是严重的健康隐患。它会引起听力障碍、心脏病、睡眠障碍和紧张。一项关于飞机噪音对居住在德国某机场附近居民健康影响的研究表明,噪音与严重的心脏病有关。为了缓解这一问题,社区通常对机场有噪音要求。新引擎技术已经帮助缓解了某些噪音问题。有些机场为了保持夜间的安静而限制夜间飞行。

飞机产生的小颗粒物质和水蒸气会在上层大气中形成凝结尾迹或称人造云;我们都见过它们,对它们有很多争议。一些人认为,凝结尾迹对全球气候变化有重要影响;因其会吸收长波辐射,从而产生净暖效应。

----

① http://data.worldbank.org/indicator/IS.AIR.PSGR.

然而对于凝结尾迹在我们全球气候中所起作用方面的研究是不确定的。不过,毫无疑问,它们在我们的星球上相对来说是一个新现象,我们只是不知道它们会带来怎样的长期影响。

也许航空旅行对环境的最大影响便是释放出的大量温室气体。事实上,这种旅行方式每英里所产生的温室气体最多。据估计,航空旅行约占目前全球气候变化的 3.5%。这一数字预期将增加,因为估计空中旅行将会继续扩展。

虽然我们已经开发出电动汽车和绿色燃料,但航空运输的替代燃料却很少。一些生物燃料已经被开发出来用于飞机,但还没有得到广泛使用。电动飞机已经出现在市场上,但它们大多是小型的实验性飞机。太阳能飞机也已经制造出来并且进行了飞行,但应用也不是广泛的。在不久的将来,太阳能或电动客机都不太可能在市场上出现。

更有可能的是,我们将看到飞机的能源效率作为减少燃料消耗的手段受到强烈关注。然而飞机的寿命长达数十年,在效率上的任何创新进入世界飞机机队都将是缓慢的。

一些人强烈要求人们整体减少航空旅行。在我的职业生涯中,我每年至少要参加一次专业会议。一些教授对定期参加会议的必要性提出质疑,尤其是随着互联网的发展,以及在面对面在线会议方面的技术已经普遍实现的情况下。

一些需要旅行才能运营的企业正在研究航空旅行的替代方案,以减少旅行对环境的影响并节约资金。

六、太空旅行

太空旅行原本属于科幻小说的领域,但随着国际空间站和美国航天飞机计划的成功,越来越多的人正在将太空视为旅行的"终极前沿"。

然而逃离地球无情引力的代价是惊人的。单次航天飞机飞行的费用约为 15 亿美元。不过，新技术正在降低太空旅行的成本。

近年来出现了一些新的公司，它们把注意力集中在为游客开发太空飞行，并为公、私组织提供进行研究或发射卫星的机会。其中最著名的可能要数维珍银河公司（Virgin Galactic）了，它的所有者是英国企业家和探险家理查德·布兰森（Richard Branson）。

他将预订这次太空旅行的机票，价格是 20 万美元。乘客将在 2 个小时的飞行中经历 6 分钟的失重状态。这一花费显然是大多数人无法承受的。

太空旅行，包括政府太空旅行和私人太空旅行，都被批评为不切实际、昂贵和危及环境。电影《地心引力》（Gravity）令人恐惧地展示了大量太空垃圾对地球轨道的影响。有超过 50 万个直径超过 1 厘米的空间颗粒在环绕着我们的地球轨道，还有数百万个微小的粒子。

太空探索是以地面为代价的。许多在 20 世纪参与太空探索研究的机构，现在都被各种有害物质污染。清理发生污染的这些地方需要花费数百万美元。

当然，许多人也对火箭发射的排放表示担心。据估计，在过去的 100 年里，火箭发射造成了大约 1% 的臭氧层破坏。此外，火箭燃料在高层大气中的排放会以我们无法清楚预测的方式影响到地球的热量平衡。

鉴于航天飞机在发射后发生事故的历史，人们担心如果危险物质的有效载体在大气中爆炸会发生什么。我们已经部署了一些核动力装备，并且有些人主张在太空飞行中使用核动力发动机。如果运载这些材料的火箭在起飞时爆炸会发生什么？

显然，在不久的将来，太空飞行不会对我们大多数人产生影响。然而太空飞行对大气和环境的影响是值得思考的。考虑到所有风险，你认为探索太空值得吗？有些人认为，从其他星球上寻找或开采资源是我们人类能够生存到未来的唯一途径。另一些人则认为太空是一个冰冷死寂之地，我们的太空探索是在浪费时间。你怎么认为？

你是否愿意额外付费以减少你的航空旅行所释放的温室气体？

如果你最近预订了航空旅行，你会发现一些主要的订票网站会为你提供支付基金的选择，这将有助于减少你旅途中的温室气体。根据行程的不同，费用从几美元到几十美元不等。这笔费用将用于支持替代能源项目、温室气体封存项目以及其他旨在减少温室气体排放的项目。

当你买票的时候，你愿意付这个钱吗？这实质上是一种自愿性纳税。一些人主张对航空旅行强制性征税，以支持温室气体减排倡议。然而另一些人则认为，征税将给已经在应对航空旅行高成本的消费者带来不应有的负担。

这个问题触及了与减少温室气体和全球气候变化有关的一个关键性政策问题的核心。谁来为减排买单呢？

汽车和卡车的排放

汽车和卡车产生的多种不同类型的排放会导致环境或健康问题：

（1）氮氧化物（NOx）。氮氧化物是指在尾气中排放的一氧化二氮和二氧化氮化合物。这些颗粒在大气中不会停留太久，而是迅速结合形成硝酸和其他有害化学物质，会对环境造成巨大破坏并进入呼吸系统的深处。

（2）挥发性有机化合物（VOCs）。这些是轻的（因此是挥发性的）有机化合物，它们在阳光下会发生反应形成臭氧，臭氧是雾霾的主要来源。

（3）臭氧。低水平的臭氧（与自然产生的有益的上层大气臭氧相反）会导致雾霾的形成并引发各种呼吸道刺激。

（4）二氧化碳。接触二氧化碳会导致健康问题，甚至死亡。由于二氧化碳对全球气候变化的贡献，大多数人对当前时代的二氧化碳感到担忧。

（5）一氧化碳。一氧化碳是汽车排放的另一种气体。在没有氧气的情况下，接触这种气体会导致死亡。

（6）有毒空气污染物。除了上述气体污染物的混合物，汽车尾气中还排放出一些有毒污染物，包括重金属等化学物质和苯等有机化合物，其数量通常很少。

（7）颗粒物。化石燃料燃烧时，会释放出微小的颗粒物质。这些细颗粒物是城市尘埃的一部分，如果我们把手放在一辆几天没洗过的汽车的车顶上抹一下，我们就能感觉到。细颗粒物尤其危险，因为它可能会进入呼吸系统深处。

多式联运系统

在过去，货物从一个港口运输到另一个港口，不怎么考虑货物到达后的装运地点。货物被装在板条箱、宽口箱和袋子里。装卸工人把这些货物从船上拖到仓库里，然后用卡车或火车把它们分类装运。

然而在过去的几十年里，关于货物运输的新思路已经发展到使货物运输更加高效。这个系统叫作多式联运系统，该系统使用统一的箱子或集装箱，有时被称为海运箱，可以很容易地将货物从遥远的始发地转移到另一个大陆的遥远的地点，而无需从箱子中卸下或取出。

这一点成为可能，是由于集装箱船、铁路和半挂车系统已经协调以容纳统一规格的集装箱。由于这种一致性，海运箱可以在几个小时内从集装箱船上卸下，然后将其送到铁路系统内。一旦列车到达目的地，海运箱就可以被迅速地装在一辆半牵引车上。此时，卡车可以将货物直接运送到商店或仓库进行递送——所有这些都不需要在航行中被卸下或打乱。

多式联运系统采用了高科技的港口技术，部分实现了车辆装卸的自动化。此外，GPS 全球定位跟踪和自动库存系统增强了将货物从一个地方快速转移到另一个地方的能力。

多式联运系统在我们的现代社会节省了大量的资金和能源。

第二节　道路

道路对环境也有重大影响。它们利用了大量的空间并且修建成本巨大。例如，一个基本的、出入有限的高速公路里程建设成本超过 100 万美元。世界上有多种不同等级的公路，不过，可以分为两大类：开放式道路和受控式道路。

开放式道路是指允许任何车辆通行的道路。它们可以是较小的道路，如里巷、胡同，也可以是较大的道路，如公路、大街或林荫大道，为卡车、汽车、行人和自行车共享。它们穿过城市、城镇、村庄和乡村景观，其中许多道路服务居民区。它们通常在地方一级进行管理，并由地方税收支持。不过，也有州级和国家级开放式道路是由州和国家税收支持的。每一个地方、州或国家政府都有特定的标准来修建和管理这些开放的道路，所以在道路的外观和使用上有很大的不同。在稠密的城市地区，道路往往有多种用途，它们提供停车场、自行车道、人行横道和汽车空间。相比之下，农村地区的道路侧重于快速地将人们从一个地方运送到另一个地方。在一些更为古老的城市，公路的出现比汽车要早。在这样的环境下，一些城市为汽车让出了空间，而其他城市则禁止汽车上路，仅为行人通行留出空间。

开放式道路相互连接，将城市的不同部分与郊区和乡村景观连接起来。在这些道路上去往不同地方的无缝旅行是很容易的。国际标牌公约使得在这些道路上，从一个国家到另一个国家或从一个城市到另一个城市的旅行变得很容易。因此，尽管道路的特征可能因地而异，但它们的路标提供了一个连接基础设施的元素，使得道路的使用轻松自如。

受控式公路与开放式公路的区别，在于它们的出入是有限制的，并且有特定的规则（比如最低和最高时速），使得汽车和卡车可以远距离地快速行驶。行人和自行车被禁止进入这些道路。在世界各地,这些公路都有不同的叫法(如:autobahn,auto−estrada,autopista,expressways,highways and parkways),有些公路是由州或联邦政府支持的,有些是收费公路,由某种公路管理部门管理。

与开放式公路不同,这些公路在世界各地有着明显的相似之处。它们通常都是多车道公路,出口很少。它们在当地被广泛用于货物运输和卡车远距离运输,也用于长途旅行。20世纪末期,这些道路的发展带来的一个副作用就是,随着高速公路沿线郊区的扩张,城市区域的足迹也在扩大。世界上许多城市地区,最著名的是底特律,有大批人从城市迁往郊区,导致一些城市整体衰落。

一、道路的环境问题

有几个环境问题与道路管理和维护有关,其中包括雨水污染管理、街道清扫和地基稳定性。

1.雨水污染管理

铺砌的公路路面会抑制雨水渗入地面。当雨水打到路面时,它们汇合在一起,沿着水沟或道路的边缘形成短暂的溪流。这些溪流有时会从道路上转入沟渠、贮水池或雨水下水道。

与道路雨水管理有关的主要问题有两个:产生的大量雨水和水在流过路面时所积聚的污染。让我们对这些问题分别展开讨论。

在城市和道路发展之前,地球表面的土壤可以容纳大部分降雨。在极端情况下确实发生过内涝,不过,大部分的降雨可以被土壤吸收,之后被过滤到地下水系统。随着城市和公路的出现,更多的地面已经变得不透水。水无法被道路吸收,于是内涝也就变得越来越普遍。

图 9.7　雨水塘被用来分流道路上的水，以避免水浸和地表水污染。

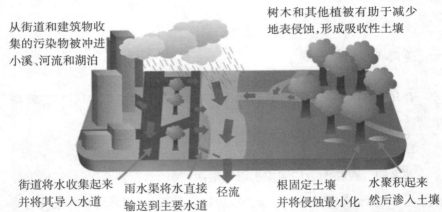

从街道和建筑物收集的污染物被冲进小溪、河流和湖泊

树木和其他植被有助于减少地表侵蚀，形成吸收性土壤

街道将水收集起来并将其导入水道　　雨水渠将水直接输送到主要水道　　径流　　根固定土壤并将侵蚀最小化　　水聚积起来然后渗入土壤

图 9.8　这张图显示了城乡流域之间的差异。城市流域的水比农村流域更快地进入河流。

　　因此，人们广泛地开发了基础设施来管理从城市和道路流出的水（图9.7）。大型的地面或地下暴雨排水系统被开发出来，将水从可能对道路或城市造成损害的地方引走。

　　通常下水道系统将雨水从不需要的地方排入河流、湖泊或池塘，在这里污水的危害很小。降雨之后，雨水迅速地从道路和城市流向河流，改变了河流的正常流量。

图 9.8 显示的是一个正常的城市流域。正如你所看到的,在正常的河流系统中,水的排放是缓慢增加的,水要花很长时间才能进入河道。在城市化的环境中,雨水的下水道和沟渠增加了从不透水表面收集的降水,因此河流的排水量会迅速增加,大部分的水比自然河流进入河道的时间更短了。

由于城市系统中快速的暴雨水输入现象,城市河流在排水系统发展后比城市化前更容易发生内涝。此外,少部分水被分流进地下水系统,从而使这些城市化地区更容易受到地下水枯竭的影响。

在没有溪流的地区,水必须分流到人工渠、湖泊或池塘中,在那里必须储存一段时间(图 9.8)。这些蓄水塘是佛罗里达等地的常见特征,那里很少有溪流可以将水引走。

污染是一种特殊的暴雨水挑战。道路含有多种污染物,包括石油、营养物质、重金属和沉积物等。油类和油脂是危险的,因为接触它们会造成严重的健康问题,并对生态系统造成严重破坏。营养物质造成独特的问题,因为它们添加到地表水体中会导致湖泊和溪流富营养化,进而造成"死区"的形成。许多重金属不仅对人类是有毒的,而且对其他生命形式也是有毒的。雨水中过量的沉积物会堵塞排水系统或导致河流、湖泊或池塘的淤积。

暴雨水污染的挑战在于它是一种非点源污染,不是来自某个单一的来源。在道路的排水系统中有许多污染源,可以来自汽车、草坪、建筑物或地上的垃圾。当下雨的时候,水就会沿着道路受到污染。

治理污染很困难。有些地方要求雨水需经过某种形式的处理后才可以排放到环境中。这意味着要将其收集在雨水处理设施,以去除其中某些污染物。然而雨水系统通常的管理是努力清除一些存水弯中的沉淀物或垃圾等,这些存水弯是为了收集这些物质而设计的。在大多数情况下,清除营养物质、金属、油脂和其他非点源污染实在是太难了。

在寒冷的气候条件下,这些污染问题可能会更加严重。在春季融化期间,整个冬季积累起来的污染会突然通过道路冲进雨水排水系统(图9.9)。当天气变暖时,大量的油脂、金属和营养物质在融化过程中被添加进来。在冬季的冰暴或雪暴中添加的道路盐沙加剧了这一问题。在寒冷的气候中,营养物质、沉淀物、盐、金属和油脂等大量有毒物质在冬末和早春会被释放出来。

许多社区正试图通过将水储存在可以慢慢渗入地下的蓄水池来减少非点源污染对自然地表河流的影响。土壤和沉积物有助于在水进入地下水系统之前将污染物过滤掉。

然而大部分致力于减少道路上雨水污染的努力,都集中在努力防止污染的发生。许多社区将注意力集中在减少肥料使用、鼓励适当的车辆维护和定期清扫街道,并将其作为减少暴雨水污染的方法。

图 9.9 在春天,储存在雪和冰中的污染和盐会释放到雨水系统中。

2.街道清扫

街道清扫是在大多数铺砌的街面上每天、每周,或每月使用真空和旋转刷清扫车。最初,清扫街道是出于美观的考虑,目的是为了清除道路上的垃圾和沉积物。现在,清扫街道在一定程度上是为了消除污染物,以减少雨水污染。

　　大多数人并没有意识到他们的街道多久被清扫一次。城市中最繁忙的街道通常是每天清扫一次，或者每周至少清扫两次，大多数住宅街道都是每周或每月清扫一次。这种定期清扫清除掉了道路上的大量污染。

　　但是这些垃圾最终会去哪里呢？从街上收集来的大部分垃圾最后都到了垃圾填埋场，并被用作顶层垃圾。然而一些地方将街道清扫物列为一种有害的废物，不能将其放入常规的城市垃圾填埋场。表 9.3 列出了可能最终成为街扫垃圾的物质类型。鉴于街扫垃圾的异质性，人们对其处理越来越重视。在过去，许多社区使用这种材料来填充社区中的低洼地。然而鉴于其潜在的污染，大多数社区现在把这些沉积物送到卫生垃圾填埋场。世界上每年有数百万英里的道路需要清扫，垃圾问题是一个巨大的问题。

　　一些人已经在寻找回收街道垃圾的方法。这是因为，尽管清扫出来的东西有可能含有某些有害的污染物，但它们大多含有自然沉积物和有机物。有些社区会对清扫物进行过滤，将自然沉积物收集起来填埋，并利用有机物质进行堆肥。以明尼苏达州明尼阿波利斯为例，在冬季的几个月里，人们利用街道清扫中的沉积物，将其洒在街道上，以防止人们在冰面上滑倒。其他社区则会把某些垃圾回收利用，比如罐子或瓶子。一些人建议将扫街垃圾用作生长媒介，使垃圾中含有的高营养成分得到利用。

表 9.3　街道清扫中发现的物质类型

街道清扫垃圾类型	特点
沉积物	可以是当地的天然母质材料，用于建筑或筑路的填充物、其他人类活动（如房屋拆迁、道路材料等）产生的沉积物（如砖或混凝土块）等。沉积物的大小从粗到细不等。最细的沉积物通常含有最多的污染。这些细颗粒沉积物包括城市尘埃，其中含有一些令人担忧的污染物。
有机物	可以是树叶、树木垃圾、割草、动物粪便和尸体。落叶和割草是高度季节性的。在一年中的某些时候，有机物质可以构成清洁工收集的大部分物质。一些社区已经开发了堆肥系统以再利用储存在废物中的营养物质。

续表

街道清扫垃圾类型	特点
垃圾	可以是与汽车有关的道路垃圾(如火花塞),烟蒂、街道垃圾(如快餐容器),以及从安全套到旧家具等各种各样的杂七杂八的材料。
金属	可以是粗粒的形式,也可以是微观的化合物,包括无毒金属(如铝、钙、铁)、有毒和普通金属(如镉、铜、铅、汞)、有毒和稀有金属(如镓、钨和钛),其他有毒物质(如砷、硒等)。
营养物	由于城市中肥料的普遍使用,街道清扫物的营养成分非常高。氮和磷是尤其令人关注的。这些元素推动地表水体富营养化。
杀虫剂、除草剂和其他有机化学品	多种杀虫剂和除草剂进入街道清扫垃圾。任何可以应用于草坪或花园的东西都可能进入道路。此外,汽油、石油和与汽车相关的其他有机液体也可能存在。

3.地基稳定性

在过去的几年里,引起人们巨大关注的另一个道路问题就是道路下面的地基稳定性问题。在巴黎、温尼伯和纽约等地的公路下面,已经形成了许多广为人知的污水坑。由于某些原因(通常是由于基础设施老化),当路面下的水管破裂时,大多数的地陷就此发生。当主水管破裂时,它们会冲走路面下的沉积物,导致路面塌陷。这种坍塌事故突然发生时,就会有一些人受伤。

这些令人烦恼的问题表明,在我们的现代社会,道路维护是很困难的事。这些塌陷不是石灰岩地貌中形成的自然塌陷,而是由于地下城市基础设施出现问题而形成的城市塌陷。

2014 年 5 月,曼哈顿下城卡茨熟食店(Katz's Delicatessen)附近的一条水管破裂,这家餐馆深受人们喜爱,在纽约市久负盛名。由于曼哈顿地铁的地下基础设施、雨水下水道系统、自来水管道和下水道卫生系统的复杂性,这一事件的问题很严重。这些污水坑很容易清理和修复,然而它们显示埋入地下的管道很脆弱,就在我们看不到的道路下面。

第三节 公共交通

公共交通设计的目的是尽可能有效地将许多人运送到他们喜欢的地方。有各种各样的快速交通工具,如火车、公交车和渡轮。一种叫作快速交通的交通方式侧重于让人们快速地从一个地方到另一个地方。在大城市地区也有区域和地方性的公共交通方式。还涌现出许多新的公共交通技术,寻求提高效率同时设法使人们尽可能接近目的地。下面将就这些主题分别展开讨论。

一、公共交通方式

1.铁路

铁路是世界上最古老的公共交通工具之一。早期的铁路系统是由役畜驱动的。现在大多数系统都是用电。最常见的铁路系统是地铁系统(图9.10)。这些铁路通常是在地下(或部分在地下),沿着规定线路将城市的不同部分连接起来。目前,世界上有190个地铁系统。中国拥有最广泛的地铁系统,全长2200千米。美国和韩国拥有世界上第二和第三大铁路系统,铁路长度只有中国的一半左右。北京拥有世界上最多的地铁乘客(每年3.2万亿人次)。首尔、上海、莫斯科、东京、广州、纽约、墨西哥城、香港和巴黎的乘客数量位居前十。

图 9.10　地铁对许多城市的经济都是不可或缺的。

　　地铁系统对环境有很多好处。在城市环境下，它们可以非常有效地运送许多人。这就减少了人们对汽车的需求，当然也就减少了空气污染和汽车基础设施（道路、停车场/车库、加油站等）的建设需要。此外，地下铁路系统的布置减少了噪音和污染，保持了更宜人的景观，提高了城市的美感。拥有郊区的城市，人均汽车数量也会减少，从而限制了城市车辆的总数量——这对环境来说是一件好事。

　　2.轻轨

　　轻轨系统，有时被称为有轨电车，利用地面上的路权为城市提供有限的公共交通选择。重型铁路系统，如地铁，拥有更大的容量并且运行在更为坚固的铁路线上。然而轻轨和地铁系统通常利用电力作为主要的能源形式。轻轨系统通常利用高架电线，铁路线经常被整合到道路系统中。例如，在旧金山，有轨电车与道路融为一体，与汽车共享空间。

　　轻轨系统通常用于乘客比地铁系统更少的地方，在迈阿密等密度较低的城市很常见;在那里,人们试图到达与地铁系统类似的城市内所有地区。它们也被用于在有限的地区提供交通选择,如丹佛市中心的轻轨和维也纳市中心的环线。

轻轨电车在世界各地的城市中更为常见。随着城市扩展到城市核心之外,它们提供了从一个地点到另一个地点的主要交通方式。然而汽车的出现和郊区的扩张使得轻轨不再像过去那么受欢迎,许多电车线路被废弃。在美国,一桩被称为"通用汽车有轨电车阴谋"的丑闻被认为是导致美国许多有轨电车系统衰落的原因。通用汽车公司和其他公司投资的一家公司收购了数十个有轨电车系统。据说他们这样做是为了建立对汽车的依赖。有几家公司被判合谋企图通过这次收购来垄断州际商业贸易。许多有轨电车线路被毁或被改成公路。如今,许多城市都在试图使有轨电车复活,将其作为一种可行的公共交通工具。

最大的轻轨系统在澳大利亚的墨尔本、俄罗斯的圣彼得堡、德国的柏林、俄罗斯的莫斯科,以及奥地利的维也纳。它们比传统的重型地下轨道交通系统的修建更便宜,也不需要大型铁路的基础设施,尤其在人口密度低的中小城市运行良好。

3.公交车

公交车或许是最常见的公共交通形式。这是一个高度灵活的系统,因为公交车几乎可以在任何道路上行驶,而线路也可以根据需要做出改变。几乎每个城市都有某种形式的公交系统,大多数系统是由城市或与城市相关的非营利机构运营,在某些地区也存在某些盈利系统。

公交车通常按照规定的时间表在规定的线路上行驶,常常通向其他公共交通工具,如铁路或轻轨。公交巴士可以使用各种燃料,已经做出相当大的努力向使用绿色燃料转型,主要是天然气和氢气。

公交车是世界上最受欢迎的交通工具之一,因为它们相对便宜,而且具有高度的灵活性,在不同规模的社区中运行良好。

4.快速公交

近年来,人们努力将标准公交服务转变为快速公交系统。这些系统着重于在单独的道路基础设施内使用公交车,使人们快速移动而不需要开发铁路线。快速公交系统通过技术手段来同步信号灯,这样它们就不会被标准的交通信号灯阻挡,从而做到城市公交系统优先,使人们在现有道路上快速移动(见文本框)。

5.渡轮

渡轮系统是一种公共交通系统,利用大型船只由水路运送乘客。大多数渡轮从一个地点到另一个地点,停留站点有限,不过也有一些渡轮会多次停靠,常被称为"水上的士",在靠近水的城市中最常见,威尼斯和纽约市就是"水上的士"的例子。

然而如前所述,大多数渡轮的停靠站是有限的,通常是从一个地点到另一个地点。世界各地有许多不同种类的轮渡。有些只载人,有些运载人和汽车。有些路线很长,比如英国和法国之间或者菲律宾岛屿之间的定期渡轮。这些渡轮通常连接不同的城市或国家,不过,其他渡轮只在城市里面运营。最著名的城市渡轮当属斯坦顿岛的渡轮,它在曼哈顿区和斯坦顿岛之间运行,这是一项免费服务,全年 365 天都提供两区之间定期服务,是北美洲最大的渡轮。

二、交通枢纽和以交通为导向的发展

当公共交通与其他形式的交通和可步行的社区联系在一起时,它的功能达到最佳。交通枢纽是可以连接多种交通方式的地方。例如,在华盛顿特区的联合车站,你可以乘坐美国铁路公司(Amtrak)的区域性铁路线,乘坐地铁,租一辆汽车,或者乘公交车。你甚至可以租一辆自行车! 地铁将火车站与机场连接起来,使联合车站成为通往世界的门户。这些交通枢纽为旅行者提供了灵活的选择。多数大城市都有像联合车站这样的交通枢纽。

即使是小一点的城市也试图创造出公共交通的多种选择。我住在纽约市郊的长岛,那里有几座长岛铁路的通勤列车站,公交线在这里会合。我可以从我住的地方乘公交车,到一个交通枢纽的火车站,然后在相对较短的时间内到达曼哈顿的宾州火车站。

在你居住的地方乘坐公共交通容易吗?你们的交通枢纽在哪里?你能乘坐公共交通工具到离你家最近的机场吗?

如果你对上述问题的回答能让你在工作或去机场等重要旅行中乘坐公共交通工具,你应该感谢公交规划者们。在世界各地,公共交通领域的专家们在努力为私家车提供替代的交通工具。他们设计出让人们到达交通枢纽的方法,在那里他们可以搭乘其他交通工具到达他们的最终目的地。当围绕公共交通对社区进行设计时,这种努力便得到了帮助。这种形式的发展被称为"以交通为导向的发展",是一种以建设密集、可步行的社区为重点的城市设计。

以交通为导向的发展也具有综合使用开发的特点。这意味着,住宅和商业用地在某一个地方综合使用。购物方式与住宅区互相结合。在许多方面,以交通为导向的发展重塑了我们失去的、在 20 世纪中期开发郊区时那种密集的市中心区。

21 世纪中期郊区景观的特点是,在居民区,每幢住宅都有私人车道和车库。在这些地方,人们不得不开车到商业区,那里有购物中心、大卖场和许多停车场。

与此相反,以交通为导向的发展是将商业区与住宅区相结合,创造出一个没有汽车也能生活的地方。购物在步行距离内,人们可以选择使用交通工具去上班或上学。

这种形式的发展越来越受欢迎,尤其是那些希望住在密集区,步行和自行车友好型地方的年轻人。他们正在放弃过去的郊区，选择住在老的、密集的市中心区，或者住在以公共交通为主要出行方式建设起来的新社区。

由于人口结构的变化，许多较老的郊区出现了一些衰退。于是，郊区以创造交通枢纽和综合使用发展，正在创建新的"市中心"区。这有助于给这些郊区一种新的感觉，有助于对它们重新定义，以迎合寻求可步行和便捷的公共交通的新一代。

第四节　未来

对交通的未来进行思考总是很有趣的。如果你看过杰特森（George Jetson）的漫画，你就会知道，在 20 世纪中期，很多人认为将来我们的城市会有飞行汽车！现在，我们还没有会飞的汽车，但我们正在进入一个无人驾驶汽车的时代，无人驾驶汽车将改变我们从一个地方到另一个地方的方式。自动化无疑节省能源，并有助于减少化石燃料的使用。我们也看到了电动汽车的进步。在世界上大多数城市地区，新的充电站正在不断涌现。

我们还看到更多的高铁线路和其他创新形式的公共交通，比如快速公交。轮船越来越大，货物从一个地方运到另一个地方的效率也越来越高。虽然飞机效率的改变需要一点点进入市场，但航空运输业非常关注飞机对环境造成的影响。

我们的交通基础设施也正在发生改变。我们正在开发更环保的道路设计方案，一些人主张将我们铺设的道路改造成太阳能电池板。我们还看到铁路和公共汽车基础设施方面的进步。在航运方面，港口的加强和巴拿马运河的扩建使货物运输的效率更高了。

我们也看到人们正在对城市交通基础设施进行重新思考。许多人正在努力通过创建更密集、更适合步行的社区来促进以交通为导向的发展。

一些社区正在重新考虑分区规则，并正在创建融商业和居住于一体的空间，以促进在一个地方的生活、工作和购物选择上的便利。

即使有了这些创新，人们也越来越担心我们的交通设施造成的污染。到目前为止，最重要的问题是温室气体污染。所有交通方式都会产生这些有害的化学物质，进而导致全球气候变化。与交通有关的其他污染物，包括石油泄漏，也令人担忧。因此，虽然我们正在取得进展，但值得注意的是，我们所有的交通选择都对环境付出了可衡量的代价。

这就是为什么很多人都想骑自行车和步行。越来越多的人对住在可以骑车或步行上班的地方产生了兴趣（图 9.11）。

图 9.11　许多人喜欢步行或骑自行车去上班或上学。

长岛：美国第一个以汽车为中心的郊区景观

当罗伯特·摩西（Robert Moses）在纽约城外为 20 世纪 20 年代迅速崛起的纽约市居民寻找新的绿地时，他直视着长岛的海滩和海岸线。罗伯特·摩西是纽约许多道路和公园的"建筑大师"，常被誉为现代郊区之父。

纽约和长岛地区在殖民时期被西方人占据，纽约市的城市足迹已经扩展到布鲁克林和皇后区的长岛社区。然而这个巨大岛屿的其余部分仍然是荒野和农田。在汽车出现之前，皇后区离曼哈顿下城商业区的市中心很遥远。

在20世纪上半叶，曼哈顿已几近崩溃。来自世界各地的移民来到这个岛屿，其人口密度已超过每平方千米12.74万人！

20世纪20年代和30年代，当罗伯特·摩西为纽约的人群寻找娱乐机会时，他发现长岛有丰富的自然资源。但是他需要一种方法来吸引人群。那时，州际高速公路系统还是无法想象的事情。因此，他开发了一个叫作"园道"的公路网络，吸引人们开着刚刚量产的汽车来到海滩上。

他把这些"园道"设计成供驾车者游玩的公园。他想让驾车者们感觉他们是在一个美丽的荒野或花园中行驶。他设计的道路桥梁较低，以限制汽车通行。公交车、卡车和其他较高的车辆无法在这些道路上行驶。

在把通勤者从纽约市带进、带出海岸的过程中，这些"园道"非常高效。然而一些人决定留下来扎根，离开拥挤的城市。随着越来越多的人来到这个地区，长岛的人口激增。最终被视为美国第一个郊区的莱维敦在1947年至1951年之间建成，成为一个围绕汽车批量建造起来的社区。

莱维敦是北美和世界其他地区郊区发展的典范。我们不再希望生活在人口密集但交通便利的城市。相反，我们中的许多人都试图逃离到郊区的风景中去。为了做到这一点，我们需要汽车和道路。

高尔夫球车社区

城市规划的最新发展之一是"高尔夫球车社区"的出现。在这些地方，高尔夫球车是首选的交通工具而不是汽车。虽然在大多数情况下都有一些有限的汽车通道，但高尔夫球车出行是社区内的主要交通方式。这意味着对道路和相关汽车基础设施的需求减少了。土地得到了更有效的利用，污染也随之减少了。

许多高尔夫球车社区都建在世界上较温暖的地区。它们在美国南部从佛罗里达到加利福尼亚的阳光带很普遍，那里温暖的天气使得户外休闲高尔夫球车的体验令人愉快。它们出现在度假胜地、岛屿或退休者社区，那里的休闲生活方式限制了人们对汽车的需求。

"佛罗里达村"是高尔夫球车社区的一个范例，与退休或年龄限制社区有关。在这里的杂货店或购物中心看到高尔夫球车是很常见的。虽然在这个社区也有公路，并且很多人拥有汽车，但高尔夫球车更常用于短途出行。这个社区的基础设施是围绕汽车和高尔夫球车建立起来的。

相比之下，北卡罗来纳州的秃头岛不允许汽车通行。出行方式是骑自行车、步行或驾高尔夫球车。这个村子有 1100 多间私人住宅，是游客们寻求安静海滩和简单、隐秘的度假体验的圣地。居民们力求保持他们社区的无车环境。他们需要更少的街道和更少的相关昂贵的基础设施。此外，他们珍视自己的绿地，认识到保护绿地对于岛内旅游业的长期经济生存的至关重要性。

虽然这两个例子是非常独特的情况，但它们证明了低密度社区在没有汽车和广泛的基础设施来支持我们的现代汽车文化的条件下，是可以生存下去的。

布朗克斯区的快速公交

世界上最成功的快速公交系统之一是在纽约的布朗克斯区。布朗克斯是纽约市的一个人口稠密区，许多人住在公寓楼和多户型住宅中。由于地铁系统的缺乏和公交车服务的缓慢，许多人抱怨在布朗克斯从一个地方到另一个地方花的时间太长。然而 2008 年，该市开通了一条名为"精选巴士服务"的快速公交线路。

这项服务的推出，将公交车从线路一端到另一端的时间缩短了一半。乘客被要求提前买票，司机通过交通信号优先系统使公交车一路绿灯。由于车票是预先购买的,所以乘客可以在前门和后门上车。另外,还为这项公交服务开辟了专用车道。

我的一个学生指出, 她在这条线路上的通勤时间过去总是无限长。现在,她发现这一系统非常快速和高效。

第十章

污染与浪费

在我们这个奇妙的科技时代,污染是一个日益严重的问题。我们正在使用人类历史上从未使用过的自然和人造材料,它们的生产、使用和处理都引起人们的巨大关注。此外,我们正在以破坏环境的方式集中使用某些通常无害的物质,比如磷。与此同时,我们的消费主义文化正在制造大量的浪费。我们管理和处理这些浪费的方法在世界各地有很大不同。最终,污水处理(或水资源缺乏)对公众健康带来巨大的影响。

第一节　污染

随着越来越多的人接触到可能造成个人或环境伤害的物质,污染变成我们星球上日益严重的问题。本节将对主要类型的污染进行分析,并提供解决污染问题的管理策略。

一、化学污染

化学污染物是所有污染类型中最成问题的，这在很大程度上是因为化学物质是未曾看到过的，也很难确定。如果没有经过某种形式的检测，我们便无法评估它们是否存在于我们的环境中。表 10.1 列出了一些主要污染物，其种类可以细分为金属和准金属、有机化学物质、营养物质和放射性污染物等。

1.金属和准金属

许多金属和准金属被认为是重要的污染物，特别是砷、镉、铬、铅和汞。这些物质是有问题的，因为它们是基本的元素——这意味着它们在自然界中无法分解。这些高含量物质对人体和其他生物体是有毒的，低含量也会引起健康问题。金属的一个挑战是它们会生物放大，也就是说当它们进入食物链时，可以变得更加集中。金属在环境中可以通过将其转化为不溶性化合物或将其移至有管理的废物处理设施而得到补救。

2.有机化学物质

在我们这个技术时代，人类正在生产各种各样的有机化学物质。其中许多是良性的，但也有许多在接触后会造成严重的健康问题。表 10.1 所列只包括在环境中持续存在的有机化学物质。这意味着它们不容易通过正常的环境过程分解。在许多方面，它们变得像金属，因为在不将其去除或以某种方式改变其化学性质的情况下，它们很难被清理。表 10.1 中列出的持久性有机化学物质存在问题，是因为它们会扰乱生殖和内分泌系统，并导致心脏病、癌症和糖尿病。此外，接触过这些化学物质的妇女所生的孩子可能会出现发育紊乱和学习障碍。许多不太持久的有机化学物质也是令人担忧的污染物。

3.营养物质

土壤的天然养分含量随当地地质条件的变化而变化。由于这种自然可变性,农民和园丁们开发出了向土壤中添加营养物的方法。几个世纪以来,种植者们使用像肥料和堆肥这样的天然肥料。然而在 20 世纪,各种各样的化肥进入农民、园丁和那些对草坪护理感兴趣的人的市场。施肥技术的改进带来世界范围内农业产量的巨大增长(图 10.1)。不幸的是,化肥的使用也导致了广泛的营养污染。

主要植物营养素可细分为宏营养素和微量营养素(表 10.2)。宏营养素的需要是大量的,微量营养素的需要是少量的。当这些元素在土壤中都不存在时,植物最大的生长潜力就会受到限制。在大多数情况下,土壤中含有丰富的若干种宏营养素和微量营养素,特别是碳、氧和铁。重要的是,低水平的氮和磷是大多数土壤中植物生长旺盛的主要限制因素。这两种元素占肥料的很大比例。这些元素也会导致严重的营养污染问题,因为它们存在于可溶化合物中的肥料中,会进入地表水和地下水系统。

化肥在农业中的广泛使用对农村环境是有问题的。然而在许多城市环境中,常常大量地添加肥料。郊区居民喜欢绿色的草坪和富饶的花园。高尔夫球场管理人员精心照料他们的场地以确保草地生长茂盛 (图 10.2)。许多操场、球场和公园都依靠肥料来保持某种特殊的外观。在农村和城市环境中施肥使其成为地球上最常见的污染物之一。在地球上几乎任何被人类改变的地貌中,都可以在水、土壤和街道沉积物中找到它们。

营养物质在地表和地下水系统中很自然地被找到,就像土壤一样。也和土壤一样,营养物质在水里是极其多变的。有些水域天然营养丰富。例如,从富含营养的土壤中流出的河流往往含有高水平的营养物质。这些河流中经常有大量的水草,如香蒲和睡莲。它们也可能含有大量的藻类。营养不良的水体往往是清澈的系统,水生植物生长非常少。从陡峭的山上流下的河流土壤很少,通常是低营养的环境。

表 10.1　主要化学污染物

金属和准金属	有机化学物质	营养物质	放射性污染物（所列元素的同位素）
锑	艾氏剂	氮	镅
砷	氯丹	磷	钡
铍	十氯酮滴滴涕	多种微量元素	铜
铋	二氯二苯二氯乙烷（DDT）		铯
镉	二噁英		钴
铬	狄氏剂		碘
钴	硫丹		氪
铜	异狄氏剂		锌
黄金	七氯		钾
铅	六溴环十二烷		钚
汞	溴联苯醚		镁
镍	乙烷		镭
钯	林丹		氡
硒	灭蚁灵五氯		硒
银	苯		锶
碲	多氯联苯		锝
铊	多氯氧芴		钍
锡	多环芳烃		铀
锌	四溴联苯醚		钇
	毒杀芬		
	三丁基锡（TBT）		

　　整个水生生态系统围绕着通过地下水或地表水进入系统的天然营养成分已经进化了数千年。当我们通过肥料的径流向这些系统中添加营养物质时，我们就会打破它们的自然平衡，而这种平衡已经存在很多年了。

　　4.放射性污染物

　　在2011年发生的福岛核电站灾难之后，人们对污染排放问题非常担忧。然而除了福岛，许多地区都存在放射性污染物。核废料和污染通过核能发电、医疗用品、原子弹试验和研究产生。表10.1列出了在某些同位素形式下可能成为核污染物的元素。同位素是元素的一种形式，其中子数与

图 10.1 化肥对于造就健康的花园和农场是很好的，但是它们的过度使用或管理不当造成严重的污染问题。

表 10.2 植物生长所需的宏营养素和微量营养素

宏营养素	微量营养素
钙	硼
碳	氯
氢	钴
镁	铜
氮	铁
氧	锰
磷	钼
钾	镍
硫	锌

标准原子数不同，原子序数是原子核中的质子数。许多同位素是不稳定的，在称为半衰期的一定时间内会分解成更稳定的形式。

5.医药污染物

世界各地唾手可得的医药产品的泛滥，引发了人们对水污染的担忧。试验发现，在许多地区的地表水中，激素、抗抑郁药和一系列其他药品的水平都有所上升。其中一些物质穿过人类的废物流，通过污水处理厂的排放进入地表水，另一些则从动物养殖场进入地表水，这些养殖场会给动物注射或喂食药品。在这种环境中，人们相信一些药物产品，特别是激素，正在扰乱生殖系统，并在一些动物中造成出生缺陷。管理这类污染物的挑战在于药品很难从废水中去除。大多数饮用水的处理方案都无法清除药物，更不用说对它们进行检测了。

图 10.2　因为我住在水上，所以我尽量限制在我的草坪和花园里使用化肥和杀虫剂。

二、热污染

我们许多工业过程产生出的多余热量被释放到空中、水里或地面。当引起环境问题时，这种热被认为是一种污染物。由于水在工业过程中经常用于冷却，世界各地的湖泊、河流和河口都有很多热污染的例子。在特定温度环境下进化的生态系统在升温时会受到伤害。通常，非本地物种被吸引到温暖的水域，从而扰乱正常的生态系统过程。此外，温暖的海水可能会改变正常的迁徙模式，从而使一些物种处于危险之中。

由于燃烧矿物燃料和在混凝土和其他材料中储存的长波辐射的释放，城市空气的局部加热已经被充分记录下来，称为城市热岛现象。这些岛屿就像泡沫一样笼罩着世界各地的城市。热的差异在夜间最为明显。当周围的乡村地区在日落之后变得凉爽时,城市地区仍然保持很高的温度,这是由于在白天被太阳辐射时储存在道路和其他非植被地区的长波辐射(热量)的缓慢释放造成的。

热岛会形成自己的天气模式。在 20 世纪,研究人员已经记录到了风、云量、降水和湿度方面的变化。在热浪期间,增加的热量会导致极端的健康问题。当然,对全球气候变化的担忧凸显了全球环境变化导致的其他健康和环境问题。

三、光污染

20 世纪普遍的电气化改变了夜空。几千年来,植物和动物都是在月球和恒星光线的微妙变化中不断进化,这种变化在黑暗的天空中非常明显。今天,在世界各地,人工照明使得看到月亮和星星变得困难。室外环境变了(图 10.3)。

因为如此多的动物和植物受到夜光的影响,光线产生的污染会对它们的行为产生很大的影响,并使它们迷失方向。某些物种的繁殖是与月相相吻合的。发达地区海岸线的照明会影响海洋生物。海龟在世界许多地方的沙滩上产卵。当卵孵化时,小海龟通过进化被吸引到反射性较轻的海洋中。当海岸线被人为点亮时,海龟会离开水面,被迫向陆地移动。

光污染不仅仅是整个天空的一个大问题,单独的灯光也会对生态系统产生直接影响。例如,为物业添加灯光会显著地改变场地的样子。想想自己在照明方面的感受吧。有的昆虫被光吸引,但许多动物(包括昆虫)躲避着光。照明也对人类健康有影响;光线的变化会影响我们的自然节奏,给我们带来压力。

图 10.3　世界各地的夜空都变了。你的行为对夜间环境有什么影响呢?

四、噪音污染

巨大的噪音会在许多生物体中产生生物压力(图 10.4)。长时间暴露在噪音中会影响听力,导致高血压和其他疾病。在动物世界里,嘈杂的环境使动物很难听到掠食者的声音。许多机场和道路都修建有减少噪音的装置,以减轻对居民的影响。

在海洋中使用声纳引起了人们对水中噪音污染的更多担忧。鲸鱼的叫声在特别吵闹的环境中会发生变化(图 10.4)。

图 10.4　对生活在大城市的许多人来说,噪音是一个问题。然而噪音对海洋动物也是一个问题。

五、视觉污染

视觉污染虽然通常不被归类为一种传统的污染物，但视觉疾病对世界各地的人来说越来越令人担忧。视觉污染问题并不新鲜。然而近几十年来，随着我们目睹了道路、电线和郊区扩张的广泛发展，这个问题变得越来越突出。由于过度开发和视觉上的混乱，许多美丽的景色被破坏了。在日常生活中，我们接触到了许多不愉快的景象，其中包括广告、垃圾、丑陋的建筑物、电力基础设施和维护不善的物业。

许多人用"可视域"这个词来描述一个人在日常生活中所看到的空间。许多社区试图管理社区可视域以消除视觉污染。这需要通过非常严格的分区和规划，以及鼓励物业维护和美化景观来实现。

六、乱扔垃圾

乱扔垃圾是指废物的不当处理。虽然大部分垃圾对环境无害，可一旦失控，就会降低生态系统的整体质量。在世界上没有定期收集和回收垃圾的地区，这个问题尤其有害。地质学家们创造了"塑性凝聚"这个词，指的是在一些有大量塑料垃圾沉积的地区形成的固体岩石状物质。那世界上最多被乱扔的垃圾是什么呢？答案是烟头。

有些垃圾会带来特殊的问题。例如，鱼线对水鸟和鱼来说是一个严重的问题，它们可能会被困在线里。大物品的外包装因卡住动物的脖子和限制动物生长而臭名昭著。动物尸体解剖发现烟头和其他垃圾影响着它们的消化系统。大量的垃圾会覆盖土壤或水生基质，从而限制植物的生长。这里大量的垃圾指轮胎类垃圾可能是火灾隐患。

第二节　了解污染的分布

污染存在于空气、水、土壤和生物有机体。无论其媒介是什么,污染都来自源头,而就其性质来看,污染源可以是点状、线状和区域性的。

点状污染是指在污染进入环境的地方表现为单一的点。点状污染包括烟囱、排气管或单独的排水管,其影响在远离排放散发的源点最为显著。相比之下,线状污染是指在有排放的地方污染呈线性分布,有可能是道路、泄漏的管道或光线。在对景观的影响上可以看到污染呈线性分布,其影响是污染物沿着一条线向外辐射散布。最后,区域性污染发生在有区域性污染源的地方,来自农田或郊区草坪的富营养径流是区域性污染源的范例。

管控点状或线状污染要比管控区域型污染源容易得多。单一污染源可以在排放点进行管控,单个的工厂、发电厂或汽车可以被监管,以将污染限制在可接受的水平,可以与产生污染的组织合作对其进行管控。

相比之下,区域性污染更难治理。与区域性污染相关的污染问题要更加分散。这不是一个管理和与单个业主合作的问题,而是许多业主,实际上是整个社区,要为污染问题负责。

于是就有了对污染源的分类,即点源污染和非点源污染。由于点源污染很容易控制和管理,因此已经为点源污染(如烟囱)的排放制定了许多指导方针。管制非点源污染要困难得多。

根据美国环保署(EPA)的规定,非点源污染的来源包括[1]:

●来自农田和居民区的过量化肥、除草剂和杀虫剂

---

① http://water.epa.gov/polwaste/nps/whatis.cfm.

●来自城市径流和能源生产的石油、油脂以及有毒化学物质

●来自建筑工地管理不当,作物、林地以及遭侵蚀的溪岸的沉积物

●来自灌溉方式的盐以及来自废弃矿山的酸性排放

●来自家畜、宠物粪便以及不完善的化粪池系统的细菌和养分

●大气沉降以及水电改变

鉴于与非点源污染相关的大部分挑战是由受污染土地的径流造成的,因此主要的注意力都集中在减少雨水径流造成的污染上。

暴雨水是指在降雨过程中在陆地上流动的水。在农村地区,它从农田或天然土地进入河流。近年来,人们对减少农场的径流,特别是那些饲养动物的土地的径流,给予了极大的关注。拥有大量动物的田野、牧场或围栏也会集中动物粪便。在雨季,这些粪便会进入河流,造成严重的营养污染。一些拥有大量动物的地区甚至开始通过使用小型污水处理厂来减少动物排泄物对非点源污染的影响。

在城市地区,雨水被引到道路上,在那里,它被引流到雨水下水道或沟渠中,之后进入地表水体,如湖泊、河流或池塘。为了去除污染物,比如营养物质,有严重地表水污染问题的城市将暴雨水引入污水处理厂。

人们越来越多地关注城市的雨水污染问题。这在很大程度上是因为城市雨水含有大量的营养物质,可能会导致地表水富营养化。城市雨水中还含有金属、垃圾、有机化学物质和来自宠物粪便的大肠杆菌。

近年来,点源污染和非点源污染治理取得的最重要的进展之一就是开发了一种叫作总最大日负荷(TMDLs)的东西。TMDLs 设置在分水岭或流域层面,针对特定的污染物。因此,管理者必须应对点源和非点源污染问题,以实现对污染标准的遵守。

TMDLs 的管理是复杂的。在设置 TMDLs 之前,政府组织必须对流域进行研究,从而对水文、生态和污染问题有全面的了解。流域土地利用是高度可变的,因此了解流域内污染源的总体范围是很重要的,以便设计

出治理污染的最佳策略。此项研究完成后，便可设计出最大污染物负荷，以减少污染对该地区的影响。如果流域不符合规定，就需制定策略以减少污染。

使用 TMDL 管理策略的好处是，在设计区域污染管理方法的时候，他们将重点放在所有污染源上，并非针对单一的行业或污染源，而是采用区域性方法做出改进。TMDL 管理通常用于大型受损的流域（见"曼哈斯特湾保护委员会"文本框）。

曼哈斯特湾保护委员会

曼哈斯特湾是纽约以东几千米处长岛湾的一个小港湾。20 世纪晚期，这里的海水严重受损。曾经作为经济支柱的贝壳捕捞，由于海湾的污染而消失了。富营养化是一个常见的问题。各种各样的污染物，包括金属、营养物质和垃圾，都是海湾的严重问题。为了解决污染问题，海湾周边的一些地方政府在 1998 年成立了曼哈斯特湾保护委员会。在一定程度上，该组织在管理流域层面的曼哈斯特湾的水质方面做出了贡献。

该委员会由十二个村庄、一个镇和一个县的代表组成。他们共同努力通过教育项目和与地方政府的合作项目来减少暴雨水造成的污染。自该委员会成立以来，海湾的水质得到了极大改善。虽然由于污染，仍禁止在海湾内进行贝壳捕捞，但海滩已经开放，许多人正在享受由于该委员会的区域合作而带来的水质改善。

第三节　美国处理污染的方法

在 20 世纪 60 年代和 70 年代，美国国会通过了一系列污染监管方面的法律，其中包括《清洁空气法》《清洁水法》《国家环境政策法》和《综合环境反应、补偿和责任法》。下面就其中每一项展开讨论。

一、《清洁空气法》

这项法律是在 1963 年通过立法程序在美国建立起来的(图 10.5),于 1967 年、1970 年、1977 年和 1990 年先后进行了修订和扩展。今天,该法律在全国、州和地方都得到了广泛应用,对来自固定和非固定来源(汽车、卡车、飞机等)的空气污染进行监管。

该法案由六个部分组成,每个部分被称为条款。

条款 Ⅰ 对 EPA 需要监管的与空气污染相关的项目和活动作出了界定,其中包括非常明确的空气质量准则,并列出了实现清洁空气所需达到的国家标准。条款 Ⅰ 要求所有新的重要空气污染源取得许可。重要的是,条款还通过对空气质量准则的评估,在空间上对是否达到特定的空气质量标准作出了界定。排放的污染物未达标是有后果的。排放者必须制定计划,对固定来源和非固定来源的所有排放进行清点和量化,并制定出确保遵守的时间表,以及具体的政策和措施。此外,排放者必须制定应急计划,以防该地区将来未能遵守相关标准。

条款 Ⅱ 关注的是移动污染源的排放。该条款侧重于与移动车辆相关的空气污染,尤其是汽车和卡车,为每辆汽车的空气污染排放设定了具体的标准,这些污染物包括碳氢化合物、一氧化碳、氮氧化物和颗粒物。条款还为燃料中可能存在或不存在的物质制定了规则。

条款 Ⅲ 对法律的一般性规定进行了分析,并涉及一些其他问题。或许条款 Ⅲ 最重要的一点就是允许公民以不遵守空气质量为由提起诉讼。这意味着,个人可以起诉要求不符合规定的实体遵守空气质量标准。这为空气质量标准的执行提供了独特的途径。条款 Ⅲ 也对空气质量监测指南作出了更加明确的界定。

图 10.5　世界上许多地方的清新空气得益于良好的管理和监管。

条款Ⅳ通过制定酸污染的标准,尤其是二氧化硫和氮氧化物,来强调减少酸雨。条款还为发展清洁煤炭技术提供了激励政策。这是有道理的,因为燃煤发电厂会将产生的酸性化学物质排放到大气中。

条款Ⅴ要求任何主要的空气污染源取得许可。批准程序要求排放者提交一份报告来概述受管制空气污染物的排放量,并列出减少污染的计划。批准程序主要由州和地方政府负责。

条款Ⅵ对平流层臭氧层的保护作出了规定。臭氧层保护地球免受有害紫外线的辐射。条款Ⅵ列出了受管制的化学物质种类,为排放各种污染物中清除受管制的化学物质提供了时间表,并鼓励排放者对替代化学物质的研究。该条款还为国际生产中去除这些化学物质的国际合作提供了框架。

《清洁空气法》制定的各项规则为国家对空气质量的监管提供了框架。许多规则是通过与州和地方政府的合作来管理的。在该法案的背景下,重要的一点是全面应对与空气污染相关的许多关键问题:个别大型污染方,如工厂、运输业的许多小型污染企业,以及区域性空气质量问题。

二、《清洁水法》

1972 年,美国国会通过了《清洁水法》,以应对该国严重的水污染问题。该法在 1977 年和 1987 年两次被修改。法院对法律的解释也做过一些修改。最初,该法律的目的是只关注单一点源的污染。然而近年来,它已被用于非点源污染的管理,如暴雨水污染。

该法律分为六个主要部分,称为条款。条款Ⅰ和条款Ⅱ侧重于为技术、污染控制和改进污水处理厂的研究提供资金。本部分法律的目的是帮助确定管理水污染和处理若干特定污染源的最佳方法,同时也为地方污水处理厂在改善地表水质量方面提供资金。

《清洁水法》的条款Ⅲ侧重于制定污染标准和为执法提供机制,并要求向地表水排放取得许可。具体来说,条款为污水处理厂和工业污染源的水质制定科学的标准,还为某些工业活动(如钢铁生产)的废弃物排放到环境之前的预处理设定了参数。条款Ⅲ还提出了一项水质标准计划,根据用水的性质(娱乐、饮用水水库等)对公众健康和环境的风险,对水污染水平制定了标准。一旦水体遭受破坏,便被列入受损水体清单,必须制定计划加以改进。此外,他们还需要对水所能承受的污染物的 TMDLs 作出评估。

随着标准的制定,条款Ⅲ也为每两年进行一次的国家水质清单的制定,确定了指导方针。每个州和司法实体都必须提交一份报告,概述其管辖范围内的水质和具有国家意义的问题做出界定。

条款Ⅲ的执行部分针对的是对违规者的罚款数额和服刑期限。对第一次或第二次违反水质的行为,罚款数额每天可高达 5 万美元。故意侵犯他人的行为可能导致 15 年监禁,并对涉事组织处以高达 100 万美元的罚款。

条款Ⅳ对与管理排放污染物有关的规则作了详细说明，制定了各州在管理污染许可时必须遵守的指导方针。

条款Ⅴ提供了为披露公司内部污染问题的员工提供保护的指导方针（举报人保护），并允许个人对违反《清洁水法》的个人或组织提出起诉，还允许个人以未能规范违规行为为由，对美国环境保护署提起诉讼。

条款Ⅵ为州和地方政府提供资金，鼓励他们开发大型项目以改善污水处理和非点源污染等领域的水质。

《清洁水法》在改善美国水质方面非常有效。虽然还有许多问题，特别是来自城市和农田的非点源暴雨水污染造成的营养污染，但美国的许多地表水体比《清洁水法》刚刚通过时干净很多了。

三、《国家环境政策法》

1969年，美国国会通过了《国家环境政策法》（NEPA），旨在保护美国免受政府监管的大型项目的污染和其他环境损害。NEPA被认为是政府制定的最重要的环境法规之一，因为它的重点是在环境问题发生之前防止它们的发生。

NEPA的条款要求对所有大型项目进行审查，使环境方面的考虑与项目的其他方面同样重要。这意味着将环境置于与需要、经济或其他问题平等的地位，这些问题可能会推动某个组织实施某个大型项目。

甚至在一个项目开始之前，必须首先进行环境评估，以判定该项目是否会产生重大的环境影响，以及是否可以寻找其他替代项目，以防止任何环境破坏。环境评估可以得出结论认定项目的实施不会对环境造成重大影响。如果这是结论的话，NEPA的规定便得到了满足，项目便可以继续进行。如果没有得到满足，必须出具一份环境影响报告，征求公众和专家的意见。

环境影响报告要达到几个目标：必须描述如果项目向前推进将会产生的环境问题，特别是那些无法避免的问题，还必须对项目的替代方案，以及项目长期维护所需的资源作出评估。

虽然环境影响报告没有任何规则制定权，但确实影响着决策，在很大程度上是权威人士用来衡量项目能否继续进行的决策工具。换句话说，报告不一定必须推荐或拒绝某个项目。这些文件是对环境影响作出分析并提出替代方案。

关于如何使用环境影响报告的最好例子，或许就是备受争议的基石输油管计划（Keystone XL）。开发商希望修建的输油管道，将加拿大阿萨巴斯卡油砂区的原油产品输送到美国的炼油厂。这条管道一旦建成，将有3000多千米长。

为了修建这条管道，美国国务院提交了一份详尽的环境影响报告，概述了与该项目开发有关的问题，特别是与全球气候变化有关的问题。报告对利用这条管道开发阿尔伯塔省的焦油砂储量及其对全球气候变化的影响表示担忧。

之所以由美国国务院来对其实施监管，是因为这个项目跨越了加拿大和美国的边境。该报告主要关注该项目是否会影响全球气候变化。报告就管道开发对环境的影响进行了分析，并就替代方案提出了一些建议。然而这份报告并没有与最终决定联系在一起。在这种情况下，总统必须授权开发管道，并将通过这份报告更好地理解他所做决定的含义。在撰写本文时，总统还没有明确表示他是否会批准这个项目。他一直在积极利用总统权力为气候变化制定规则，但尚未表明他对该管道项目的意向。

一些人认为，NEPA的程序会减缓项目开发。也许这是真的。就基石输油管道而言，值得注意的是，该项目最初是在2008年提出的。美国国务院于2010年和2011年作出了环境影响报告。最终报告于2014年发布。2012年，奥巴马总统最初否决了这个项目，原因是他担心内布拉斯加州砂山区可能因此受到环境破坏。尽管《环境影响报告》于2014年1月发布,但尚未对该项目做出任何决定,而且似乎也不会很快做出任何决定。在这个项目上缺乏明确的方向导致了许多人的批评,即NEPA的意图正在被削弱。有些人认为,拖延是出于政治目的,以避免在选举前作出有争议的决定。

然而NEPA在力图避免污染问题方面是一个非常强大的工具。实际上,该计划非常成功,以至于许多州都将其作为一个样板。州政府要求对国家批准的项目进行环境评估和随后提交环境影响报告。一些地方政府也有这个要求。

四、超级基金法

影响联邦环境政策的最新法律之一是1980年颁布的《综合环境反应、补偿和责任法》,通常被称为超级基金法(Superfund,或CERCLA),旨在清理和恢复受到有毒污染影响的房产。

超级基金法是在有证据表明一些难以管理的房地产出现大面积环境污染后提出的。在某些情况下,污染发生在过去,而现在新的土地使用是在过去污染的基础上。在其他情况下,房产被遗弃或者当前的所有者与污染无关。由于这些问题的复杂性,需要在联邦一级提出指导意见来设法处理由于这些而产生的复杂问题。该由谁负责清理?谁来负责赔偿?谁来确保这些房产的安全性?

也许,为CERCLA的制定提供动力的、最臭名远扬的问题,就是纽约州尼亚加拉大瀑布附近的拉夫运河地区受到的大面积污染。拉夫运河被用作尼亚加拉大瀑布市,以及后来的胡克电化学公司的垃圾场。该公司倾倒了数百桶各种垃圾,从溶剂和腐蚀性物质到染料和香料。1953年,该公司将垃圾场出售给了尼亚加拉瀑布学区。在出售过程中,该公司停止垃圾场的使用,并将其围起来以防止暴露。

然而该校区在这个地方建了一所学校,并开发了住宅用地,在施工过程中裸露了大量的垃圾。到了 20 世纪 70 年代中期,当地居民出现各种常见的健康问题。除了异常高的流产率外,在拉夫运河周围居住的家庭中,超过一半的新生儿至少有一个出生缺陷,也发现有染色体损伤。最终,全国宣布进入环境紧急状态,居民被重新安置并得到补偿。这个场地今天基本上被废弃了。"拉夫运河"灾难事件通常被认为催生了 CERCLA。

超级基金法在成立时被设计从污染者那里获得资金来资助清理项目。到目前为止,大约 75% 的清理资金已由负责任各方出资。当该法律开始实施时,石油税被用来为那些找不到责任人的项目支付资金。该税于 1995 年废除。今天,必须由美国国会授权为无法找到责任方的清理提供资金。

通常很难判断谁对房产污染承担责任。这是真的,因为一些最严重的污染问题早于我们现在用来管控污染的相关环境法规的制定。责任方包括物业的现有业主或经营者、污染发生时的业主或经营者、安排处置材料的各方或承运材料的各方。在许多情况下,需要一位环境历史学家来重建财产的所有权和活动,以对污染的整体责任进行评估。

CERCLA 由 EPA 负责管理。因此,EPA 掌握着美国所有潜在危险场地的清单。在进行了初步审查之后,EPA 对场地进行排名,以确定是否应该将其提升为超级基金法的名单。许多受污染的场地可以通过与州和地方官员合作来管理,以清除污染物并降低风险。如果污染严重到一定程度,该场地就必须列入国家优先事项清单(有时被称为"超级基金清单")而获"超级基金"的恶名。

"超级基金"这个名字很不幸。它意味着政府花大量资金必须用来清理列出的场地。没有什么比这更真实的了。虽然政府确实在 20 世纪 80 年代初期为清理工作筹集了资金,但并没有为清理"超级基金"场地设置收入来源。环境保护署与地方当局合作，以查明需要支付清理、补救费用的责任方。

当然，对于某些项目，清理费用高得令人生畏。环境保护署通过与州和地方政府合作，与负责任各方沟通并为其提供帮助，特别是提供专门知识和技术援助。有些清理工作很复杂，超出了一些当地环境咨询公司或地方机构的能力范围。CERCLA 的官员将就复杂的清理工作提供帮助和建议。

到目前为止，"超级基金清单"上大约列有 1300 处房产。现在不到400处房产已从清单中去除。这意味着，通过过去 35 年的努力，CERCLA 每年都能让大约 10 处房产焕然一新。一些人对清理这些场地的速度提出批评。然而考虑到有限的资金和与一些场地的规模和复杂性相关的挑战，清理的速度并不那么令人惊讶。事实上，许多房产都是重大的科学挑战。一些创新的清理技术和技术发现，来自减轻这些场地污染的过程。或许，随着科技的进步，未来几十年，这份清单将以更快的速度减少。此外，我们必须记住，由于规则的完善，我们没有像过去那样在制造那么多有毒的垃圾场。我们希望通过更好的环境管理来避免拉夫运河灾难在将来再度发生。

重要的是要指出，"有毒物质和疾病登记署"（ATSDR）产生于 1980 年通过的 CERCLA 立法。ATSDR 成立于 1983 年，旨在对生活在"超级基金"场地附近的人们面临的公共健康风险进行评估，并加强对接触有害物质所造成的健康影响方面的有关知识的宣传，还负责寻找防止接触有害物质的方法。自成立以来，ATSDR 的使命急剧增加，并集中于与有毒物质相关的若干公共卫生领域。ATSDR 是由美国卫生和公众服务部负责管理，并与疾病控制中心进行协商和合作。

ATSDR 还管理着几个重要的国家公共卫生风险指标数据库，其中包括可能不存在有害的、非癌症健康风险的化学品最低风险水平清单，对人类健康构成威胁的优先物质清单，以及全国性有毒物质事故清单。

EPA 还管理着一个释放有毒物质的清单数据库,可以通过网址①查找在美国任何地方释放的有毒化学物质的类型。

第四节 污水处理

世界上最大的垃圾问题之一便是污水。之所以如此成问题,是因为污水是一个令人烦恼的公共健康问题,因为它可能导致疾病传播,而且还因为它含有大量的营养物质。因此,污水处理对公众健康和环境保护都很重要。

世界上污水处理基础设施有限的地方,面临着明显的公共卫生和环境挑战。像霍乱这样的疾病可以通过污水传播。如果污水处理不当,就可能会进入饮用水系统。当污水进入地表水系统时,过量的营养成分会导致富营养化,废物中的固体物质会对水生生态系统底部环境的自然系统造成破坏。

污水处理有几种形式,可分为现场处理和非现场处理两类。现场处理是针对污水产生地的处理,非现场处理则是通过污水管道将多处地点的污水收集到一个单独的处理设施。

现场污水处理最常见的形式是化粪池系统。化粪池系统在不具备非现场系统的地方最常用。现场处理常常被认为比化粪池系统更可取,因为污水处理厂能够限制对当地的影响。化粪池系统需要两种基础设施:化粪池和排水沟。

当污水从一个家庭排出时,会通过管道被输送到化粪池。在化粪池里,部分较重的固体通过厌氧分解过滤到底部,液体被引入排水沟。化粪

---

① http://www2.epa.govi toxics–release–inventory–tri–program.

池必须定期通过抽水机以去除不能分解的固体，否则化粪池系统将变得无法使用。高频率使用的小型化粪池系统必须每隔几年就抽一次水，其他类型的化粪池系统的抽水间隔可以长得多。如未及时抽水会造成化粪池堵塞。在这种情况下，固体颗粒会溢流到排水沟，堵塞那里的排水管道。

排水沟通过管道连接化粪池。从这条管道开始，有几条管道向外辐射进入排水沟，将液体分布在广阔的区域。当排水沟被建成后，通常会铺设砾石以形成一个排水场，以使液体因重力作用而流入地下。

对于化粪池系统对环境的影响，人们越来越担心。进入排水沟的液体可能会进入地表水和地下水系统。这些液体含有大量的营养物质。一些地区已经出现了严重的富营养化水污染问题。因此许多社区都在试图放弃老的化粪池基础设施。他们正在铺设污水管线，将污水输送到处理厂。然而铺设这种污水处理基础设施是非常昂贵的。由于大多数化粪池系统都位于房屋密度相对较低的地区，因此为了满足极少数家庭的需要必须铺设大量管道。由于许多人迁入低密度社区以利用那里的低税率，铺设污水管道的费用在政治上往往令人不快，因为修建下水道所需的征税将大幅增加。

非现场污水处理是在污水排放到环境之前对其进行处理。这种处理形式是为了减少污水中的生物需氧量（BOD）。如果在没有处理的情况下污水被释放到地表水体内，生物体将会消耗大量的氧气来分解污水，这将导致富营养化和环境问题。

污水处理有三种类型：初级、二级和三级。每一种处理方法都能在污水排放到环境之前，净化污水并逐步去除有害物质。

在最基本的层面上，初级处理将固体、油脂和漂浮物从液体中分离出来。这是在沉淀池中完成的，使得重污泥固体沉淀，同时也使漂浮的物质和油脂上升到表面。每一种单独的物质都可以被进一步处理并收集起来用于实际用途，或者排放到环境中。油和油脂有时会被收集起来制成肥皂。固体污泥可以收集起来用于农田，它在潮湿或干燥后可以撒到农田里，也可以被送到垃圾填埋场。密尔沃基市利用干燥的污水污泥生产出一种名为"活性淤泥肥料"的产品，作为氮含量丰富的土壤改良剂(图10.6)。

二级处理是用来对初级处理后剩下的物质进行处理。虽然进行二级处理的方法有很多，但这个过程侧重于利用细菌进一步分解污水并减少生物需氧量。在某些情况下，污水是通过人工湿地来处理的，在那里的自然过程会减少生物需氧量。在二级处理过程结束时，固体得以沉降。这时，污泥便被收集起来，然后和初级处理时收集起来的污泥一并处理。世界各地的许多社区都在此时将剩余的液体排放到地表水体中。必须指出的是，排放出来的液体仍然含有营养成分，而且通常含有较高的，但肯定已经下降了的生物需氧量。

在一些地方，昂贵的三级处理是用来从残留的液体中去除营养物质和其他有害物质，然后再将污水排放到环境中。在某些情况下，残留的液体会用氯、紫外线或臭氧消毒，以去除微生物。这通常能将污水转化为符合当地标准的饮用水。通常被称为"从马桶到水龙头"，因为产生出来的水如此干净。三级处理过程很昂贵，但在一些关键领域至关重要。

世界上许多地方都采用三级处理来保护脆弱或受损的生态系统；这些生态系统会因为环境中释放营养物质而受到损害。例如，在英国，三级处理被用于指定的"敏感"领域。

图 10.6 许多运动场都使用富含氮的活性淤泥肥料来保持其绿意盎然。这种肥料是密尔沃基市污水处理厂的副产品。

污水管理与可持续发展

显然，污水管理最重要的方面是通过管理使污水不会对环境造成任何损害。然而把污水视为一种潜在的资源也很重要。过去，人类的排泄物被用作肥料、鞣革和燃料。今天，许多人正在寻找办法，将收集起来的污水转化为可用产品。

如前所述，肥料通常由处理过的污水制成。然而人们对利用污水生产能源越来越感兴趣。甲烷和其他可燃气体可以从污水中收集起来用于发电厂。此外，用污水污泥制成的干砖可以作为生物燃料使用。另外，污水为易受干旱影响的地区提供了宝贵的水源。许多社区将二级或三级处理后的污水泵入地表水体或地下水系统，以减轻人类取水带来的影响。

第五节　垃圾与回收

世界各地对垃圾的处理方式各不相同。许多地方没有定期的垃圾收集,废品由各个家庭来管理。在其他地区,废物管理是一个有高度组织的过程,由各国政府严格执行。本节将对世界上有废物管理的地区的废物管理和回收方式进行讨论。

在对较发达的环境下的废物管理进行探究之前,有关在收集有限的地方的废物问题,有几点值得注意(图 10.7):

1.当垃圾收集有限时,废物必须在家庭层面进行处理。

2.在这样的环境下,个人可能会产生较少的废物,或者重复使用剩下的物品。

3.个人可能会对危险物质处理不当。

虽然自己管理垃圾有一定的好处,但很容易处理不当。由于处置不当,会造成环境或健康问题。例如,处置废油可能会污染地下水系统,燃烧危险化学品会对暴露在烟雾中的人们造成健康问题。

图 10.7　在某些地区,如圭亚那,没有处理城市垃圾的基础设施(图片由Chontelle Sewell 提供)。

一、垃圾成分

根据美国环境保护署的规定,垃圾(他们称之为城市固体废物)的成分由多种可以回收利用的材料组成。城市垃圾(回收前)中最常见的材料是纸张和纸板、食物垃圾、庭园修整废物、塑料。表 10.3 列出了城市垃圾的成分详情。废物中有许多资源可以通过某种方式被重新利用或回收利用。

表 10.3　城市固体废物成分[①]

材料类型	重量占比
纸和纸板	27.4
食物残渣	14.5
庭园修整废物	13.5
塑料	12.7
金属	8.9
橡胶、皮革和纺织品	8.7
木头	6.3
玻璃	4.6
其他	3.4

二、垃圾管理

社区垃圾管理涉及几个步骤:收集、运输、分类和处理。每一步都涉及一定程度的可持续性。

1.收集

许多有垃圾收集的社区都有关于什么可以收集，什么不能收集的规

---

① http://www_epa.gov/epa waste/nonhazi municipal/.

定。例如,社区可能某一天收集家庭垃圾,另一天收集庭院垃圾。有些社区可能有专门收集电子垃圾或药品的日子。有些社区还要求将垃圾分门别类置于垃圾箱,以便可回收材料的收集,另一些社区则是在像工厂一样的环境下进行回收,工人们在垃圾被送到转运站后进行分类。换句话说,垃圾生产者必须遵守他们所在社区制定的明确的规则,而这些规则在不同的地方差别很大。

2.运输

垃圾收集卡车有许多不同的类型。有些为机械化系统,可以通过液压升降机将垃圾从垃圾箱中转移出来,其他则需要人工将废物转移到装载机上。垃圾车内的液压桨棒将垃圾向前推,进行压缩。垃圾车在卸载前可以运送 20—40 立方码的垃圾。回收车与垃圾车有不同的设计,这些车辆通常有多个垃圾箱分别用来收集纸张、瓶子、罐子和其他材料。有些社区有不同的回收日。一旦垃圾被收集起来,就必须送到转运站或处理地点。

3.转运站

转运站把垃圾转移到较大的车辆上,再转移到其他地方进行处理。有时,垃圾在这里进行分类,以去除可回收的材料。世界上许多地方已经没有垃圾填埋场可选择了,必须把垃圾长途运输到别处。例如,在纽约市,垃圾由卡车、驳船和火车运到远至弗吉尼亚州和俄亥俄州的垃圾填埋场。

4.处理场

垃圾最终进入处理场。现在采用最常见的处理方式是卫生垃圾填埋场。然而大约 12% 的垃圾被转移到变废为能的设施用来发电。

5.垃圾填埋场

在威斯康星州的农村,当我还是个小男孩的时候,我们会把一部分垃圾拿到当地的垃圾场,将其余的(大部分是家庭食物残渣)埋在我家房后树林中的垃圾坑里。当地的垃圾场由一位垃圾场管理员管理,他会烧掉一部分垃圾,然后埋掉其余垃圾。有机废物被留在露天腐烂。会有熊、鸟和其他动物过来,从垃圾堆里寻找食物。在世界许多地方,这样的垃圾场仍然很常见。不过,其他地方都对废物处理设施制定了严格的指导方针。这些管理更为精细的垃圾场被称为垃圾填埋场。

例如,在欧盟,各国被要求将它们的城市垃圾置于有明确的建设管理规则的垃圾填埋场。此外,垃圾不能含有任何有害物质、液体废物、可燃废物、医疗废物或轮胎。

世界上大多数发达国家都有关于垃圾填埋场建设的规定。详见美国环境保护署的相关指导方针[①]:

选址限制——确保垃圾填埋场建在合适的地质区域,远离断层、湿地或其他限制区域。

复合衬垫的要求——包括一个柔性膜(土工膜)覆盖两英尺的压实黏土衬垫在填埋场的底部和侧面,保护地下水和地下土壤免受渗滤液污染。

渗滤液收集和清除系统——置于复合衬垫的顶部,清除垃圾填埋场渗滤液,对其进行处理和处置。

操作规范——包括密实和覆盖几英寸土壤以减少废物异味;控制垃圾、昆虫和啮齿动物;保护公众健康。

地下水监测要求——需要对地下水井进行检测,以确定是否有废弃物从垃圾填埋场泄漏。

关闭和关闭后的管理要求——包括对填埋场进行覆盖和对已关闭的垃圾填埋场提供长期的管理。

纠正措施规定——控制和清理垃圾排放并达到地下水保护标准。

资金保证——在填埋场关闭期间及之后(即关闭和关闭后的管理),为环境保护提供资金。

根据环保署制定的指导方针,与一代人以前的垃圾场相比,大多数垃

---

① http://www.epa.govisolid/nonhaz/municipal/landfill_htm.

圾填埋场都实现了高科技。

近年来,垃圾填埋场的发电能力受到越来越多的关注。垃圾分解时会产生热量和甲烷气体。许多社区正在将当地垃圾填埋场的这些资源加以利用。

三、减少浪费

虽然我们已经找到了处理废物的方法,但减少总体浪费要好得多。许多人已经改变了他们的生活方式,大大减少他们产生的垃圾。比娅·约翰逊(Bea Johnson)也许是世界上零浪费生活方式的顶尖专家。[1]她为那些想过简单生活的人们提供了很多实用的建议。她博客上的座右铭是"拒绝、减少、再利用、回收、腐烂"。她所说的"拒绝"是指我们需要开始拒绝我们日常生活中被给予的东西。我们不需要塑料袋、瓶装水、包装、一次性饮料杯、垃圾邮件和其他我们经常会扔掉的垃圾。我们还应该开始拒绝购买这么多东西,至少应该减少我们的消耗。一旦你开始问自己是否真的需要某样东西时,你会发现你可能并不需要。少一点的生活是每年都减少浪费的一个重要组成部分。

任何我们拥有但不再需要的东西,我们都应该尝试重新利用或以某种方式回收。通过再利用,我们就免去了与回收相关的能源成本。所以如果你拥有的东西可以被别人重新使用,或被你或其他人用作他途,你在这个星球上留下的足迹将会更小。我们生活中的许多东西都可以被可重复利用的材料所取代,纸巾、尿布和钢笔就是几个例子。

约翰逊最后的建议——腐烂——是说我们把厨房里可以分解的东西收集起来用作肥料。如果只是将厨房垃圾丢弃掉,我们便扔掉了可以添加到我们当地土壤中以促进植物生长的营养物质。

---

[1]　www.zero waste home.blog spot.com.

约翰逊每年的家庭垃圾中不能重复使用、不能回收或不能用作堆肥的部分,可以装进一个罐子里。你有没有想过你今天产生的垃圾?它比一个罐子大吗?与约翰逊相比,你今年产生了多少垃圾?你能做些什么来减少你每年产生的垃圾呢?

四、堆肥

和世界上数百万人一样,比娅·约翰逊(Bea Johnson)把餐厨垃圾用作堆肥。堆肥有很多方法,有些是高度科学的系统,专注在堆肥箱中创造有效的通风和温度控制,以确保物质快速分解;其他系统要简单得多,不需要太多的工作。我们都知道,不管有没有我们的帮助,食物都会腐烂。但是通过使用堆肥的方法,食物会很快腐烂掉。

虽然建立一个家庭堆肥系统很容易,但许多人找不到堆肥设施。他们可能没有庭院或厨房空间来有效地运行家庭堆肥系统。他们可能住在公寓里,或者住在辅助生活设施,没有能力单独管理厨房的残羹剩饭。此外,大型食品加工设施、餐馆和医院往往无法很容易地将他们产生的大量的废物制成堆肥。

为了应对这些情况,一些组织安装了工业规模的堆肥系统,使废物充气加热并迅速分解。此外,一些社区也设有收集个人食物垃圾的地方。有些城市,如纽约,已经建立了可分解垃圾的专门收集点。考虑到食物垃圾和庭园修整废物这两种堆肥垃圾占废物总量的25%以上,通过采用堆肥收集系统来减少废物的潜力是相当大的。

五、回收

当然,回收是利用在垃圾中找到的资源来制造新的物品(图10.8),并且已经进行了好几个世纪。近一个世纪以来,金属,尤其像黄金和白银这样的贵金属,被熔化后重新用来制成新的商品。然而鉴于当今时代产生的垃圾量如此之大,人们对各种材料的回收非常感兴趣,尤其是量很大的材料:纸张、塑料、玻璃和金属。

图 10.8　垃圾管理和回收是世界上许多城市的一项主要任务,包括在牛津。

回收的挑战之一是必须要有一个废品市场。尽管金属回收市场一直都很强劲(事实上,因金属可被当作废品回收而发生盗窃的问题一直存在),但塑料、玻璃和纸张的市场却不那么强劲,因为在许多情况下,使用未经回收的原材料会更便宜。

塑料是一个特殊的问题。塑料有很多种。当将它们收集在一起整个融化时,将塑料重新打造成可用的材料就面临着挑战,因为塑料的化学成分非常多变。因此,塑料消费品被赋予了一种塑料分类识别码,以便更好地对材料进行分类,使得不同种类的塑料更有效的分离,以确保采用适当的回收策略。

虽然被丢弃的塑料只有一小部分被回收利用(在美国约占 7%),但塑料仍有市场;它被用于制作织物、吸塑箱和塑料木材。

玻璃回收在世界各地得到广泛应用。然而为了行之有效,玻璃必须按颜色分开。生产商往往使用特定颜色的玻璃来生产他们的产品。例如,酒瓶往往颜色较深,而软饮料玻璃瓶则比较透明。回收的大部分玻璃会被熔化,制成其他玻璃容器。不过,越来越多的人对玻璃用于各种各样的二次用途产生了兴趣。例如,回收的玻璃现在被用作台面和瓷砖装饰元素,也被用作磨料和水泥中的骨料。由于玻璃的多功能性,生产厂家能够将其作为资源用于各种制造过程。

许多社区通过收取瓶子押金来鼓励玻璃回收。在结账的时候,要付一小笔费用,叫作"瓶子费"。如果你将瓶子归还到回收中心,这笔费用将退还给你。显然,不是所有的瓶子都被还了回来。剩下的瓶子基金可以用来推动回收计划。

1.纸张

纸张在世界各地通常被回收利用。废纸是一种很好的资源,可以用来制成各种其他的纸产品。由于每年砍伐的树木中大约有 35%被用来造纸,回收利用有助于保护森林,减少森林砍伐对环境的影响。欧洲和美国的纸张回收率约为 65%。在美国,大约 90%的硬板纸被回收。

这种高回收率是非常了不起的,但必须指出的是,在美国和其他发达国家,大约有一半的回收纸被运往海外发展中国家进行回收利用。这其中有复杂的经济原因。然而在发达国家之外的许多废纸回收公司并没有严格的环境法规。因此,在许多方面,回收问题是发达国家输出废物和相关环境问题的一个例证。虽然纸张回收利用是件好事,但重要的是要认识到废品回收存在许多污染问题。虽然我们对购买再生纸感到高兴,但我们必须认识到,相当数量的再生纸是在污染控制有限的工厂里生产出来的。

回收纸张时,把用过的纸张与水混合,然后在造纸厂里捣碎。这就形成了一种浆料,通过一道工序来除去油墨和杂质。然后将这种混合物分离,晾干,用于造纸和其他纸类产品。

2.回收物市场

确保回收计划成功,最困难的一个方面是确保回收材料的终端产品有市场。有些回收材料的成本比来自非回收资源的材料要高。例如,在美国,一种含有回收纤维的办公用纸其成本比不含再生纸的同质量纸张高出好几美元。这显然为回收材料进入普通消费者的购物筐带来了经济上的挑战。

再者,有些人和组织不喜欢用回收材料制成的产品。当然,这是个人喜好的问题。有些人可能不喜欢再生纸的"样子",或者不喜欢使用由饮料瓶制成的塑料制品。然而在大型组织制定的购买和采购指导方针的推动下,这种态度正在发生改变。像沃尔玛这样的零售巨头,以及像大学这样的大用户,都在制定回收材料的使用要求。看看你自己的大学或学校。他们是否在采购指南中要求使用回收材料?你所在社区的企业呢?他们购买回收材料吗?你自己和家人的偏好是什么?你喜欢买回收纸吗?是什么驱使你有这样的偏好呢?

3.环境正义对回收的批判

回收是伟大的!然而考虑一下在回收领域工作的人。他们往往是低薪工人,接触各种各样的材料,因为他们需要将垃圾分拣后运走,而这些垃圾可能含有有害物质或化学品。

在分拣线上从垃圾中提取可回收材料的社区,会雇佣工人来清理家庭垃圾。这些废物可能含有对身体有害的物质,如尖锐的物体或碎玻璃,也可能含有在接触后有害的化学物质,如烤箱清洁剂、药品或电池酸。废品转运设施通常设在低收入或少数族裔社区。

而这些低收入人群则是在应对富裕人群产生的消费主义浪费。和任何一个垃圾收集者交谈,他们都会告诉你不同社区产生的垃圾有非常明显的不同,富人区比贫穷社区产生的垃圾更多。因此,从事回收行业的工人们正承担着其他人的浪费行为给他们带来的负担。

污染使俄亥俄州托莱多的供水中断

2014 年 8 月,托莱多市关闭了公共饮用水供应,因为它受到了微囊藻的污染;微囊藻是蓝藻细菌的副产品。在温暖的月份里,海藻在世界各地的地表水中随处可见。藻华是一种自然现象,是大量海藻利用温暖的月份流入地表水体的营养物质,快速生长形成的。然而过多的藻类会产生大量的微囊藻,从而污染饮用水源。摄入微囊藻素会导致严重的健康问题。

托莱多的饮用水来自伊利湖,伊利湖是位于加拿大和美国边境的五大湖之一。伊利湖在 1969 年出名,当时克利夫兰的凯霍加河在进入伊利湖的地方发生了火灾。这条河因此充满了污染物,变得易燃。诸如此类的事件促使政府采取行动,通过了《清洁水法》(*Clean Water Act*)。当时,人们都知道,湖泊也有来自农业和污水径流带来的严重营养污染。湖中高水平的氮和磷导致大量的海藻形成,造成水中缺氧。因此,低氧环境导致鱼类死亡,进而导致了更严重的污染问题,特别是死鱼最终出现在人口密集的社区海岸。

虽然在清除伊利湖工业污染方面取得了许多成功,但营养污染仍然是一个重大问题。当在托莱多的饮用水中发现微囊藻毒素时,该市市长告诉居民不要喝水,甚至不要煮水喝,因为沸水无法去除污染物。连续三天,成千上万的居民无法使用公共饮用水。一卡车一卡车的瓶装水从周围地区运到该市。

这或许是营养物质污染导致水质问题的一个极端例子,但如果不做出改变,未来可能会出现更多此类问题。在威斯康星州邓恩县的农村地区,26 例藻类疾病是由泰因特湖的饮用水引起的。微囊藻素也在温尼贝戈湖被发现,温尼贝戈湖是威斯康星州主要城市地区的主要饮用水源,如阿普尔顿和奥什科什。一些社区采取了积极的措施来改善水处理方法以去除微囊藻素,还有一些社区正在努力减少营养物质的污染。然而像托莱多事件这样的问题将持续到可预见的未来。

纸张回收有多大的可持续性?

纸张回收是我们今天比较成功的回收方式之一。在发展中国家,大约65%的废纸以某种方式得到回收利用。用再生纸制成的产品正在走向世界市场。纸张回收系统因其清除垃圾填埋场废物的能力而广受赞誉。

然而也有一些挑战对纸张回收的整体可持续性提出了质疑。具体来说,许多人对能源成本、污染成本和环境正义问题表示担心。

纸张回收是能源密集型的过程。虽然比生产纸张消耗的能源要少一些,但确实消耗了大量的交通能源。此外,世界上许多森林保护区,以及世界上的造纸厂都位于利用水力发电的地方;水力发电被视为一种绿色能源和可再生能源。这些工厂还使用纸张制造的废料作为燃料。换句话说,用可再生能源生产出相当数量的木浆纸,而通过回收利用生产的纸张通常使用化石燃料。

另一个问题是与纸张回收有关的污染。要用腐蚀性化学物质去除油墨,而墨水中可能含有多种有害的有机和无机化学物质,如塑料聚合物、铬和镉。这些物质可能会排入地表水体。最后,由不能使用的纤维和杂质组成的固体废物被遗留下来,必须填埋。因此,这一过程具有不同于标准造纸的明显的环境影响。

最后,纸张回收带来重要的环境正义问题。发达国家大约50%的纸张被运往发展中国家回收利用。在消费品留在发达国家的港口后,这些纸将用集装箱船运送到发展中国家。这些废物被送到那些利用全球化互联网络但环境规则有限的工厂。当循环纸被生产出来后,就会被运回发达国家,在那里消费者会对购买到回收的纸张感到高兴。

尽管尽可能支持废品回收是很重要的，但我们必须认识到，回收可能会产生意想不到的后果。我们必须对生产流程进行检查，以确保生产的公平、安全。

第十一章

环境正义

现代可持续发展运动与之前的环境运动的不同之处，在于现代可持续发展运动关注的一个重点是社会公平问题。的确，可持续发展的定义包含了环境、经济和公平的三个"E"。在这一章中，我们将探讨环境中的公平问题。正如我们将要看到的，这是一种新观点，着眼于在过去几十年里加速发展的问题——部分原因是种族主义、阶级歧视、性别歧视和全球化。

环境正义问题最引人注目的一点，是这些问题都在我们身边，但我们许多人感到无力、无能或不愿解决这些问题。然而我们也将看到在许多方面正在取得进展。因此，尽管有许多问题需要应对，但过去几十年的努力已经揭示了这些问题，观注可持续发展的群体中许多人像激光一样专注于努力解决这些问题。的确，环境正义问题已经引起了媒体、政府、公私部门许多人的重视。

第一节　社会正义

环境正义运动产生于环境运动和社会正义运动,这两个运动在 19 世纪得到了巨大的动力,因为工业革命的影响在全世界都能感受到(图11.1)。正如我们所知,像约翰·缪尔这样伟大的环保主义者关心土地的保存和保护。然而社会正义运动中的许多人关注的问题是如何确保工人获得公平的工资和合理的住房选择。

在我们现代社会,社会正义在很多方面都获得了确认,但人们普遍认为,社会正义是确保个人得到公平对待,并享有平等的自由、权利和机会。虽然许多人已经写了几个世纪的社会公平, 但现代社会正义的概念出现在大约 150—200 年前。包括查尔斯·狄更斯(Charles Dickens)在内的作家很好地记录了那个时代, 他们富有表现力地写了很多关于童工、工作条件、污染、贫困和住房等方面的问题。社会组织,其中许多产生于宗教团体,在此期间成立,致力于制定良好的公共政策以解决各种社会弊病。

社会正义的拥护者们常常将目光朝向广泛的社会机构来解决问题。因此,社会正义在所有层面和社会类型中都面临着不公正。因此,社会主义经常与政府发生冲突,无论是左翼还是右翼,都与宗教组织、企业和非营利组织等其他社会机构发生冲突。与此同时,其中有许多组织都在努力改善社会成员的社会条件。

社会正义倡议往往侧重于穷人。然而应该指出的是,许多与社会正义运动有关的其他主题已经出现,包括:种族和民族、移民地位、宗教、性取向、性别、卫生保健、收入不平等、劳动和工作条件,以及总体人权。

近年来,社会正义界的许多人士一直关注广泛的收入不平等问题。发达国家和欠发达国家的收入差距都在扩大。因此,许多活动人士一直在研究如何应对近年来日益加剧的社会分化。我们这个时代的现实,是富人越来越富,穷人越来越穷。这样的情况对一个公平和公正的社会来说是不可持续的,许多人担心,即使在我们有更多的知识和认识的时代,社会公平也正在逐渐消失。

图 11.1 在华盛顿特区,医师们在抗议核战争(照片由霍夫斯特拉大学特别收藏提供)。

事实上,2006 年,联合国发表了一份名为"开放世界中的社会正义"的报告。报告指出:"各种表现形式的贫穷在增加,难民、流离失所者和虐待受害者的人数也在增加。"该报告确认了六个方面人类之间不平等的趋势:

(1)收入分配不平等加剧。当然,过去有些人试图建立一个收入均衡分配的世界。然而人性的现实已经告诉我们,这样一个制度注定要失败。大多数人都明白,收入不平等是人们为了个人和家庭生活的改善而产生差异的正常结果。毫无疑问,当出现巨大的收入差距时,担忧就会出现,各国之间的巨大差异,还必须认识到,世界各地区也都存在着巨大的收入差距。

(2)资产分配不平等加剧。资产是由个人或国家控制的资源。资产的变化与上一代人的收入变化是一致的。更少的个人控制着更多的资产,许多国家由于资产转移到其他国家而失去了对关键资产的控制。

（3）少数人有更多的工作机会，大多数人失业和就业不足状况加剧。在过去的几十年里，我们已经进入了一个高度技术性和专业化的经济体，高薪工作需要受到高等教育和培训。在某种程度上由于机械化和效率的提高，许多人面临着更多的失业和就业不足状态。

（4）信息，也许还有知识，得到了更好地分配，但优质教育机会的分配越发不均衡。在过去的几年里，我们看到信息在互联网上爆炸。与此同时，高质量教育的成本也在上升。因此，我们有一种认知失调的情况，那就是我们可以获得大量的知识，但在世界各地获得教育学位的机会很有限。

（5）卫生保健和社会保障方面的不平等现象日益严重，环境不平等现象日趋明显。毫无疑问，在全球范围内，获得可负担得起的高质量医疗保健的能力存在差异。与此同时，在退休年龄和日间照料等方面也存在明显的不同。

（6）公民和政治生活参与机会的分配趋势不明朗。人们越来越关注金钱在政治中的作用。当然，金钱一直并将继续在权力的获取中发挥作用。近年来，在政治上花的钱越来越多，从而限制了不太富裕的个人在政治进程中的影响力。的确，人们越来越关注世界各地开始出现的差距。例如，在美国，超过半数的国会议员是百万富翁；众议院议员的净资产中值达到了89.6万美元，参议员的净资产中值为250万美元[①]。

尽管联合国的这份报告并不是社会正义的权威指南，但确实指出了国际社会正义运动中许多令人关切的问题。

在美国，环境正义运动显然可以追溯到民权运动的到来，而民权运动本身就起源于广泛的社会正义运动，可以追溯到早期的反奴隶制运动。

---

① http://time.com/373/congress-is-is-now-most-a-millionaire-club!

第二节　民权及美国的现代环境运动

20世纪60年代兴起的美国环境运动强烈关注人类与环境之间的联系(图11.2)。人们非常关心自然土地的丧失、过度开发和污染等问题。这些问题以地球为中心,而不是以人为中心。那个时代的抗议活动推动了诸如《清洁空气法》《清洁水法》和《濒危物种法》等主要联邦环境法律的制定,现在这些法律仍在保护着环境。

图11.2　这是那辆著名的公交车(现陈列在亨利·福特博物馆),罗莎·帕克斯(Rosa Parks)曾在这辆车上拒绝移到后面的座位。美国民权运动带来了对环境正义的新关注。

在现代环境运动正走向成熟的同时,美国民权运动在努力促进种族平等。在20世纪中期美国的许多地区,种族主义都是一个严重的问题。白人特权限制了非裔美国人和其他少数族裔获得好工作、优质学校及特殊社区等方面的能力。几次广为人知的游行,尤其是马丁·路德·金(Martin Luther King)博士领导的游行,向公众和政客们宣传了制度化的种族主义所带来的问题。在这个时代，新的联邦、州和地方法律得以实施，旨在消除社会障碍和制度化的种族主义。

当然，我们都知道，20世纪六七十年代实施的环境法并没有根除世界上所有的环境问题。同样，新的民权法也没有解决种族主义问题。活动人士仍在继续努力以改善少数族裔的环境条件和公民权利。

回顾过去，令人惊讶的是，环境和民权团体并没有共同努力。当时，环保团体关注的不是城市的环境问题，而是荒野问题。这并不奇怪，因为美国的环保主义起源于缪尔和梭罗这样的人，他们在大自然中找到了极大的慰藉。缪尔强烈主张为保护荒野而保护荒野。直到1962年雷切尔·卡森（Rachel Carson）发表了《寂静的春天》（Silent Spring），主流环保团体才开始考虑城市和郊区的环境问题。因此，公民权利团体没有看到与环境团体的明确联系，而环境团体也没有看到与民权团体的明确联系，这并非完全出乎意料。

因此，直到20世纪80年代，人们才开始认识到环境保护和公民权利问题在一个新的环境正义的领域内相互结合联系在了一起。从那以后，人们对民权和公平与环境保护主义之间的关系逐渐产生了浓厚的兴趣。的确，公平已成为可持续发展的一个关键主题。

第三节　铅污染及城市环境正义运动的发展

在20世纪80年代环境正义运动开始之前，城市里的许多人开始注意到事情不对劲。他们看到孩子们正遭受着学习障碍和其他问题的折磨，而这些问题在一代人之前并不常见。

几个世纪以来，铅被用于日常用品，如餐具、管道、焊料和子弹。这些产品的使用者和制造者偶尔会出现铅中毒。但是这样的情况并不常见，或者至少没有被普遍诊断出来。

在 20 世纪,随着含铅油漆和含铅汽油(现在许多国家都禁止使用)的广泛使用,铅中毒事件随之增加(图 11.3)。事实上,在 20 世纪,油漆和汽油中的铅是人们接触铅的最常见的方式。铅在某些情况下是很好的颜料添加剂。它使油漆非常坚硬、耐久、耐风化。正因为如此,它仍然被用于桥梁和某些工业用途。铅被添加到汽油中作为抗爆剂和润滑剂。

当油漆剥落时,它会在室内或室外变成灰尘。另外,有些孩子会将油漆剥下来吃或者啃食窗台。在这些情况下,直接摄入铅会导致铅中毒。汽车尾气中的铅进入大气,在那里,重的铅颗粒会落在排气点附近,或者被从源头带到远处。在大多数情况下,在道路附近和在涂有含铅油漆的住宅或附近会发现高水平的铅成分。然而由于肉眼看不到这些颗粒,所以不可能知道污染在哪里。即使是在铅被禁止用于大多数油漆和汽油几十年后的今天,在土壤中也发现有铅的残量,在老房子里也发现了铅涂料的痕迹。

不幸的是,受铅摄入影响最严重的是儿童,他们吸收的铅量比成年人多很多倍。此外,喜欢在地板上、肮脏的院子里、街道和人行道上玩耍的孩子们在日常活动中也会接触到铅。他们比成年人有更多的手对嘴的活动(你最后一次看到一个成年人吮吸拇指是什么时候?)并且通过直接食用或吸入受污染的物质,直接接触到含铅的污垢、沉淀物和灰尘。

虽然铅中毒的严重症状很明显,包括呕吐和神经紊乱,但低水平的中毒症状更难发现,问题更严重。学习障碍、行为问题和无精打采是其中的一些表现。铅接触会带来问题,因为已知的人体中没有铅代谢作用。铅经常代替骨骼和大脑中的钙或镁, 以及身体其他没有这些元素积极作用的部位。

图 11.3　儿童比成人更容易铅中毒,这就是许多国家禁止在油漆和汽油中使用铅添加剂的原因。

　　除了学习障碍和其他问题, 许多人认为铅污染和中毒是暴力犯罪率上升的原因之一。著名经济学家里克·内文(Rick Nevin)对美国和其他国家的铅中毒和犯罪进行了研究,发现铅接触和犯罪之间存在明显联系。最特别的是,他发现一些暴力犯罪高发的群体在过去有更多的铅接触。有趣的是,内文认为类似的联系存在于拉丁美洲。近年来,拉丁美洲的暴力犯罪率攀升,而巧合的是,接触汽车尾气中高铅含量的人也正在逐渐成熟。拉丁美洲是世界上最后几个禁止使用含铅汽油的地区之一。确实,作为全世界谋杀率最高的国家之一的委内瑞拉于 2004 年才禁止使用含铅汽油,这是最后一个禁止使用含铅汽油的国家。

　　那么,所有这些铅污染信息与环境正义有什么关系呢?

　　在美国,根据杰拉尔德·马科维茨(Gerald Markowitz)和大卫·罗斯纳(David Rosner)的研究,很明显,铅行业的许多人都深知油漆和汽油中的铅会带来健康问题,但他们反对对自己产品的禁令。这或许是第一次引起美国公众注意的广泛的环境正义事件。20 世纪 60 年代和 70 年代的数据显示,受铅中毒影响的许多人是生活在城市的贫困有色人种儿童。

　　因此,一代又一代的儿童都接触过铅,而许多与铅工业有关的人知道他们的产品对公共健康的影响。这引发了一系列法律的颁布,也引发了人们对社会正义、健康和环境问题的思考。映像技术的出现，如电脑地图和地理信息系统，进一步加深了人们对铅污染的位置和影响人群类型的认识。到了 20 世纪 70 年代，很明显，最有可能铅中毒的儿童是贫穷的有色人种儿童。

与铅有关的环境法规要求美国对幼儿进行铅中毒检查，作为全面健康筛查的一部分。截至目前，大多数被确诊的病例都出现在贫穷的城市地区，尽管在较老的部分农村社区也发现了铅中毒。建立了新的铅屋国家管理规定，要求对公有住房进行清理；如果房子卖给新主人，则必须告知房屋有铅存在。虽然在美国并不是所有的铅都消失了，并且仍有铅中毒事件发生，但铅中毒的风险和报告病例的数量已经显著下降。

第四节 美国的环境种族主义

20 世纪 80 年代和 90 年代，美国著名研究人员罗伯特·布拉德（Robert Bullard）开始认识到，在美国，个人接触垃圾的方式存在显著差异。他和其他人发现，危险废物的位置存在明显的差异。这些设施并没有在空间上平均分布，相反，非裔美国人和低收入社区，受到危险废物场所选址的不成比例的影响。这被视为一种环境种族主义。虽然"环境种族主义"一词在很多方面都有使用，但它最常用于布拉德指出的背景下：基于种族的过度接触有害环境材料或退化的环境。

由于他的努力，罗伯特·布拉德经常被称为"环境正义运动之父"。他的努力使环境种族主义问题成为社会正义和环境运动的前沿和中心。

但是，如果说罗伯特·布拉德是环境正义之父，那么黑泽尔·约翰逊（Hazel Johnson）（1935—2011）便是该运动的祖母。

约翰逊是芝加哥的一名环保人士，在看到朋友和亲戚因公共住房环境问题而生病后,她找到了自己的事业。她开始记录和录制她听到的每一个问题,以了解其中的规律,并提请人们对环境健康和住房问题的关注。

从许多方面来看,约翰逊的行动始于 1969 年她丈夫死于肺癌之后,开始关注公共住房的石棉问题,并于 1979 年成立了一个名为"人民要求恢复社区"的组织,重点关注芝加哥公共住房社区的问题。她的工作重点是石棉及其清除。

当约翰逊开始记录周围的健康问题时,她的注意力集中在各种不受监管的垃圾场和数百个地下储罐。事实上,这个社区被一些称为"有毒甜甜圈"的东西包围着。不幸的是,许多家庭无法得到经过处理的饮用水,只能依靠井水。她坚定的关注焦点和社区组织引起了人们对这些问题的关注,最终饮用水和下水管道被带到了该地区。

黑泽尔·约翰逊的努力是一个例子,说明个人在面临环境问题时,在试图给社区带来改变方面,能够发挥的力量。早在环境种族主义或环境正义的概念被明确定义之前,她就在一个以非裔美国人为主的社区里开始研究这些恼人的环境和社会问题。因为她的研究和倡导,使她的社区和数百人的生活由此变得更好了。在她的晚年,许多地方、国家和国际领导人都认可她的成就和她对美国公共健康和环境正义做出的诸多贡献。

黑泽尔·约翰逊是许多在社区中看到问题的人的榜样。她的努力与罗伯特·布拉德的想法结合在一起,在纽约市以新的方式结出了硕果。自 1990 年以来,该区域已查明多个环境种族主义的例子。例如,在纽约市的南布朗克斯区,许多居民受到诸多环境和社会问题的影响,包括倾倒垃圾、污染和住房问题。由于这些问题该区成为纽约市最臭名昭著的街区之一,不仅受到了污染,而且是不健康和危险的。然而由于住房成本低廉,这里是移民和低收入家庭的理想之地。因此,不仅移民和少数民族不成比例地受到环境和社会问题的影响,而且大量儿童也受到影响。

南布朗克斯区的居民玛吉拉·卡特(Majora Carter)看到了这些问题,

并开始着手解决。她成立了一个名为"可持续发展的南布朗克斯"的社区团体，试图解决几十年来由于忽视环境问题和城市管理不善而导致的一些问题。她觉得该社区不应该承受纽约地区不成比例的环境影响。她和其他团体成员努力揭示这个社区存在的问题。他们举行了无数次的社区会议，听取居民和其他利益相关者的意见，以找到人们关注的那些问题。他们发现居民想要一个健康的社区和一个繁荣的环境。他们还希望有工作机会和更好的社区设施。"可持续发展的南布朗克斯"与纽约市政府合作，接受资助和捐赠，以对社区做出重大改善。虽然在南布朗克斯区并不是一切都很完美，但毫无疑问，"可持续发展的南布朗克斯"的努力给社区带来了巨大的改变。

在"可持续发展的南布朗克斯"取得成功之后，卡特进入了私营部门，成为一名城市复兴专家，但该组织仍然活跃。该组织的使命宣言，"通过绿色职业培训、社区绿化项目和社会企业的结合，'可持续发展的南布朗克斯'致力于解决南布朗克斯区和整个纽约市的经济和环境问题"。该组织是美国最活跃的地方环境正义组织之一，经常被用作成功的典范。许多知道南布朗克斯区十年或二十年前是什么样子的人都知道，这个组织已经成功地把这个社区变成了一个更绿色、更健康的社区。

卡特的努力表明，环境正义为更广泛的社区重建和改善提供了框架。卡特认识到，通过阐明社区中存在的问题，她可以与他人共同努力，从而给所有人的生活带来改善。她在沙子上划了一条线，并写上"别再这样了！"她做到了消除那些对她的社区有害的行为的继续。

第五节 棕地、社区再开发与环境正义

在发达世界的许多地区，特别是美国，人们关注的主要问题之一是棕地。

棕地被定义为可能被污染也可能没有被污染的空地或废弃土地（图11.4）。棕地可能是商业、工业或住宅用地，它的重新开发是有问题的，因为开发商不想承担清理物业已知或潜在污染物的成本。由于过去的环境法律和法规很宽松，许多地区的房产都可能存在潜在的环境污染。其结果是，许多较老的社区已经放弃或空置这类房产；因为拉低了房产价值，限制了实现密度来促进宜居社区的能力，从而损害了社区的品质。想想你所在社区的空置或废弃的房产。其中许多很可能是很难重新开发的棕地。（前一章绿色建筑有关于棕地的讨论。根据某些绿色建筑评级计划，在此基础上的开发会得到信用积分。）

图 11.4　许多棕地已经被围起来，并对社区关闭。这损害了社区的整体美感，并拉低了房产价值。

在美国，"棕地"这个词在 20 世纪 90 年代开始广泛使用，当时棕地对社区的影响开始变得明显起来。许多棕地位于贫困的少数民族社区，在那里，被废弃的房产限制了投资者进行社区总体改造的能力。对于个人投资者来说，其成本太高了，他们无法承担重新开发此类房产所需的高昂清理成本的风险。

于是，联邦、州、地方和私人资金共同参与棕地再开发的新项目，开始帮助指导私人公司进行再开发。参与棕地再开发项目的公共合作伙伴帮助支付了与清理场地有关的昂贵费用，也帮助解决了与一些更难清理工作有关的技术问题。

一些人可能会质疑，为什么公共税收会参与棕地的清理工作。然而棕地地块降低了房产价值，从而减少了税收。如果某棕地地块可以重新开发，它就提供了一种新的应税财产，同时也增加了可以从受影响的社区征收的税收。与此同时，棕地地块也可能成为环境的定时炸弹。污染会扩散并引起更大的问题。在棕地再开发项目中承担环境清洁问题为消除长期风险和未来更昂贵的清理工作提供了机会。

棕地再开发的关键要素之一是社区参与土地使用决策。因为公共基金与物业重建有关，所以应寻求本地利益相关者的参与。在过去的 25 年里，棕地重建一直是社区组织、重建和环境正义的焦点。一些新的城市社区团体已经建立起来，他们的重点是对所在社区的棕地进行重新开发。市民们逐渐认识到重新开发棕地对环境和社区都有好处。曾经被视为社区顽疾的空置房产现在被视为重新开发的对象。由于这些重新开发的努力，美国各地的社区都取得了巨大的改善。重建工作为环境正义问题的评估提供了机会。

在佛罗里达州的坦帕市，东坦帕社区的居民们利用棕地开发和特殊的税收规则来振兴这个长期被忽视的社区。坦帕市是一个相对较新的城市。它从 19 世纪末迅速发展起来，发展成为美国的一个主要大都市，而当时还是一个死气沉沉的港口和军事基地。总面积 19.42 平方千米的东坦帕社区（为该市最大的社区之一）自 20 世纪初以来一直是一个充满活力的非裔美国人社区。几代人以来，这个中产阶级社区都是围绕着教堂、学校和工作场所等强大的社区资产建立起来的。社区中的许多人在港口工作或从事建筑活动。然而歧视性做法，如吉姆·克罗规则（Jim Crowe rules）和制度化的种族歧视，导致了一些地区的社区衰落。

　　几代人以来,这座城市忽视了基本的便利设施,如人行道、暴雨排水系统和街道维修,而把注意力集中在随着城市的发展壮大起来的白人社区或新开发社区。废弃的房屋被用作非法倾倒垃圾的地方,外来者在那里倾倒垃圾,以避免到社区垃圾收集点支付费用。几十块棕地的存在进一步困扰着这个社区。长期的忽视、倾倒和开发棕地地产的无能在社区中造成了危机。

　　此时,坦帕市意识到了对过去的忽视,便努力去弥补。该市在东坦帕建立了一个特别的税收区域,以确保社区税收收入的一部分用于社区的改善。自从该区域建立以来,在减少雨水浸泡、改善道路安全和社区治安等方面已经做了许多改进。坦帕市甚至雇用了专门的警察负责抓捕那些在社区内非法倾倒垃圾的人。

　　然而东坦帕重建的一个关键方面是建立了一个特殊的棕地区。因为在东坦帕有很多被遗弃的房产存在众所周知的或潜在的污染问题,并且受到非法倾倒的影响,一个大的棕地区的建立使得社区可以申请到大范围物业棕地的开发资金。

　　这有效地让东坦帕创造出重要的重新开发区,涵盖住宅和商业地产的综合开发。通过这种方式,他们得以将棕地问题转化为社区资产,开发商会急于进入东坦帕从事再开发项目。虽然并不是东坦帕所有地方都没有了问题或棕地,但社区已经有了相当大的改善。东坦帕的工作是与社区利益相关者合作完成的,他们为需要的开发类型提供指导。的确,棕地再开发促进了更广泛的公共卫生、教育和环境正义方面的倡议,使东坦帕许多人的生活有了改善。

第六节 "美国环境保护署"与环境正义

许多美国当前的棕地和环境正义倡议都得到了美国环境保护署环境司法司的支持。自 1994 年以来，美国环境保护署就一直参与到环境正义事务上来；当年，克林顿总统签署了一项行政命令，其中部分内容是"各个联邦机构应将实现环境正义作为其使命的一部分，识别和适当地应对其项目、政策以及活动对少数民族人口和低收入人群造成的过大和不利人类健康或环境的影响。"通过这一行动，环境正义被纳入美国政府的行为之中。环境保护署环境司法司的工作重点是：

（1）提供环境保护署区域环境正义话题和空间的基本信息①。

（2）管理国家环境司法咨询委员会的事务，包括学术界、社区团体、工商界代表、非政府组织、州和地方政府、部落政府以及土著团体。

（3）国家环境正义规划。最近的计划为 2014 EJ 计划，"……是一个路线图，将有助于 EPA 将环境正义纳入该机构的项目、政策和活动"。

（4）贷款和项目。该司为社区和州管理着许多不同类型的联邦贷款，包括环境正义小额贷款计划。该计划"为符合资质的组织提供财政支持，以建立合作伙伴关系，查明当地的环境和/或公共卫生问题，并通过教育、培训和外展来设想解决办法并赋予社区力量"。该司负责监督的项目之一是"环境正义示范社区项目"，重点是集中资源和专门知识解决环境正义问题。这些项目为其他社区提供了示范。

（5）跨部门工作小组。这个由美国环境保护署环境司法司负责管理的小组召集其他联邦机构的成员共同研究跨部门的环境司法问题。参与的

---

① See http://www.epa.gov/environmental justice/resources/index.html.

机构包括（除美国环保署外）农业部、商业部、国防部、教育部、能源部、卫生和公共服务部、国土安全部、住房和城市发展部、内政部、司法部、劳工部、交通运输部和退伍军人事务部等部门。一般事务管理局、小企业管理局和白宫办公室也参与其中。

这一努力的创新之处在于，它不仅包括环保署，还跨越联邦政府的各个机构，以应对环境正义问题。在屈指可数的几年中，他们资助了几十个项目，并提供了几个成功解决环境正义问题的范例。尽管毫无疑问，美国仍存在一些重大的环境正义问题，但很明显，美国政府正在以某种方式解决这个问题。

许多州和地方政府也都设有环境司法办公室，负责处理更多地方性问题或主题。例如，密苏里州交通部已经将环境正义纳入他们的决策框架。①环境正义对交通运输很重要，因为它将：

●做出更好的运输决策，以满足所有人的需要

●设计能更加和谐地融入社区的交通设施

●提高公众参与度，加强以社区为基础的合作关系，为少数民族和低收入人群提供机会去了解和提高其交通运输的质量和实用性

●改进数据采集、监控和评估分析工具，对少数民族和低收入人群的需要进行评价，对给他们带来的潜在影响进行分析

●与其他公私项目展开合作，利用运输机构资源来实现共同的社区愿景

●避免对少数民族和低收入人口造成过大和不良的影响

●通过在规划阶段早发现问题、提供补偿方案和改进措施使受影响的社区和街区受益，以最小化和/或减轻不可避免的影响

---

① http://www.modot.org/titlevi/environmental justice.htm.

第七节 美国原住民与环境正义

美洲原住民,以及世界各地在某种程度上受到外来者影响的原住民,在过去的几个世纪里遭受了许多不公正的待遇。虽然人们可以历数过去社会和环境正义方面的许多问题,但现代环境正义和美国原住民的问题是复杂的。这在一定程度上是因为美洲原住民与环境有着独特的关系,这种关系在部落环境之外是很难衡量的。因此,尽管许多非部落成员可能会关心污染接触和棕地重建,但一些美国原住民担心的是整体的环境退化、对神圣空间的影响,以及在土地上的狩猎和采集食物。因此,在对世界某些地区的环境正义问题进行分析时,必须认识到某些群体与土地之间的独特关系。

同样重要的是要指出,大多部落土地位于美国一些环境比较困难的地区,许多都位于非常干燥或寒冷的地区。与温带地区相比,全球气候变化、取水和周边的环境干扰等问题可能会对环境困难的地区造成不成比例的影响。

第八节 环境问题输出

近年来出现的环境正义的一个重大主题是认为发达国家正在向世界范围内输出环境问题,导致接受国的环境正义问题。具体做法如下:

(1)污染行业的输出。

(2)向发展中国家销售发达国家禁止的产品。

(3)利用在恶劣条件下工作的海外廉价劳动力,以避免支付工人在本国生活的工资。

(4)对环境制度不健全国家的资源进行盘剥。

(5)向监管松懈的国家出口废物,特别是危险废物。

我们许多人在日常生活中无力解决这些问题。然而评价环境正义问题的新组织已经出现。例如,近年来出现了公平贸易的标签,指出产品的劳动实践应该是公正的。此外,许多公司将环境正义注入国际企业环境中,并认识到在世界上不公正地行事不仅会影响公司的底线利润,还会影响公司的整体道德声誉(图 11.5)。

图 11.5　食品通常标有外部基准组织的标识。有一些组织对有机食品、公平贸易和非转基因进行验证。

第九节　世界范围内的环境正义

虽然环境正义问题已完全纳入美国国家、州和地方政府的关键领域,但在世界许多其他地区,这仍是一个相对较新的概念。以下各部分按区域对其中一些问题进行总结。

一、欧洲的环境正义

鉴于欧洲国家的分裂，因为整个欧洲大陆都存在某种程度的文化同质性，环境正义问题似乎会变得微不足道。然而，来自欧洲的移民，以及对少数民族人口的忧虑，带来了有关环境正义的问题。最近提出的两个问题是移民到该地区工作的少数民族人口和罗姆人的境况；罗姆人是欧洲地区的一个移徙少数民族，长期受到歧视。

自欧盟成立以来，欧洲大陆各国都放宽了工作规定，允许各国人民从一个地区移居到另一个地区。这意味着许多人从贫穷国家转移到富裕国家，以利用那里的就业机会。另外，移民在许多国家也受到了鼓励，因为欧洲最近的出生率很低，许多国家的人口都是持平或下降的。新移民来自世界各地，这些劳动者中的许多人往往是低收入者，最终都生活在有许多社会和环境问题的地区。因此，人们对整个欧洲大陆的环境正义和种族问题提出了新的关切。

与此同时，人们对与罗姆人有关的环境正义问题表示关切；罗姆人经常在移徙中生活，或在国籍或地方治理范围内的城市和村庄以外的、永久或半永久定居点中生活。他们的生活方式往往使他们陷入困境。有些人不住在家里或城市里，有些人住在不达标的住房和棚户区，因此无法获得饮用水、下水道系统和能源等基础设施。他们也没有正常的教育机会或社会服务。罗姆人也会在他们的居住地遭受过度的内涝和垃圾倾倒。他们通常不被欢迎作为邻居居住在成熟的非罗姆人社区。

二、亚太地区的环境正义

亚洲和太平洋国家覆盖广阔的土地和水域，拥有各种不同的文化。其环境和社会问题很复杂,关于这个重要地区具有挑战性的问题已经写了很多。本节重点介绍两个案例,以说明这一地区面临的一些内部和外部挑战。

1.博帕尔邦与印度的环境正义

与印度有关的环境正义问题有很多,而该国一直在努力执行环境法律和法规。有许多污染问题、土地所有权问题和农业政策方面的挑战,以及其他对他们的社会构成挑战的问题。然而世界历史上最可怕的环境悲剧之一发生在印度博帕尔邦。如果不解决这场灾难,对亚洲或世界其他地方环境正义的讨论都是不完整的,尽管它发生在30多年前的1984年,但它仍然是一个工业安全、公共健康和环境正义的警示故事。

1984年12月初的一个晚上,博帕尔邦联合碳化物印度有限公司的杀虫剂厂发生了气体泄漏。被释放出的是一种用于生产杀虫剂和其他产品的化学物质。即使是接触低水平的此种化学物质也会导致多种呼吸系统问题和皮肤损伤。在大气中,哪怕是百万分之零点四这一非常低的含量也是有毒性的。

在泄漏发生后的两周内,多达8000人丧生,另有8000人在接触有毒空气后的某个时刻死亡。有超过50万人在泄漏中受伤,上千人遭受部分或永久重伤。在博帕尔邦生活的90万人中,有近三分之二的人受到了气体泄漏的影响。

虽然目前尚不清楚气体泄漏的确切原因,但许多人认为,问题的部分原因是,国家在环保法规薄弱的情况下推动新产品的生产。对于跨国公司来说,转移到劳动力成本低、环境法规很少且新市场丰富的地区是有利可图的。与此同时,印度正在围绕改善农业技术展开一场激进的"绿色革命",以获得更高的产量。这家化工厂正是印度政府试图通过扩大化学制品生产以改善农业的直接结果。

所以,不管具体的泄漏原因如何,从许多方面来讲,泄漏的原因一方面是印度政府在尚未建立适当的法规的情况下推动现代化,另一方面是由于工厂松懈的维护和安全标准，而这在世界其他地方的化工厂是不会被容忍的。

这家工厂建在印度一个贫穷的社区，居民为穆斯林少数族裔。灾难发生后，印度法院对一项相对温和的赔偿方案进行了认定，一些被认为对此次灾难负有责任的人被处以罚款和监禁。然而许多人认为赔偿数额不足以覆盖这场灾难的长期影响。因为他们经历了接触泄漏气体给健康带来的长期影响。

显然，这一案例分析涉及许多环境正义问题，包括地方决策和全球化带来的挑战。

2.图瓦卢与全球气候变化

图瓦卢是一个面积不到 26 平方千米的小国家，由位于夏威夷和澳大利亚之间的几个小岛组成，人口大约 1.1 万人，主要从事农业和渔业。许多图瓦卢人在其他国家工作，把资金带回自己的家乡。这个国家由于地处偏远，大多数人靠岛上丰富的自然资源谋生，因此在很大程度上与全球经济状况的重大变化相隔绝。这里几乎没有工厂，港口设施有限，因此图瓦卢在很大程度上没有受到全球化的影响，而全球化在一定程度上导致了在印度博帕尔邦发生的灾难。

鉴于图瓦卢相对田园牧歌的背景，我们为什么还要关注像这样遥远之地的环境正义问题呢？

也许图瓦卢长期生存的最大挑战就是全球气候变化。整个国家的最高点海拔为 15 英尺（约 4.5 米），平均海拔只有 6.6 英尺（2 米）。这意味着这个国家有一半的土地低于这一海拔高度。显然，海平面的任何变化都将对岛上 1.1 万居民的长期生存造成重大挑战。在极端风暴事件中，这个岛会有可能被风暴和潮汐冲垮。

图瓦卢的居民已经在经历全球气候变化的影响。海平面每年都有大约 5 毫米的上升。在正常的极端春季大潮中通常干旱的低洼地区会洪水泛滥。岛上的珊瑚礁环绕着这些岛屿，保护着它们免受海浪侵蚀。然而岛屿周围海水的温度与二氧化碳驱动的海洋酸化是一致的。这两种情况给珊瑚带来严重的破坏，使这些岛屿特别容易受到定期的海浪侵蚀和包括飓风在内的恶劣风暴的影响。

许多人相信，如果不采取措施阻止地球温度的持续上升，图瓦卢将在100年后变得无法居住。

这个环境正义的例子显然说明了一个问题。由于其他国家造成的广泛的环境污染，使另一个国家的整体存在受到威胁。虽然图瓦卢人确实对全球温室气体的总体预算做出了贡献，但他们的影响与他们小小的排放总量不成比例。正是因果的差距使得图瓦卢成为我们全球化世界中环境正义的一个令人不安的例证。

思考这个问题，你会怎么解决？对于这个国家的未来，确实只有少数几个选择：

（1）全世界应对全球气候变化，解决温室气体污染问题。

（2）图瓦卢人撤离该岛，迁移到更安全的地区。

（3）图瓦卢人留在岛上，努力在困难的条件下生存。

三、非洲的环境正义

非洲是一个高度多样化的大陆，有着不同的种族和文化特征。它的气候也非常多变，北部和南部是炎热干燥的沙漠，赤道附近是热带雨林。有许多环境正义问题的事例属于之前在亚洲和太平洋个案分析中确定的主题。然而有一个案例是独特的，凸显了该区域环境正义面临的一些长期挑战。

我们都喜欢电子产品。我有两部笔记本电脑、两部台式电脑、一部手机、两部通用系统模拟器/通用雷达、一部苹果音乐播放器和一部苹果平板电脑。我还有两台打印机、几部数码相机、音响设备和两台电视机。就在十年前，我才只有一台电脑、一台电视机、一台立体声音响和一部手机。在短短十年间，我的电子设备翻了一番还多。当然，像大多数美国人一样，我每几年就会更新我的电子产品版本，它们具有更多的功能，有更大的内存、更好的屏幕、更好的声音、更多的应用软件、更好的服务等等。技术的发展如此之快，我们需要定期更新我们的设备，这样才能与时俱进，不落后于潮流或应用。然而我的经历是典型的美国人的经历。世界上许多地方都没有那么快地升级电子产品。事实上，世界上大多数人都没有我办公室里拥有的那么多的电子设备。

西方人对消费类电子产品的态度及其产品的不断更新，对废物流有着巨大的影响。地球上每年产生大量的电子垃圾——大约 5000 万吨。这些垃圾中的一部分最终会被扔进垃圾填埋场，而另一部分会被回收。

回收电子垃圾的一个挑战是它含有大量不寻常的化学物质和有毒金属。专业电子产品回收公司的多数员工都要接受培训，以确保在回收过程中不会接触到有害物质。

电子产品回收包括以下步骤：

（1）把机器拆成零件。

（2）收集可重复使用的电路或电子器件。

（3）将剩余的材料分离出来以便零部件的回收。

（4）确定哪些零件不适合回收。

（5）倾倒无法使用的材料。

当然，问题在于发展中国家的环境法规和规章往往不严格。即使制定了规则，执行也不力。通常的结果是，这些废料中的可用部件或有价值的材料被回收使用，其余不能使用的部件被焚烧或遗留下来污染土地。

最近，对驶离欧盟的货船的全面检查发现，四分之一的货船装载有非法的电子垃圾。许多人试图绕过禁止电子垃圾运输的规定，声称这些材料是运往其他市场的二手商品①。

电子垃圾的挑战在于它含有重金属、稀土元素、放射性物质以及已知有健康风险的卤代化合物(表 11.1)。由于许多电子垃圾在可用材料被清除后被焚烧,许多有害物质被释放到大气中,从而使许多不知情的人接触到。在这个过程中释放出来的金属会在一个地区存留数代,从而导致长期的问题。

非洲的电子垃圾问题如此令人沮丧,是因为已经制定了防止将电子垃圾运往发展中国家的规则,但是倾倒仍在继续。当然,发达国家和非洲的某些人为这一贸易推波助澜,但其后果、污染和公共健康问题是发达国家产生废物的直接结果。

富有的个人或国家并不总能感受到他们的消费主义生活方式对其他人造成的全部影响。非洲的电子垃圾问题就是一个明显的例子,这说明了我们对新电子产品的需求如何在以我们从未想象到的方式给其他人的生活带来影响。

表 11.1　电子垃圾中存在的化学物质及其潜在的健康风险

化学物质	健康风险
砷	中毒,肺癌,神经疾病,皮肤病
钡	氧化时有毒;肌肉损伤,心脏、肝脏和肺部疾病
铍	致癌物质,皮肤疾病,绿柱石病
镉	中毒,肾病,癌症
铬	中毒,DNA 损伤
铅	中毒,各种健康问题,从学习障碍到死亡
锂	对眼睛和皮肤有腐蚀性
汞	中毒
镍	致癌物质
钇	致癌物质

① http://www.the guardian.com/global development/2013/dec/14/poison–ewasteillegal–dumping–developing countries.

续表

化学物质	健康风险
放射性元素	
镉	致癌物质
卤代化合物	
多氯联苯（PCB）	致癌物质，生殖和神经系统疾病
四溴双酚（TBBA）	有毒，荷尔蒙失调
多溴二苯醚（PBDE）	潜在荷尔蒙紊乱
含氯氟烃（氯氟化碳 CFC）	有害于保护我们防止皮肤癌的上层大气
聚氯乙烯（PVC）	燃烧时产生有毒氯气

四、拉丁美洲和加勒比地区的环境正义：厄瓜多尔的石油污染

同世界其他地区一样，拉丁美洲和加勒比地区也面临着环境正义问题。这一地区更值得注意的环境正义案例之一，与 20 世纪 60 年代在厄瓜多尔边远地区发生的大规模石油污染问题有关。

厄瓜多尔东部拥有巨大的石油储量，在过去 50 年里被大量开采。地下有石油存在的地区是该国的一个偏远地区，其特点是在亚马逊盆地这一地区常见的热带雨林。20 世纪 60 年代的居民是土著部落，他们高度依赖雨林生态系统提供的资源生存。

20 世纪 60 年代，当石油开采开始时，从事石油开采的德士古公司（Texaco）决定在全国 300 口油井旁边的矿井中留下污染的钻井水。数百万加仑的有毒水被倾倒在没有排水沟的坑里。在露天无衬砌的坑内倾倒水在其他地区不是普遍的做法。此外，安装在雨林中的管道发生了爆裂，许多加仑的石油因此泄漏。德士古还燃烧了大量的石油，在一些地区造成了污染。

这些做法并不是德士古在美国的标准做法，在那里德士古还有其他石油业务。他们在亚马逊采用了这些糟糕的做法，因为那里远离监管，这

为公司提供了一个省钱的机会。必须指出的是,该油田是与当地公司合作开发的。因此,不仅外部公司参与了污染,而且参与该项目的厄瓜多尔某些人也明明知道有这些问题。

污染给当地居民造成了严重影响,而污染在许多地区至今仍然存在。有研究记录了该地区居民的健康问题,尽管石油业对其中的许多问题提出了异议。此外,一些污染已经从受影响地区向下游转移到了秘鲁。雨林的开发使得土著部落很难维持他们传统的生活方式。这个地区的问题仍在诉讼中。

为了防止对该地区造成进一步的损害,厄瓜多尔总统拉斐尔·科雷亚制定了一项创新计划,按照该计划,如果他们能在国际上筹集到一个总额36亿美元的信托基金,该国将放弃在亚马逊雨林开发4000平方英里(约10360平方千米)的土地。该计划的好处不仅在于保护脆弱的亚马逊盆地雨林,还在于将碳封存在地下,从而限制温室气体的排放。

然而对于这个36亿美元的目标,只筹集到了1300万美元。2013年,科雷亚总统宣布,由于无法筹集到所需的资金,油田将开始开发。通过石油收入增加的税收占该国预算的很大一部分。

第十节　全球化世界中的环境正义

对世界各地的案例研究表明,环境正义面临着明显的挑战。财富和权力的不平等导致了地球上几乎每个角落的环境正义问题。虽然外来者有时要对这些问题承担责任,但这些问题往往是消费在不知不觉中造成的,当地行为者要对导致不公平活动的决策负责。

阐明这些问题有助于解决这些问题。正如本章前面提到的,环境正义是一个非常新的概念。本章中所分析的许多问题都是在任何人以一种清晰、有条理的方式对环境正义问题概念化之前开始的。现在许多人正在努力解决现有的问题,并设法防止新的问题发生。

图 11.6　我所有的学生都在努力使世界变得更加美好。你在做什么来改善别人的生活呢?

如今的每一代人似乎都有某种反映时代特征的称谓。在 20 世纪 40 年代到 60 年代出生的人都是婴儿潮时期的一代。在 20 世纪 60 年代中期到 80 年代出生的是"X 一代",通常被认为是社交开放的电视音乐"(MTV)一代"。紧随其后的是"Y 一代",被广泛称为"千禧一代",是出生于 20 世纪 80 年代至 2000 年的人群,他们在全球经济衰退时期步入成年。紧随其后的是当前的群体。关于这一群体的名称存在一些分歧。有些人将其称为"Z 一代",与"X 一代"和"Y 一代"相连;另一些人则把它称为"冲突一代",因为他们都是"9·11"恐怖袭击后出生的;还有人称之为"i 一代",因为这是第一次有一代人完全地生活在世界上这个现代电子数字时代。

在英国,有些人把新的一代称为"公民一代"。之所以如此称呼,是因为统计学家发现,与 20 世纪 30 年代以来的任何一代相比,当今这一代年轻人更热衷于志愿服务。

为什么是这样?

年轻人生活在一个非常困难的时期。许多人没有看到他们的父母曾经看到的机会。他们对自己的未来期望较低,不一定有和前辈一样的目标。他们发现更大的价值不在于物质,而在于人际关系和简单的生活。他们往往以与任何一代人都不同的方式关注周围的世界。

想想你自己的生活和经历。你认为你圈子里的每个人都在带来某种改变吗? 你自己呢? 作为社区的一员,你是如何参与其中的? 你是"公民一代"的一员吗?

第十二章

可持续性规划和治理

各州和地方政府是可持续发展行动的发动者。他们负责制定的决策影响着居民生活。由于每个人都生活在这样或那样的地方政府管理中，因此有必要对地方政府在推进可持续发展目标方面的总体作用进行考察。他们常常对州、国家或国际可持续性目标作出反应，同时在基层致力于提倡本地区的长期可持续发展。

第一节　地方政府及其结构

世界各地的地方政府在形式和形态上不尽相同。在最基层，所有公民都可以参与地方决策。在史前时代，我们生活在联系紧密的小氏族中，所做出的决策，即使不是合作做出的，也都是为了氏族的更大利益。然而随着我们的社会发展越来越复杂，地方政府也变得更加复杂，于是我们制定出一系列管理地方决策的方法。某些形式的地方政府比其他形式的政府提供了更多的公民投入，通过某种方式提供某种形式的地方居民投入。然而地方政府也与更广泛的利益相关者共同合作在州或国家的背景下做出决策(图 12.1)。

在世界上大部分地区，公民有权选择负责在地方和上级政府所规定的法治范围内执行社区意愿的地方领导人。社区服务可以由选举产生的委员会以及一位市长来承担。在某些情况下，委员会由更高一级的政府机构任命。当然，由于政治或社会动荡，当今世界许多地方的地方治理非常困难。这些地方主要由外部力量或军阀管理，在这些地方几乎没有机会对与可持续有关的事务做出改善。

在一些地方，有因为特殊原因组织起来的特别地方政府，其中可能会包括学校董事会、下水道系统董事会、水务董事会、图书馆董事会或公共交通管理委员会。所有形式的地方政府都有责任确保其社区的长期可持续发展。他们都或多或少在应对可持续发展的三个"E"问题：环境、经济和公平。

图 12.1 政治领导人与不同的利益相关方共同做出影响当地社区、州和国家的决策。

第二节 公民和利益相关方在地方政府中的作用

一、社区利益相关方

重要的是要认识到,社区居民不是唯一关心地方政府行动的人。其他利益相关方也很重要。利益相关方是指可能受到地方政府行为影响的个人或组织。在最基本的层面上,利益相关方是社区中的居民。但是也包括企业、非营利组织、其他政府组织,如县或州政府,以及其他可能受到社区决策影响的个人或组织。因此,尽管地方政府对地方意见反应强烈,但它们也受到外部利益相关方的影响,他们可能考虑到或不考虑社区的最大利益。

例如,县政府可能希望在某个社区中建造一个垃圾填埋场,并敦促在他们想要建造的社区中得到批准。这对县政府来说可能是件好事,但对当地镇政府来说却是件坏事。然而某非营利组织可能希望敦促在社区内实施绿色建筑标准,而这对当地居民来说可能是一件好事。由于这个原因,重要的是要认识到,必须理解在地方决策过程中许多利益相关方发出声音。地方政府对市民的声音做出反应,但他们也受到外部压力的强烈影响,这些压力可能产生积极或消极的影响。

在某些情况下,当与地方政府打交道时,利益相关方可能不会考虑到公民的最大利益。例如,由外方拥有的地方行业可能会寻求扩大经营。他们可能试图影响当地社区以推进可能导致给社区带来有害影响的经营活动。

当这种情况发生时,地方领导人可能在努力促进社区内经济发展机会的同时,处于与选民的需要相互矛盾的位置。外部势力,特别是那些财力雄厚的势力,可能会设法影响选民和地方官员,使可能不符合社区最大利益的活动得以进行。

利益相关方的工作

地方政府在就重要事项做出决策之前,通常会征求大量的反馈意见,从修改建筑法规到建设一个太阳能公园,不一而足。他们经常召开公开会议以从利益相关方、居民以及社区内外的其他个人或组织那里获得反馈意见,他们在某种程度上可能都会受到该决定的影响。

但是,地方政府如何获得对地方决策有用的反馈意见呢?经验丰富的政府已经形成各种手段从利益相关方那里获得反馈意见,其过程被笼统地称之为利益相关方分析。

利益相关方分析可以通过多种方式进行,可能会包括意见调查、对关键人物的采访,以及提意见的公开会议。到目前为止,最常见的利益相关方分析是通过召开公开会议进行的,即邀请公众就某个特定问题进行讨论,可以是定期召开的政府会议,也可以是召开特别会议,以获得对某个问题的反馈意见。

你有没有参加过关于可持续发展的公开会议?

这些年来我参加过很多次。其中最有趣的一次是当地交通部门召集的。他们正就道路上的自行车道问题征求反馈意见。这次会议事先被广而告之,召开的时间也方便公众参加。然而我却是唯一一个到场的人。

就何处设置自行车道的问题,我在会上提了许多我的个人意见。当然,我倾向于选择对我来说方便的地点,但同时也提出一些我知道自行车道会受到欢迎的地点。在那次会议后的几个月后,我看到自行车道就建在我建议的路线上。那次会议让我认识到,如果你想带来某种改变,参加公开会议是非常重要的。试一试!

当然,我们都看过最终演变成带有不良公共行为的狂欢的公开会议的视频。无论出于何种原因,某些个人试图绑架公开会议,以推进某种大的政治观点。不过,这样的会议在大多数社区都很少见。通常,地方政府领导人会努力听取社区居民发表有礼貌的评论,以便做出明智的决定。当你听到有关你感兴趣的事情的公开会议时,就去参加吧!你只需要参加,表达支持或反对,便会带来某种改变。你的声音很重要。

二、地方政府的边界和类型

地方政府在其边界内的土地使用、区划、开发和基础设施等方面的决策有很大的控制权。他们在地方问题上的影响力往往比州或国家当局大得多。因此,他们对各种关键性的可持续发展问题有很大的影响。

地方政府有明确的边界,可以根据人口或面积大小以不同的方式进行分类。

城市、村庄和城镇都有清晰的地方政府结构,具有高度的指挥和控制组织。他们经常有一位市长和一个经选举产生的委员会来负责在社区的关键问题上做出决策。

但是,城市区域不只是主要城市所在的简单边界。必须认识到大城区人口的影响。在城市之外,还有郊区,其当地政府的准入是有限的。相反,这些地区通常由县政府管理,而县政府对当地的影响是有限的。或者,这些地区是由社区组织(如共管公寓委员会)管理,这些组织要求达到特定的标准,而这些标准可能符合可持续发展目标,也可能不符合。通常,这些组织的目的是维护财产价值,而不是为了可持续发展的目标。

城市治理范围之外的这些地区,其人口往往与主要城市的人口一样多或比后者多。例如,德克萨斯州休斯顿市的人口约为 200 万,而大休斯顿地区的人口约为 600 万。居住在休斯顿城外的 400 万人无法接触到该市正在进行的可持续发展方面的努力。相反,这些人生活在若干地方政府管辖区内,彼此之间不协调。因此,尽管城市在可持续发展方面做了一些了不起的工作,但更广阔的郊区并不总是被纳入可持续发展努力的综合范畴。这就是为什么县、都市规划组织和州的工作如此重要。

县域或其他区域性空间公共组织都设有政府组织,管理着许多不同类型的政府活动,而这些活动通常不是由地方政府管理的,比如污染管理,或者高交通量的道路。此外,它们在管理县域内地方政府的协调方面发挥着重要作用。在许多地方,县政府负责管理或协调地方政府正在进行的可持续发展方面的工作。

在世界许多地方,城市及其郊区已经从一个县扩展到多个管辖区。像伦敦、洛杉矶和墨西哥城这样的扩张型城市需要的协调不仅仅是一个城市或县所能完成的事情。为了解决这些问题,区域规划机构已经发展起来,对这种情况下多重政府部门的工作进行协调。这些区域规划机构在大都市或复杂的城市区域内工作,就复杂的可持续性问题进行协调,如空气污染、食物可持续性和公共交通。在美国,这些地方被称为大都市,通常由某种类型的都市规划机构负责管理。

在某些地方,州或国家努力协调地方可持续性倡议。例如,在中国,通过政府的倡议,正在为减少局部地区空气污染做出巨大努力。这些倡议倾向于解决大问题,通常不针对传统上更具地方性的问题,比如分区。

因此,各级政府都在可持续性管理中发挥着作用。地方、县、大都市、州和国家政府都在以某种方式推动着更广泛的可持续发展行动。

在美国,人们对都市统计区域(MSA)的管理产生了更浓厚的兴趣。这些地方有很强的城市核心,其周边地区拥有经济和交通枢纽。统计区域以县为组织形式。因此,MSA 包括核心城区县以及与其相连的周边各县。例如,纽约 MSA 共有 25 个县,包括纽约州、新泽西州、康涅狄格州和宾夕法尼亚州的县,还包括著名的城市纽瓦克、泽西城、扬克斯、斯坦福、纽黑文、特伦顿和普莱恩斯。

美国共有 381 个 MSA(图 12.2)。每个 MSA 的城市核心区面积至少有 5 万平方千米,包括经济和交通连接的邻近土地。最大的 5 个 MSA 是大纽约、洛杉矶、芝加哥、达拉斯和休斯顿地区。这些城市的规模远远超出了其中心城区的范围,延伸到了周边地区。因此,被称为"达拉斯"的地方包括有达拉斯城以及周边相连的社区。

图 12.2 纽约市中心可能以纽约世贸为中心,但事实上,纽约地区向四面八方延伸数千米。

虽然地方政府拥有完全的自主权,但大都市中有许多跨区域可持续发展的项目。以公共交通为例。对于每一个当地社区来说,在大都市里管理自己的公共交通是没有意义的。必须进行协调,以建立相互联系并促进建立一个可靠的区域运输系统,使人们能够跨区域流动。这无法由一个地方政府来承担,必须在一个区域内进行协调。再考虑一下基本服务,如水、污水、电和气。虽然大都市内的许多社区都维护各自拥有的此类系统的基础设施,但区域协调常常可以节省资金,并促进资源的更好利用。资源的集中也使各地区有能力开展造福于全体公民的大型区域改善项目。例如,对于一个地方政府来说,改善水资源或扩建下水道以建立先进的绿色系统的努力可能要付出昂贵的代价。然而如果多个政府联合资源,创建可以共享的项目,那么整个地区将从中受益。

三、领导力

地方政府的领导人,常被称为市长,通常会得到经选举产生的委员会的支持。这些人可能支持可持续发展倡议,也可能不支持。这就是为什么在这些问题上领导力和公众参与如此重要。如果没有强有力的地方政府支持,可持续发展倡议将无法取得进展。

然而地方政府可以在利益相关方的建议下推进可持续发展项目。他们可能这样做,也可能不这样做,但公民和利益相关方的参与是推动某些社区可持续发展的重要决定因素。

四、帮助地方政府应对可持续发展问题

一些不同类型的组织致力于在可持续发展问题上对地方政府提供帮助。其范围从国际行动,比如地方政府环境行动理事会(ICLEI),到地方或国家非营利组织的努力,比如绿色建筑或智能增长等主题。各州也努力在可持续发展网络内对地方政府的努力进行协调,比如改进建筑法规或减少温室气体等问题。

与地方政府共同致力于可持续发展的最被广泛认可的组织是地方政

府的 ICLEI（图 12.3）。该组织产生于 1992 年里约热内卢地球峰会后制定的联合国可持续发展倡议。它最初是联合国的一个分支，现在是一个独立的非政府组织，致力于对全世界的可持续发展倡议进行协调。

图 12.3　许多大大小小的社区都是 ICLEI 的成员，包括加拿大的温哥华。

有超过 12000 个地方政府是 ICLEI 成员。虽然 ICLEI 在其网站上提供了大量的免费信息，但当地政府必须支付会费才能获得会员专享的好处，包括基准测试工具、案例研究报告和专家协助。

大大小小的社区、发达国家和发展中国家的社区都是 ICLEI 的成员，因此它是仅有的超越发展地位的可持续性组织之一。的确，在努力建立发展中国家和发达国家之间联系的同时，在适当的社区内进行案例研究和同行指导是一项有效的行动。ICLEI 还进行大量的区域报告和分析，为整个非洲大陆等地区的可持续性倡议提供评估和建议。

虽然 ICLEI 是地方政府可持续发展倡议的最佳范例，但佛罗里达州绿色建筑联盟的绿色地方政府认证计划或许是地方政府可用的最好的基准测试工具之一。

佛罗里达州绿色建筑联盟是一个非营利组织，发起于佛罗里达州，通过 LEED 建筑认证过程对绿色建筑认证进行管理。由于该地区地处亚热带,佛罗里达州的问题与美国其他地区相比是独一无二的。考虑到亚热带的高温和飓风对建筑的威胁,该组织不仅扭转了该州绿色建筑认证的现状,而且开发了一套绿色建筑认证体系。

如同 LEED 绿色建筑评级系统一样,地方政府的评级是基于一系列不同类别的积分制系统。地方政府的每一个组成部分,比如采购和车队维护,都有一系列可以争取的积分。积分的重要性各不相同,但必须强调的是,地方政府的所有方面都涵盖在计划中。因此,所有员工和部门都参与了可持续发展倡议。

这一系统的建立是为了让不同规模的政府都参与进来。因此,规模问题在这个过程中并不重要。参与该计划是自愿的,小政府比大政府支付的认证评估费用要少。在整个佛罗里达州,几十个大小不同的城市和县都由这一系统评级。由于佛罗里达州绿色建筑联盟的地方政府评级系统是定量的,故此可以对系统在整个州的广泛影响进行测量。虽然并不是该州所有的地方政府都参与了这项计划,但该计划提供了一种途径,可以就地方政府在全州范围内做出的可持续发展方面的努力做出评估。

此外,还有一些不太全面的倡议帮助地方政府开展基准测试。这些倡议往往集中在某一个问题,比如减少暴雨造成的水污染、食物平等或交通。虽然这些倡议可能不如一些更广泛的倡议那样全面,但它们确实在某些社区产生了巨大影响。例如,在当地社区由于公共交通的扩展带来的为减少汽车使用而作出的努力,对居民和区域经济发展可能具有非常重要的意义。

五、规模与地方政府

虽然佛罗里达州绿色建筑联盟的绿色地方政府评级体系可以用于所有不同规模的政府,但毫无疑问,规模是在地方层面真正带来改变的一个重要因素。

根据某些标准,大城市是地球上最具可持续发展的地方。城市里的人们比其他地方的人使用的资源要少。例如,将居住在大型公寓中的人和居住在洋房中的人相比,公寓中的人使用更少的水和产生更少的污染,如果开车的话,他们也开得较少。当人们彼此住得很近的时候,就会产生资源利用的高效率。当一个人离开城市时,其基本的资源使用便会增加,因为分开居住效率会低得多。我们必须变得更加自给自足,因为目前没有强大的基础设施或援助网络。

政府也有同样的效率问题。政府越大,其管理可持续性问题使用的资源就越多。它们可能会雇佣可持续发展官,承担启动新项目的费用,重新组织对地方政府提供的基本服务几乎没有影响的优先事项。他们之所以能够做到这一点,是因为他们在员工和志愿者中拥有庞大的人才库为大型政府所用,而且他们拥有庞大的预算。

小城镇、郊区或农村地区的政府通常没有这种灵活性。他们通常预算有限,员工也有限。因此,他们无力为他们的社区提供一系列可持续发展倡议。他们往往能够专注于一些关键领域。例如,一些小城镇非常努力地开发替代能源,而另一些小城镇则努力开发社区花园和其他当地食物选择。但必须强调的是,大城市有资源来实施一系列举措,而较小的社区则只能专注于少数几个。因此,规模较小的地方政府,因其无法对覆盖面广的倡议进行协调,无论它们如何努力使自己更环保,都不如规模较大的政府效率高。

如前所述,许多但不是所有的城市和县都在努力对各自地区的可持续发展倡议进行协调。然而它们无法迫使所有政府都进行参与。他们往往关注非常一般性的倡议,如减少碳排放或交通出行。因此,虽然它们可以在大的重要问题上发挥重要的协调作用,但它们往往无法对更适合当地员工和领导者的详细而全面的倡议进行协调。

考虑到这些规模方面的挑战——地方大政府、地方小政府、县政府和都市政府——很明显，它们每一个都在应对关键性的可持续发展倡议方面，面临着挑战。

第三节 绿色区域发展

鉴于地方执行和管理可持续性倡议所面临的挑战，许多人主张采取更为区域性的做法，将更广泛地区的挑战考虑在内，不要总是考虑到城市和郊区的情况。在这种情况下，可以针对整个区域的目标提出一般性的倡议。这些类型的评估具有的好处是可以实现区域内某种程度的专业化。例如，高密度的地方可以将重点放在公共交通上，而低密度的地方可以将重点集中在改善食品获取和质量上。区域性做法意味着不是每个地方都必须应对可持续性的所有领域。每个地区都可以专注于自己的努力以改进和实现该地区的目标。区域性的做法也以有利于发展大型项目的方式集中财政和人力资源。例如，一个小村庄很难投资一个大型太阳能农场或风能项目。然而一个地区内的许多村庄可以通过资源共享来共同投资这些大的项目。

区域性的做法需要大力合作。因此，许多区域规划机构在最近几十年中不断发展，以应对与可持续性相关的规划问题。这些机构中有许多是在20世纪60年代开始实施的区域规划努力的一部分，当时城市已从其传统边界向外扩展到了郊区。近年来，这些组织在推进地区可持续发展倡议方面发挥了领导作用。

例如，一些机构实施了区域温室气体清单，还有一些制定了公共交通计划，另有一些近年来开始关注环境问题，如缺水或污染。

辣椒酱，政府批准，市民关注

几乎每个人都喜欢越南辣酱，有时被称为公鸡酱（图 12.4）。我把它用在很多不同的烹饪中，我也喜欢用它做春卷的蘸酱，或者作为从鸡蛋到汉堡的各种餐桌佐料。在蛋黄酱中加入一点点就能让素食汉堡变得美味。然而如果你曾经研究过辣椒，你就会知道它们是有问题的。当我用新鲜的辣椒烹饪时，我总是要格外小心，以免把辣椒籽或辣椒面弄到手指上。辣椒这些东西产生的热量很容易进入眼睛或身体其他敏感部位。此外，我们中的许多人发现我们的呼吸系统因辣椒被切开或烹煮时产生的烟雾而感到不适。一些人发现自己的眼睛有烧灼感，还有一些人发现自己的肺部和鼻窦有烧灼感。这会导致呼吸困难。

虽然我喜欢辣椒酱，但我很高兴我没必要自己去做。而且我也很高兴自己没有住在辣椒厂附近！

当霍伊芳食品（Hoy Fong Foods）在加利福尼亚州的欧文代尔（Irwindale）新开了一个 62.6 万平方英尺（约 6 万平方米）的工厂时，食品业一片欢腾。该公司标志性的 Sriracha 酱料大受欢迎，带来需求增加，人们担心该公司能否生产足够的这种酱料以满足市场需求。这家新工厂创造了就业机会，并将辣酱产量提高了两倍，极大地提高了满足市场需求的能力。

当工厂开业时，周围的邻居们并没有感到高兴。他们发现自己身上散发着强烈的辣椒味。一些有呼吸困难的人说强烈的辣椒味让问题变得更糟。居民们抱怨说他们外出时一定会有眼睛灼痛、喉咙发炎和头痛等问题。居民们称他们的孩子不能在外面玩耍，他们不能开窗换气。

结果，欧文代尔市起诉霍伊芳，为了保护公众健康停止生产。最终，在该公司同意开发一套过滤系统以减少周围地区辣椒烟雾的影响后，该诉讼被放弃了。

图 12.4　如果你住的地方或工作的地方附近有一个制作辣椒酱的工厂，你的生活会是什么样子？

　　这一案件的性质被辣酱很受欢迎的当地美国媒体进行了报道。许多评论人士指出，他们觉得这个城市在试图规范当地企业时大大越线了，业主有权按自己认为合适的方式经营自己的企业。他们认为这座城市太过关注当地投诉，并认为它在监管上越权。另一些人认为，在保护当地居民的公共健康方面，市政府本应采取更果断的措施；这些居民在这个新设施开发之前就已在这里居住。

　　你怎么认为？官员们应该关闭工厂以保护因健康问题而受到影响的当地居民，还是应该允许该工厂排放辣椒味气体？如果你是受到烟雾影响的当地居民，你会怎么做？如果你是把工厂搬到镇上的厂主，你会怎么做？如果你是当地选举出来的官员，你会怎么做？当事件曝光后，全国许多当选的官员纷纷邀请霍伊芳食品迁到他们的城镇。你想让该公司搬到你们社区吗？地方政府该如何与霍伊芳食品这样的公司合作，以减少社区内的影响呢？

邻避综合征：别在我家后院！

任何社区都面临的一个挑战是如何定位不受欢迎的活动。想象一下这种情况：你们社区需要建一个新的污水处理厂，但目前的空间没有拓展的余地。必须找到一个新的场地。然而把它放在哪里呢？没有人会选择在自己周围设立污水处理厂。这样一家工厂会拉低房产价值，并产生视觉和感觉枯萎。与此同时，社区中的每个人都将从工厂中受益，这将是社区发展和扩大人口以及工商业发展的良机。

在这种情况下，地方政府面临着一个非常艰难的选择。他们要么不得不将就使用现有的污水厂，从而会限制自己的发展，要么必须选择一个在一定人群中肯定不受欢迎的地点。

任何在当地政府工作的人对这些问题都非常熟悉。邻避（别在我家后院！）现象随处可见。不管它是污水处理厂还是一条新的输电线。人们不喜欢任何会影响他们生活的改变。那些对在自己的周围实施某种项目持积极反对意见的人，通常被戏称为"避邻一族"。

出于这一原因，一些人将"避邻一族"定义为试图对寻求促进社区更大利益的集体项目提出不合理要求的人。然而也有一些人将其定义为努力保护更大的社区不受地方官员不良决定影响的人。

很多时候，比如在上面提到的污水处理厂的问题上，人们的担心是真实的。虽然需要这个项目，但它对当地的影响是非常大的。居民们的关切是真实的，必须加以考虑。

许多市民对地方政府有着深深的不信任，他们觉得，不管是否基于实际情况，地方官员在某种程度上会从新项目中得到好处。有很多地方社区承担或批准项目的例子，这些项目对社区的长期发展不一定是必要的，或者只有少数人受益。也有腐败的例子，地方官员被贿赂，或者以其他方式从项目的批准中捞取好处。因此，邻避动机可以以不同的方式出现。

然而当需要此类项目时,当地社区又该如何应对邻避现象呢?

(1)确保政府在所有事务上都遵守良好的行为准则,确保地方官员和工作人员没有腐败行为被曝光。

(2)确保项目是社区整体战略的一部分,是长期社区计划的一部分。

(3)制定社区长期规划来指导对社区产生影响的大型项目的决策。

(4)确保所有关于项目的信息都是公开的,以创造一个开放的环境。

(5)为公众提供机会,让他们通过公众会议和书面形式就项目发表意见。确保对关注事项作出回应。

(6)听取公众对如何修改或改进项目以限制影响提出的建议。

(7)对于大型项目,公民咨询委员会可以为经选举产生的官员提供建议。咨询委员会应包括若干不同利益相关方的代表,比如经选举的官员、社区工作人员、项目专家和公民。

(8)制作在网上和印刷品上可以找到的关于项目的宣传材料。

(9)请技术专家讲解项目的必要性,以及它将如何使整个社区受益。

不管是什么项目,不管地方政府如何保证决策是恰当的,总会有一些公民对结果感到不快。这就是改变的本质。

思考一下风能的情况。每个人都喜欢摆脱电网、限制我们对污染严重的化石燃料的依赖的想法。然而你想要一个巨大的风车在你家后院吗?污水处理厂或辣酱厂呢?我们都想要这些东西带来的好处(绿色能源、污水处理和辣椒酱),但我们不愿在日常生活中面对此类土地用途。现实是有人就住在这些地方附近。每一天,世界各地的地方政府都必须在可能伤害到个人、但有助于更大社区利益的项目上做出艰难的决定。

所以,在一些人看来,邻避族是抱怨者,在制造问题。他们被视为在为自己的个人利益或金钱利益而努力,而不是社区更大的公共利益。在其他人看来,邻避族是英雄,他们勇于对抗当地政府和大的势力,以反对在当地不受欢迎的项目。不过,地方政府看待邻避族的最佳态度是将其视为对社区未来有重要发言权的利益相关方。虽然在地方政府官员和邻避族之间可能永远无法达成协议和谅解,但重要的是,在地方决策中,他们应该把这些人对社区未来的设想加以考虑。

第四节　可持续发展

可持续发展是满足当前需要而不影响后代需要的发展理念,其已经存在了几十年。然而我们在世界范围内在如何有效地促进可持续发展?毫无疑问,在教育、医疗保健和环境保护等领域已经在一些地区取得了进展。但这些进展并不均衡。

从许多方面来看,基于个人观点,有许多不同种类的可持续性。在发达国家,我们关心的是减少碳足迹、便捷的公共交通、推广清洁和健康的食品等问题。然而在发展中国家,可持续性问题更侧重于生存。对新鲜和健康的饮水、饮食需求和寿命提高的关注往往是最核心的问题。个人从自己的生活经历和价值观中得出的观点会极大地影响我们如何看待和实施我们的可持续发展计划。

一些人认为,可持续性是由我们的思想意识决定的。资本家或社会主义者对待可持续性的态度有很大不同。我们没有任何明确的观点来定义可持续性,而我们推动倡议的方式常常是我们文化中的谈判空间。每个地区都有自己在环境、经济和社会公平之间找到平衡的方式。很少有地方能够真正实现这种平衡,并且,基于地方、国家、区域或国际条件的旨在推进长期可持续发展的努力总是在不断地变化中。

发达国家,因其对全球气候变化和其他有害问题负有责任,在许多发展中国家的人们看来,对全球和地方的许多可持续性问题负有主要责任。

由于这种情绪,发展中国家的许多人对可持续发展的总体观念缺乏信任,因为他们认为,发达国家在很大程度上要为给地球创造了一个不可持续的未来承担责任。

此外,有些人认为,发达国家提出的可持续发展倡议从长远来看并没有多大帮助。例如,在现今人口快速增长的时期,许多人关心的是如何养活世界人口。一些人认为,方法应该是利用技术进步,比如转基因作物(GMO)来提高农业产量。他们认为,大幅度增加农业产量将使我们能够在未来养活不断增长的地球人口。然而这种方法的批评者们指出,将农民转移到转基因食品生产上,将使他们依赖于可能是不可持续性的或负担不起的技术措施。

这一冲突指出了这样一个问题:看待可持续发展的多种观点并不总是相互兼容的。可持续性的理念是假定我们应该努力实现经济、环境和公平的某种适当的趋同。但这是谁的趋同?如果这种趋同是建立在高消耗的发达世界模式的基础上,世界资源将会很快耗尽。但如果世界朝着可持续生存模式的方向努力,较为发达的国家将会发出强烈的呼声。因此,在将可持续性的观念用于国际发展的概念时有相当大的分歧。

正如我们将要看到的,全球化问题使可持续发展面临的挑战变得复杂,因为这些看待世界和未来的不同观点相互碰撞在了一起。

第五节　全球化

世界是一个相互联系日益紧密的地方。思想、产品、媒体、甚至污染正在以前几代人无法想象的方式相互融合(图 12.5)。本节将讨论全球化的概念,并探讨全球化对世界的不同影响。在此之后,我们将着眼于努力在全球范围内以不同方式促进可持续发展的各类组织。我们将特别详细讨论联合国所做出的努力。

图 12.5　全球化使我们走到了一起。在这幅照片中，我的中国同事和她在中国的美国女儿正在教我如何包饺子。你的世界受到全球化怎样的影响呢?

一、全球化的发展

自从地球上有了人类以来，全球化就一直存在。考古学证据显示，在世界上几乎每一个角落都有广泛的史前贸易路线。例如，在美国中西部和整个北美洲和南美洲的许多角落都发现了起源于墨西哥湾沿岸的贝壳工艺品。在欧洲古典时代，希腊和罗马的文化在非洲和亚洲的许多地方扩大了影响。在亚洲的印度、中国、韩国和日本等遥远的国家之间的广泛旅行在不同文化之间创造了一些统一的特征。然而在整个历史的大部分时间里，旅行的缓慢速度减缓了全球化的影响，许多地区保持着其特有的特性，同时接受或拒绝其他元素。

启蒙运动和随后的工业革命极大地加快了全球化的步伐及其影响。世界各地建立起的帝国靠的是能够在更短的时间内长途旅行的能力。随着距离变得不那么重要，以及贸易将世界各地的消费品带到地球上所有地区，文化变化的速度也在加快。

在过去的一个世纪里，人们一直对全球化对地方文化的影响感到担忧。在当今时代，西方理想与伊斯兰世界理想的冲突造成了重大的文化冲突。

全球化还造成了严重的环境退化。20世纪初，羽毛帽子在世界许多地区流行起来。《时尚》(Vogue)等国际杂志和新的名人杂志都在展示模特和小明星们戴着有异国情调的帽子，上面有醒目的羽毛图案。然而这种国际形象的影响对世界许多地区的鸟类群体是毁灭性的，尤其是佛罗里达州的大沼泽地。

成群的捕鸟猎人会在广阔的湿地上寻找像白鹭这样的鸟类。这些动物成群结队地生活在树上。猎人很容易杀死整群的鸟。当射手们完成世界各地的制帽商的订购时，许多动物灭绝了，种群数量减少了，羽毛需求只是全球化对环境影响的一个例子而已。在我们现在这个时代，我们看到世界各地的人们对用来生产现代电子产品的稀有矿物有着强烈的欲望。我们是全球消费者，我们在到处收集资源。除非每个地区有重要的环境规则和规章，否则对消费品的需求可能会对地球产生巨大的影响。

二、全球化的推手

有几个全球化的驱动因素影响着它的覆盖范围，其中几个将在下面讨论：互联网与通信、交通运输、经济发展和跨国组织。

1.互联网与通信

也许当今全球化最重要的驱动力就是互联网和现代通信。几十年前，当互联网刚刚兴起时，没有人能预料到它的全球影响力或重要性。许多人都有社交媒体账户，即使他们无法使用自己的电脑。国际网站提供了对人类几乎所有知识的快速访问。许多网站提供翻译,从而消除了语言障碍。

我们还有全球有线电视频道。像英国广播公司(BBC)、美国有线新闻网(CNN)、西班牙语环球电视台(Univision)和半岛电视台这样的新闻机构在世界各地提供着信息。迪士尼(Disney)和环球影城(Universal Studios)等娱乐公司提供了从主题公园到电影和电视制作等一系列全球性娱乐项目。

思考这一驱动力的影响范围是很有趣的。毫无疑问,全球娱乐业具有明显的西方风格,实际上是美国风格。相比之下,互联网在大多数情况下更加开放和广泛。当然有些情况下世界各地会有互联网审查或限制——通常是试图限制其他思想文化对当地居民的影响,但总的来说,网络是一个相对民主的可以捕捉大量信息的地方。任何人都可以得到这些信息。思想可以从一种文化传播到另一种文化。

在展示全球化作用的过程中,使用互联网和手机的最有趣的例子,或许是在21世纪初发生在伊斯兰世界某些地区的绿色革命中使用的推特(Twitter)。开罗塔希尔广场的抗议者们张贴的照片和最新消息随处可见。从佛蒙特州到德宾州的人们都在追随这一潮流,并成为某个特定地方文化变迁的一部分。

人们对互联网上的思想分化,或者说是两极分化,感到担忧。我们可以很容易地进入一个回音室,在那里只有我们赞成的想法被听到和重复。例如,如果我们支持在阿拉斯加海岸开采石油或反对开采那里的石油,我们只会听到或读到与我们立场一致的信息。人们担心,互联网可能会扼杀真正的辩论和理性的决策。

2.交通运输

交通运输是全球化的另一个重要推手。虽然互联网和媒体可以在计算机平台上即时分享思想,但世界性的人和商品的交流正在极大地改变着文化。

国际旅行是全球化的又一个主要驱动力。人们为了商务、旅游、家庭、移民以及其他原因而迁移。这时,他们会带来自己的价值观和思想,可能会与东道国发生冲突。

我记得几年前去拉脱维亚旅行,在那里我看到来自欧洲其他地方的一群人每天每时每刻都在酗酒。原来,有旅游公司会安排这样的旅行,这让一些较为保守的拉脱维亚人感到惊讶。

大量穆斯林移民到欧洲各个角落是另一个冲突的例子。同样,美国在日本和其他地方的军事基地也造成了紧张和不和谐。

当然,并不是所有人的流动都会引起冲突。许多旅行者和移民都非常成功地体验和进入其他文化。但是,旅行者和东道国都因他们的存在而发生改变。

商品和服务的流动是全球文化变化的关键性决定因素之一。世界范围内消费主义的增长是交通运输的主要推手之一。

甚至我们的现代旅游业也在带来全球化的影响。在过去的几十年里,现代通信,尤其是互联网的完善,极大地提高了人们了解其他地方和很容易安排旅行的能力。

世界范围的旅行因此增加了。全世界都在努力改善基础设施,为全球休闲阶层创造便利。其中一些努力,如促进生态旅游的项目,是可持续发展的优秀典范。

此外,自然资源的保护被视为旅游业成功的关键。因此,旅游业能够促进重要地区的保护和保存。

世界上许多地方都做出了有趣的决定,试图保护自然区域以促进旅游业。例如,美国的佛罗里达州选择禁止商业性近海石油开采(图12.7)。这与墨西哥湾沿岸一直在推动近海石油产业发展的其他州形成了鲜明对比。在一些沿海地区可以看到浅海和深海石油平台,其中一些已经造成了严重的石油泄漏。

2011年，"深水地平线"（Deep Horizon）漏油事故对墨西哥湾及其沿海地区造成了数不清的损害。受影响最严重的地区是墨西哥湾北部的渔业和旅游区。虽然佛罗里达州不允许近海钻探，但当漏油被洋流和潮汐带到这里时，这里的海岸线也受到了影响。

墨西哥湾北部一些州对沿海石油资源的开发限制了它们发展旅游业的能力，也限制了它们为捕鱼或捕虾等其他经济活动维持原始自然环境的能力。

正是现代的运输业使得国际旅行者可以参观这些地区，并带来自己的文化，这可能会改变当地的特征。一些人抱怨说世界的全球化创造了一种世界文化，或者说是McCulture，如果你愿意这么说的话，这种文化正在使世界标准化。虽然我们还远没有形成统一的世界文化，但毫无疑问，全球旅行带来的某些标准化正在使世界变得更小。

3.经济发展

在当今的经济中，世界是一个很小的地方。在一个市场上发生的事情会影响到全球经济。苹果（Apple）和沃尔玛（Wal-Mart）等公司覆盖全球，具有全球影响力和重要性，即便是规模最小的企业也可以是国际性的。

但这些企业和行业的发展可能会带来无法预见的后果。2012年，孟加拉国一家服装厂发生火灾，造成数百名工人死亡。该工厂的条件相当差，没有达到某些国际标准。当火灾发生时，它好像是一起由松懈的工厂标准造成的当地悲剧。

然而通过仔细观察会发现，一些国际名牌服装零售商在该工厂生产服装供全球市场消费。显然，当世界制造商试图在竞争激烈的全球市场中找到更廉价的生产方式时，全球化的劳动力市场会对社区产生有害影响。

全球市场也会对过度开发自然资源产生很大的影响。黄金等金属和宝石的高价格可能会在此类资源丰富的地区引发一轮过度开采。例如，在遥远的圭亚那和委内瑞拉，大范围非法的金矿开采在过去十年中造成了广泛的环境破坏。这些地区的严重污染不仅对环境,而且对人类健康都将产生长期影响。

随着世界变得越来越富有,对高质量牛肉和鱼类的需求导致了放牧牲畜的扩张和对海洋的过度开发。就在几十年前,寿司在日本以外的城市还很少见。现在,寿司店已遍布世界各地。对生鱼片的喜爱导致了一些鱼类资源的破坏,其中最著名的是蓝鳍金枪鱼。

当然,在某些情况下,全球化可以通过经济发展极大地改善人们的生活。例如,发展小额信贷或为地方和个人经济发展提供小额贷款。

另一个例子是 kiva.org 网站,该网站将有兴趣的贷方和世界各地的小企业主和个人联系在了一起。许多接受贷款的人正在开设或扩展业务,从服装制造到汽车修理店。

4.跨国组织

有许多大型和小型跨国组织在促进或以某种方式给可持续性带来影响。影响比较大的或许是联合国和世界银行。

联合国成立于 1945 年二战结束后,旨在促进各国之间的对话和理解。目前,联合国在全球有 193 个成员国和办事处。纽约总部是联合国大会举办地,也是联合国最重要行动的所在地。它标志性的总部是就一系列与可持续性有关的问题,进行国际辩论的聚焦、观注,从环境保护到人类健康。

正如本文引言中所指出的,联合国通过发表《我们共同的未来》(有时被称为《布伦特兰报告》)来广泛传播和接受"可持续性"一词。该报告于1987 年发表,明确指出了发展轨道的问题,并提议全世界需要作出重大调整,以确保地球的长期宜居性。

自那时以来,联合国已经制定了许多关键性计划,包括可持续发展目标,以及 1992 年地球峰会[正式名称为联合国环境与发展会议(UNCED)]产生的多个倡议。

联合国千年发展目标(MDGs)关注与贫困、人类健康和广泛的社会进步有关的问题(第二章我们讨论了 MDGs)。虽然并非明确的可持续发展目标,但联合国千年发展目标关注全球关心的、势必会影响社会可持续发展的问题,如人均收入、消除特种疾病,以及获得教育和医疗。

通过这一努力,实现了全面发展的巨大进步,全世界数百万人因此摆脱了贫困。尽管要改善世界上其他国家人民的生活还需要付出很大的努力,但千年发展目标做出的努力是成功的。

千年发展目标主要关注发展中国家的问题,但对评估世界许多地区的可持续性没有帮助。对一些比较发达的国家来说尤其如此,这些国家还有其他与可持续性有关的问题,如消费趋势和收入不平等。

1992 年地球峰会的努力与千年发展目标进程有着根本不同。这次峰会并非针对千年发展目标中提出的一般性发展目标,而是把注意力转向各种令人关切的环境问题,其中包括供水、全球气候变化、污染和能源。

这次峰会是全球环境政策发展中的一个重大事件。达成了几项重要协议,其中包括《生物多样性公约》《京都议定书》《环境与发展里约热内卢宣言》《森林原则》和《21 世纪议程》。

里约热内卢宣言意义重大,因为它列出了各国商定的 27 项原则,这些原则清晰地构成了可持续发展的价值观。这些原则列在文本框中。

从那时起,联合国在 2012 年主办了另一次地球峰会,有时被称为里约热内卢+20。这次会议的重点是为可持续发展创造广泛的国际政治支持。结果文件被称为"我们想要的未来"。会议强调了若干关键性倡议,如制订可持续性指标和在关键领域扩大可持续管理专门知识。

世界银行是另一个在可持续性问题上发挥积极作用的关键性跨国机构。它产生于第二次世界大战之后,旨在协助欧洲在遭受冲突破坏后的重新发展,其目标是向发展中国家提供贷款,以努力消除贫困。他们倾向于关注需要大量投资的大型项目。然而他们在许多项目上与联合国千年发展目标相互重叠,如减少贫困、促进性别平等、改善健康和教育以及环境可持续性。

该组织向发展中国家提供了一系列贷款以促进发展。虽然这些贷款中有许多是非争议性的,并且显著改善了受援国人民的生活,但也有人对世界银行提出批评。一些人认为该组织为那些不是特别可持续的项目提供贷款,比如大型水坝或采矿项目。

此外,一些人认为,向借款国家提供的条件推动了不平等的贸易,偏向于发达国家或工业国的贸易和经济利益。此外,世界银行支持发展中国家的一些私营组织,它们不一定会推动现代可持续性议程。尽管如此,毫无疑问的是,世界银行关注可持续性,并正在努力更好地确保其资助的项目是无害环境的。此外,世界银行还致力于资助专门解决发展中国家环境需要的项目。

然而世界银行一直是每年在瑞士召开的达沃斯世界经济论坛(Davos World Economic Forum)等重要国际会议上相当多的抗议和批评的焦点。许多抗议者集会反对他们认为的西方理想和贷款强加给非西方发展中国家的做法。人们担心这些贷款会造成对西方长期的经济依赖。

世界舞台上还有许多其他演员,其中一些是备受推崇的环保组织,如世界自然基金会。他们的使命常常具有针对性,如雨林联盟使其能够在某些具体问题上产生重大影响。

个人也可以对全世界的可持续发展产生巨大的影响。或许最早的真正的全球环保主义者就是珍·古德(Jane Goodall)和雅克·库斯托(Jacques Cousteau)。珍·古德是一位灵长类专家,一生致力于研究和保护非洲中部的大型灵长类动物。她的努力引起了人们对非洲迫切的保护需求的关注。她开展了广泛的宣传教育活动,并从世界各地寻求外部资金来支持自己的研究。虽然灵长类动物的情况依然很糟糕,但她的努力无疑使地方性的保护问题全球化了。

已故的雅克·库斯托也将环境问题带到了全球观众面前。珍·古德研究的是一个具体的地理上的问题，而库斯托则把注意力集中在多数人关注的环境——海洋。他的研究始于20世纪下半叶，当时很少有人认识到海洋的重要性。

库斯托揭示了世界海洋的相互联系，并证明一个参与者的行为可以影响到广阔的区域。他制作了一系列广受好评的电视纪录片，在世界各地都能看到。从许多方面来看，他创造了海洋超越边界的概念，认为海洋应该被视为一个完整的生命生态系统，应该为了子孙后代加以保护和维护。

在纽约州北部偏远山区设计时装

约翰·施拉德（John Schrader）是一位在纽约接受过教育的时装设计师。他在许多重要的时装公司工作过。然而他现在是全球时尚供应链的一部分。他在一个叫作Quacker的公司工作，该公司每年在QVC（美国最大的电视购物公司Quality Value Convenience）和Quacker公司网站上销售价值数百万美元的服装。

Quacker时尚系列专为女性打造舒适的装饰服装。施拉德用彩色的线、亮片和金属或玻璃添加物设计了许多装饰性服装，在中产阶级女性中很受欢迎。公司努力与消费者建立紧密的联系，为服装品牌的粉丝们举办聚会，还进行巡回展，以便公司员工能够见到他们的客户。

虽然许多时装设计师都在纽约市居住或工作，但施拉德却住在卡茨基尔山（Catskill Mountains）的一所房子里，离纽约市有几个小时的车程。他在自己的家庭办公室设计服装，设计方案被传真给他在费城的老板并得到批准或进行修改。之后，设计方案被送到国外的工厂制作样品，然后样品被运回美国由施拉德和他的团队批准。在此之后就是下订单。

在电视购物公司QVC，数千件衣服可以在很短的时间内售出。

在这个全球化的世界里，施拉德的想法可以直接传达给消费者，而不用离开他在卡茨基尔的家。他不愧是现代全球经济体系的典范。

联合国 1992 年地球峰会达成的重要协议

以下是 1992 年地球峰会产生的联合国主要协议，每一项都对全球可持续发展的有关政策产生了巨大影响。

《生物多样性公约》是一项具有法律约束力的协议，要求签署国制定生物多样性保护和可持续性国家战略。

《京都议定书》是一项具有约束力的协议，是由一项名为"气候变化框架公约"（*Framework Convention on Climate Change*）的协议产生的。它设定了工业化国家温室气体排放的目标任务。

《森林原则》是一项非约束性协定，为林业的可持续发展提供建议。

《环境和发展里约热内卢宣言》是一份非约束力文件，其中列出了关注环境的 27 条原则。

《21 世纪议程》是一项非约束性的执行计划，重点是如何通过在国家、地方和全球设立目标来实现可持续发展。

1994 年里约热内卢宣言通过的原则

原则 1

人类是可持续发展关注的中心。他们有权享有与自然和谐的健康和生活。

原则 2

依照《联合国宪章》和国际法的原则，各国拥有根据自己的环境和发展政策利用自己的资源的主权权利和责任，以确保在其管辖或控制范围内的活动不会对其国家管辖权之外的其他国家或地区的环境造成损害。

原则 3

必须实现发展的权利，以便公平地满足今世和后代的发展和环境需要。

原则 4

　　为了实现可持续发展,环境保护应成为发展过程中不可分割的一部分,不能孤立地加以考虑。

原则 5

　　所有国家和所有人民都应合作完成消灭贫穷的基本任务,将其视为可持续发展不可缺少的必要条件,以便减少生活水平的差距和更好地满足世界大多数人民的需要。

原则 6

　　发展中国家,特别是最不发达国家和环境最易受到损害的国家的特殊情况和需要,应给予特别优先考虑。环境与发展领域的国际行动也应照顾到所有国家的利益和需要。

原则 7

　　各国应本着全球伙伴关系的精神进行合作,以维护、保护和恢复地球生态系统的健康和完整。鉴于对全球环境退化的不同影响,各国负有共同但有区别的责任。发达国家承认,鉴于其社会对全球环境及其所掌握的技术和财政资源所施加的压力,它们在追求国际性可持续发展方面负有责任。

原则 8

　　为了实现可持续发展和提高全体人民的生活质量,各国应减少和消除不可持续的生产和消费模式,并推动适当的人口政策。

原则 9

　　各国应合作加强可持续发展领域的本国能力建设,通过交流科学和技术知识、加强包括新的和创新技术的发展、适应、普及和转让,以增进科学认识。

原则 10

解决环境问题的最佳途径是由所有有关公民在适当层面共同参与。在国家层面，每个人都应有适当的机会获得有关公共当局所掌握的环境信息，包括其所在社区有关危险物质和活动的信息，以及参与决策过程的机会。各国应通过广泛提供信息来促进和鼓励公众的认识和参与。应当提供有效的司法和行政诉讼途径，包括赔偿和补救。

原则 11

各国应制定有效的环境立法。环境标准、管理目标和优先事项应反映它们所适用的环境和发展条件。一些国家所采用的标准可能是不适当的，对其他国家，特别是发展中国家，可能会造成不必要的经济和社会代价。

原则 12

各国应合作促进有利于所有国家经济增长和可持续发展的支持性和开放的国际经济体系，以便更好地解决环境退化问题。出于环境目的的贸易政策措施不应构成任意或无理歧视的手段或对国际贸易的变相限制。解决跨界或全球环境问题的环境措施应尽可能以国际协商一致的意见为前提。

原则 13

各国应制定对污染和其他环境损害受害者的责任和赔偿的相关国家法律。各国还应迅速和更坚决地合作，就因其管辖或控制范围内的活动给其管辖范围以外所造成的环境损害的、不利影响的相关责任和赔偿，制定进一步的国际法。

原则 14

各国应通过有效合作来阻止或防止将任何导致严重环境退化或被发现对人类健康有害的活动和物质转移到其他国家。

原则 15

　　为了保护环境,各国应根据自己的能力广泛采取预防措施。存在严重或不可逆转的破坏威胁的地方,不应以缺乏充分的科学确定性为由推迟采取具有成本效益的措施以防止环境退化。

原则 16

　　国家当局应努力推动环境成本的内部化和经济手段的使用,考虑到污染者原则上应在顾及公共利益和不扭曲国际贸易和投资的情况下承担污染的代价。

原则 17

　　环境影响评价作为一项国家级手段,应进行拟议的活动,这些活动可能会对环境产生重大的不利影响,并须由主管国家当局作出决定。

原则 18

　　各国应立即将可能对其他国家的环境产生突然有害影响的任何自然灾害或其他紧急情况告知相关国家。国际社会应尽一切努力对受害国提供帮助。

原则 19

　　各国应就可能对跨界环境产生重大不利影响的活动,向可能会受到影响的国家提供事先和及时的通告和相关信息,并应在早期阶段真诚地与这些国家进行协商。

原则 20

　　妇女在环境管理和发展中起着至关重要的作用。因此,她们的充分参与对实现可持续发展至关重要。

原则 21

　　应调动世界青年的创造力、理想和勇气,建立全球伙伴关系以实现可持续发展,确保人人享有更美好的未来。

原则 22

　　由于其知识和传统做法,土著人民及其社区和其他地方社区在环境管理和发展中发挥着重要作用。各国应承认并适当支持它们的特性、文化和利益,并使它们能够有效地参与到实现可持续发展的努力中来。

原则 23

　　受压迫、统治和被占领的人民的环境和自然资源应当受到保护。

原则 24

　　战争本质上是对可持续发展的破坏。因此,各国应尊重在武装冲突时期为环境提供保护的国际法,并展开必要的合作以促进其进一步发展。

原则 25

　　和平、发展和环境保护是相互依存、不可分割的。

原则 26

　　各国应按照《联合国宪章》以和平和恰当的方式解决所有环境争端。

原则 27

　　各国和人民应本着诚意和伙伴精神进行合作,以实现《宣言》所体现的各项原则,并进一步促进可持续发展领域的国际法的发展。

第六节　战争与可持续发展

　　当我写这篇文章的时候,全世界的难民数量是二战以来所有冲突中最多的。有许多例子表明战争会对环境和更大人民福祉造成破坏。

　　表 12.1 列出了战争对社区可持续发展的各种冲击和影响。冲突会带来挑战,从粮食供应中断到经济崩溃。这些挑战的影响可能包括饥荒、移民、家庭破裂和生态系统破坏。基于这些问题,我们可以理解为什么世界

上许多地区的领导人无法有效地应对其境内的可持续发展问题。此外，一些国家并没有完全控制其公认边界内的所有土地。当国内冲突导致国家分裂时，很难将国家可持续发展倡议或战略付诸实施。

不过，即使在冲突时期，一些国家也在努力实现可持续发展。他们认识到自己仍然需要推动本国在水、能源和粮食等安全问题上取得进展。他们或许无法完全解决他们在可持续发展规划中确定的所有问题，但他们在努力。

表 12.1　战争对可持续发展的影响

影响	后果
食品供应中断	囤积、每日热量需求不足、饥荒、移民、难民
水供应中断	缺水、健康不佳、卫生问题、农作物缺乏灌溉、移民、难民
卫生下水道服务中断	来自人类排泄物的污染、公共健康问题、疾病、移民、难民
政府服务和教育遭受破坏	社会结构瓦解、年轻人的机会缺乏、基本政府服务缺乏，如垃圾收集、规划、建筑检查、免疫、运输
污染	来自弹药的污染（例如铀子弹），来自军队、难民的人类排泄物污染和尸体的污染
开荒和营地	生态系统中断、水文变化、移民、难民
燃料使用	燃料短缺、污染、温室气体排放、石油或气体泄漏
经济活动损失	失去家园、失去工作、家庭破裂、移民、难民
社会结构损失	政府停摆、家庭结构崩溃、种族主义、冲突、难民、移民

委内瑞拉苏奥地区的可可杯：通过行动寻求对过度开发的认识

在过去几年里，都会有一群勇敢的跑步者来到委内瑞拉海岸的一座山上的小道上，参加一场名为"可可杯"（La Ruta del Cacao）的半程马拉松赛。这条山路沿着一条 23 千米的路线，穿过位于委内瑞拉可可种植区的一片独特的森林，这里以出产世界上最好的可可豆而闻名。这条山路从海拔延伸上升到 900 米以上的高峰，然后又回到海拔高度。该地区地处偏远，严重依赖可可生产生存。人们对该地区土地的开发和过度使用越来越感到担忧。

该赛跑模仿了一些著名的欧洲山间小道赛。然而在这里,组织者把环境和当地人口置于比赛的中心位置,他们把重点集中在促进环境改善上,在路线附近进行森林清理,并促进沿海地区的植树造林。

他们以这次赛事为契机,让当地居民和参与者认识到环境保护的重要性。他们还策划了舞蹈文化展示,以突出该地区独特的人口状况。

这是一个完全与环境无关的活动怎样有助于可持续发展的例子。在委内瑞拉各地组织的许多事件都没有这样的使命。但是因为组织者决定做一些额外的努力,于是带来了某些改进,人们受到了教育,也给其他人的生活带来了改变。

扇贝与经济发展

贝壳捕捞业面临的问题之一是污染和过度捕捞。扇贝是一种极其珍贵的贝类,生长在长岛的玻尼科斯湾,由于一股褐藻羽流而在 20 世纪 80 年代灭绝,一些人认为是受到污染的暴雨径流造成的。这一事件摧毁了玻尼科斯湾的贝壳捕捞业。自此次烟羽发生以来,已经做出努力以改善波尼科斯湾的水质,现在的水已经相当洁净。但是扇贝还没有回来。于是,康奈尔大学在萨福克郡的合作延伸计划发展了许多项目,以帮助恢复波尼科斯湾的扇贝养殖业。科学家们利用各种技术培育扇贝,并在玻尼科湾播种扇贝的"种子"。自从他们开始这一努力以来,扇贝行业已经回归,带来了新的就业机会和 300 万美元的经济影响。

扇贝只有 1—2 年的寿命,只有一到两个繁殖周期。它们不同于长生的贝类,如龙虾和蛤蜊。因此,其长期生长需要在波尼科斯海湾维持大量种群。虽然扇贝已经恢复到可以收获的程度,但数量还没有恢复到 20 世纪 80 年代以前的水平。因此,2011 年,康奈尔大学在萨福克郡的合作扩建项目向长岛地区经济发展委员会①申请了一笔贷款,以扩大扇贝的播种作业。

---

① Long Island Regional Economic Development Council.

　　该组织是由纽约州州长安德鲁·库默发起和资助的，目的是开发州政府资助的项目，以图给 2008 年经济衰退后的该州经济带来改善。该州被划分为若干地区，为争夺资金相互竞争，长岛是其中之一。各类组织也在争夺资金。"扇贝计划"由长岛集团(Long Island group)选定，成为其中一名胜者，获得了 182,900 美元的资助，以扩大其经营活动。

　　这笔资助款使扇贝得以在康奈尔的扇贝孵化场不断繁殖。此外，他们还利用这笔资金扩大了在玻尼科湾的苗圃业务，使扇贝得以在自然且受到保护的环境中生长。扇贝行业的规模仅为 20 世纪 80 年代崩溃前的 10% 左右，因此有很大的发展机会(图 12.9)。

补充书目：

　　Biswas,A.K.和 Tortajada,C.(Eds.):《可持续发展评价:水资源管理和环境挑战》,牛津大学出版社,2005 年,223 页。

第十三章

可持续发展、经济和全球共同资源

可持续发展的主题之一是经济。我们怎样才能创造一个平衡的未来，让子孙后代能够茁壮成长，同时保持经济的稳定呢？当然，这个问题有很多陷阱。取决于你对未来的展望，繁荣的含义，以及人们眼中的稳定的经济。在考虑可持续发展时，其框架内的经济理念或许是最难解决的问题。

第一节　全球共同资源

地球上所有的人共享一个地球。我们不大可能很快离开它去探索和移民其他星球。我们必须找到在这个星球上生存下去的方法，而不是破坏它。此外，我们共享地球资源，我们的全球共同资源，必须找到保护它们的方法，以造福全人类。

1968 年，加勒特·哈丁（Garrett Hardin）在《科学》（*Science*）杂志上发表了一篇题为"公地悲剧"（the Tragedy of the Commons）的文章。在文章中，哈丁将乡村公地作为我们现代的隐喻。过去，村子里的公共土地被用来放牧动物。之所以被称为公地,是因为它们是社区共享空间。然而如果一个人放牧了太多的羊,就会破坏社区其他人的公共资源,从而造成整个社区将无法利用这一空间来放牧这样的悲剧。

哈丁将这一观点向前推进了一步,指出我们社会中的许多人正在耗尽自然资源,以至于社会中的许多人无法获得或负担不起自然资源。只有通过对自然资源的管理,我们才能维持这些资源。没有管理,资源就会被无序开发,这将导致对资源的更大需求,进而加速资源的毁灭。

拉斯维加斯的水是公地问题悲剧的一个很好的例子(图 13.1)。内华达州拉斯维加斯位于美国最干旱的地区之一,人口大约 60 万,旅游业吸引数百万人。这座城市从拦河坝形成的水库中取水。水被认为是公共资源,被用来支持该市人口的增长。

图 13.1　新墨西哥州南部等干旱地区的自然地貌不适合大规模人口的发展。然而数以百万计的人生活在这些地区,不得不从其他地区获取资源,特别是水。

随着赌场的发展,人口也在增加。豪华酒店被兴建起来以促进经济增长。随着人口和游客数量的增长,对水的需求随之增加。现在,不幸的是,拉斯维加斯的水正在耗尽。据估计,所剩水资源只够支撑这座城市几十年。这座城市的成功正推动着它的灭亡。此外，拉斯维加斯水资源的过度使用也对周边社区造成了影响。

在当今时代，我们往往把持续的经济增长看作经济强劲的标志。然而许多人对我们的星球是否有能力充分提供如此高速增长的资源需求，提出了疑问。的确如此，因为在许多人正在摆脱贫困并期望获得更多资源的同时，世界人口正在增加。表 13.1 列出了近几十年来受到影响的主要公共资源。

全球公地的主张是探讨环境经济学的一个好起点，因为它针对的正是我们在这一章中关注的许多观点。

表 13.1　共享资源

空气	水
土壤	海岸线
植物	土地
动物	海洋
生态系统	湖泊
矿物质	河流

第二节　经济活动过程使地球失去平衡

当许多人都投入旨在促进企业可持续发展的"绿色经济"的时候，还有许多人关注到可能会使地球失去平衡的更传统的经济活动。

因此，通过在我们的星球上生活和工作的行为，如果开发与自然系统失衡，我们可能会给地球带来重大损害。贾里德·戴蒙德（Jared Diamond）在他的《崩溃：社会如何选择失败或成功》（*Collapse: How Societies Choose to Fail or Succeed*）一书中对这一观点进行了深入探讨。他指出复活节岛的居民，造成自己家园大面积森林砍伐的原因，是他们选择砍伐树木来运输复活节岛著名的雕像，这些雕像位于该岛海岸线的边缘。他指出，这个社会在岛上的森林砍伐后不久就崩溃了，因为孕育这个社会的生态系统被破坏了。

崩溃的概念是一个强有力的概念，为我们的未来提供了警示的意象。有些人批评戴蒙德的研究过于简单化。他们认为，有一些例子表明，社会通过适应和聪明才智找到了摆脱困境的办法。然而毫无疑问，我们这个星球上有许多问题是由可能导致某些地区社会崩溃的经济活动造成的。事实上，亚洲咸海的干涸已经导致该地区沿海社会的崩溃。在拉斯维加斯面临危机前还会有多久呢？

第三节　社会和经济理论

在过去的两个世纪里，与环境有关的社会和经济理论已经写了很多，其中大部分与资本主义和马克思主义的经济方法有关。然而深生态学和生态女性主义为传统的理论方法提供了有趣的替代方案。

一、新古典经济学

当今世界使用的主要经济理论来自新古典经济学。这种方法结合了自由市场在供求关系下最好不受监管的概念。

在这个框架内，消费者将做出理性的选择，生产者将寻求利润最大化。那些信奉新古典主义的环境经济学方法的人相信，市场力量最终将保护环境，人类将做出理性的选择，从而带来环境的改善。因此，拿拉斯维加斯的情况来看，供给和需求法则会决定，随着资源的减少，水的成本将会大大增加。当这种情况发生时，人类将做出理性的选择并离开该地区，从而减少需求和成本。

当然,有很多例子表明人类没有做出理性的决定。尽管能够生产象牙的这类生物已寥寥无几,但由于象牙价格昂贵,它们正被偷猎者捕杀。象牙对偷猎者的价值如此之高,以至于他们认为偷猎象牙是值得的。由于非洲偷猎者的活动,这些动物很可能在一两代后灭绝。

世界上大部分地区的现代经济体系被称为新自由主义。现代新自由主义在过去几十年里在世界各地兴起。它促进开放贸易、经济自由(有限的政府监管)、私有化和开放市场。环境学界的许多人对新自由主义持批评态度。

开放的贸易和市场,加上充足的信贷渠道,为全球化和全世界经济活动的扩张创造了强有力的催化剂。不过,新自由主义面临许多环境方面的挑战。

(1)消费主义。新自由主义的兴起伴随着全球消费文化的兴起。那些乐于在小环境下生活的人们现在可以进入全球市场;总的来说,我们使用的地球资源比以往任何时候都要多。由于资源是有限的,我们正在迅速消耗许多重要的自然资源。

(2)资源分配。新自由开放市场体系对商品贸易的需求推动了消费主义,从而导致了资源的过量开发(图13.3)。因此,对资源的需求正在增加,进而提高了许多资源和消费品的价格。这造成了基于市场力量的资源分配不平等。

(3)不平等。与新自由主义政策相关的不平等可能会导致基于资源获取和市场获取的全球、国家和地方不平等。也许最能说明这种情况的就是粮食和农业领域。对食品行业开放市场的推动,使大型跨国公司得以进入世界各地的市场。这种途径有可能给看重大农场主而不是小农场主的传统粮食生产体系带来改变。在法国、韩国和印度等地,已经发生了多次针对食品系统全球化的抗议。事实上,由于印度的新自由主义政策,在某种程度上,成千上万的农民在过去的十年里自杀了。

(4)裙带资本主义和寡头政治的崛起。新自由主义的危害之一是它有利于少数人而不是大众的裙带资本主义。要实现并在全球经济中开展工作,需要特殊的知识和技能。因此,并非所有国家都能参与全球经济。此外,要达成国际商业交易并进入某些市场,需要有明确的政治准入。这样做的最终结果是,世界的财富正由数量有限的个人管理。贫富之间的差距正在扩大。寡头政治是指由少数人管理的政府组织,通常是为了支持自己的利益。许多人批评新自由主义,因为他们认为它会导致政府出现寡头政治活动。

(5)债务。新自由主义的结果之一是国家债务和个人债务。为了推动经济发展、融入全球市场,许多国家必须在基础设施方面做出重大改进。必须贷款以促进能源生产、修建道路、改善供水和污水系统。总的来说,这些想法听起来很不错。然而对于一个贫穷的小国来说,要迅速发展西方式的基础设施,不靠沉重的贷款是很困难的。许多国家从富裕国家或制定政策要求的组织那里担负了承担不起的债务。因此,这种债务以一种奇怪的殖民主义形式将某些国家政策置于外部组织的控制之下。为了获得全球消费品,如电视、手机和电脑,个人也可能会承担超出其应对能力的债务。虽然获得这些商品似乎是一件好事,但在全球化的新自由主义经济体系中,新兴经济体面临着明显的地方和国家挑战。新自由主义经济政策并非在所有新古典主义经济体系中都受欢迎。由于传统的新古典主义经济学方法对总体环境资源的挑战,在过去几十年里出现了一个新的子领域,叫作环境经济学。

图 13.2　消费主义是可持续发展面临的最大挑战之一。贪婪和对广告与潮流的反应驱使我们想要得到更多。

二、环境经济学

环境经济学主要研究污染和资源枯竭。具体来说，环境经济学家试图了解如何最好地保护环境，使其免受污染，或消耗资源的经济活动给社会带来的挑战。

环境经济学的关键要素之一是重视环境。这意味着，经济学家试图对环境的直接、间接、期权和存在价值进行评估。直接价值是可以从资源中派生的价值，这就像来自地球的铁矿石。间接价值包括环境提供的生态系统服务。例如，盐沼保护海岸线免受海岸洪水和过滤污染。如果它们消失了，洪水和污染将带来非常具体的代价。期权成本是为了以后的消费而在现在付出的保护环境的成本。最后，存在价值是一个地方的整体内在价值。

三、绿色经济学

绿色经济学与新古典经济学和环境经济学的不同之处在于，绿色经济学专门关注于减少经济系统对地球的影响。前两种经济学关注的是使用基本的经济理论来管理环境系统，而绿色经济更多的是一个应用领域，旨在促进特定经济策略以推动地方、国家或国际可持续发展。

绿色经济学的名称来源于这样一种观点，即通过提供不会过度征收资源税也不会损害生态系统的商品和服务，某些经济活动更适合于地球的长期可持续发展。

绿色经济学有时会在绿色经济或绿色就业的背景下讨论。绿色经济被宽泛地定义为从可持续发展相关活动演变而来的经济体系，而绿色工作者则是在绿色经济中工作的人。绿色经济活动的定义经常是一个争论的话题。例如，在能源领域的工作被认为是一份绿色工作，而对另一些人来说则不是。在这个经济领域内还存在着"漂绿"的问题。

一些评估工具有助于对绿色经济相关的商品和服务进行评估。绿色建筑、有机食品和绿色旅馆经营者协会都是组织自我规范其绿色经济活动的例子。

在政治意义上，绿党与绿色经济在某种程度上是一致的，因为它不排斥资本主义经济学。绿党的四个信条是它的四大支柱，包括：
- 生态智慧
- 社会正义
- 基层民主
- 非暴力

一些人，尤其是生态社会主义者，批评绿党在资本主义框架下工作。

四、非资本主义经济学

有些人认为，资本主义的做法与地球长期可持续发展的观点不一致。他们相信，在一个利润驱动的世界里，对资源的需求将毁灭这个星球，人类生存的唯一途径就是找到一种新的经济模式。

五、深生态学

深生态学虽然是一种哲学，而不是严格意义上的经济体系，但确实对人们思考环境的经济方式产生了影响。深生态学家认为，环境对整个世界具有内在价值。因此，我们无法量化环境的各个部分（资源、生态系统服务等）的价值。其哲理要求我们以超越常规的更加深刻的方式来看待环境。如果我们这样做，我们将看到环境不仅仅为我们提供服务。相反，它是一个需要尊重的整体。深生态学家不认为自己是资本主义者、马克思主义者或社会主义者。相反，他们认为世界上所有的经济体系都是由于世界上过于复杂和消费主义的状况而被打破的。他们提倡简化我们的生活方式，同时努力与我们的环境和谐相处。

六、生态女权主义

生态女权主义是另一种反对传统的马克思主义、资本主义或社会主义的环境观。生态女权主义者们断言，现代工业化世界已经被男性的统治、剥削和占有的冲动所破坏。自从工业革命以来，在过去的几个世纪里，男人参与了大部分的决策，在很大程度上对我们现在所面临的、地球的长期可持续发展问题负有责任。

生态女权主义者们认为,目前的不平衡状态是男性价值观的投射。回归到更女性化的培养和合作的价值观, 被认为是这个星球长期成功的关键。一些人认为,女性与家庭的联系有助于她们欣赏和发展其社区内的可持续发展远景。此外,每月的月经周期将女性与地球的周期联系在一起。

生态女权主义认为,打破结构化的看待地球的二元方式(好/坏,男性/女性,人类/动物等),将有助于我们创造一种新的、更全面的看待世界的方式,从而促进其可持续发展。

供给与需求

供求的概念可以追溯到几个世纪以前。如果需求增加,而供给保持不变,那么成本就会上升。反过来也一样:如果需求减少,但供应保持不变,那么成本就会下降。如果供给增加,但需求不变,那么成本也会下降;如果供给减少,但需求不变,那么价格就会上升。

象牙是当今世界供需问题的一个很好的例子。20世纪初,非洲象的数量约为300万头。如今,其数量约为70万头,而且还在迅速减少。例如,在乍得,大象的数量曾经达到了40万头,而现在仅剩不到1万头。

全球对象牙的需求正在推动大象数量的下降。世界市场上出售的象牙大多来自非洲象。

象牙一直被视为精美的装饰品。它独特的颜色和光泽,以及被雕刻成装饰品的能力,都通过历史上流传下来的许多象牙工艺品得到了证明。

1989年,为了保护非洲象,全球通过了一项象牙贸易禁令。只有在1989年之前收集的象牙才能在公开市场上交易。

对大象的保护在一定程度上可以通过对市场的管理来达成,目前正在进行一些努力。

我们还能如何利用供需法则来保护非洲象?你能想到供求法则是如何被用来保护石油等其他资源的吗?

生态系统服务

经济学家致力于保护环境的一种方法是对环境所做的事情进行量化,如果对环境不这样做,我们将不得不为此付出代价。

2005 年,一组世界上最优秀的生物学家发表了一份关于世界环境状况的报告,叫作"千年生态系统评估"。该小组在报告中分析了环境对人类社会的重要性,并就环境提供的关键性生态系统服务展开了讨论。他们将生态系统服务分为以下四类:

(1)提供服务。这些是定期提供给我们的服务,无需任何直接的管理。也许我们得到的最重要的供应服务就是提供干净的饮用水。我们还从环境中获得相当一部分食物,尤其是鱼。猎物以及蘑菇和浆果等各种觅得的食物也以这种方式供应给我们。大多数人也直接从环境中获取木材作为燃料。

(2)调节服务。如果没有环境的调节作用,地球将无法居住。气候调节、水净化和授粉都是在没有人类活动支持的情况下进行的调节服务。

(3)文化服务。约翰·缪尔曾写道:"每个人都需要美丽和面包,需要玩耍和祈祷的地方,在那里,大自然可以疗愈和赋予身体和灵魂以力量。"环境为我们提供了很好的文化服务,包括娱乐、精神和宗教灵感、美学灵感、教育、地方感、文化遗产和旅游机会。

(4)配套服务。当然,环境为我们提供了许多配套服务,如土壤形成、初级生产、营养、进化和我们赖以生存的土地。

报告指出,环境提供的许多生态系统服务正在迅速减少,人们对在这个星球未来的生活质量感到忧虑。

详细描述和衡量现代全球化经济中,生态系统服务的重要性是显而易见的。为了支持经济发展和增长,许多生态系统每天都在遭受着破坏。然而如果生态系统能够被赋予价值,它们对全球经济的重要性和对那些参与地方土地使用决策的人来说就会变得更加重要。

近年来，科学家们一直致力于对生态系统服务的价值进行量化，方法是在营养循环或海岸保护等方面设定一定的美元价值，这些价值可以与从破坏生态系统的活动中获得的价值进行比较。

想想像切萨皮克湾（Chesapeake Bay）这样的地方。在这里，开发摧毁了许多沿海湿地，这些湿地为鱼类、营养循环和海岸侵蚀提供了保护。今天，许多人想要扩大海湾的开发，通过房地产市场获取丰厚的利润。然而越来越多的地方决策者正在考虑当地湿地对该地区经济的重要性。他们明白，如果湿地遭到破坏，就会造成直接的经济后果，因为沿海沼泽将失去宝贵的生态系统服务。

我们可以看到生态系统的破坏所造成的财政影响。在切萨皮克湾，沿海湿地被毁，沿海洪水更为常见。坦帕湾和墨西哥湾沿岸的其他海湾也有类似的问题，特别是营养污染，现存的湿地无法减轻这些污染。有些地区在一年中某些时候，其营养物质变得过于集中，导致大面积的鱼类死亡，从而损害了休闲和商业捕捞业。

想想你所在地区的生态系统服务。什么样的东西是大多数人通常认为理所当然的由环境提供的？如果生态系统被破坏，你们的社区将付出什么代价？在您的社区中需要实施哪些类型的活动以减轻开发的影响？

第四节　不顾理论的破坏

无论我们生活在什么样的经济或理论体系中，或信奉什么样的理论体系，人类都会造成环境问题。人类的行为本身就让世界付出了代价。数万年以来，人类一直在制造问题，但是环境能够通过进化和自我修复来做出反应。毫无疑问,一些早期的人类殖民活动造成了动物的灭绝和资源的过度开发。然而只是到了工业革命之后,我们才看到普遍的破坏加速。今天, 有些人对于地球是否有能力吸收在整个地球上发生的所有活动的影响表示质疑。

正是由于这个原因,一些人开始对我们现代的做事方式(图 13.3)提出质疑。你怎么认为? 你是否希望,我们能够在不造成长期环境破坏的情况下,保持我们目前在地球上的经济发展速度? 如果不是的话,你认为我们应该用什么方法来确保长期的可持续发展呢?

图 13.3　认为环境是一种资源的传统想法有很多替代观念。在你的价值观体系中,哪一种选择能产生共鸣?

第五节　环境经济学:外部因素

在环境经济学的背景下,许多人关心经济的外部性问题。外部性是指商品或服务的真实价格中没有考虑到的东西。例如,如果你们是一家矿业公司,而你正在污染一条河流,那么清理的成本或旅游业损失的成本就是外部成本。外部成本往往是由公众承担的。

有三种方法可以控制外部成本，以限制其对公众的影响：

（1）监管。采取某种形式的监管措施来限制污染等问题，将减少对环境的影响，降低公众为产品生产所付出的成本。监管环境确实产生相关成本，且必须由公众承担。然而如果建立了强有力的监管制度，其外部成本便可以得到有效管理。这些监管规定可能会对污染进行严格的限制，也可能提供在总量控制和贸易框架内进行污染交易的机会。第五章讨论了管制温室气体的限额和贸易办法，可以通过总量控制和贸易来减少任何污染物的影响。

（2）税收。对污染产品征税是抑制销售的有效手段，同时产生收入以承担清理污染的成本。在欧洲，税收被用作减少汽油消耗和资助环保项目的手段。这也是为什么瓶装饮料要通过瓶子退款政策来征税的原因。在许多情况下，产生的收入有助于促进回收或制定特别的环境项目。

（3）产权。各国政府可以对在任何地点都可以进行的活动类型制定规则。因此，如果某个地方社区想要限制污染行业的影响，就可以制定特定的产权规则，给予土地所有者拥有清洁空气和水的权利。在某些情况下，这项权利可以出售以允许组织污染。

第六节　经济测量

经济学家采用许多方法来测量经济，以评估当前的经济形势以及预测未来的趋势。这些测量工具被称为经济指标。它们在不同的时间间隔内进行测量，可分为先行指标和滞后指标。先行指标告诉我们经济运行得如何以及可能的走向。滞后指标使我们对过去的经济表现有所认识。表 13.3 列出了先行和滞后经济指标。

表 13.3　经济学家测量经济常用的先行和滞后经济指标
（这些指标衡量的是经济的传统面，可以跨时空进行比较）

先行经济指标	
货币供应	衡量在整体经济中的货币量，从存款到货币。
每周失业救济人数	当经济衰退时，申请失业救济的人数会增加。
每周平均工时	员工工时的长短反映就业市场的整体实力，进而反映整体经济状况。
消费者预期指数	衡量消费者是否计划在未来几年购买大宗商品。
建筑许可	衡量住房领域的稳健度。
供应商绩效	衡量交货所需的时间。交货时间越长，需求越高，经济也就越强劲。
制造商对消费品的新订单	新商品订单的增加表明经济更加强劲。
标准普尔股票指数（S & P 500）	主要股票的价格综合反映经济实力。
滞后经济指标	
失业时长	个人失业时长表明过去就业市场的实力。
消费者价格指数变化	衡量消费品的成本。
消费者信贷与个人收入比	衡量消费者的负债状况。
优良商业和工业贷款的价值	衡量商业和工业企业的负债状况。
银行收取的平均利率	衡量消费者信贷的成本。

这些指标主要集中于与工业产出、就业、利率以及消费者行为等相关的传统经济指标。对于任何在全球经济市场从事商业或金融活动的人来说，他们都应该很熟悉。然而重要的是要指出，所有主要的经济指标都与环境无关。相反，指标清单表明，我们测量经济的主要方法依赖于金融市场提供给我们的数据，而不是来自环境评估。

当然，从商业角度来看，这是有道理的。大多数经济学家和商务专家并不对经济的可持续发展和绿色度进行评估。这些都是相对较新的概念，还没有影响到对经济的评估方式。相反，大多数经济学家依赖的是世代以来成功使用的各类指标。它们提供了在空间和时间上对经济进行比较的方法。通过这些指标，经济学家能够对长期趋势和不同国家的经济状况作出评估。然而许多人指出，这些指标并不能说明经济正在发生的一切。他们认为传统的指标未对环境成本和对公众的影响进行评估。他们感觉需要新的绿色经济指标(有时被称为绿色增长指标)引导我们的社会朝着不同方式对经济进行测量的方向发展。

经济合作与发展组织(OECD)多年来一直关注绿色增长。2014 年,他们发布了一份名为"绿色增长指标 2014"的报告,列出并衡量一系列的指标(见表 13.4)。

这份清单与前一份清单中的先行和滞后经济指标有着明显的不同。这份清单规定了一系列非常全面的指标,可以用来对不同地方和不同时期绿色经济的健康状况进行测量。其中一些是传统的经济指标,如失业率和国内生产总值(GDP)。不过,在传统经济指标评估的背景下,其中许多指标是不寻常的。例如,对能源生产率进行评估,部分是根据可再生能源在整个能源部门、在经济中所占的份额。关于野生动物、土地利用、污染和公共卫生,对环境因素有明确的测量。此外,还对若干人口趋势进行测量,包括预期寿命、人口增长和收入平等。

表 13.4　绿色增长指标[①]

经合组织绿色增长指标	
经济增长、生产力和竞争力	国内生产总值增长与结构 可支配净收入(或国民净收入) 劳动生产率 多要素生产力 贸易加权单位劳动力成本 贸易的相对重要性 消费者价格指数 食品、原油、矿物、矿石和金属的价格

[①]　http://www.oecd.org/greengrowthigreengrowthindicators.htm. 这些指标与表 13.3 所列指标有很大的不同,因为它们对各种社会和环境因素以及表中列出的某些传统经济评估变量因素都进行测量。

续表

经合组织绿色增长指标	
劳动力市场、教育和收入	劳动力参与 失业率 人口增长、结构和密度 预期寿命;出生时的健康状况、生命年份 收入不平等 受教育程度;教育水平和受教育机会
碳和能源效率	生产型二氧化碳生产力 基于需求的二氧化碳生产力 能源效率 部门能源强度 可再生能源份额
资源生产率	反映环境服务的多要素生产力
自然资源库存量	自然资源指数
可再生的库存量	淡水资源 森林资源 鱼类资源
不可再生的库存量	矿产资源;可用库存量或储备
生物多样性及生态系统	土地资源;土地覆盖对话和覆盖从自然状态到人工状态的变化 土壤资源:农业土地和其他土地表土损失的程度 野生动物资源
环境健康与风险	环境引起的健康问题和相关成本 遭受自然或工业风险及相关经济损失
环境服务和设施	拥有污水处理设施和饮用水
技术与创新	对绿色增长至关重要的研发支出 对绿色增长很重要的专利 各领域与环境相关的创新
环保商品与服务	环保产品和服务的生产
国际资金流动	对绿色增长至关重要的国际资金流动
价格和转移	与环境相关的税收 能源定价 水价和成本回收
法规和管理方法	到目前为止没有指标
培训和技能开发	到目前为止没有指标

经济合作与发展组织

经济合作与发展组织（OECD）是由其前身欧洲经济合作组织（OEEC）演变而来的,成立于二战结束后的 1948 年,负责管理马歇尔计划（Marshall Plan）,该计划的重点是欧洲经济的重建。马歇尔计划可以说是有史以来最成功的经济发展计划之一,因为它给欧洲大部分地区带来了强劲的经济增长。最初的成员国包括奥地利、比利时、丹麦、法国、希腊、冰岛、爱尔兰、意大利、卢森堡、荷兰、挪威、葡萄牙、瑞典、瑞士、土耳其、英国和西德。

由于它的成功,其他国家纷纷加入欧洲经济合作组织,之后演变成为经济合作与发展组织。新成员包括澳大利亚、加拿大、智利、捷克、爱沙尼亚、芬兰、德国（东西德自 1990 年合并）、匈牙利、以色列、日本、韩国、墨西哥、新西兰、波兰、斯洛伐克共和国、斯洛文尼亚、西班牙和美国。经济合作与发展组织向北美和南美、亚洲和太平洋以及东欧的扩张表明了其在影响经济战略方面的总体重要性。

本组织的现代使命之一是"……促进改善全世界人民的经济和社会福利政策。经济合作与发展组织提供了一个讲坛,各国政府可以相互合作,分享经验,寻求解决共同问题的办法。我们与各国政府合作,在如何推动经济、社会和环境的变化方面达成共识……"

经济合作与发展组织致力于在未来若干年在以下四个主要领域向成员国政府提供帮助[1]:

● 首先,政府需要对市场以及使它们运行的机构和企业恢复信心。这将需要在政治和商业生活的各个层面上改善监管和更有效的治理。

● 其次,各国政府必须重建健康的公共财政,作为未来可持续经济增长的基础。

---

[1] http://www.oecd.org/about/.

● 同时,我们正在通过创新、环保的"绿色增长"战略和新兴经济体的发展来寻找方法以促进和支持新的增长点。

● 最后,为了支撑创新和增长,我们需要确保所有年龄的人都可以培养更有效的和令人满意的技能来从事未来的工作。

显然,在世界上最重要的国际性经济发展组织之一注入绿色经济原则是一个明显的信号,表明可持续发展在世界各国政府领导人中正在日益受到关注。

第七节　绿色工作

关注绿色经济的好处之一是发展绿色就业。联合国将绿色工作定义为"从事农业、制造业、研发、行政和服务活动,为保护或恢复环境质量做出重大贡献。绿色工作有助于保护生态系统和生物多样性,通过高效的策略减少能源、材料和水的消耗,脱碳经济,尽量减少或完全避免产生任何形式的废物和污染"。

这一定义涵盖了从农业到环境咨询在内的多种专业活动。然而这一定义有些模糊,因为它在逻辑上并没有清晰地划分出哪些绿色工作可以很容易量化或对地区间进行评估。

2011 年,华盛顿的智库和研究中心布鲁金斯学会(Brookings Institute)发布了一份文件,通过一份名为"绿色清洁经济规模"(*Sizing the green Clean Economy*)的报告对绿色就业岗位进行了分类。他们使用"清洁"而不是"绿色"一词来避免与其他绿色职业分类混淆。不过,"清洁"和"绿色"这两个词被环境领域中的许多人用作可以互换的同义词。

布鲁金斯学会对清洁工作的定义比联合国更简单。对他们来说,清洁工作就是"从事生产有利于环境的产品和服务……"这虽然是一个宽泛的定义,但布鲁金斯学会将绿色工作分为五类:农业和自然资源保护、教育和合规、能源和资源效率、温室气体减排,以及环境管理、循环利用和可再生能源。针对这五个类别中的每一项,分别列出了几个具体部分。表13.5列出了对类别和部分的全面分析和说明。

从表中可以看出,清洁经济领域的工作范围相当惊人,提供了比任何其他绿色工作评估更为详细的分类体系。有些人可能会争辩说有些工作可能被不恰当地归类为清洁或绿色工作(核能工作或校车司机工作)。然而它提供了一个了解绿色职位趋势的系统。

布鲁金斯学会的报告对2003年至2010年美国绿色就业环境的一些关键性内容作了总结:

(1)大约有270万人从事各种各样的绿色工作,包括经济中最成熟的领域(制造业和公共服务,如公共交通)。在可再生能源等新兴领域工作的人数较少。

(2)清洁职位的增长并不像其他经济领域那样迅速。然而可再生能源领域的就业岗位正在迅速增加。

(3)在清洁经济领域,约四分之一的工作岗位是制造业岗位,其中很多涉及制成品的出口。这一数字高于其他行业,后者只有9%的工作岗位在制造业。

(4)清洁经济中工人的工资比其他工人高。

(5)绿色工作在美国到处都是,但有些领域具有一定程度的专业化。布鲁金斯学会将清洁经济分为以下几种类型:服务型经济、制造业、公共部门和平衡型经济。例如,旧金山在绿色专业服务领域具有优势,而路易斯维尔等地则在制造业领域具有明显的优势。州首府通常是公共部门就业的中心,而有些地方,尤其是像洛杉矶和亚特兰大这样的大城市,则拥有更为平衡的部门。

(6)某些大都市地区具有独特的产业优势,导致特定类型绿色工作的聚集,例如洛杉矶是光伏产业的中心,而风城芝加哥可以预见是风能工作岗位的中心。

布鲁金斯学会的报告网站①可以让人们对美国各个大都市地区的绿色工作进行比较。我们可以对某个地区现有的绿色工作类型进行评估,并对该地区的优势和劣势进行评估。可以创建国家地图来显示绿色工作的类别和领域。

如果看一下在线报告,我们便会发现自然资源和自然资源保护领域的大部分绿色工作都在华盛顿、萨克拉门托、纽约和洛杉矶。但如果我们深入研究这些地区中的其他领域,就会发现一幅不同的画面。在资源保护方面,最领先的地区是华盛顿、萨克拉门托、纽约和亚特兰大。相比之下,有机食品和农业方面的工作岗位最多的是洛杉矶、纽约、波特兰和芝加哥。最后,可持续林业产品领域的工作岗位最多的是西雅图、亚特兰大、代顿和芝加哥。

花点时间在布鲁金斯学会的网站上看看绿色工作的变化模式。确实,由于人口庞大,一些大城市会脱颖而出。纽约、洛杉矶或芝加哥等城市高居榜单并不令人感到那么奇怪。然而当像代顿(在可持续林业产品领域居高)或密尔沃基(在电池技术领域居高)这样的地方跃上排行榜的前列时,这些地区很有趣的一点就是表明其某种程度的专业化和专业知识聚集。②

表 13.5　绿色经济的类型和领域(经布鲁金斯学会允许,略作修改)③

类型 / 领域	说明
农业和自然资源保护	此类机构致力于保护自然资源或自然食品系统。
保护	该领域的机构管理公共自然资源,如土地、公园、森林和野生动物。
有机食品和农业	该领域的机构加工有机食品,在农场种植和 / 或出售。
可持续林业产品	该领域的机构生产再生纸或实行可持续伐木。

① http://www.brookings.edu/about/programs/metro/clean-economy.

②③ http://www.brookings.edu/~/media/series/resources/0713_clean_economy_descriptions.pdf.

续表

类型 / 领域	说明
教育和合规	此类机构执行或协助遵守环境法律或对从事有利于环境工作的人员进行宣传教育。
监管和合规	该领域的机构执行或协助遵守环境法律。
培训	该领域的机构获得为清洁经济培训工人的资助，或者取得认证。
能源和资源效率	此类机构生产可提高能源效率的商品或提供服务。
电器	该领域的机构生产用于烹饪、加热、冷却以及各种消费和工业应用的节能电器。
电池技术	该领域的机构制造或开发电池和其他储能技术。
电动汽车技术	该领域的机构生产电动或混合动力汽车——或向其提供专门部件。
节能建筑材料	该领域的机构提供建筑隔热和天气处理服务或制造节能的建筑材料（例如专业的窗户，门、绝缘材料等）。
节能消费产品	该领域的机构生产各类达到节能标准的消费品（如办公产品、电脑、玻璃、窗帘）或提供节能的家庭维修。
燃料电池	该领域的机构制造或开发将氢转化为燃料的技术。
绿色建筑和施工服务	该领域的机构为符合严格环境标准的施工项目提供建筑或工程服务。
暖通空调和楼宇控制系统	该领域的机构生产节能型温控设备或审核建筑物的能源效率。
照明	该领域的机构生产符合联邦能源之星标准的照明设备，以提高能源效率。
专业的能源服务	该领域的机构提供认证节能专业服务或与能源研究或能效咨询和设计相关的服务。
公共交通	该领域的机构为公众或学校的儿童提供多乘客运输车辆，取代低能效的单乘客车辆出行。
智能电网	该领域的机构提供电力测量和控制相关服务。
节水产品	该领域的机构生产的产品可以节约用水或防止漏水和浪费。
温室气体减排，环境管理和回收	此类机构生产的产品或提供的服务可提高环境的可持续发展。
空气和水净化技术	该领域的机构生产的产品能减少或消除空气和水污染。
碳储存和管理	该领域的机构通过技术开发以消除化石燃料开采和生产过程中的碳排放。

类型 / 领域	说明
绿色建筑材料	该领域的机构生产被认证为环境可持续和无污染的建筑产品,如地毯,处理剂,或木产品。
绿色化工产品	该领域的机构需获得炼制化学过程和原料(用于化妆品、化肥、清洁剂和油漆)的认证,以使终端产品在环境方面更具可持续发展。
绿色消费品	该领域的机构需获得认证或符合第三方标准,以生产环境可持续发展领域的前沿产品(如家具、海产品、化妆品和外科医疗用品)。
核能	该领域的机构生产核能或提供监测和 / 或减少污染的技术服务。
减少污染	该领域的机构生产污染控制设备或提供监测和 / 或减少污染的技术服务。
专业的环境服务	该领域的机构从事环境咨询、研究或土壤分析。
有回收成分的产品	该领域的机构专门生产用回收纸或金属制成的认证产品。
回收和再利用	该领域的机构提供回收服务和批发配送。
修复	该领域的机构提供环境修复和清理服务。
废物管理与处理	该领域的机构管理公共部门的空气、水、废物管理和处理服务,或直接提供这些服务。
可再生能源	此类机构生产产品或提供便利使用可再生能源的服务。
生物燃料 / 生物质	该领域的机构利用生物或农业材料来生产或开发能源。
地热	该领域的机构通过技术开发,将地核的热量转化为能源或促进这种能源的使用。
水电	该领域的机构利用水坝水发电。
可再生能源服务	该领域的机构为可再生能源项目的管理或实施提供专业化或施工方面的服务。
太阳能光伏	该领域的机构生产、开发或安装将太阳光转化为电能的技术。
太阳能热	该领域的机构生产,开发,或安装的技术可从太阳获取和分配热量,以供能源消耗。
变废为能	该领域的机构生产或开发将废物转化为能源的技术。
波 / 海洋能源	该领域的机构生产或开发将自然流动的水转化为能源的技术。
风能	该领域的机构生产、开发或安装将风能转化为能源的技术或专业零部件。
清洁经济总量	所有 39 个清洁经济领域的总和。

绿色工作者个人档案

巴瓦尼·扎罗夫(Bhavani Jaroff)是一名厨师、餐饮供应商、电台主持人和食品活动家(图 13.4)。当她进入食品行业时还是阿尔弗雷德大学陶瓷学院的一名学生。她在来到学校后发现,学校对素食者的供应很有限,于是设计并实施了一个系统,最终可以每天为 125 名学生提供食物。自从那次经历后,扎罗夫先后在东北地区的一些天然食品餐厅工作。她还开设了一家餐饮公司,专注有机和健康食品。

图 13.4 厨师、餐饮供应商、电台主持人、企业家巴瓦尼·扎罗夫。

当她最小的孩子进入幼儿园时,她获得了教育学硕士学位,并在女儿的学校当了一名教师。在那里,她专注于全面地教授食物,并将学校的食堂从提供传统食物转变为主要提供有机食品。她还将园艺、堆肥、回收和食物融入学生的整体教育中。食品项目使她接下来开发出一个社区服务项目,学生们在那里为纽约市的无家可归者做饭和提供食物。她现在提供咨询、烹饪课程、餐饮、工作坊以及各种各样的服务。她的广播节目《我和巴瓦尼吃绿色食品》是进步广播网的主打栏目。

杰克·萨克特(Jake Sacket)在霍夫斯特拉大学(Hofstra University)攻读可持续发展本科学位期间,在纽约市的"可食用校园"组织做兼职工作

(图 13.5)。"可食用校园"始于 2010 年,旨在为纽约公立学校的幼儿园至五年级学生提供机会,让他们自己种植食物,并学习如何烹制健康的饭菜。这个项目的点子出自对美国日益严重的肥胖问题的担忧,以及许多城市街区的商店缺少新鲜水果和蔬菜。

教师与学生一起规划和种植水果、蔬菜和谷物。收获后,他们去厨房教室准备和食用这些食物。这些经验被整合到课程中,内容涉及纽约州的科学和社会科学标准。

图 13.5　在纽约市"可食用校园"项目工作的杰克·萨克特。

杰克在哈莱姆区(Harlem)的 PS6、PS7 学校照料和维护着一个花园。在学生们放暑假期间,他在那里除草、收割、维护容器花园。此外,他还建造了新的地上花园床,为秋季新生的到来做准备。他与老师互动,让他们吃花园里的东西,作为他的一个特别待遇。萨克特说:"我喜欢这份工作,因为我可以和孩子们互动,帮助他们了解纽约市有很多健康的食物选择。""我每天都把可持续发展的三个 E 结合在一起。我致力于改善纽约市的环境,我在绿色工作中赚钱,我让所有在此群体的孩子都能吃到健康的食物。"

罗布·米里克(Rob Milyko)在蒙大拿州米苏拉做了 37 年的山脉线巴士服务公司的司机(图 13.6)。虽然看起来并不是这样,但开公交车是一项非常环保的工作。罗布说:"我很高兴的知道车上的每个人都少开了一天车。"公交领域的就业人数是美国绿色职位最多的。虽然大部分的公交职位都在大的城市中心,但较小的社区也有公交服务。美国蒙大拿州米苏拉的人口约为 7 万,自 1977 年以来一直有公交服务,由一个名为"山脉线"(Mountain Line)的公共资助组织提供。

山脉线的主要任务是为米苏拉的居民提供优质的公交服务,但重要的是要指出,它对未来有着强烈的环保愿景。它希望:

- 大幅度增加公共交通的使用
- 改善出行方式以减少单人占用车辆的使用
- 创建公共交通激励机制,以减少交通堵塞,改善社区健康
- 创建伙伴关系组织,以减少该地区车辆行驶里程[①]

山脉线在他们的目标上取得了重大进展。自该组织成立以来,已经提供了 2200 万人次的乘客出行。仅在 2012 年,就提供了近 100 万人次的乘客出行。米里克说:"我们有一些很棒的环保项目。我们每年夏天都为 18 岁以下的孩子提供免费的乘车项目。我们鼓励人们骑自行车,并在城镇周围设立了自行车站,配备了工具、零件和打气筒。此外,我们一直在寻找替代燃料。"

米里克将可持续发展融入自己的生活中。他是一个素食主义者,在本地商店购物,通过可持续发展的原则来对所有买来的东西进行过滤,全

---

① http://www.mountainline.com/about-mountain-line/facts/.

年都骑自行车——甚至在蒙大拿州的严冬也是如此。"可持续发展应该是每个人的目标,"他说,"由于西方文明对资源的贪得无厌,我们的星球和人类遭受了巨大的痛苦。这是我们许多问题的首要原因。人们很容易指责政府和企业,但这取决于每个人都做出改变。我同意甘地的观点,他说,'去改变你想在这个世界上看到的改变'"。

图 13.6　罗布·米里克在蒙大拿州驾驶公交车。(照片由格雷格·赛普尔提供)

第八节　成本效益分析及其在环境经济学中的应用

经济学家和企业做决定的方法之一是进行成本效益分析。这有助于决策者在特定的经济约束下就项目是否合理做出评估。它还有助于对相互竞争的项目进行比较,以评估哪一个有更大的机会获得经济效益。

在进行成本效益分析时,某个具体项目的优势和劣势被转化为实际的货币价值。与其他项目和未完成项目的成本进行比较。成本和收益是根据项目对用户或项目参与者以及非用户的影响来计算的。外部成本和收益（污染或影响到那些没有选择受影响的人的增加的财产价值其成本和效益）也必须计算在内。期权价值也包含在分析中。期权价值是未使用的环境资源的价值，如森林或水。它还可能包括诸如地铁等交通运输资源的价值。期权价值是资源的价值，不管它是否被使用。换句话说，我们可能会重视地铁的使用，尽管我们可能永远不会使用地铁。

需要对在特定时间内的项目结果做出预测。一旦完成这项工作以后，就可以决定不同的选择是否合适。

成本效益分析出现在 20 世纪中期，作为一种方式用于指导涉及使用公共资金开发项目的决策。虽然在分析中没有立即考虑到环境方面的因素，但在今天的许多成本效益分析中一般都会加以考虑，以做出可能影响到资源或生态系统的决策。

然而将环境插入成本效益分析中可能是很困难的事。如何计算环境项目的成本呢？当我们考虑到在世界大多数地区很少有专门知识用来评估项目的环境成本时，这一点就显得尤为有道理。这在很大程度上是因为在许多地方几乎没有关于项目的环境和社会成本方面的数据。此外，世界上许多地方的环境风气和环境价值各不相同。因此，对干旱的撒哈拉地区供水损失的估值会与对潮湿的热带亚马逊地区的供水估值大不相同。

第九节　环境影响评估

环境影响评估是另一种工具，可以用来对项目的适当性进行评估。它与成本效益分析有一定的关系，因为在决定一个项目是否应该向前推进之前，首先需要对拟议项目的正面和负面影响进行评估。不过，与成本效益分析不同，环境影响分析主要侧重于环境影响。在某些情况下也会对社会影响进行评估。

在美国,针对可能存在一定程度的环境破坏,需要对有些项目进行环境评估。报告通常对项目、项目公示以及公众参与的机会进行分析,还会就与项目开发相关的关键性问题进行总结,并提出项目的一系列替代方案。最后,报告对项目开发相关的环境后果进行分析。在某些情况下,全面的环境影响评估是由环境评估演变而来的。然而在大多数情况下,项目环境评估被决策者用来对某个项目做出评估。

环境影响报告和环境评估在美国的用处是复杂的。那些寻求开发项目的人发现,为了获得项目的批准,他们要经历一个令人沮丧、昂贵、冗长的过程。由于大多数完成环境评估的项目都会获得批准,环保人士发现他们对监管过程感到失望。但是,应当指出,完成环境评估的过程使开发人员认识到项目的发展战略要适当。例如,如果某开发人员在开展环境评估过程中发现了濒危物种,它将指导该项目以尽量限制对该物种的影响。换句话说,环境评估过程有助于项目开发人员在项目进行评估和批准之前创建良好的行为。美国各州和地方政府也可能会要求进行比联邦政府要求更为严格的评估。

欧盟为一些大型项目设立了环境影响评估。欧盟附件1项目是桥梁等大型项目;它们总是需要评估的。较小的项目列为附件2。各个国家可自行决定附件2项目是否需要进行全面的环境影响评估。

欧盟环境评估的一个重点是如何减轻项目对环境的影响以避免产生负面结果,还要求以非技术术语对项目进行描述,以确保公众能够就是否支持该项目作出有根据的决定。评估的另一个有趣的方面是要求项目列出技术上面临的挑战或缺乏研究或知识的地方。这些信息有助于传达区域和国家的研究需求。

第十节　环境伦理

无论人们对环境经济学或在评估项目或开发新绿色经济时所做的分析持何种态度，在任何影响环境的决策中都存在伦理维度。只有当社会对环境赋予道德价值，成本效益分析和环境影响评估才能有助于在经济背景下对环境作出明智的决定。欧元、英镑和美元当然是重要的考虑因素，但归根结底，我们的决定反映了我们文化的伦理价值观。

从许多方面来看，环境伦理学的研究是从 19 世纪末 20 世纪初北美荒野的大范围破坏中产生的。那时，野牛群遭受到大规模的破坏，还有旅鸽的灭绝。在佛罗里达州，联邦政府在南部的荒野和沼泽湿地设置了一名猎物管理员，以防止为了制作女性帽子而偷猎鸟类的行为，结果这位管理人员竟然遭到了暗杀。

然而公众对我们的经济活动对地球的影响的担忧迅速增加。阿尔多·利奥波德（Aldo Leopold）是《沙乡年鉴》（1949 年出版）的作者。在这本书中，作者雄辩地论述了如何在人的欲望与自然界之间找到平衡。他认为我们需要建立一个伦理框架，将生态良知纳入我们的经济动机中。

在许多方面，环境伦理是编纂在环境规则和规章之中的。这些法律有助于在国家、州和地方各级层面对我们的集体环境价值观做出界定。

环境伦理学领域通常被认为是世俗的，因为它在很大程度上产生于环境保护运动。然而重要的是要指出，许多宗教组织正在踊跃地参与环境运动。教皇科学院（Pontifical Academy of Science）由世界上一些顶尖的科学家组成，就科学问题向教会提供意见。2014 年，该科学院主办了一场名为"可持续人类、可持续自然：我们的责任"（Sustainable Humanity，Sustainable Nature：Our Responsibility）的会议。教堂、清真寺、寺庙和犹太教堂不再将世界视为一个拥有上帝赐予我们无限资源、以人为中心的空间。现在，宗教组织正在提出一种伦理维度，涵盖更广泛的环境和社会伦理范围内的所有创造。

新哈德逊河大桥的环境影响报告书

纽约主要的河流运输通道之一是 Tappen Zee 桥。它建于 1955 年，如今每天有近 15 万辆汽车在此通过。然而由于其糟糕的状况，这座桥正在分崩离析，被视为该国最危险的桥梁之一。因此，它将在 2016 年关闭。一座新桥计划于 2018 年在附近建成开通，2013 年开始建设施工。

在施工开始前，必须出具一份环境影响报告书。这是高质量环境影响报告书[①]的一个范例。

这份文件的组织结构值得研究。在执行概要之后，各章标题为：

第一章　目的与需求

第二章　项目方案

第三章　过程、机构协调和公众参与

第四章　运输

第五章　社区品质

第六章　土地征用、搬迁与安置

第七章　绿地和休闲资源

第八章　社会经济条件

第九章　视觉和美学资源

第十章　历史和文化资源

第十一章　空气质量

第十二章　噪音和振动

---

① http://www.newnybridge.com/documents/feis/.

第十三章　能源与气候变化

第十四章　地形、地质和土壤

第十五章　水资源

第十六章　生态

第十七章　危险废物和污染材料

第十八章　施工影响

第十九章　环境正义

第二十章　沿海地区的管理

第二十一章　间接和累积效应

第二十二章　国家环保署和国家环境质量审查法案的其他考虑因素

第二十三章　最后阶段的评估

第二十四章　对环境影响报告书草案的评论做出的回应

从章节列表中可以看出，Tappen Zee 桥环境影响报告书提供了非常详细和全面的评估范围，涉及桥梁建设的各种问题。鉴于该项目的重要性，这并不特别令人感到惊讶。这是一段时间内纽约最大的公共工程项目之一。然而值得注意的是，报告中提到的主题与可持续发展的三个"E"是一致的。

第十四章

企业和组织的可持续发展管理

许多企业对可持续发展做出了重大贡献。他们研究自己的业务流程，在努力找到提供产品和服务方法的同时也将持续性问题加以考虑。一些企业在其决策中注入了持续性的三个"E"，即环境、经济和公平。

第一节　认知失调

考虑企业的可持续发展似乎有些奇怪。在绿色运动中，我们中的许多人更乐于接受那些明显是绿色的组织和企业，比如有机农场或回收行业。然而我们都在利用可能会以某种方式对环境造成损害的商品和服务——无论是通过它们的生产还是使用。

可持续发展面临的挑战并不一定是要摆脱我们日常生活中所依赖的商品和服务，而是如何使这些商品和服务更具可持续发展。拿一个石油公司来进行分析（图 14.1）。我们都知道石油公司生产的产品对环境有潜在的危害。然而一家石油公司能否在仍是一家石油公司的情况下走向可持续发展呢？杀虫剂服务、电池制造商、船运公司，或者大型国际零售商呢？

尽管思考如何让一家石油公司或化工厂"绿色化"可能会让人不舒服，但重要的是要明白，许多行业无论做什么，都可以在努力使我们的地球更加具有可持续发展方面大有作为。实际上，许多组织，从大公司到家庭企业，都在设法改进他们的经营，以促进可持续发展方面取得了长足的进步。

在可持续发展领域，一些最重要的工作岗位是在努力使其运营更具可持续发展的公司里。像大型化工公司、汽车制造公司、石油公司或航运公司这样的组织竟会聘请可持续发展专家，这似乎有些奇怪。然而在许多方面，这些都是注入可持续发展理念的最重要的地方。

第二节　为什么企业会关注可持续发展？

一、利润

许多企业都被可持续发展所吸引，因为可持续发展的做法省钱。节能和节水的建议往往会赢得那些关注利润和底线的人的支持。虽然某些可持续发展倡议的初始投资很高，但随着时间的推移，回报会很大。

二、公共关系

毫无疑问，"走绿色之路"受到公众的欢迎。有些公司有兴趣在他们的行业内推进可持续发展理念，以推广某种公司形象。你见过多少次组织宣传他们的可持续发展倡议或他们为保护环境所做的努力？虽然这些倡议可能是出于利他主义的考虑，但世界各地的公共关系部门都在向公众宣传环保和可持续发展项目。

图 14.1　我们如何使汽油的采购在其生产的各个阶段都更环保呢?

三、利他主义

许多公司提出可持续发展倡议完全是出于利他主义的原因。他们有个人或公司的意愿去"做正确的事"。虽然提高利润和改善公共关系可能是做出接受可持续发展理念决定的结果,但支持可持续发展目标的主要原因是做好事的意愿。行善的意志可能源自许多激励因素,如宗教信仰、社会责任感或环境伦理。

四、对行业长期可持续发展的关注

还有一些组织会接受可持续发展理念,因为他们关心的是组织长期提供商品和服务的能力。他们提供产品或服务所需的资源可能会面临风险。它们推动可持续发展理念纯粹只是为了保护企业的长期生存能力。试想一个以热带木材比如桃花心木制作精美家具的生产商。在露天市场上购买桃花心木，而不考虑桃花心木生长的热带森林的生存能力，这是否符合其最大的利益？还是应该更好地促进热带森林的保护以确保长期稳定的桃花心木供应？作为消费者，我们买什么和在哪里买很重要。我们可以选择更谨慎地限制我们的消费和审慎地对待我们的购买。

五、专业标准与规范

一些商界人士支持可持续发展理念，因为这是他们所在领域的专业标准。在他们的行业里，"绿色"经营可能就是一种标准惯例。例如，如果某人在有机食品行业，那么可以预见，可持续发展理念将会融入到其行业所有业务经营。

第三节　全面质量管理与可持续发展

20世纪组织管理的一个重要进展是全面质量管理（TQM）的主张。要了解TQM，重要的是要明白，当许多西方国家意识到它们的产品和服务与从亚洲出口的产品和服务质量不同时，这一主张便产生了。第二次世界大战后，亚洲产品被认为不如许多西方国家的产品。然而到了20世纪晚期，由于来自亚洲的高质量商品，西方国家发现自己在与亚洲的贸易战中败下阵来。亚洲的产品质量更优，价格也便宜得多。

西方企业领导人开始审视西方产业的广泛管理，并意识到需要对所有管理领域进行更深入的评估，以此做出改进。他们研究了东方的同行，并认识到最成功的公司非常专注于对业务经营的所有方面进行评估。他们发现，每一个管理层面的质量保证都是向消费者提供物美价廉的产品和服务的关键。

W.爱德华兹·戴明(W. Edwards Deming)常被视为 TQM 之父。在其 1986 年出版的《走出危机》(*Out of the Crisis*)一书中,戴明列出了改善管理的 14 个要点。这 14 点正是许多公司在重新思考如何在 20 世纪后期实施企业变革以提高西方公司的竞争力时所依赖的。在许多方面,戴明的 14 点提供了一些早期的管理方法来实现公司的可持续发展。这并不奇怪,因为戴明写这本书的时候,联合国的布伦特兰报告刚刚产生出可持续发展这一概念。的确,在 2011 年,约瑟夫·雅各布森(Joseph Jacobson)以可持续发展的视角对戴明的观点做了修改,以证明 TQM 与可持续发展理念的紧密联系。戴明和雅各布森的观点比较如表 14.1 所示。

当把这两个 14 点方案进行比较时,就很容易理解为什么有些人认为 TQM 这一做法带来了对可持续发展原则的广泛接受。每一种做法都要求管理者改变对快速生产的关注以获取利润。相反,他们提出,只有通过对企业所有方面的深入考察,一个组织才能取得成功。产品和服务必须被生产出来,同时应允许工人创造力的出现,并强调产品的质量和工人经验的质量。

毫无疑问,戴明的 14 点商业模式对西方公司的管理产生了巨大影响。世界各地的组织都成功地应用了 TQM,通过检查所有操作的管理来确保组织的每个部分都在成功地运行,并且每个部分都与整体融为一体。可持续发展评估非常适合于对组织运作的整体评估。与可持续发展(经济、社会和环境)相关的主题的复杂性恰恰需要这种类型的整体评估。

第四节 人、地球、利润

许多商界人士深知,他们今天采取的行动将决定世界的未来。他们做出的决定可能会让世界变得比他们开始行动时更糟糕,或者他们可以尝试在他们开展业务时给世界带来改善。

注入这一商业伦理中的可持续发展的三个"E"(环境、公平和经济)常常被重新命名为"人、地球和利润的三个 P"。这一概念有时被称为"三重底线"(triple bottom line),近年来随着企业界越来越关注环境的长期影响和社会恶化,应运而生。根据这一伦理,只有在保证地球长期健康和保持强大、健康的社会的同时,才能产生利润。

表 14.1　W.爱德华兹·戴明在企业转型方面的 14 点与
雅各布森在可持续发展视角下企业转型方面的 14 点之比较

观点	戴明的全面质量管理要点	雅各布森的可持续发展观点
1	为产品和服务的改进创建永恒的目标,以变得有竞争力,继续经营并提供工作机会。	创建社会责任和可持续发展的稳定性。
2	接受新的理念。我们正处于一个新的经济时代。西方管理必须清醒地意识到面临的挑战,必须认识自己肩负的责任,并承担起变革的领导作用。	拒绝浪费和缺陷。
3	停止依靠检验来达到质量标准。通过首先将质量构建到产品中来消除大规模检验的需要。	拒绝检验,将质量融入设计。
4	停止基于价格标签的企业奖励做法。相反,将成本最小化。转向对任何材料寻求单一供应商,以建立长远的忠诚和信任关系。	通过质量标准对社会责任感和可持续发展给予奖励。
5	不断并永远改进生产和服务体系,以提高质量和生产力,进而不断降低成本。	不断提高可持续发展和社会责任绩效。
6	实行岗位培训。	制定环境和社会责任培训计划。
7	实行领导制。监督的目的应该是帮助人、机器和小工具做得更好。管理监督需要改革,对生产工人的监督也需要改革。	建立环境和社会责任管理。
8	驱除恐惧,让每个人都能有效地为公司工作。	驱除恐惧、惩罚和处罚行为。
9	打破部门之间的障碍。从事研究、设计、销售和生产的人员必须作为一个团队工作,以便预见产品或服务可能遇到的生产和使用问题。	打破职能障碍。

续表

观点	戴明的全面质量管理要点	雅各布森的可持续发展观点
10	消除要求生产零缺陷和新的生产力水平的口号、劝告和目标任务。这样的劝告只会产生敌对关系,因为低质量和低生产率的大部分原因属于系统,因而超出了劳动力的能力。 a)消除工厂车间的工作标准(配额),代之以领导制。 b)消除目标管理,消除数字和数字目标管理,代之以领导制。	消除目标任务和口号——这是一种生活方式。
11	消除妨碍计时工人以工艺为荣的权利的障碍。监督者的责任必须从单纯的数量转变为质量。	消除数量配额——这是日常质量和诚信的问题。
12	消除妨碍管理和工程人员以工艺为荣的权利的障碍。这意味着,除其他外,废除年度或业绩评级和目标管理。	消除计时工人的障碍。
13	制定积极的教育和自我提高计划。	加强培训。
14	让公司里的每个人都来完成这一转变。转变是每个人的事。	建立一个包括可持续发展和社会责任在内的支持性的管理结构。

"三个 P"中的"人"的部分主要关注社会责任。虽然世界上的每一个地区都通过不同的政策和程序来管理他们的社会,包括劳动法、环境法规和腐败,但毫无疑问,全球商业道德的社会责任感正在增强。公司越来越关心他们工厂里工人的工作条件。诸如工人年龄、工作时长、报酬和工人安全等问题已经成为国际关注的问题。与此同时,也有人担心工厂的商业活动或者作为供应链一部分的资源提取对所在社区带来的影响。企业越来越多地关注他们的活动在社区中的作用, 这些社区在某种程度上会受到其经营活动的影响。

一段时间以来, 全球化的企业界主要关注的是将业务外包到发展中国家廉价劳动力市场所能带来的利润。虽然现在有些人可能会对这些决策带来的社会结果持负面看法,但总体而言,这种做法在过去被视为一种盈利的有利途径。然而如今,企业发现自己正面临这些做法产生结果的伦理现实。他们的品牌与童工、恶劣的工作环境和严重的环境污染连在了一起。当离岸工厂的恶劣工作环境被揭露出来之后，一些企业的声誉受到了损害。公司正在越来越多地致力于确保社会责任成为其经营活动的一部分，以避免现代全球化早期出现的问题。这不仅是正确的道德行为，同时也有利于公司的经营。

三个"P"中的地球部分主要关注环境责任。在全球化的世界里，人们很容易忽视消费对环境的影响。我们可能会买一件漂亮的首饰，而不会考虑到矿工、矿山或与矿石加工有关的污染。我们不会感受到消费带来的影响。在公司层面也是如此。企业可能需要订购大量木材用于生产过程。他们将在全球市场上这样做，而不会考虑购买会带来怎样的影响。我们的目标是用最便宜的价格买到最好的产品。

然而由于全球广泛的污染和环境恶化，许多企业界人士正力图改变对决策影响的不假思索的态度。与世界上许多政治领导人不同的是，世界上的大多数企业领导人已经接受了我们面临的许多重要的环境挑战，如全球气候变化、海平面上升、污染以及生物多样性的丧失。

这些商界领袖们深知自己有责任不破坏地球，以及为确保企业的长期成功而需要的一切。他们不可能在一个被毁灭了的、环境不稳定的星球上取得成功。他们相信他们有责任为了子孙后代以最好的方式保护地球。

当然，三个"P"中的利润部分是最容易理解的。企业专注于创造利润。旧的盈利模式，特别是在全球化的世界里，着重强调在不考虑社会和环境后果的情况下攫取财富。许多人认为这三个"P"为关注社会和环境责任的同时，为提高利润提供了前提条件（图 14.2）。

然而面对全球气候变化、日益加剧的收入不平等，以及冲突导致的社会动荡，国际化的公司如何才能在几代人的时间里都取得成功呢？许多企业领导人认为，企业界有责任对他们的行为做出重大改变，以确保他们的企业在不断变化的环境和社会背景中取得成功，将可持续发展以及人、星球和利润的理念纳入企业议程。

的确,许多领导人认为,从一如既往的态度转变成以可持续为导向的经营模式,是在我们这个时代取得成功的关键。他们认为可持续发展的概念为企业提供了一种更为创新的途径。通过可持续发展的新方法会给企业带来竞争优势,而这将带来更大的利润和企业价值。

全世界许多人都看到了经济广泛发展带来的影响。在发展中国家,社会取得了巨大的进步,但许多人对在他们国家造成巨大不平等、污染、腐败和公共健康问题的标准资本主义模式提出质疑。那些支持可持续发展理念并将其视为具有推动作用的道德主体的商界人士认为,他们有责任通过大力改善自己的经营来纠正过去的错误。他们力求建立一个更公平、更清洁的世界,同时保证经营活动能够带来利润。

图 14.2　许多人觉得企业界对政客们的要求太严了。你怎么认为? 在你的社区,商业利益是如何驱动政治决策的。(照片由布雷特·本宁顿[J Bret Bennington]提供)

第五节　绿色企业之父雷·安德森以及绿色企业环保主义的发展

雷·安德森(Ray Anderson, 1934—2011)是呼吁在企业文化中注入可持续发展理念的主要支持者之一。我们在第三章简单地介绍过他。他对绿色企业的倡导有助于将全球企业文化的一些领域从以利润为中心转向以地球为中心。他在绿化自己的公司方面做出的努力给他带来了恶名，以及其他事业。他在美国和国际上致力于一系列重要的气候变化行动，其中最引人注目的是在2008年担任总统的行动计划委员会主席。

安德森是世界上最大的地毯公司之一界面地毯公司(Interface Carpeting)的创始人，该公司位于佐治亚州的亚特兰大。它是方格地毯或商用和家用模块化地毯的主要生产商。如果你去过主要的机场或酒店，你很可能在界面公司生产的地毯上走过。模块化地毯在高人流量地区使用很普遍，因为磨损或损坏的部分很容易更换，而不需要更换整个地毯。因此，方格地毯或模块化地毯的创新本身就是一项可持续发展举措。

然而1994年，雷·安德森阅读了保罗·霍金(Paul Hawking)的《商业生态》(*The Ecology of Commerce*)。这本书重点讲的是为什么我们需要转变对环境的看法。霍金认为，就在我们面临重大生态危机之际，工业经济时代即将结束。他主张，企业需要将其目标从创造利润转变为增进"人类福祉"。他指出，我们的现代商业实践与自然经济学的基本原理不一致。我们当前的经济非常注重过度开发和破坏。霍金认为，我们需要建立一个更加生态的商业模式，通过对生产系统的研究来对环境问题进行评估。

他和许多商界人士开始质疑企业界的整体道德，因为他们留给子孙后代的究竟是一个怎样的世界。许多人开始质疑，在不充分考虑对环境的影响的情况下追求利润,是否符合地球的最佳利益。

他认为,在许多方面,企业利用自然资本的方式损害了下一代人生存和发展的能力,因为在传统经济模式中,自然资本没有得到应有的重视。例如,我们没有考虑到自然的遗传多样性、提供清洁水的能力,以及吸收污染的能力。

霍金对安德森的影响是巨大的。他为界面地毯公司制定了一个名为"零任务"的计划,力求在 2020 年消除对地球的任何负面影响。他对地毯业务的各个方面进行了研究,从制造和供应到销售和旅行。他着重对公司用于制造地毯的材料进行了研究。通过减少有害胶水和溶剂的使用,以及购买可再生材料和纤维,他将界面地毯公司所采用的供应,转变为更可持续。他将界面地毯公司从一个完全专注于生产地毯和利润的公司转变为一个注重可持续发展的公司,最终带来零温室气体排放。

安德森在一本被认为是过去几十年里最重要的可持续发展和商业书籍——《一位激进的实业家的自白:利润、人、目的:通过尊重地球来做生意》(*Confession of a Radical Industrialist：Profits，People，Purpose：Doing Business by Respecting the Earth*)中写到他所做的努力。他与世界各地的许多企业集团进行过交谈,并对许多企业领袖产生了巨大影响。他广泛地谈到了以地球为中心的工业愿景的重要性, 以及如何在盈利的同时实现这一愿景。

安德森的遗产

虽然肯定有许多企业不完全接受可持续发展的原则, 但已经有许多向前推进着雷·安德森的主张——你可以在对环境负责和可持续发展的同时获得利润。在互联网上搜索任何你能想到的公司和"可持续发展"一词,我敢打赌,你一定会找到一些网站介绍该组织的可持续发展倡议。

自安德森于 2011 年去世以来，企业的可持续发展相对成为主流。大型企业发布可持续发展报告，开辟可持续发展专门网站，与可持续发展顾问合作，或在员工中设置可持续发展官，这些都已是很平常的事。许多企业领导人认识到，可持续发展倡议不仅有利于节省资金，或者有利于公共关系。在企业文化中注入可持续发展理念也有利于地球和社会的长期健康。

第六节　企业界的"漂绿"

当然，人们对在企业界注入可持续发展理念的一个担心就是"漂绿"的风险，也就是利用可持续发展理念宣传公司的绿色形象，尤其是当它名不符实的时候。"漂绿"经常被营销官员通过使用与自然和环保有关的图像和音乐的广告来鼓励消费者认为某种产品或服务是绿色的。花在"漂绿"行动上的钱可能会比花在实际绿色或可持续发展倡议上的钱还要多。

我们都见过洗碗皂或汽车之类的广告给你一种户外和自然的感觉，尽管这些产品与环境几乎没有关系，甚至可能会破坏环境。

"漂绿"的问题在于它混淆了可持续发展传达的信息。如果一家污染严重的化学公司在广告宣传活动中使用的语言和音乐与某个主要的环境组织相同，那么两者的信息就都会变得混淆不清。这些混杂的信息给该环境组织带来了损害，同时却为该公司创造了一个更环保的形象。这将导致公众对各方的普遍不信任。

你能想到你生活中遇到的任何"漂绿"问题吗？它使你对产品有怎样的感觉？你认为"漂绿"会给可持续发展带来损害吗？

第七节　绿色消费者

我们中的许多人认为自己是绿色消费者。我们认识到,我们花钱的地方会影响消费趋势。因此,如果我们采取集体行动,就会有好的结果。然而谁是绿色消费者? 根据 BSD 全球[①],绿色消费者有三个主要特点:

(1)他们有兴趣扩大他们的绿色生活方式,并真诚地对待他们的绿色个人道德。

(2)他们认为自己的绿色努力还不够。

(3)他们认识到公司是复杂的,必须考虑它们对可持续发展的承诺。不是每个公司都是完美的,但他们必须被认为在做一些积极的事情,让绿色消费者对购买他们的产品或服务感觉良好。但必须指出的是,绿色消费者实际上并不是那么环保。他们总是说得头头是道,而不是付诸行动。他们可能支持绿色伦理。但自己的生活却是高度不可持续的,我们都看到了在支持可持续发展群体中存在的矛盾。他们可能会购买当地产品,但同时却在开着高耗油的汽车。这些消费者往往关注的是他们能够通过在日常生活中做出小小的决定便能够解决的问题。

众所周知,许多绿色消费者并不一定想为了做到可持续而做出牺牲。他们想要一个非常简单的解决方案。这就是为什么便利性是绿色消费者关注的一个重要问题。与此同时,绿色消费者对更多的了解产品和服务感兴趣。他们往往比一般消费者知道的更多,也不介意阅读了解产品材料或网站上提出的问题。

重要的是,他们不会基于公司的说法就会相信这个公司。他们对"漂

---

①　http://www.iisd.org/ business/markets/green_who.aspx.

绿"非常敏感,不相信行业的笼统说辞。他们希望通过第三方对公司的努力进行某种形式的验证。

公司常常会努力达到绿色消费者的要求。他们这样做是因为绿色消费者往往比普通消费者更富有。他们愿意花更多的钱购买"绿色"产品。他们有更多的收入来购买高端有机产品或本地衍生产品。他们经常在更贵的商店购物和购买奢侈品。

一般来说,绿色消费者往往是年轻人。这一事实的重要之处在于,公司有机会与这些消费者建立起终生的品牌忠诚度。然而消费者必须感到产品或服务是真正绿色的,并不断地努力在可持续发展上取得进步。

与此同时,绿色消费者在许多方面的反应和其他消费者一样。虽然他们愿意为高质量的绿色产品或服务花更多的钱,但他们不会为此支付更多。他们还必须感觉自己得到了高质量的产品或服务。如果他们认为自己购买的产品或服务质量有限,他们将不会继续购买该产品。事实上,低质量的产品,不管绿色与否,都会给品牌带来损害。

虽然一些消费者会在提供商品和服务的特种绿色商店(实体店或网店)购物,但大多数人更希望的是方便。他们不会刻意去买绿色的东西。这就是有这么多绿色产品进入主流商店的原因之一。在标准的杂货店里发现有机或绿色的产品并不罕见。其中一些产品来自以绿色产品闻名的生产商,而另一些则来自那些认识到消费者有强烈意愿购买绿色产品的老牌生产商。许多公司已经开发出绿色或有机产品,与它们的标准产品并排放置。虽然消费者仍然对"漂绿"心有余悸,但人们越来越了解真正的绿色产品和服务与通过使用不恰当的环境陈词滥调来推广产品的"漂绿"做法之间的区别。

第八节 "全球报告倡议"

为了避免"漂绿"的问题并提供可持续发展方面的国际可比统计数据,一个名为"全球报告倡议"(Global Reporting Initiative)的组织是由两个关注衡量和评估可持续发展的非营利组织的合作,于 1997 年在美国成立。在联合国的支持下,该组织迁往阿姆斯特丹,并致力于在全球经济的许多领域扩大可持续发展报告和宣传教育。该组织的范围覆盖全球,力求采用国际商定的标准来促进企业和其他组织的可持续发展报告。

报告准则包括可持续发展的经济、环境和社会方面的要素(表 14.2)。在经济和环境主题内可以使用明确的评价指标。社会范畴内的四个子范畴也有可测量的评价指标。我们需要知道的是,就像本书中提到的能源和环境设计(LEED)绿色建筑评估系统等其他评估工具一样,"全球报告倡议"定期评估和更新其指标,以确保其项目是最新的,包含适当的可持续发展实际行动。

到目前为止,已有 6000 多个组织通过这一报告工具披露其可持续发展做法和倡议。每个组织都向全球报告倡议提交了报告,可以在其网站 http://database.global report.org/search 上找到。该网站可以通过出版年、组织规模、组织领域(如农业、航空、医疗保健服务等)和区域(非洲、亚洲、欧洲、拉丁美洲及加勒比海、北美洲和大洋洲)进行查询。

报告的可搜索数据库对于查找您自己关注或感兴趣的某个领域的报告非常有帮助。例如,对欧洲小型医疗保健产品公司的搜索结果会发现 11 份不同的报告。这些报告详细说明了表 14.2 中所列的量化指标,并对具体的企业可持续发展目标进行了评估,还强调了这些组织提出的有趣的倡议或面临的特殊挑战。

表 14.2 "全球报告倡议"可持续发展报告的评估范畴①

范畴	子范畴	主题
经济		经济表现 市场形象 间接经济影响 采购方法
环境		材料 能源 水 生物多样性 排放 废水和废物 产品与服务 合规 运输 总体 供应商环境评价 环境申诉机制
社会	劳动习惯和体面的工作	就业 劳资关系 职业健康与安全 培训与教育 多样性与机会平等 男女同工同酬 供应商对劳动行为的评估 劳动行为申诉机制
	人权	投资 不歧视 结社和集体谈判自由 童工 强迫或强制劳动 安全常规 原住民权利 评估 供应商人权评估 人权投诉机制

---

① See https://www.global reporting.org/resource library/GRIG4 –PartI –Reporting –Prineiples – and–standard–Disclosures.

续表

范畴	子范畴	主题
社会	社会	当地社区 反腐败 公共政策 反竞争行为 合规 供应商对社会影响的评估 社会影响投诉机制
	产品责任	顾客健康与安全 产品和服务标签 营销传播 顾客隐私 合规

第九节　标准普尔 500 指数可持续发展报告

　　作为一家投资公司,标准普尔(Standard and Poors)一直在跟踪美国股指中的一些顶级美国公司。该指数始于 1923 年,被用作跟踪股市整体状况的一种手段,并予以国际性的报道,以了解美国和世界经济的健康状况,因为它确实包括非美国公司。它采用一个加权指数来评估美国股市中500 只最热门的股票。它与道琼斯工业平均指数(Dow Jones Industrial Average)等其他通用指数类似,不过该指数有不同的选择标准,类似于《财富》(Fortune) 500 强顶级公司的名单。

　　标准普尔 500 指数中的公司经常被拿来分析,以了解商业趋势并评估公司政策。2012 年,治理与问责研究所利用全球报告倡议框架和表 14.3 所列的问题,对标准普尔 500 指数公司的可持续发展实践进行了调查。

　　首先必须指出的是,治理与问责研究所发现,在标准普尔 500 指数公司中,有 53%的公司确实发布了某种类型的企业社会责任报告。这是该研究所在 2011 年发现结果的两倍。在做社会责任报告的公司中,大多数(63%)都在使用全球报告倡议流程。这表明,企业界正在大力支持促进某种程度的社会责任和环境可持续发展方面的作用。在短短的一年时间内,报告数量翻了一番,表明这是一个会继续下去的非常迅猛的趋势。

　　之后,该研究所将参与某种可持续发展或社会责任指数的公司与那些没有参与的公司的业绩进行了比较。他们发现,与没有报告的同行相比,参与报告的公司"具有相当大的优势"。这种优势体现在将普尔指数和道琼斯可持续指数(Dow Jones Sustainability Index)等包括在内。

表 14.3　治理与问责研究所用于评估标准普尔 500 指数公司的问题(略有修改)①

问题 1. 公司可持续发展报告是否重要? 如果它们按照《全球报告倡议》的指导方针发布报告,会有什么不同吗?
问题 2. 可持续发展报告对资本(以及投资者)会有影响吗?
问题 3. 公司还能从报告中获得什么切实的好处?
问题 4. 谁真的在乎? 这真的重要吗?

第十节　道琼斯可持续发展指数

　　道琼斯可持续发展指数(Dow Jones Sustainability Index)始于 1999年,旨在对那些在企业决策中注重可持续发展的公司的股票表现,进行基准测试。该指数根据一系列可持续发展标准对企业进行评估,并根据企业的整体可持续发展承诺选择企业纳入指数。它在全球和地区内都进行评估。

　　该指数每年都会在其评估的某一类行业中挑选一位领先者。表 14.4列出了 2013 年的领先者。大多数领先者来自欧洲(13 家公司),其余的来

---

① 　http://www.ga-institute.com/file adminuser_upload/reports/sp500___final_12-15-12.

自亚洲(4家公司)、澳州(3家公司)和美国(2家公司)。这个站点①有关于每个公司的报告。该指数的有趣之处在于它对某一类行业内的公司进行比较。因此,银行与银行相比较,汽车公司与汽车公司相比较。通过这种方式,被视为传统消耗型而非特别环保的公司可以相互比较,以便在行业内做出改进。在行业内提供企业之间的竞争以达到高排名将促使每个行业都做出改进。这种做法招致了一些对该指数的批评。

对领先公司的评估基于在经济、社会和环境维度中一套复杂的标准。该指数使用了一种自我报告评估工具,其中包括一系列问题,从董事会活动到用于自我评价,以及向利益相关方报告的环境指标。②

根据道琼斯可持续发展指数网站③,公司通过五种方式将可持续发展理念融入其实践:

(1)战略:将长期的经济、环境和社会因素纳入企业战略,同时保持全球竞争力和品牌声誉。

(2)财务:满足股东对良好财务回报、长期经济增长、公开沟通和透明财务核算的需求。

(3)客户和产品:通过投资客户关系管理和注重技术和系统的产品和服务创新来培养客户忠诚度,从而以长远有效和经济的方式利用财务、自然和社会资源。

(4)治理和利益相关方:制定公司治理和利益相关方参与的最高标准,包括公司行为准则和公开报告。

(5)人力资源:通过一流的组织学习以及知识管理实践和薪酬福利计划管理人力资源,以保持员工能力和满意度。④

---

① http://www.sustainability indices.com/review/industry group-leaders-2013.jsp.

② http://www.robecosam.com/images/sample-questionnaire.

③ http://www.sustainability-indices.com/sustainability-assessment/corporate-sustainability.jsp.

④ http://www.sustainability-indices.com/sustainability-assessment/corporate-sustainabilityjsp.

使用的评估工具对公司在这五个主题上的实际效果做出评估。

表 14.4 道琼斯可持续发展指数列出的 2013 年行业龙头企业
（大多数龙头企业都在欧洲，在行业内进行比较）[①]

公司	行业	国家／地区
大众汽车	汽车及零部件	德国
澳大利亚和新西兰银行集团有限公司	银行	澳大利亚
西门子	资本货物	德国
德科集团公司	商业和专业服务	瑞士
松下公司	耐用消费品和服装	日本
花旗集团	多元化金融	美国
英国天然气集团	能源	英国
沃尔沃斯有限公司	食品和必需品零售	澳大利亚
雀巢股份有限公司	食品、饮料和烟草	瑞士
雅培公司	医疗保健设备与服务	美国
汉高股份有限及两合公司	家庭及个人产品	德国
安联保险	保险	德国
阿克苏诺贝尔公司	材料	荷兰
远程网络群公司	传媒	比利时
罗氏公司	制药、生物技术和生命科学	瑞士
斯托克兰开发公司	房地产	澳大利亚
乐天购物有限公司	零售	韩国
中国台湾半导体制造有限公司	半导体和半导体设备	中国台湾
阿尔卡特—朗讯	硬件技术与设备	法国
电信公司	电信服务	韩国
法国航空公司	运输	法国
葡萄牙电力公司	公用事业	葡萄牙

[①] http://www.sustainability-indices.com/review/industry-group-leaders-2013.jsp.

第十一节　可持续发展报告

许多公司定期发布可持续发展报告，通常是按年度或半年度的方式发布企业运营报告。报告回顾公司的活动，总结公司为实现可持续发展所做的努力，并强调下一个报告期间的目标。

关注可持续发展的主要国际组织之一是国际标准化组织（ISO）。该组织成立于1947年，当时是为了推动与工业和商业经营相关的国际标准。今天，世界上大多数国家在其大部分的运营中都自觉遵守ISO标准。

ISO运行数千个标准和第三方验证标准，其范围从订购表格的材料代码等基本标准到质量管理标准。此外，他们对材料、零件、运输和制造都有许多标准。必须购买这些标准的使用权，以支持组织的工作。一些人对获取标准的成本提出批评，特别是那些涉及公开来源运营的标准。无论如何，ISO仍然是专注于制定和维护经营标准的主要的国际第三方组织。

在ISO制定的关键标准中，有两套是我们中间对可持续发展感兴趣的人所关心的，即ISO14000和ISO26000。

一是ISO14000，这套标准侧重于环境管理，包括与环境相关的所有业务运行，以便组织限制它们对环境的影响，同时也遵守当地、国家和国际法。评估可能包括从能源和废物到温室气体排放和环境通信的所有方面。使用ISO14000准则为组织提供了一个框架，不仅可以确保在努力限制环境影响的同时遵守法律，还可以不断更新和评估所有运营方面的政策和程序。ISO14000过程的关键要点之一是建立目标以取得改善。通过制定目标，制定新的政策和程序以确保遵守。然后，对目标的进展进行评估，去判定合适的策略或程序是否到位。可以对经营活动进行修改以做出改进。

二是ISO26000,这套标准侧重于社会责任。虽然大多数ISO标准都可以认证,但是ISO26000标准是自愿的。组织者被鼓励遵循ISO的指导方针,但是ISO并不就组织是否符合ISO26000标准进行认证。

该标准重点关注七个主要领域内的工人、环境和社区:

(1)组织治理。这个领域关注的是组织如何由它的所有者、董事会、股东、工人和其他利益相关方管理。

(2)人权。ISO提供了一系列关于人权的指导方针,关注的领域包括民权、政治进程的参与、经济自由、教育以及其他各种人权问题。

(3)劳动实践。该领域包括与组织如何管理其员工有关的各种问题。

(4)环境。这个主题的重点是组织对环境的影响,可能包括资源的使用,特别是能源,以及组织活动对自然环境的影响。

(5)公平运营规程(FOP)。FOP标准与组织内外的组织伦理相关。

(6)消费者问题。这个主题中的标准重点关注组织与消费者的互动,它包括合同、营销和产品信息等问题。

(7)社区参与和发展。这也许是七大主题中最为复杂的一个。这个领域涉及组织如何与其他组织在他们运营和/或经营地进行互动。其中包括与政府、其他企业和任何其他组织的互动。该主题主要关注的是组织如何在其社区内为更广泛的社会做出积极贡献。

ISO26000是比较新的,于2010年发布。但人们希望它将对企业责任产生强大的影响。在社会责任领域中,有很多众所周知的不良企业行为,包括童工、人口贩卖和恶劣的工作环境等问题。这一计划试图减轻在这个广泛全球化时代出现的一些国际人权问题。

第十二节　企业层面的可持续发展案例研究

　　我们可以对许多公司进行观察，看看他们为实现可持续发展都做了些什么。本节的两个案例研究表明，公司正在改变他们的经营方式，也正在改变他们对自己在地球上的角色的看法。这两个例子分别是沃尔玛和联合利华，一个是大型消费品零售商，另一个是大型生产商，其产品类型众多，包括个人护理产品和食品。也可以对其他公司进行分析。如前所述，许多大公司定期制定可持续发展计划。像宜家（Ikea）和雪佛龙（Chevron）这样的公司在他们的报告中对可持续发展做出了承诺。

　　值得注意的是，大多数大公司正在试图以某种方式使他们的运营更加具有可持续发展。当然，这可能会让我们这些关心可持续发展理念的人感到紧张。那些试图从劳动力和自然资源中获取利润的公司真的可以持续发展吗？

　　当然，许多人认为，消费文化应该被批评为在很大程度上是不可持续的，企业应该被批评为做得不够或利用可持续发展倡议达到"漂洗"的目的，打着可持续的幌子推广其产品。但是，至关重要的是要认识到可持续发展问题正在进入企业文化，进而进入我们的消费文化。虽然我们必须认识到消费主义和消费文化本身往往被认为是不可持续的，但我们也必须认识到我们世界的现实，并努力使现有的情况变得更好。

　　在企业董事会高层中注入可持续发展理念的重要性有以下几个原因：

　　（1）公司领导对环境和社会负有更大的责任感，他们关心决策的影响。大公司对自己在世界上的角色意识越来越强。企业领导人正努力寻找方法以确保他们的商业活动合乎道德，以此回应对全球企业特性的批评。

（2）公司为可验证的可持续发展倡议展开竞争。在企业界中，可持续发展理念最有趣的一个方面是，企业领导人之间围绕可持续发展倡议展开了竞争。其中一些人可能会竞争成为绿色能源使用的领导者，而另一些人可能会在社会公平措施方面展开竞争。无论如何，在企业倡议中引入可持续发展理念的竞争，是对可持续发展讨论的一个可喜的补充。许多学生可能对校园可持续发展竞赛很熟悉，比如回收电子热鼓励学生团体或宿舍楼在提高循环利用率或降低能源消耗方面相互竞争。

（3）公司影响着消费者和其他公司。如果一家公司是服装等消费品的主要制造商，并选择以无血汗工厂的劳动力或有机材料来推销其服装，消费者会做出积极或消极的反应。如果这个品牌是成功的，那么其他组织就会纷纷努力效仿。消费者对此的反应是购买受欢迎的产品，从而在消费文化中注入更多的可持续发展理念。

（4）公司在全球范围内影响制造过程。现代社会的一个突出问题是，富裕的西方世界将消费品的制造过程出口到较贫穷的国家。不幸的是，这些国家中有许多没有西方国家强有力的环境和社会规章制度。这意味着污染和社会问题出现在一些正在制造面向西方市场的消费品的地区。然而许多公司正在制定制造标准，以限制材料出口带来的社会和环境问题，无论材料来自哪里。这通过影响其他公司达到或超过竞争对手设定的标准来影响到全球供应链。

（5）企业影响包装和运输。消费品被运往世界各地。要做到这一点，它们必须进行包装，并且需要为运输做出安排。近年来，为了减少运输产品的能耗，人们通过使用更精明的运输方案做出了相当大的努力。与此同时，许多公司也在研究他们的包装，试图减少过程中使用的材料和减少材料的重量以降低运输成本。

（6）企业领导人影响国家和全球政策。看看世界历史，我们便会发现，在过去的几个世纪里，公司实体作为一种主要的政治和社会力量已经崛起。毫无疑问,在世界上许多国家,大公司对政治话语权有着重大的影响。例如,在美国,最高法院已经裁定,公司与个人拥有某些相同的权利。在一些小国,一两个公司是影响国内大多数经济活动的驱动力。因此,接受和支持可持续发展理念的公司可能会对国家和全球政策产生强大的影响。我们大多数人都熟悉比尔·盖茨(Bill Gates),他是微软公司的前任总裁。他目前正在对发展中国家的可持续发展和公共健康问题施加自己的影响力。他与其他公司和政治领导人的关系有助于对许多国家健康和可持续发展政策的制定产生影响。

在我们研究这两个案例时,请记住这些问题。此外,请认真查看这些组织的网站,从而对企业的可持续发展有更为深入的了解。这篇文章提供了简短的摘要,更多的信息可以在互联网上找到。另外,看看你感兴趣的其他公司的网站。看看他们是否在做一些重要的事情来促进他们行业内的可持续发展。

一、沃尔玛

在可持续发展的问题上讨论沃尔玛似乎有些奇怪,但沃尔玛实际上是第一个全面支持可持续发展理念的大公司之一(图 14.3)。鉴于沃尔玛是世界上最大的上市公司,它对我们现代消费文化的许多方面都产生了巨大的影响,从资源的使用和制造到运输和零售环境。沃尔玛在 27 个国家开展业务,拥有超过 11000 家门店。

沃尔玛的三大可持续发展目标是[1]:

(1)能源:100%可再生能源供应

(2)浪费:创造零浪费

---

[1] http://corporate.walmart.com/global-responsibility/environmental-sustainability.

（3）产品：销售能维持人和环境的产品

为了做到这一点，沃尔玛聘请了可持续领域专家和顾问帮助他们对其在世界各地运营的各个方面进行检查，以便就哪些方面需要改进做出评估。可持续发展倡议被纳入更广泛的企业全球可持续发展倡议，其中涵盖抗击饥饿、志愿服务、聘用退伍军人、应急准备和为员工提供机会等问题。

从能源方面来说，沃尔玛大约有 24% 的能源来自可再生能源，相当于大约 22 亿千瓦的电力。虽然这并没有达到其 100% 的总体目标，但正在取得进展。沃尔玛每年都在开发针对与绿色能源或能源效率等相关具体问题的新项目。例如，它在其设施上建造了大约 250 个太阳能系统，提供了单店 15%—30% 的能源使用。此外，该公司在 42 家门店使用燃料电池，并在加州的雷德布拉夫配送中心安装了风力涡轮机，为该中心的运营提供 15%—20% 的能源。必须指出的是，沃尔玛既是绿色能源的生产者，其生产的绿色能源用于运营，同时也是绿色能源的购买者。自 2012 年以来，沃尔玛从绿色能源供应商那里购买的绿色能源数量翻了一番。总的来说，沃尔玛希望在 2020 年底前推动全球 70 亿千瓦时的可再生能源发展。这使其目前的绿色能源使用量增加了两倍多，并根据其利用当前的能源使用统计数据实现了大约 75% 的绿色能源消耗。

当然，该公司也将重点放在能源效率上。他们正在用节能 LED 灯取代传统的照明设备，并承诺在 2020 年之前将商店的能耗强度降低 20%（与 2010 年基线相比）。此外，自 2005 年以来，他们已经减少了 8% 的制冷剂排放。

这些能源措施和目标是企业通过制定长期目标在可持续发展方面有所作为的范例。虽然沃尔玛的一些做法经常受到批评，但很明显，该公司正在大力减少能源消耗，并促进替代能源的发展。

尽管沃尔玛在所有既定目标上都做出了重大努力，但或许它最重要的贡献是制定了对其产品供应商进行评估的"沃尔玛可持续发展指数"
（Wal–Mart Sustainability Index）。该指数是与"可持续发展协会"（Sustainability Consortium）合作开发的,该协会将来自不同领域的专家聚集在一起,鼓励良好的可持续发展实践。

该指数的重要之处在于,它对供应商进行四大主题的评估:

（1）主题 1:能源与气候

（a）本组织是否制定了温室气体清单并对排放量进行测量?

（b）碳排放是否已报告给碳披露项目（协助企业披露温室气体排放的组织）?

（c）最近的温室气体排放量是多少?

（d）是否有减少温室气体的目标任务? 具体有哪些?

（2）主题 2:材料效率

（a）该组织每年产生多少固体废物?

（b）减少废物的目标任务是什么?

（c）组织每年用水量是多少?

（d）减少用水量的目标任务是什么?

（3）主题 3:自然与资源

（a）供应商是否制定了采购指南?

（b）你们的产品有哪些第三方认证可以确保可持续发展或责任落实?

（4）主题 4:人与社区

（a）该组织是否了解生产该组织产品相关的所有设施?

（b）该组织是否对产品生产相关的所有设施的质量和生产能力进行评估?

（c）该组织是否对制造层面的社会合规进行评估?

（d）该组织是否与供应商合作来处理社会合规问题并记录问题和作出改进?

（e）该组织是否通过投资来促进材料来源或运作地区的社区发展？

很明显，通过向供应商询问这些问题以及其他关于其产品的细节问题，沃尔玛对他们的供应链产生了非常广泛的影响，同时也影响了全球所有生产商的供应链。由于沃尔玛实际上并不生产任何产品，这种努力不仅极大地影响着其企业文化，而且影响着全世界的企业文化。

迄今为止，该指数已被用于评估沃尔玛最大的 200 种商品类别，并计划将该指数努力扩大到该公司销售的大部分商品。考虑到沃尔玛拥有超过 10 万家供应商，这是一项有潜力改变制造业和零售业的重大举措。预计几年之内，沃尔玛将从使用该指数的供应商那里购买 70% 的原材料。

图 14.3 沃尔玛以其可持续发展倡议而闻名。

二、联合利华

联合利华是 400 个不同品牌的生产商，包括个人护理、食品和家居用品。他们在其企业愿景中非常清楚地表明了环境可持续发展的主张，可以在其网站中找到①：

---

① http://www.unileverusa.com/aboutus/ourvision/.

清晰的方向

我们愿景的四大支柱为公司制定了长远的发展方向,以及我们如何实现:

●我们每天都在努力创造一个更加美好的未来。

●我们帮助人们感觉很好,看起来不错,从生活中得到更多的品牌和服务,为他们好也为别人好。

●我们将激励人们采取小小的日常行动来给世界带来大的改变。

●我们将研究经营的新方法,目标是将公司规模扩大一倍,同时减少我们对环境的影响。

●我们始终相信我们的品牌在改善人们生活质量和做正确的事情方面具有的力量。随着我们的业务增长,我们的责任也在增加。我们认识到,气候变化等全球性挑战关系到我们所有人。对我们的行动所产生的更广泛的影响的考虑已经嵌入我们的价值观,也是我们公司的基本组成部分。

如果你将这一愿景与其他公司的愿景进行比较,我想你会同意,它为可持续发展理念做出了一种独特的非常明确的承诺。它明确地将公司定义为不仅致力于向消费者提供商品,而且致力于在盈利的同时让世界变得更加美好。

联合利华有一个在线可持续发展计划①,在三大主题内分为九个主要领域。每个主题都有在计划中量化的子目标:

(1)改善健康和福祉

(a)健康与卫生。目标:到 2020 年,我们将帮助超过 10 亿人改善他们的健康和卫生。

(i)通过洗手减少腹泻和呼吸道疾病

(ii)提供安全饮用水

(iii)增强自尊

---

① http://www.unilever.com/sustainable-living-2014/.

（iv）改善口腔健康

（b）改善营养。目标：根据全球公认的饮食指南，到2020年，我们将把达到最高营养标准的人数比例增加一倍。

（i）减少饱和脂肪

（ii）增加必需的脂肪酸

（iii）改善心脏健康

（iv）减少卡路里

（v）消除反式脂肪

（vi）提供健康饮食信息

（vii）减少糖

（2）减少环境影响

（a）温室气体。目标：到2020年将我们的产品在整个生命周期中的温室气体影响减半。

（i）通过购买可再生能源，以节约能源和效率为重点，并通过节能计划装备新工厂，来减少制造过程中的温室气体

（ii）减少清洁皮肤和洗发所产生的温室气体排放

（iii）减少洗衣产生的温室气体排放

（iv）减少交通运输所产生的温室气体排放

（v）减少制冷产生的温室气体排放

（vi）减少办公室的能源消耗

（vii）减少员工出行

（b）用水。目标：到2020年，将与消费者使用我们产品有关的用水量减半。

（i）减少现有工厂的用水量，并在新工厂安装节水设施

（ii）生产容易清洗的产品和用水量较少的产品

（iii）减少清洁皮肤和洗发时的用水量

(iv)减少农业用水

(c)废物与包装。目标：到 2020 年将与处理我们产品相关的废物量减半。

(i)垃圾填埋场零有害废弃物目标

(ii)减少包装

(iii)提高回收利用率

(iv)增加产品的再生含量

(v)重用包装

(vi)解决香囊浪费

(vii)消除聚氯乙烯(PVC)

(viii)减少办公室浪费

(d)可持续采购。目标：到 2020 年，我们将以可持续的方式采购 100%的农业原材料。列出了几个具体的目标，从纸和纸板到农产品，如无笼鸡产的蛋。

(3)加强生计

(a)工作场所的公平。目标：到 2020 年，我们将在我们的整个运营和扩大的供应链中推进人权。

(i)执行联合国关于企业和人权的指导原则

(ii)采购支出 100%的来源符合我们的"负责任的采购政策"

(iii)建立公平补偿的框架

(iv)改善员工的健康、营养和福祉

(b)女性的机会。目标：到 2020 年，我们将赋权 500 万妇女。

(i)建立以管理为重点的性别均衡的公司

(ii)在我们所经营的社区促进女性的安全

(iii)加强获得技能培训的机会

(iv)扩大价值链中的机会

（c）包容性经营。目标：到 2020 年，我们将对 550 万人的生活产生积极影响。

（i）改善小农的生计

（ii）提高小型零售商的收入

（iii）增加青年企业家参与我们的价值链

显然，努力实现这些目标涉及联合利华经营、供应链和全球业务的各个方面。很少有公司有这样一个明确而深远的倡议，在希望促进产品发展的同时推进可持续发展议程。

三、来自沃尔玛和联合利华的经验教训

这两个案例研究清楚地说明了企业可持续发展的做法。就沃尔玛而言，他们在一些领域为其运营制定了内部目标。在这个案例研究中，我们主要关注的是能源，以及该公司在获取 100% 的可再生能源方面做出的努力。毫无疑问，该公司在这一领域正在做出认真的努力，他们正在改变政策并制定措施以实现他们的目标。

与此同时，沃尔玛利用其可持续指数制定他们期望其供应商执行的标准来改变消费品的生产。由于它是世界上最大的上市公司，该指数是一项革命性的进展，旨在使企业界更加具有可持续发展。

联合利华也在公司内部设定了具有深远意义的可持续发展目标。联合利华所做努力的有趣之处在于，他们正在研究其产品对更广泛社会产生的影响。他们正在努力使食用产品更健康，个人护理产品更有利于环境。与此同时，他们也在努力促进公共健康教育，以改善全世界其他人的生活。

许多人对沃尔玛和其他提出可持续发展倡议的公司提出批评。他们指出，这些倡议只涉及公司可以管理的问题，而未涉及与经营模式相关的困难问题。尤其是沃尔玛，因其对社区和劳动行为的影响而受到批评。

　　有时,公司会报告可持续发展计划中的问题,而这些问题可能不会给公司带来最好的结果。例如,联合利华在讨论水与可持续发展时指出,自2010年以来,他们的用水量增加了15%。尽管公开报道可持续发展方面的负面进展似乎不是个好主意,但实际情况是,许多人发现这种诚实令人耳目一新。的确,它为改进和确定目标提供了基础。

　　在对沃尔玛、联合利华和其他公司的倡议进行研究时,有必要问一问,它们是否在应对企业运营的整体可持续发展问题。在某些领域还能做得更多吗?还能做些什么?如果企业在可持续发展报告方面不完全诚实的话,他们就陷入了这样一种境地:他们可能会被指责打着可持续发展的幌子为其不可持续的活动披上绿色的外衣。

第十三节　生产不可持续产品的企业具有可持续发展吗?

　　我们当今的挑战之一是如何使我们高度能源密集的技术社会进入一种更可持续的状态。我们不会马上就停止使用煤、石油、核能或其他许多人认为不可持续的产品。是应该不断地批评那些我们认为不可持续的产品的生产,还是应该与组织一道来帮助他们变得更具有可持续性?这是一个我们每个人都必须亲自回答的问题。

第三方验证

　　如果我们生产一种产品并将其投放市场,那么,是否应该相信我们对该产品的说法是由消费者说了算。我们可以用"天然""绿色"或"有机"来描述它,其中每一个词语都有一个模糊或不同的含义。我们要求消费者相信我们对产品所做的描述。

由于许多消费者已经看到过产品涉嫌"漂绿",他们对制造商提出的有关产品"绿色"的一些说法持怀疑态度。如果对产品不信任,他们就不太可能去购买。

但是,如果我们通过一个对产品的优点持公正态度的中立组织也就是第三方对产品进行评价,消费者就会相信该产品符合认证机构的标准。第三方在交易的标准双方也就是消费者和生产者之间架起了桥梁。

第三方通常由制造商支付评估其产品的费用。"能源之星""LEED认证"和"ISO认证"等标签都有明确的含义,说明经过了真正的验证。

想想你自己的购物经历。如果你买到的是标有"纯天然"或"美国农业部认证"的有机食品,你会感觉好点吗?

第三方验证机构也助力组织在可持续发展方面做正确的事情。组织领导人或许希望推进可持续发展倡议,但他们也许并不知道采取行动的正确方法。第三方验证机构提供明确的指导方针帮助企业实现可持续发展目标。

搬到波特兰与拯救地球的艰苦努力

俄勒冈州的波特兰经常被认为是美国最绿色的城市。多年来,我的一些可持续发展和环境科学专业的学生告诉我,毕业后他们将搬到波特兰,和志同道合的人在一起。我一直试图说服他们改变主意。

为什么呢?

如果你想给这个星球带来改变,你会搬到波特兰吗?虽然波特兰是个很棒的城市,每个人都会为生活在那里感到幸运,但如果我想改变世界,我不确定我是否会搬到那里。波特兰已经做到了。它有自行车道、绿色能源、丰富的有机食品,以及一个环境公平已注入地方决策的地区。在可持续发展方面的重要工作不是在波特兰,而是在世界其他地区,那里存在着长期生存能力方面的严重问题。

我认为公司和其他企业也有类似的情况。作为可持续发展或环境领域的专家，我们不一定要考虑在企业或商界工作。然而，如果我们找不到"绿化"我们企业的方法，我们将保持现状，而不会有太大的改变。

所以，如果你想加入到其他对可持续发展理念感兴趣的志同道合的人们中间，那就搬到美丽、绿色的波特兰去吧。不过，如果你想帮助你的社区或组织在可持续发展领域取得长足的进步，你就不要去别人以前去过的地方。

道琼斯可持续指数

道琼斯可持续指数（Dow Jones Sustainability Index）受到了可持续发展领域一些人的批评，认为它将一些不被视为特别环保的公司也包括进来。例如，直到墨西哥湾深水地平线（Deep Water Horizon）石油泄漏事件发生前，英国石油（British petroleum）一直在该指数中榜上有名，这时才因"特殊事件"而被剔除——这是该指数规则中的一项条款，允许所有者将某家公司剔除。

该指数还邀请沃尔玛和雪佛龙等有争议的公司上市。对增加此类公司的批评，是针对与他们的产品和服务相关的问题——它们都是地球上许多人以这样或那样的方式使用的产品和服务。那些倡导可持续发展理念的人认为，在可持续指数中让这样的公司上市会传递错误的信息，是对导致过度消费和污染的整体不良行为的奖励。

不过，也有人认为，行业内部间的比较有助于转变全球企业文化，并将促进所有行业的可持续发展。他们认为，如果企业要开发能源资源，就应该对它们进行相互比较，以确保他们的经营行为尽可能环保。虽然他们的产品可能不是绿色的，但可以对他们的商业活动进行检查，以确保他们在全球可持续发展方面尽了全力。

让丰田这样的大公司成为可持续指数中的上市公司,引起的认知失调令许多身处可持续发展领域的人感到不安。他们觉得这个上市公司榜单令人反感,也不恰当。然而实用主义者认为,该榜单鼓励了企业领导人的良好行为,并改善了经营行为。他们觉得该公司无论如何都会很活跃。为什么不让他们的做法尽可能环保呢?

你对这个问题怎么看?你认为对在可持续发展方面取得进步的公司以奖励是合适的吗?还是你认为一些公司因其生产的产品而绝不应该被纳入可持续指数中来? 如果你是一名可持续发展领域专家,你是否愿意与一些不那么环保的行业领域里的公司合作,以帮助他们改进可持续发展方面的行为呢? ①

哈利库拉尼酒店:五星级餐厅的新绿色标准

夏威夷檀香山怀基基海滩上的哈利库拉尼酒店是一处高端豪华酒店,拥有挑剔的客户期待的高质量体验。

酒店及度假村的首席运营官彼得·谢恩德林(Peter Shaindlin)说:"我们倾听顾客的意见,并努力对他们的愿望做出反应。"这种做法无意中使哈利库拉尼酒店成为绿色食品领域的领先者。

几年前,顾客开始询问他们五星级餐厅的食物是否不含转基因。转基因食品问题在夏威夷很严重,这里大多数的番木瓜——夏威夷标志性的热带出口水果之一 ——都是用转基因植物生产的,这种植物对破坏性的环斑病毒具有抵抗力,这种病毒在 20 世纪 80 年代摧毁了这里的番木瓜产业。

---

① http://www.the street.com/story/10867389/1/bp-oil-spill-buffoons-make-sustainability-indexes-todays-outrage.html.

　　Shaindlin 说:"我们发现奢侈品客户对新鲜和当地的食物很感兴趣。""当我们开始收到非转基因食品的请求时,我们很容易做出决定为我们的菜单寻找选择。"

　　哈利库拉尼酒店餐厅的行政主厨维克拉姆·加格(Vikram Garg)找到了几种非转基因食品的来源,并在菜单上放了几道菜。他们标记了哪些选项是没有转基因的。Shaindlin 说:"我们当时并没有意识到这一点,但我们是世界上第一家在菜单上标注无转基因食品的酒店,从而为客人提供不同的就餐选择。"

　　转基因支持者群体中的一些人联系到 Shaindlin,他们抱怨将转基因食品和其他食品分开的做法。Shaindlin 说:"我向他们解释说我们是在回应顾客的愿望。"绿色消费者助力哈利库拉尼酒店为豪华餐饮制定了新的绿色标准。

第十五章

大学和其他学校里的可持续发展理念

对大学的可持续发展研究提供了一个机会来全面地考察高等学府如何能够成为其社区长期可持续发展的驱动力（图 15.1）。这类机构在我们的文化中具有革命性意义。它们激发了年轻人的想象力和创新精神，并促进他们找到帮助我们所有人创造更美好未来的途径。学校是试验和评估新思想的地方。他们也影响着新一代的公民。

大学往往是全世界社会变革的驱动力。看看过去 50 年里的一些大型社会运动，你会发现其中大多数的根源，至少在某种程度上，都是在大学里。在推动可持续发展方面，大学一直是人们极大关注的中心，这并不令人感到惊讶。

再者，大学就像小城市，那里有居民，有管理系统，有必须加以管理的广泛的基础设施系统。那里还有发电厂、道路、建筑物和景观。有些还拥有农场并生产食物。他们有着复杂的社会以及不同的权力和决策接入点。由于有这些问题，它们是测试可持续发展项目和在技术和基础设施改进方面进行实验的绝佳场所。

在大学和其他学校的背景下，有几个问题需要讨论：课程、外部标记、内部倡议以及学生和教师的行动主义。

第一节　大学课程

　　你们很多人读这本书是因为你们参加了一门关注可持续发展理念的课程。正如你们从关于可持续发展的历史中看到,这是一个相对较新的领域。这个词直到 20 世纪 90 年代末才被广泛使用。然而在环境、环境经济学和社会正义领域内的可持续发展概念在世界各地的大学里已经被教授了几十年。不过,直到 20 世纪 90 年代末和 21 世纪初,可持续发展专业的学位课程才开始出现,同时还有关于可持续发展的具体课程。

　　鉴于这一领域的多样性,可持续发展课程在大学与大学之间的差异很大(图 15.2)。通常,这些课程是跨学科的,因为它们都有一套核心必修课程以及学生从其他院系学习的一系列课程。课程项目通常都有主题跟踪。

　　有些课程项目侧重于科学、社会科学、人文学科或商务类的可持续发展主题。科学主题可能会在现有科学课程的大力支持下在能源、生态系统或水技术等方面培养专门知识。这些跟踪课程将帮助学生在可持续发展的技术领域工作。社会科学跟踪可以在环境政策或环境正义等方面培养专门知识。参加这类课程的学生准备将来在政府、规划或政策部门工作。获得人文学科专业学位的学生将选修写作、文学、电影或艺术等课程。这可以为学生在创意领域工作打下基础。最后,选择可持续发展商务或经济学等跟踪课程的学生通常会选修金融学、经济学、工商管理和创业学等课程。这些学生通常在各种与可持续发展领域相关的商业活动中工作,其中许多人最终进入创业生涯。还有许多可持续发展的学位课程提供更多的普通学位,学生可以选择和设计出符合自己兴趣的课程。

图 15.1　这是我在霍夫斯特拉大学教授可持续发展课程时的一张全班照。我很幸运能在一所重视可持续发展理念的大学工作。我们在整个校园都有很多可持续发展倡议，并为本科生和研究生提供可持续发展专业的学位课程。

图 15.2　世界各地教授可持续发展的方式各不相同。

虽然有越来越多的大学提供学位课程，但也有更多的大学提供辅修科目。提供可持续发展专业辅修课程的大学让学生有机会获得他们选择的专业学位，同时也获得可持续发展主题方面一定程度的专业知识和经验。许多主修科学、社会科学和商务的学生选择辅修可持续发展课程，因为在这个环境和社会快速变化的时代,这是一个很有帮助的辅修课程。

　　某些大学还提供机会参加可持续发展方向课程作为他们大学毕业总体要求的一部分。因为可持续发展是一个跨学科的领域,它经常被当作一门选修课程供学生选择以达到科学、社会科学、人文或跨学科专业的学习要求。

一、K-12 学校的可持续发展课程

　　也有许多公立和私立小学、初中和高中学校以某种方式参与到可持续发展中来。在大多数情况下,这种参与包括一系列的倡议,重点是通过能源改进、建设绿色建筑以及更好的采购和场地管理来改善学校的设施和管理。然而许多学校还参与了课程改革和课外活动。

　　有些学校采用的可持续发展课程有特定的主题,如本地食物、交通运输或能源生产。一些学校建立了可持续发展探索实验室,使学生可以探索绿色能源生产,种植自己的菜园获取食物,或者使他们参与当地社区重要的可持续发展项目。

　　以佛罗里达州坦帕附近的"学习门社区学校"为例(图 15.3)。这所小学力求成为向学生传授可持续发展在其日常生活中的重要性方面的一流学校。这所学校位于弗罗里达州郊区,里面有一个花园,提倡零浪费、堆肥,并提供多种生活技能以鼓励学生在一生中保持自己的可持续发展。家长们对学校很关心,助力把自己的家也变得更具可持续发展。换句话说,这所学校不仅在教育学生可持续发展的重要性, 还在改变学生及其家庭的生活,从而改变他们的社区。根据他们的使命,他们正在力求"在培养成功学生和可持续生活倡导者方面的全国领先学校"。①

---

　　① http://www.learning gate.org.

非大学层次的可持续发展教育面临的挑战之一，是许多学校与国家、州和地方教育组织制定的明确结果挂钩。也就是说，许多学区几乎不存在课程灵活性，教师对教学内容必须采取严格的教法，以确保学生掌握将要考核的材料。这种"应试教学"的教育方法使得在不改变结果评估性质的情况下，很难在课程中增加可持续发展或其他跨学科的主题。

此外，许多学校主张更加强调对儿童在科学、技术、工程和数学（STEM）方面的教学。这对我们这些对可持续发展感兴趣的人来说是件好事。然而有时这被解释为专注于科学的分门别类：化学、物理、数学等，而不考虑跨学科的问题或更广泛的社会影响。就其定义而言，可持续发展是跨学科的，因此如果学校过多地关注 STEM 教育而不加以应用，就会失去可持续发展。

由于这种"应试教学"的教学模式，一些人正在努力在州或国家教育标准中融入可持续发展，以确保可持续发展的主题进入课堂。此外，许多家长选择把学生送到另一类学校，或者在家教孩子，以避免因循守旧的课程模式。许多学校还为学生提供俱乐部和其他非正式学习机会，让他们参与可持续发展相关活动。

还有一些校外组织和俱乐部也都支持可持续发展理念，如女童子军和男童子军。例如，通过在年度筹款活动中倡导使用其出售的饼干中加入棕榈油，女童子军一直在向其成员宣传可持续发展农业问题。男童子军举办名为"荣誉勋章"的可持续发展活动，主题涉及水、食物、能源、消费主义和社区。因此，虽然许多学校可能并没有特别侧重可持续发展，但他们通过一些方法可以让年轻人在学校环境之外参与到可持续发展中来。

图 15.3 许多 K-12 学校都非常重视环境,包括"学习门社区学校"。(照片由"学习门"提供)

第二节 外部基准测试

许多组织为大学和其他学校提供某种程度的外部基准测试。这些组织的范围广泛,从关注可持续发展各个方面的广泛行动到寻求在某一特定问题上带来改变的主题性更强的组织。

一、"美国高等教育可持续发展协会"

在促进大学可持续发展方面最著名的组织可能就是"美国高等教育可持续发展协会(AASHE)"。这个团体为大学的所有利益相关方服务,涉及设施运营、学生、教师、管理人员和员工。他们提供大量关于最佳做法的信息,可以由任何利益相关方采纳,并且还提供一些基准测试工具对可持续发展倡议进行评估。AASHE 每年召开一次会议,将学生、教师、员工和管理人员聚集在一起讨论当前的问题。美国的大多数大学都是该组织的成员。如果某所大学是它的成员,那么所有的教师、学生和员工都可以访问 AASHE 网站上的资源。查一查你的大学是否是会员，登录并查看资料。

他们网站上的资源提供了了解大学可持续发展各个方面的机会。他们有关于课程设置和课程内容方面的信息、涉及设施和与大学日常生活相关的所有运营的信息，以及管理信息。如果你正在考虑发起一项校园可持续发展倡议，或者正在撰写关于校园可持续发展的研究论文或项目，那么这个网站是一个很好的起点。

AASHE 还有一个大学的基准测试系统，称为 STARS，代表"可持续发展跟踪、评估和评级系统"。就像许多评级系统一样，STARS 在几个类别内设置积分。根据所得分数，学校将被授予铜级、银级、金级或白金级。积分分为四类：学术、参与、运营、规划与管理。在可持续发展课程和研究范围内，可在学术类别中获得分数。通过提供校园和公众参与的机会来获得参与类别的分数。获得这些分数的方法是在学生入学期间提供可持续发展信息，或者通过大学与社区合作关系或已经建立起来的社区参与活动。在大学运营类别中可获得分数，包括空气与气候、建筑物、餐饮服务、能源、场地、采购、交通运输、废物和水等几个分类。最后，在规划与管理类别可取得分数，其主题包括（1）协调、规划与治理，（2）多样性与可负担，（3）健康、福祉和工作，（4）投资。大学也可以在不符合其他类别的创新类别中获得倡议积分。

截止到写完这篇文章，世界各地已有 665 个组织在使用 STARS 评级工具。这些机构大多在美国。看看这里使用 STARS 的学校名单吧①：

你们学校在这个名单上吗？如果没有，你们学校是否在使用另一个基准测试工具来评估校园的可持续发展？虽然 AASHE 在评估可持续发展方面是一个典型的美国方法，但在其他国家或地区，都有哪些方法可以用来评估大学的可持续发展并与其他大学进行比较呢？

---

① https://stars.aashe.org/institus/participantant and reports/.

二、"美国学院和大学校长气候承诺"

另一个非常著名的组织是"美国学院和大学校长气候承诺"（ACUPCC）（图 15.4）。这个组织由大学校长组成，他们承诺他们的大学将大幅减少碳排放。作为签署院校，大学必须定期执行温室气体清单，并向公众公开。他们还必须制定一项气候行动计划，详细说明他们将如何减少校园中的温室气体。他们必须有明确的目标，并且必须制定出清晰的途径来实现这些目标。

近 700 所学院和大学校长已经对 ACUPCC 做出了承诺。其中，已有 533 所学校完成了气候行动计划。大多数学校也完成了温室气体清单。

查看该组织的网站，看看你们大学是否已经签署了这个计划。你可以在这里找到这个网站①。一些大学没有选择加入这个计划，因为他们觉得要么无法实现这个目标，要么这个计划太苛刻。一些参与校园可持续发展的人士发现，他们更愿意把注意力集中在不同的目标上，而不是气候承诺中列出的那些目标（承诺目标见文本框）。

ACUPCC 是大约十年前开始的。从那时起，该组织一直致力于在美国各地的校园里鼓励可持续发展倡议，尤其是气候中立。然而一些大学退出了该系统，或者由于某种原因推迟了报告。根据在文本框中列出的该承诺要求，大学必须作出重大承诺才能成功实现目标任务。大学必须拥有内部资源来完成温室气体清单和气候行动计划，否则他们将需要与咨询公司合作才能达到这些要求。此外，大学还必须提供一项气候中立的计划。对于像大学这样复杂的组织来说，这是一件非常困难的事情。考虑到可再生能源仅占大多数大学能源预算的一小部分，这些组织必须创造性地思考

---

① www.presidents climate commitment.org.

如何努力做到中立。

另外,鼓励组织开发的其他一些活动是非常昂贵或困难的。例如,对于一个研究机构来说,抵消所有航空旅行的碳排放可能是一个困难的命题,因为该机构的教职员工和研究生需要经常出差去参加会议。

然而 ACUPCC 的许多目标是可以实现的,美国各地的数百个组织都在积极参与到为实现校园气候中立这一目标的努力中来。为了推进这一倡议,并教育其他人努力通过最佳的行为实现所承诺的目标,ACUPCC 把所有由签署组织提交的材料在网上供任何人浏览。您可以在这里看到他们的报告①。浏览一些您可能感兴趣的大学或其他大学的报告。他们已经开始在校园里开展怎样的倡议来促进气候中立? 他们的长期和短期倡议是什么? 看一看他们的温室气体清单。学校里有哪些活动使用的碳最多? 最少的呢? 需要哪些类型的数据来完成一份清单?

图 15.4　这是本书作者在庆祝仪式上宣布南佛罗里达大学成为"美国学院和大学校长气候承诺"的签署校。

---

① http://rs.acupcc.org.

"美国学院和大学校长气候承诺"

"美国学院和大学校长气候承诺"的签署者必须做到以下几点：

(1)启动制定一项全面计划,尽快实现气候中立。

(a)在签署这份文件的两个月内,创建体制结构来指导计划的制定和实施。

(b)在签署这份文件的一年内,完成所有温室气体排放的综合清单(包括电力、供热、通勤和航空旅行的排放),之后每隔一年更新该清单一次。

(c)在签署本文件后两年内,拟订一项气候中立体制行动计划,其中包括：

(i)尽快实现气候中立的目标日期

(ii)实现气候中立目标和行动的临时目标任务

(iii)实现气候中立的行动以及使可持续发展成为课程和所有学生其他教育经历的一部分

(iv)为实现气候中立在加强研究方面所采取的行动或其他必须做出的努力

(v)追踪目标和行动进展的机制

(2)在制定更全面的计划的同时,采取以下两项或多项切实行动来减少温室气体。

(a)制定一项政策,要求所有新的校园施工至少要符合美国绿色建筑委员会的 LEED 银级标准或同等标准。

(b)采纳一项节能电器采购政策,要求在存在此类评级的所有领域购买能源之星认证产品。

(c)制定一项政策,抵消由本机构支付的航空旅行所产生的所有温室气体排放。

（d）鼓励本校所有教职员、学生和访客使用和提供公共交通工具。

（e）在签署本文件的一年内，开始从可再生能源购买或生产本校耗电量的 15%。

（f）制定政策或建立委员会，以支持本机构捐赠基金投资的公司气候和可持续发展股东建议。

（g）参与国家回收业竞争的"废物最小化"部分，并采取三项或更多相关措施来减少废物。

（3）将行动计划、清单和定期进度报告提交到 ACUPCC 报告系统，以便公开和发布。

三、其他外部基准测试组织

其他外部基准测试项目鼓励学生参与主题领域的行动。这些项目中最活跃的一个是"回收热"（Recycle Mania），由一个非营利组织管理，由美国环境保护署，学院和大学回收联盟以及一些企业赞助，如可口可乐公司、美国科学俱乐部联合会（Science Clubs of America）、美铝基金会和美国森林与纸协会。

在春季的 8 个星期内，"回收热"鼓励学生专注于回收废物。按人均计算的回收率进行比较。最佳回收率和垃圾最少的学校被给予奖励。该项目使得大学可以每周与其他大学进行比较，以建立友好的竞争关系。并且该项目也有助于对学生、教师、员工和管理人员在校园垃圾和回收问题上进行教育。该计划旨在鼓励制定良好的回收和垃圾管理政策。共有 461 所高校参加了 2014 年的比赛，获得冠军的是西雅图的安提亚克大学。你们大学是"回收热"活动的参与者吗？如果是的话，你们学校在比赛中排名如何？如果不是的话，你们学校正在做什么样的努力来与其他学校的回收率进行测量和基准测试呢？

如同"回收热"一样,"校园保护公民"(CCN)是另一种基于竞争的基准测试系统。不过,CCN 的重点是节能和节水教育。具体地说,该组织的目标在其网站①上有以下概述:

●吸引、教育、激励和赋权学生在宿舍和其他校园建筑内节约资源。

●促进校园内的文化保护,推动校园可持续发展倡议。

●让学生互相学习在校园以及未来的家庭和工作场所的保护行为。

●培养学生的领导力以及集体组织和职业发展技能。

●实现可测量的减少用水和用电量,防止数千磅的二氧化碳排放。

●强调行为改变工具的能力,如竞赛、承诺和社会规范,以节约能源和水。

CCN 是与几个组织合作开发的:美国绿色建筑委员会、Lucid(该公司开发测量建筑物能源和用水的软件,以便对使用和节约措施提供实时反馈)、国家野生动物联盟和节能联盟。

CCN 的工作方式是每三周一次对能源减少量进行测量。竞赛在各个校园建筑物之间和各个校园之间进行。也就是说,在一个校园内,各个宿舍楼之间可以在节水或节能方面相互竞争。与此同时,地区的校园之间也可以相互竞争。

这一挑战赛被记录在一个指示板中,上面会显示每一个宿舍楼的表现。学生可以输入数据并跟踪进度,还可以就如何实现目标分享策略。节能和节水量以图形方式显示学生的努力带来的结果。

CCN 面临的一个特别挑战,是校园里的许多建筑没有单独的能源和水监控。在我自己的校园里,大多数建筑都集中测量能源或水的使用量。目前,由于这一计量问题,只有少数宿舍楼能够参与 CCN 项目。然而为了更好地评估能源和水资源保护策略,世界各地的大学校园里都在进行一

---

① http://competet or educe.org.

场在建筑物上增加电表的运动。

　　2014 年有 109 所高校参与,共评估了 1,330 栋建筑,涉及 26.5 万名学生和员工;节省了超过 220 万千瓦时的电力,以及 47.6 万加仑的水,相当于减少了 300 万磅二氧化碳。

　　"美国树木校园"是由植树节基金会创建的一个项目,旨在促进大学校园的树木保护以及有关树木重要性的教育(图 15.5)。这个项目类似于基金会建立的其他项目,包括美国树城项目。根据植树节基金会的网站,校园里的树木通过提供荫凉减少了校园所需消耗的能量,减少了大气中的二氧化碳,并提供了一个更加松弛的绿色空间。[①]

图 15.5　我现在的校园是一个官方的国家植物园,这意味着我们有一些独一无二的树种。我们还为每一个学生种植了一棵郁金香。每年,我们校园里都有成千上万的郁金香盛开。我们还通过综合害虫管理来限制杀虫剂和除草剂的使用。你们的校园是如何反映可持续发展的呢?

_____

　　① www.arobro.org/prorams/tree campusa/.

要想成为正式的"美国树木校园",必须有一个校园树木咨询委员会,制定一个校园树木保护计划,有校园树木计划预算,组织植树节庆祝活动,并将树木纳入服务学习项目。大约有250个校园获得"美国树木校园"称号。你们的校园是"美国树木校园"吗?你们怎样做才能获得这一称号?你们怎样在校园里庆祝植树节?你们学校是否组织有关利用校园场地种树或校园环境的教育活动?

第三节　内部倡议

在过去的十到二十年里,许多大学制定了一些关键性的内部倡议,将大学资源和对可持续发展的关注作为重点。校园因其独特的地理位置和历史而千差万别。一刀切的校园基准测试方法并不适用于其中的一些学校。像纽约大学这样的城市校园与密歇根州立大学这样的乡村校园有着很多完全不同的问题。同样,像霍夫斯特拉大学这样的小型私立大学与像南佛罗里达大学这样的大型公立大学也有着不同的可持续发展问题。同样,不同国家、不同地区的大学也各不相同。这就是为什么对每一所大学来说,制定针对其自身特殊情况的可持续发展倡议是非常重要的。

一、可持续发展官

许多大学都有一位可持续发展官。这个人可能是教职员工。如果是一名工作人员,很可能被安置在一个设施办公室里,或与大学设施有密切的互动。如果你想在能源消耗、照明、交通、景观美化、水或其他基础设施问题上有所作为,你需要对这个办公室有所了解。如果这所大学的可持续发展官是教师,那么他们可能更关注课程和教育问题。很明显,大学里的可持续发展跨越了设施和教育,因此,无论可持续发展官被安置在哪里,他们都必须能够与设施和教育利益相关方共同努力来推进该机构的可持续发展目标。

二、可持续发展委员会

许多大学还设有可持续发展委员会,由教师、员工、学生和行政管理人员组成。这些委员会经常推动校园可持续发展议程,听取校园利益相关方的建议,并努力将它们变为现实。他们鼓励开发一些关键项目,如学生绿色费用、新的教育项目和购买指南。

必须指出的是,许多大学的设施部门在可持续发展方面相当成熟,特别是在能源、水、景观美化和食品方面。例如,波尔州立大学近年来建造了美国最大的地热发电厂。其他大学大幅减少了他们的非自然景观,并且种植了当地的植被来代替依赖水和肥料的景观。还有一些学校专注于制定绿色建筑标准。不管采用何种方法,大多数大学都在努力提高可持续发展,并为在校学生、教师和员工的生活带来改变。他们是推进社区可持续发展的典范。当设施部门与可持续发展委员会和可持续发展官共同合作时,他们有潜力给社区带来巨大的改变。

如前所述,大学还在推进一些可持续发展教育计划。他们中有许多为本科生和研究生制定了可持续发展学位课程。他们还开发了必修课程或一般教育学分的课程。可持续性方向学位课程在世界范围内发展迅猛,因为我们需要更好地认识如何在资源减少和技术不断变化的时代保持合理的生活水平,同时也促进人人平等。

三、食品服务

作为个体，我们面临的一个更私人的问题是我们个人的食物选择问题（图 15.6）。在我们自己的家里，我们可以制作任何我们喜欢的食物。然而当我们在校园生活和工作的时候，我们会受食品服务供应商的摆布，他们为我们提供膳食选择。近年来，人们对校园里的绿色和健康食品越来越感兴趣。许多学生选择素食或纯素饮食，许多人也有特殊的饮食需求，如无麸质或无乳糖饮食，还有一些人基于自己的宗教信仰有特殊的饮食需求。

平淡无奇的校园食物选择早已一去不复返了。学校餐饮部门为学生提供丰富的食物选择，尽可能努力满足学生的饮食需求，通常也很乐意与学生讨论某些饮食，或者听取他们改进食物选择方面的建议。许多餐饮服务现在都有可持续发展倡议，包括从当地农民那里采购，使用有可持续发展认证的海鲜，以及提供纯素和有机食物选择。他们也在努力减少包装和浪费。一些大学已经开始大规模推广堆肥食品废料［参见圣约翰大学(St. Johns College)堆肥相关文本框］。

想想你自己校园里的餐饮服务。你知道在你学校的餐厅里有什么可持续发展倡议吗？有没有素食或纯素食的选择？餐饮部门是否尝试购买当地产品？他们实行垃圾堆肥吗？

图 15.6　我们为学生提供的校园食品很重要。你们学校的餐饮服务如何反映学校对可持续发展的承诺?

圣约翰大学的校园堆肥

纽约皇后区的圣约翰大学(St. Johns University)(图 15.7)把学校里产生的厨房垃圾全部用来制作堆肥。

在正常学年,在学校可持续发展官的指导下,学生员工每天都要收集厨房里的食物垃圾。成吨的厨房垃圾和咖啡渣被收集在大塑料桶中,之后运送到堆肥箱。他们主要从厨房和学校的咖啡服务中心收集,因为在这些地方他们可以很容易地将可分解的材料分开。

收集好之后,它们被即刻运送到堆肥箱附近的混合站。这些垃圾与校园里收集的树木的木屑混合在一起形成堆肥。添加经过处理的堆肥有助于加速分解过程。混合是通过使用机械装载机来完成的。混合后,堆肥被添加到大型充气容器中。收集足够的可分解材料填满一个箱子大约需要一个星期。

图 15.7   霍夫斯特拉大学的废物箱

　　箱体采用地板通风系统设计。定时器上的风扇每小时排几分钟的气。排气有助于在堆肥中创造孔隙空间,从而导致更快的分解。根据需要添加水分,并定期检查温度,以确保分解正常进行。

　　虽然圣约翰的学年正好是纽约一年中最冷的时候,但是由于堆肥分解产生的大量热能,堆肥管理人员能够保持堆肥过程全年进行。

　　经过一个月的监测,堆肥完成分解过程,可以添加到地面。圣约翰有一个菜园,堆肥被用作肥料。菜园由学生管理,食物送给当地的食品厨房分发给穷人。他们还将堆肥作为地膜添加到校园的景观区。他们将堆肥过滤以去除粗糙的碎片作为草坪肥料。有些堆肥被用来制作一种营养的"堆肥茶",可以作为一种液体肥料用于美化环境或盆栽植物。

　　通过把垃圾留在校园里这个项目避免了大量的垃圾进入垃圾填埋场,也减少了圣约翰购买菜园肥料和地膜的需求。这个项目还雇用了几个学生,让他们有机会通过工作了解更多关于可持续发展方面的知识。他们还通过组织校园参观和示范来指导其他人使用堆肥的方法。圣约翰的堆肥计划如何解决环境、经济和公平问题呢?

第四节 学生和教师的行动

学生和教师正通过他们的行动推动大学可持续发展议程。大多数大学都有几个环境或可持续发展社团,为学生的行动和参与提供平台。在某些情况下,行动是在校园里进行的,专注于改进校园里的行为。在其他情况下,学生们正在研究地方、州或国家问题,如全球气候变化或社会正义。

近年来,一种引起相当大关注的学生行动便是"气候转变"年度会议。"气候转变"由350.org组织,已经成为学生行动主义的最重要的途径之一。350.org由作家和活动家比尔·麦克吉本(Bill McKibben)创建,他一生的大部分时间都在努力宣传关于气候变化的危险以及我们大量使用碳基能源和其他温室气体资源可能带来的影响。

"气候转变"培训学生如何鼓励校园减少碳排放和温室气体。目前,这项努力的一大焦点是从化石燃料公司撤资。历史记录表明,一些能源公司试图在其产品对环境的影响方面欺骗公众。因此,350.org网站正试图让大学放弃他们对化石燃料公司的捐赠组合。

到目前为止,这一努力收效甚微。大多数大学捐赠基金都是由投资公司管理的,这些投资公司在不同的公司之间进行混合投资,所以很难从某一个企业提取资金。尽管如此,一些大学已经开始撤资,世界各地的学生团体都在施加相当大的压力,要求与化石燃料公司剥离。未来可能会有更多的大学采取行动从这些公司撤资。

然而比尔·麦克吉本和"气候转变"也是2014年9月21日人民气候大游行的一部分。这是历史上规模最大的一次气候游行,恰逢在联合国举行的国际气候会议。游行队伍从纽约中央公园附近的哥伦布环岛行进到34街附近的哈德逊河,行程超过4千米。这次活动聚集了来自世界各地的气候活动家。

虽然 350.org 是国家级气候变化行动的一个范例,但是还有很多其他组织定期与校园进行接触。塞拉俱乐部(Sierra Club)、自然保护协会(Nature Conservancy)、善待动物组织(PETA)等组织定期招募学生,并举办校园项目和宣讲。

什么组织与你的校园互动? 在你们的校园里有主要国际或国家级组织的学生社团吗? 如果没有,你的社区中是否有这些组织的当地分会?

大学也是许多本土学生组织的所在地,这些组织以某种方式关注可持续发展理念。学生社团由学生办公室管理,确保社团按照大学规定活动。大多数校园都有几个与可持续发展有关的社团,可能包括那些严格关注自然世界的组织,如树社团或野生动物社团,其他的可能更关注环境问题,还有一些可能关注社会正义或公平问题。这些社团有时会聚在一起关注重大问题,如气候变化撤资或学生绿色费等。

这些社团让学生们有机会相互交流和了解课堂之外的具体事物。因为大多数学生社团都有服务内容,所以使学生有机会与其他学生、教师和员工进行有意义的互动,通常是在校外。参与学生组织让学生有机会培养领导能力,同时给社区带来有意义的改变。

学生社团近年来出现的最重要的创新之一是学生绿色费。这是一种附加在其他学生费用上的费用,比如运动员费,作为他们需要缴纳的全部学费的一部分。绿色费被用于资助世界各地校园的可持续发展倡议,可能包括校园可再生能源开发、节水项目、绿色建筑倡议或教育项目。

看看你自己的校园。校园里有哪些与可持续发展有关的学生社团?看看他们的网站。他们的目标或使命是什么? 他们定期参加哪些活动? 这学期他们安排了哪些特别的活动? 他们多久开一次会,在哪里开会? 你最感兴趣的是哪个社团? 你会考虑在某个社团任职吗? 为什么或为什么不呢? 你们的学校有绿色费吗? 学生们是否曾试图获得一笔绿色费来支付上学的费用?

大学教职员工也非常关心可持续发展问题。许多大学都有由教师、员工和学生组成的可持续发展委员会。在许多情况下,委员会在实施校园改革方面非常富有成效。他们通过在不同的校园利益相关者之间建立共识和专业互享的关系来改变文化和政策。他们经常与负责实施变革的设施和其他行政部门合作。你们学校有专门研究可持续发展问题的教师委员会吗?在过去的一两年里,他们都研究了哪些话题?

大学是个人可以发挥作用的地方。在校园发生的一些最重要的变化背后,都有个人的力量。需要有领导者做出积极的改变。所有的校园里都有对可持续发展问题感兴趣的学生、教职员工和行政领导。想过你们学校的领导吗?在你们的校园里,谁在领导可持续发展方面做出努力?他们有什么共同的特点?在你的校园里,你认为哪些东西可以从可持续发展的视角加以改进?你怎样才能参与到你的校园里,成为一个领导者去尝试解决问题?

我所在大学的可持续发展:霍夫斯特拉大学,亨普斯特德,纽约

几年前,一个名为"绿色霍夫斯特拉"的学生组织向霍夫斯特拉大学的管理人员进行游说,要求他们做两件主要的事情:(1)启动一个可持续发展方向的学位项目;(2)在校园创建一个可持续发展办公室,以监督校园的广泛可持续发展倡议。从那时起,了不起的事情发生了,我们被认为是这个国家最环保的大学之一。

(1)学位课程。霍夫斯特拉大学现在开设了一个学位课程,使学生有机会获得可持续发展方向的文科学士、理科学士、辅修和硕士学位。鉴于我们学校位于距离纽约几英里的长岛,我们倾向于将注意力集中在城市和郊区的可持续发展问题,比如能源、气候变化、食物、城市和区域规划,公平公正和经济发展。然而学位课程是非常灵活的,允许学生在校内跨系选修课程,包括地质生物学、化学、社会学、人类学、商务、艺术和工程。我们尽量在课程中建立以社区为基础的教育,给学生实践经验。社区参与得到公民参与中心的支持,该中心与校园附近的一些社区团体建立了正式的合作关系。我们还邀请著名的农业学家威尔·艾伦或可持续发展政策专家范·琼斯(Von Jones)等主讲人来到校园与学生互动。每年我们都会庆祝地球日,在校园对话日推出可持续发展项目,就重要的可持续发展议题发起公众辩论,还在校园里接待社区团体,比如长岛食品联盟。

(2)学生团体。我们的校园里有两个主要的学生团体致力于可持续发展问题,分别是"为了一个绿色的霍夫斯特拉"和"霍夫斯特拉大学可持续发展社团"。两个团体涉及不同的问题,同时也为学生提供了相互交流和相互学习的机会。"为了一个绿色的霍夫斯特拉"一直在研究一项塑料袋禁令,并一直在推动我们的大学放弃化石燃料。"可持续发展社团"一直关注校园学生花园,并为学生提供参加专业活动的机会。最近,一些社团成员在密尔沃基(威尔·艾伦著名的城市农场所在地)接受了"成长力量"的培训,他们建造拱形温室、用垃圾堆肥和种植蘑菇。还有其他几个学生团体也积极参与可持续发展问题中来。例如,霍夫斯特拉大学每年都会组织一群大一新生参加一个名为"发现计划"(Discovery Program)的项目,使学生有机会在学期开始前在校园里参与社区项目,其中包括可持续发展项目。

(3)教职员工的行动。一个叫作"环境优先委员会"的组织是霍夫斯特拉大学参议院的常设委员会,致力于一系列与可持续发展相关的问题。近年来,他们致力于化石燃料的撤资、采购政策以及电动汽车的推广。他们与员工和管理人员密切合作,从而给校园带来政策上的改变。

(4)校园可持续发展官与可持续发展倡议。多年来,该校一直有一名校园可持续发展官。她与教师、员工和学生在许多重要项目上密切合作。例如,通过将校园灯泡改造成高效的 LED 照明,校园正在减少能源消耗。

同时,她正在研究电动汽车充电站、提供水瓶加水站和食品堆肥系统,并增加了回收利用的机会。她还组织、参加一些活动,如"校园保护国民"。由于我们的校园是一个充满美丽植物和树木的植物园,她与我们的校园植物园负责人密切合作,研究与校园景观有关的问题。学校确实在实施综合害虫管理协议来限制杀虫剂和除草剂的使用。

　　和所有的大学一样,要成为一个完全可持续发展的校园,霍夫斯特拉大学还有很长的路要走。然而在许多领域都已经取得了重要进展。大学领导层对于可持续发展问题给予大力支持。学生和教师也积极参与,致力于解决校园和社区中的可持续发展问题。取得的主要成绩如下:

●全校园回收纸、塑料和玻璃

●校园购买绿色能源信用占其能源的 30%

●我们通过热电联产生大量的能源

●我们的校园食品服务有先在本地购买的政策,他们也只购买由海洋管理委员会批准的海鲜产品。他们还在餐厅提供纯素食和素食选择。

●我校是高等教育可持续发展协会成员(AASHE,the Association for the Advancement of Sustainability in Higher Education)。

●图书馆有可持续发展方面的书籍和期刊。

●可持续发展官正在制定温室气体清单。

●我们有一个研究中心——"国家郊区研究中心",其宗旨之一就是可持续发展。

●虽然学校的捐赠基金并没有脱离化石燃料,但霍夫斯特拉大学作为美国为数不多的校园之一,学生可以与董事会共同讨论撤资的重要性。

●校园里有几十处水瓶打水站,学生可以用水瓶加水。

●校园里有许多教师参与可持续发展问题的研究。

霍夫斯特拉大学的学生、教师和工作人员为在我们的校园里实现伟大的目标而一起努力着。尽管总是有很多事情要做,但我认为我们都为迄今取得的成就感到自豪。每个校园都是独一无二的,都有自己的可持续发展之路。每个地方都有自己独特的历史、地理、学生、教师和行政结构,这些都影响着可持续发展的实现。全国其他大学的一些倡议提供了范例,这些有趣的倡议正在给校园社区带来改变。关于你的学校,你能讲些什么故事呢?

建立你自己的案例研究

在这本书中,我通过一些案例研究来证明一些可持续发展努力的有效性。然而在对大学进行研究的时候,你应该建立自己的案例研究。回答下列问题:

(1)你们大学是美国高等教育可持续发展协会(AASHE)的成员吗?你可以通过 www.aashe.org 搜索该组织的网站找到,并在他们的网站上创建一个账户。任何在 AASHE 所属大学的学生都可以创建一个免费账户,让你获得海量的信息。你在 AASHE 网站上能找到哪些你感兴趣的内容?

(2)你们大学是美国学院和大学校长气候承诺的签署校吗? 如果是的话,在下面这个网站看看你所在大学的相关文件:www.presidents climate commitment.org。你从学校减少温室气体排放的承诺中得到了什么?

(3)你们大学在其使命宣言中是否有对可持续发展的承诺?

(4)你们的图书馆有关于可持续发展的书籍和研究期刊吗?

(5)你们大学的捐赠基金是否已经脱离了化石燃料? 还是他们被要求脱离?

(6)你们学校是否完成了温室气体清单?如果是的话,你们每年的碳排放量是多少?

（7）你们学校有可持续发展官吗？他们在大学里的哪个部门？目前他/她在做什么？

（8）你们的校园里有哪些可持续发展倡议？看看你能不能找到一些关于能源、食物、水、景观、建筑或社会公平的可持续发展做法。你们有学生花园吗？你们的食品服务提供纯素食或素食选择吗？他们是购买有机食品还是努力从当地小贩那里购买？你们的校园有促进可持续发展的景观美化政策吗？你们有绿色建筑政策吗？你们学校生产可再生能源还是购买绿色能源信用？

（9）你们学校开设可持续发展方向的学位课程吗？取得学位的要求是什么？毕业后可以做什么？在你的校园里有哪些可持续发展方向的相关课程可供你选择？

（10）你们学校是否提供机会让学生通过正规课程参与社区学习？你们学校有社区参与办公室吗？如果有关于社区参与的项目，强调的是哪些可持续发展的问题？

（11）你可以参加哪些与可持续发展有关的学生社团？这些社团如何关注可持续发展？

（12）有哪些外部组织，如塞拉俱乐部或善待动物组织（PETA），与你们的校园互动？

（13）在你们校园里，哪些教师组织与可持续发展有关？他们是你们大学正式管理部门的一部分吗？

（14）谁是致力于可持续发展理念的学生、教师、员工和行政领导人？

（15）你们学校今年举办了哪些与可持续发展有关的活动？你们学校最近是否举办过任何重要的可持续发展主题演讲？你们庆祝地球日吗？植树节呢？还有其他与可持续发展有关的特别纪念日吗？

（16）你们校园是否参与"回收热"或"校园保护国民"活动？

（17）你们学校有绿色费吗？如果有的话，它都资助哪些倡议，以及如何管理该基金？

（18）你怎样才能给你的校园或社区带来积极的变化？

当你回答这些问题的时候，你就会知道你们大学在可持续发展相关的话题上做了些什么。你认为你们大学整体表现如何？你认为你校和你所在地区的其他大学如何进行比较？

牛津大学的可持续发展：校园承诺

英国的牛津大学已经将可持续发展融入学校的许多方面（图15.8）。除了拥有优秀的学术项目，牛津大学还在其整体设施管理系统（在牛津被称为房产管理）中注入了可持续发展理念。在世界各地的许多大学，可持续发展办公室都很小。然而在牛津大学，可持续发展被注入房地产服务部门的整体使命之中。

该大学最近就可持续发展制定了广泛的战略规划，并将其作为2013—2018年校园可持续发展计划的一部分在网上发布。该计划列出了以下七个主要目标：

（1）减少建筑物的二氧化碳排放，并按照英国政府的目标任务进行处理。

（2）分析机会并采取措施减少使用自来水和进入河道的污染。

（3）建造环保可持续建筑，并将可持续建筑的最佳做法纳入房产管理；大学的目标是争取所有新建筑和成本超过100万英镑的大型翻新项目达到BREEAM优级。

（4）鼓励使用优质的公共和社区交通工具、自行车和步行，减少与工作有关的旅行和大学自备车辆的二氧化碳排放；大学不鼓励不必要的出行和在白天使用私人汽车去学校上课和工作。

（5）分析机会并实施措施尽量减少大学产生的送往垃圾填埋场的普通和危险废物，并增加回收废物的比例；大学正在为其大部分建筑制定一份单一的垃圾合同，以发挥最大的购买力并确保有关垃圾处理和回收的数据得到妥善收集。

（6）购买减少对当地和全球环境影响的产品和服务，最大程度地减少直接或间接污染，并确保这项政策在全校范围内实施。

（7）在大学拥有的或与大学有关的非城市以及城市环境中保护和尽可能地改善野生动物的栖息地，并减少学校对本地区和全球生物多样性的影响。

每一种策略都提供了一些可测量的方法对目标进展进行评估和基准测试。地产服务部通过与教职员及行政人员合作负责目标的实现。

你们的大学里有哪些战略规划与可持续发展有关？他们实施了哪些类型的目标？谁来负责确保实现目标？

图 15.8　受人尊敬的牛津大学有多种可持续发展倡议。

让美国学校的午餐更健康

虽然看起来并不是这样,但健康的学校午餐项目绝对是可持续发展项目的一部分。我们吃什么会影响环境。由于学校的午餐项目得到了州政府和联邦政府的大量补贴,公共政策推动着学生们的午餐种类。

在美国,学校午餐项目从 20 世纪 40 年代就开始了。它们为全国许多上学时不从家里带午餐的年轻人提供了营养来源。尽管该项目的初衷是利他主义的,但许多人批评它过于依赖不太健康的午餐产品。学校经常会有政府以某种方式购买的过量食物。一些人批评菜单过于依赖肉类和脂肪。

不幸的是,美国大约有 11% 的年轻人肥胖。另一个肥胖率如此之高的国家只有希腊。学校的午餐项目当然对高肥胖率负有部分责任。此外,在年轻人中,糖尿病患病率正在迅速上升。

在过去几年里,学校一直在努力改善午餐的营养状况,力图解决肥胖和糖尿病问题。他们正在清理自动贩卖机,减少糖和脂肪,并增加更多的新鲜水果和蔬菜。不幸的是,不健康的高脂肪食品很便宜,这些变化会影响学校午餐计划的预算。

奶牛为碳中和校园助力

绿山学院(Green Mountain College)是美国佛蒙特州的一所小型文理学院,有大约 750 名学生。该校的大部分能源都是从一种将牛粪转化为甲烷的工厂中购买的。2006 年,他们实施了这个项目,成为世界上第一个以奶牛甲烷为动力的大学校园。从那以后,他们成了美国第二所气候中立校。

这种能源的开发是佛蒙特州处理大量奶牛粪便的重要方式。佛蒙特州以高品质的奶酪、黄油和冰淇淋而闻名。该州正在把废物转化为可用的能源。校园每年大约有 120 万千瓦时的电力来自甲烷发电。使用甲烷的好处是,它是一种比二氧化碳强得多的温室气体(确切地说,是二氧化碳的 20 倍)。因此,使用甲烷有助于避免燃烧产生温室气体的燃料,同时也会烧掉一种强大的温室气体,以限制其对环境的影响。

为了实现气候中立,绿山学院也把重点放在了节能上。在任何一个大学校园里,减少温室气体的最佳方式之一就是找到减少能源消耗的方法。这可以通过改变照明、改善建筑物的隔热和窗户以及在一年的低谷时期限制能源的使用来实现。与此同时,这所学校也在寻找当地的可再生能源资源,现正使用高效的木屑燃烧器以利用该州丰富的森林资源。木屑炉在冬天提供了大部分的热量和 20%的电力。

绿山学院的努力表明,如果学校设定了目标,就能达到很高的可持续发展标准。

你们学校是如何做到气候中立的?你们学校是否从可再生能源购买绿色信用? 你们的校园能生产可再生能源吗?

惠特曼学院在校园农场建风力涡轮机

惠特曼学院(Whitman College)是位于美国华盛顿瓦拉瓦拉的一所小型文理学院,拥有大约 1600 名学生。该学院对环境极为关注,因此,学生、教师、员工和管理人员都努力在校园推广替代能源。2013 年,学校建了 70 座风力涡轮机。与其他业主一起,总共 450 台风力涡轮机成为一个更大的地区风电场的一部分,名为"州级风力工程"。惠特曼学院无疑是美国最大的风能生产校园。

惠特曼还在大力购买绿色能源信贷。这意味着他们可能会使用不清洁的能源,但是为了支持绿色能源的发展,他们会花费更多的钱来购买信用。他们购买的绿色能源占校园能源消耗的 50%[①]。惠特曼还生产太阳能,并希望扩大太阳能的使用范围。

---

① http://www.whitman.edu/about-whitman/campus-sustainable/current-effort/energy.

惠特曼独特的环境使他们能够在学校所有的地产上开发风能,但不是在主校区。许多校区都有农场、休养所或不属于主校区的研究设施。你们学校有这样的地产吗？它们是如何使用的？你能到那里参观吗？他们是如何纳入校园可持续发展使命的?这些地产有没有特别的可持续发展倡议?

斯坦福大学:用汽车换自行车

大学校园里最棘手的问题之一就是停车。教职员工和学生都在争夺宝贵的停车位,尤其是在热门的上课时间。一些校园收取数百美元的停车费。然而有一所学校,也就是斯坦福大学,正在翻过汽车文化那一页,围绕自行车开创一种新的校园文化。

这所校园已经大大实现了自行车的制度化。所采取的举措包括:

● 校园设有自行车店,那里设有自行车修理诊所和如何在校园里骑自行车以及如何在校园注册的课程。

● 有数个自行车安全修理站分散在校园里,骑行者可以对自行车进行小的修理。

● 为了提高安全性，校园向那些参加安全课程的学生提供折扣头盔。他们还提供购买折叠自行车和储物柜的优惠券,以提供安全的存车环境。

● 他们提供几个点位供自行车通勤者储存衣服和淋浴。

这些举措使斯坦福大学成为美国最著名的自行车友好型校园之一。现在,校园里有超过 15000 辆自行车。

你们学校的自行车文化又是怎样的?在上班或上课的地点附近有没有方便的地方让通勤者换衣服和洗淋浴?是否有充足的自行车架或存放区? 校园里有安全课程或自行车租赁设施吗?你们有自行车店或自行车俱乐部吗? 校园外的街道对自行车使用者友好吗?你们学校或社区里有自行车共享项目吗?

绿色车队：南佛罗里达大学的生物柴油车队

许多校园都有购买大学车辆的政策，要求他们购买混合动力汽车或电动汽车。在南佛罗里达大学（USF），校园里的官员们已经开始大力推行生物柴油。

USF 校园很大，在它大约 1 平方英里（约 2.59 平方千米）的范围内散布着几十栋建筑。只允许在校园的边上停车，而许多学生就住在离学校不远的公寓楼里。由于其独特的地理位置，该校开通了一项校园往返巴士服务，名为"奔牛者"（the Bullrunner），它围绕校园和周边社区将学生、教师和员工从附近的校园社区和校园边上的停车场带到校园的中心区。往返巴士还提供校外购物的机会，可以很容易地与当地的交通选择接驳，使乘客能够到达坦帕湾地区的许多地方。由于校园面积大，有近 5 万名学生，所以有 6 条不同的穿梭路线几乎连续不间断地运行。

穿梭巴士每年的行驶里程达到上万英里。为了限制 USF 内部公共交通运营的影响，学校购买了 30 辆使用生物柴油燃料的公交车。他们使用各种生物柴油产品，但主要使用基于大豆的可再生燃料。巴士服务在限制汽车对校园的影响和为员工提供公交选择的同时，也促进了可再生能源的发展。

你们校园里有车队车辆购买政策吗？校园拥有的车辆是绿色车辆（混合动力车或电动汽车）吗？当然，最环保的车你是买不到的。你们学校的校园车队被砍掉了吗？你们校园有什么样的公交选择？你们学校或当地的公交组织是否使用可再生能源来为他们的汽车提供动力？你们校园的公交与地区交通接驳吗？你和你的朋友多久使用一次校园或社区公共交通？你在校园里有车吗？你为什么把它开来？你真的需要开车去学校吗？没有车你怎么在校外购物或办事？

波特兰州立大学的社区参与

波特兰州立大学（PSU）广泛参与社区合作。这所大学是第一个将合作理念融入本组织更广泛使命的大学之一。大学的社区参与是社区与大学之间的一种互惠措施。通常，人们感兴趣的社区是校园社区，就像 PSU 一样。社区组织经常与教师和学生合作，有时是在课堂上，以解决社区团体、市民或政府部门的关切。PSU 在其大学使命中明确阐述了他们对社区参与的愿景（http://www.pdx.edu/portland-state university mission）：

"PSU 重视自己作为一所负有使命的大学的地位，促进社区与大学之间的互惠关系，在这一关系中，知识为城市服务，城市为大学的知识做出贡献。我们重视与其他机构、专业团体、企业界和社区组织的伙伴关系，以及这些伙伴关系为大学带来的人才和专业知识。我们承担起作为城市、州、地区和全球社会负责任的公民的角色，并促进行动、项目和学术，以实现可持续发展的未来。"

显然，在大学的主要使命声明中，可持续发展和社区参与是相互关联的。在某种程度上，PSU 也对教员在社区研究和教学方面进行评估。无论你是在 PSU 哪个系，社区参与都是大学使命的核心，因此你在校园里将会有如此的经历。

在 PSU 致力于可持续发展理念的研究人员确定了他们的主要研究目标，与社区参与密切相关：

● 城市可持续发展：建设智慧城市

● 生态系统服务：认识大自然的恩赐

● 健康的社会决定因素：连接健康、地方和公平

PSU 的可持续发展研究团队的许多研究项目都致力于改善波特兰当

地的环境①。

PSU 在社区参与和可持续发展方面的成功做法已在世界各地的大学扎根。许多大学现在为学生都提供有参与校园社区项目的机会,甚至还可以凭社区活动获得学分。PSU 教师开设的社区参与课程的例子激励了许多大学教师创建自己的社区课程。这些课程为学生提供学习机会,同时也帮助组织实现他们的目标。

许多大学现在都设有社区参与办公室,将社区需求与教师的研究和教学兴趣联系起来。社区参与是你们大学使命宣言的一部分吗? 在使命宣言中是否有可持续发展,就像在波特兰州立大学那样? 你们学校开设需要社区参与的课程吗? 你参加过需要社区参与的课程吗? 在你们学校有机会做班级社区项目吗?

大学校园里的绿色建筑:佛罗里达大学为追金而战

许多大学都支持绿色建筑运动。的确,今天的许多校园都执行绿色建筑标准,要求新建筑至少要达到绿色建筑银级(见绿色建筑章节)。然而世界上很少有大学在绿色建筑运动中所做的贡献比佛罗里达大学大。位于佛罗里达州盖恩斯维尔的这所大学要求所有的新建和重大翻修建筑都要按照 LEED 金级标准建造。正如你从前面一章中所回忆起的那样,金级评级是相对难以达到的。要想获得"金级",大学必须做出坚定的承诺,在大学校园里建造一些有史以来最环保的建筑。他们正力求在未来使所有建筑物都达到 LEED 白金级标准。

在大学官员的努力下,佛罗里达大学的 LEED 建筑注册量是全世界大学中最高的。校园里有三座 LEED 白金级建筑、26 座黄金级建筑、11 座银级建筑、14 座认证建筑和 15 座注册建筑。这些令人印象深刻的建

---

① 　http://www.pdx.edu/sustainability/sustainability-research.

筑包括一些有趣的技术，如绿色屋顶、再生水、低流量管道、无水小便池、雨水收集、高效照明、节能气流和空调系统、本地和重复使用的建筑材料以及可再生能源的使用。

虽然绿色建筑具有明显的环境效益，但它们也提供了一个机会来教育正在建筑物中学习的下一代建筑消费者。该大学一直在努力通过这些建筑物来达到教育目的。

你们学校的绿色建筑政策是什么？你们校园里有多少 LEED 认证的建筑？你们的校园建筑采用了哪些绿色科技创新？你们当地社区的情况如何？你去过经 LEED 认证的建筑吗？它和没有取得认证的建筑有什么不同？

美国最大的学校之一巴伦西亚学院：本地和可持续发展景观

瓦伦西亚学院（VC）位于奥兰多地区，有大约 10 万名学生，也是美国最环保的校园景观政策之一的所在地。由于他们的努力，学校被授予"美国树木校园"的称号。校园居民定期庆祝植树节。此外，这里有校园景观废物堆肥计划，并采取综合虫害管理措施，从而大大限制了有害杀虫剂和除草剂的使用。

VC 的景观政策其有趣之处在于，他们已经将保护树木、本地植物物种使用和野生动物栖息地的保护编入了法典，具体政策如下所示，也可以点击网址阅读：http://valencia college.edu/sustainable/campus/：

"景观设计应该以相对低成本和低维护为目标，应该强调简单、平衡和生态敏感性。设计应该纳入用水少、抗病虫害和耐旱植物。只要有可能，就应积极鼓励使用本地植物材料和天然植物分布。自然景观被视为设计的一个重要组成部分，设计师应尽一切努力将现有的自然景观融入设计中，并保护现场的任何自然植被。景观和场地设计应最大限度地保护现有的树种。在实施设计策略之前,应对拟议的现有树木的移除进行全面的评估。学校鼓励保护野生动物栖息地,并在植物材料选择上考虑到野生动物的使用。景观设计应基于所选材料的长期成本效益和可持续发展。不鼓励使用需要过度修剪的材料,这些材料会掉落有害的果实或部分植物。景观设计应考虑到校园使用者对安全环境的需要。禁止使用不适当的植物材料(如有毒、带尖刺、有害或具有侵入性)。景观和步行区照明应纳入景观设计。一般而言,所有景观设计都应提倡低成本、安全、可持续发展、有成本效率和低维护的原则。"

　　你们学校的景观政策是什么?你们的设施部门是否采用综合虫害管理?你们学校有本地植物政策吗?你们的大学为地面浇水吗?有浇水政策吗?大学多久浇一次水?你们校园里有野生动物的空间吗?栖息地是否得到了保护?当建造新建筑物时,是否有保护树木的措施?

密歇根州立大学的校园考古

　　大学是一个复杂的地方,富有多层次的历史。在他们成为大学校园之前,已经有土地用途的考古记录。正如我们在绿色建筑一章中所了解到的,最绿色的建筑是你不需要建造的建筑,历史保护是任何组织可持续发展的关键要素。因此,在校园里,历史建筑的保护成为校园可持续发展的重要组成部分。大学经常在校园档案中储存大量有关建筑物的信息和有关大学事件和历史的数据。然而校园下面的土壤里也储存着大量的信息。

　　在密歇根州东兰辛市的密歇根州立大学(MSU),考古学家们正在努力保存过去。在琳恩·戈德斯坦教授的指导下,他们建立了一个正式的校园考古项目,将可持续发展融入对校园历史的讨论中。

戈德斯坦和她的团队不仅发现了校园近 200 年历史的文物,还发现了在 MSU 建立之前居住在该地区的印第安人的文物。通过在学术场所和社交媒体上发现、记录和发布这些信息,戈德斯坦得以对校园社区进行宣传教育,使人们了解不同时代的人是如何生活的。

在与欧洲人接触之前,住在这里的美洲原住民是猎人和采集者,他们生活在半永久的定居点里。他们在附近的森林里狩猎,并利用附近的草原和河道作为食物来源。他们也在地里种庄稼。他们生活简单,肯定对这个地区有影响。然而他们的总体足迹非常小。

戈德斯坦和她的团队挖掘出了校园里最早的宿舍。有趣的是,这个宿舍被称为"圣徒安息地"。这座建筑最终被废弃并倒塌了。然而戈德斯坦和她的团队挖掘出了这个场地,并通过研究大学的档案了解到 MSU 最早的一批学生对环境的影响相对较大。他们砍伐树木、狩猎、种粮食,用从周围森林中砍下的木头给宿舍供暖。它们对周围环境的影响要比美洲原住民大得多。

当然,今天的学生对校园的影响更大。我们现在有大片的绿化校园,在许多情况下需要施肥和处理病虫害。我们的宿舍楼经常靠进口的燃料供暖,而这些燃料是从很远的地方运来的,通常来自世界各地。我们还从遥远的地区进口大量的食物。学生们不再在校园里打猎,也很少自己种粮食了。

每一段历史都为我们了解前人的生活方式打开了一扇窗。我们可以估计他们的碳足迹并计算出他们对环境的影响。我们可以绘制他们的影响范围,并评估他们是如何改变世界的。想想你自己的校园。校园的可持续发展历史发生了怎样的变化?关于过去居住在你校园里的人有哪些考古或档案资料? 校园总是在发生变化。你在校期间留下了哪些证据?关于你们校园今天的可持续发展,这些信息会告诉我们下一代什么?